◎ 互联网 + 数字艺术研究院 编著

中文版 Photoshop CC 全能一本通

人民邮电出版社
北京

图书在版编目（CIP）数据

中文版Photoshop CC全能一本通 / 互联网+数字艺术研究院编著. -- 北京 : 人民邮电出版社, 2018.10（2020.10重印）
ISBN 978-7-115-46861-1

Ⅰ. ①中… Ⅱ. ①互… Ⅲ. ①图象处理软件 Ⅳ. ①TP391.413

中国版本图书馆CIP数据核字(2018)第111231号

内 容 提 要

本书主要介绍 Photoshop CC 的相关知识，包括编辑和绘制图像、创建并编辑选区、应用图层、修饰图像、调整图像色彩、添加并编辑文字、使用通道与蒙版、使用滤镜、使用矢量工具和路径、自动化与输出。同时，本书最后还讲解了手机 UI 界面、美食 App 页面、商品详情页页面，从 3 个不同的领域对 Photoshop 进行综合应用，以进一步提高读者在不同环境中应用 Photoshop 的能力。全书主要采用案例的形式对知识点进行讲解，读者在学习的过程中不但能掌握各个知识点的使用方法，还能“学以致用”。

本书不仅适合 Photoshop 初学者自学，也可作为各院校平面设计等相关专业的教材。

◆ 编　　著　互联网+数字艺术研究院
责任编辑　税梦玲
责任印制　焦志炜

◆ 人民邮电出版社出版发行　　北京市丰台区成寿寺路 11 号
邮编　100164　　电子邮件　315@ptpress.com.cn
网址　http://www.ptpress.com.cn
北京虎彩文化传播有限公司印刷

◆ 开本：880×1092　1/16
印张：16.25　　2018 年 10 月第 1 版
字数：533 千字　　2020 年 10 月北京第 3 次印刷

定价：79.80 元

读者服务热线：(010)81055256　印装质量热线：(010)81055316
反盗版热线：(010)81055315
广告经营许可证：京东市监广登字 20170147 号

前言

PREFACE

Photoshop 是一款功能强大的图像处理软件，它能够满足摄影爱好者、平面设计师、插画师、图像处理爱好者和淘宝美工等不同用户对图像处理的需求。Photoshop CC 是 Adobe 公司官方推出的最新版 Photoshop 软件，它在 Photoshop CS6 功能的基础上新增了相机防抖动功能、CameraRAW 功能改进、图像提升采样、属性面板改进、Behance 集成、Creative Cloud 等功能，该版本也是目前最为流行的一个 Photoshop 版本。

■ 内容特点

本书以案例带动知识点的方式来讲解 Photoshop CC 在实际工作中的应用：每小节均设计了行业案例，强调了相关知识点在实际工作中的具体操作，实用性强；每个操作步骤均进行了配图讲解，且操作与图中的标注一一对应，条理清晰；每章均设有“新手加油站”和“高手竞技场”，其中，“新手加油站”为读者提供了相关知识的补充讲解，便于读者课后拓展学习，“高手竞技场”给出了相关操作要求和效果，重在锻炼读者的实际动手能力。

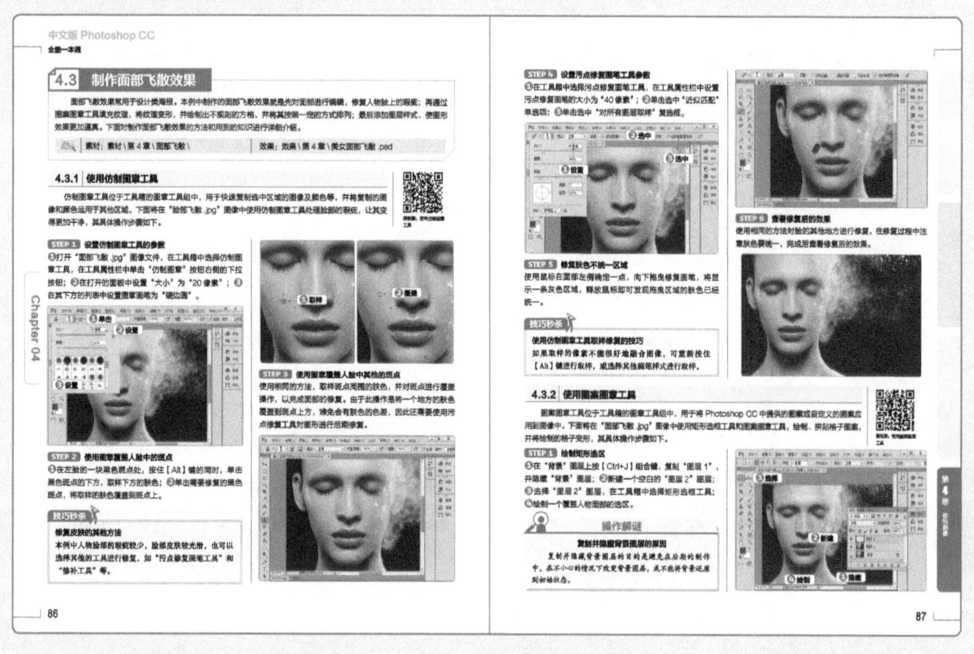

■ 配套资源

为便于读者学习更加高效、快捷，本书配有丰富的学习资源，配套资源下载地址为：box.ptpress.com.cn/y/46861。配套资源具体内容如下。

视频演示： 本书所有的实例操作均提供了教学微视频，读者可通过扫描书中二维码进行在线学习，也可以下载到本地进行学习，在进行本地学习时可选择交互模式。

6.1 制作标价牌

标价牌主要用于标示产品的价格，方便消费者浏览，因此广泛用于各行各业。为了商品图片的美观，标价牌在形状与字体、字体颜色的选择上都需要与商品图片和谐。下面将先绘制标价牌形状，并输入文字，然后设置字符属性，制作一款清新的酸奶标价牌。

素材：素材\第 6 章\标价牌 .jpg　　效果：效果\第 6 章\标价牌 .psd

6.1.1 创建文本

为了满足图像编辑处理的需要，Photoshop CC 中可以创建多种类型的文本，如点文本、段落文本、蒙版文本、变形文本与路径文本等，下面分别进行介绍。

1. 创建点文本

点文字通常用于一行文字的编写，它可以是横排的文字，也可以是直排的文字。下面将创建标价文本，其具体操作步骤如下。

微视频：创建点文本

支持移动学习： 扫描封面二维码，关注“人邮云课”微信公众号，按照提示将本书视频添加到“我的课程”，即可随时通过手机观看教学微视频。

素材和效果： 本书提供了所有实例需要的素材和效果文件，例如，如果读者需要使用第 3 章 3.1 节中的合成草莓城堡案例的素材文件，按“素材\第 3 章\草莓城堡\”路径打开资源文件夹，即可找到该案例对应的素材文件。

海量相关资料： 本书配套提供了图片设计素材、笔刷素材、形状样式素材和 Photoshop 图像处理技巧等，供读者练习使用，以进一步提高读者 Photoshop CC 图像设计的应用水平。

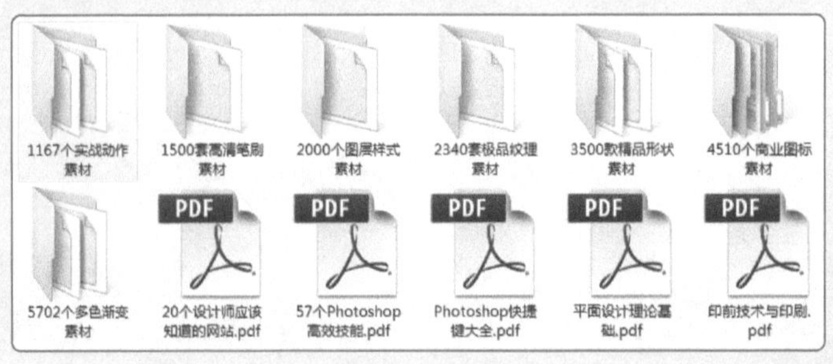

■ 鸣谢

本书由互联网 + 数字艺术研究院何晓琴、蔡雪梅编著，参与资料收集，视频录制及书稿校对、排版等工作的人员有肖庆、李秋菊、黄晓宇、赵莉、蔡长兵、牟春花、熊春、李凤、蔡飓、曾勤、廖宵、李星、罗勤、张程程、李巧英等，在此一并致谢！

由于编者时间与精力有限，书中疏漏之处在所难免，望广大读者批评指教。

编者

2018 年 5 月

目录

CONTENTS

第 2 章

第 3 章

第7章

第8章

第 11 章

01 Chapter 第 1 章

编辑和绘制图像

/ 本章导读

Photoshop CC 作为一款强大的图像处理软件，使用它不但能让图像效果更加完美，还能制作不同类型的海报、展示画以及商品图片等。在使用 Photoshop CC 前，需先掌握编辑和绘制图像的方法，这样在后期制作中才能更加得心应手。本章通过制作茶叶折页画册和“大雪”节气海报对编辑和绘制图像的方法进行讲解。

1.1 制作“茶之味”折页画册

茶是中国特有的著名饮品，遍销海外。制作茶叶画册可以将茶品牌、茶文化等信息传达给受众，促进茶饮品的推广，提高销售量。在使用Photoshop CC制作茶叶折页画册时，不但需要掌握图像处理的基本概念、打开文件和导入图像的方法，还需掌握设置图像和画布的大小，以及图像的基本操作等。

素材：素材 \ 第 1 章 \ 茶叶画册折页 \

效果：效果 \ 第 1 章 \ 茶叶画册折页 .psd

1.1.1 图像处理的基本概念

在使用 Photoshop CC 制作茶叶折页画册前，需要先了解图像处理的基本概念，包括位图与矢量图、图像的分辨率和色彩模式等，下面分别对这些概念进行介绍。

1. 位图与矢量图

位图与矢量图是图像的两种类型，是进行图形图像设计与处理时必须了解和掌握的知识，理解这两种类型以及两种类型之间的区别有助于用户更好地学习和使用 Photoshop CC。

- 位图：位图也称点阵图或像素图，由多个像素点构成，能够将灯光、透明度和深度等逼真地表现出来，将位图放大到一定程度，即可看到位图由一个个小方块组成，这些小方块就是像素。位图图像质量由分辨率决定，单位面积内的像素越多，分辨率越高，图像效果就越好。当位图放大到一定比例时，图像像素会变模糊。常见的位图格式有 JPEG、PCX、BMP、PSD、PIC、GIF 和 TIFF 等。下图所示为位图原图和原图放大 500% 时的对比效果。

- 矢量图：矢量图是用一系列计算机指令来描述和记录的图像，它由点、线、面等元素组成，所记录的对象主要包括几何形状、线条粗细和色彩等。与位图不同的是，矢量图的清晰度和光滑度不受图像缩放的影响。常见的矢量图格式有 CDR、AI、WMF 和 EPS 等。下图所示为矢量图原图和原图放大 150% 时的对比效果。

操作解谜

矢量图运用范围

矢量图常用于制作企业标志或插画，还可用于制作商业信纸或招贴广告。由于矢量图可随意缩放的特点，因此它可在任何打印设备上以高分辨率进行输出。

2. 像素和分辨率

像素是构成位图图像的最小单位，是位图中的一个小方格。分辨率是指单位长度上的像素数目，单位通常为“像素 / 英寸”和“像素 / 厘米”，它们的组成方式决定了图像的数据量。

- 像素：像素是组成位图图像最基本的元素，每个像素在图像中都有自己的位置，并且包含了一定的颜色信息，单位面积上的像素越多，颜色信息越丰富，图像效果就越好，文件也会越大。下图所示即为仙人掌图像在分辨率为 72 像素 / 英寸时和放大图像后的对比效果。在放大后的图像中，显示的每一个小方格就代表一个像素。

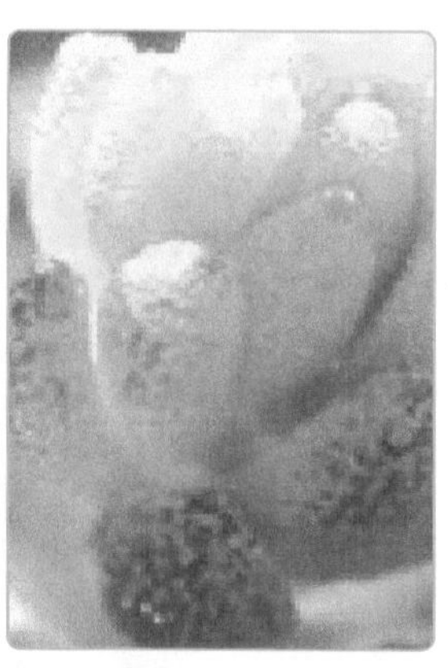

- 分辨率：分辨率指单位面积上的像素数量。分辨率的高低直接影响图像的效果，单位面积上的像素越多，分辨率就越高，图像就越清晰，但所需的存储空间也就越大。下图所示为同一图像在分辨率为 72 像素 / 英寸时和 300 像素 / 英寸时的区别。从图中可以看出，低分辨率的图像较为模糊，而高分辨率的图像则更加清晰。

操作解谜

各种分辨率的含义

常见的分辨率有图像分辨率、打印分辨率和屏幕分辨率，图像分辨率用于确定图像的像素数目；打印分辨率指绘图仪、激光打印机等输出设备在输出图像时每英寸所产生的油墨点数，若使用与打印机输出分辨率成正比的图像分辨率，便可产生很好的输出效果；屏幕分辨率指显示器上每单位长度显示的像素或点的数目，单位为"点/英寸"，如80点/英寸表示显示器上每英寸包含80个点。普通显示器的典型分辨率约为96点/英寸，苹果计算机显示器的典型分辨率约为72点/英寸。

技巧秒杀

几种常见的分辨率的设计规范

在分辨率的设置过程中，用于屏幕显示或网络的图像，可设置分辨率为72像素/英寸；用于喷墨打印机打印的图像，可设置分辨率为100~150像素/英寸；用于印刷的图像，则需要设置为300像素/英寸。

3. 图像的色彩模式

在 Photoshop CC 中，色彩模式决定着一幅电子图像以什么样的方式在计算机中显示或是打印输出。常用的色彩模式包括位图模式、灰度模式、双色调模式、索引模式、RGB 模式、CMYK 模式、Lab 模式和多通道模式等。

- 位图模式：位图模式是由黑和白两种颜色来表示图像的颜色模式。它适合制作艺术样式或用于创作单色图形。彩色图像模式转换为该模式后，颜色信息将会丢失，只保留亮度信息。只有处于灰度模式下的图像才能转换为位图模式。下图所示即为位图模式下图像的显示效果。

- 灰度模式：灰度色其实就是指纯白、纯黑以及两者中的一系列从黑到白的过渡色。当彩色图像转换为灰度模式时，将删除图像中的色相及饱和度，只保留亮度。选择【图像】/【模式】/【灰度】命令，即可将 RGB 颜色模式转换为灰度模式，得到单色灰度图像。下图所示即为灰度模式下图像的显示效果。

- 双色调模式：双色调模式是用灰度油墨或彩色油墨来渲染灰度图像的模式。双色调模式采用两种彩色油墨来创建由双色调、三色调、四色调混合色阶组成的图像。在此模式中，最多可向灰度图像中添加 4 种颜色。下图所示即为双色调的效果。

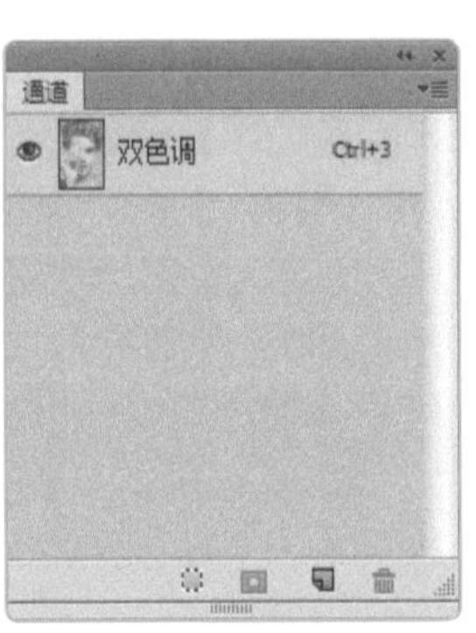

- 索引模式：索引模式指系统预先定义好一个含有 256 种典型颜色的颜色对照表，当图像转换为索引模式时，系统会将图像的所有色彩映射到颜色对照表中。图像的所有颜色都将在它的图像文件中定义。当打开该文件时，构成该图像的具体颜色的索引值都将被装载，然后根据颜色对照表找到最终的颜色值。下图所示即为索引模式下图像的显示效果。

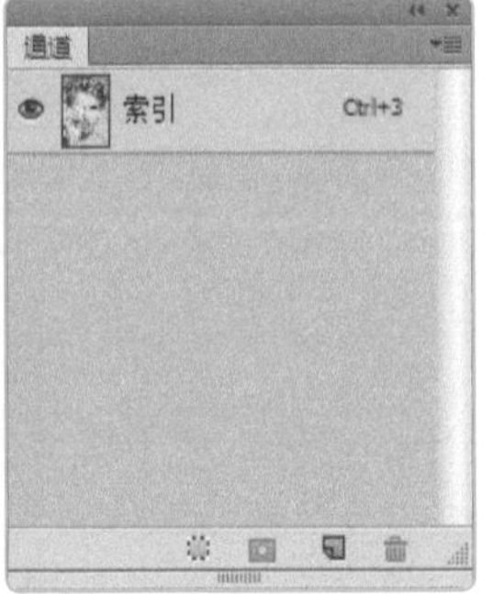

- RGB 模式：RGB 模式由红、绿、蓝 3 种颜色按不同的比例混合而成，也称真彩色模式，是 Photoshop 中默认的模式，也是最为常见的一种色彩模式。下图所示即为 RGB 模式下图像的显示效果。

技巧秒杀

常见“色彩模式”的选择

在Photoshop中，除非有特殊要求使用某种“色彩”模式，否则一般都采用RGB模式。因为这种模式下可使用Photoshop中的所有工具和命令，而其他模式则会受到相应的限制。

- CMYK 模式：CMYK 模式是印刷时使用的一种颜色模式，主要由 Cyan（青）、Magenta（洋红）、Yellow（黄）和 Black（黑）4 种色彩组成。为了避免和 RGB 三基色中的 Blue（蓝色）发生混淆，其中的黑色用 K 表示。若在 RGB 模式下制作的图像需要印刷，则必须将其转换为 CMYK 模式。下图所示即为 CMYK 模式下图像的显示效果。

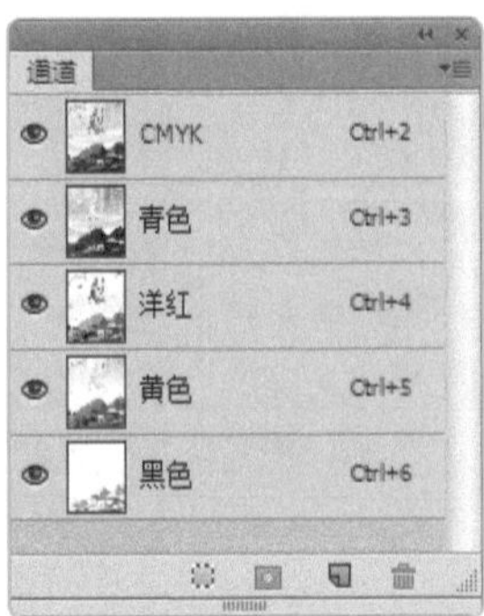

技巧秒杀

如何切换色彩模式

选择【图像】/【模式】命令，在打开的下拉列表中选择需要的模式命令，即可进行色彩模式的切换。

- Lab 模式：Lab 模式由 RGB 三基色转换而来。其中 L 表示图像的亮度；a 表示由绿色到红色的光谱变化；b 表示由蓝色到黄色的光谱变化。下图所示即为 Lab 模式下图像的显示效果。

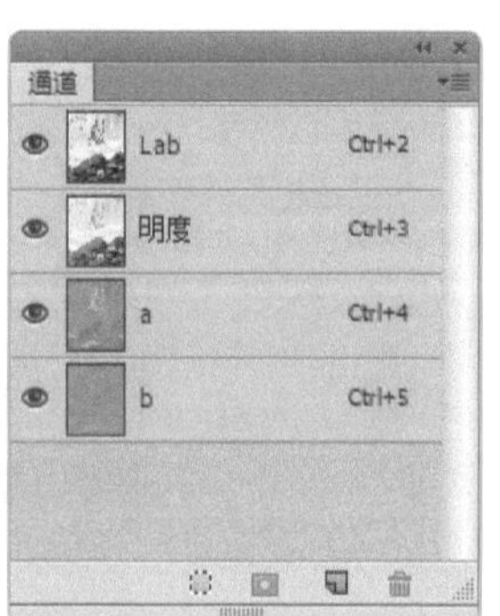

- 多通道模式：在多通道模式下图像包含了多种灰阶通道。将图像转换为多通道模式后，系统将根据原图像产生一定数目的新通道，每个通道均由 256 级灰阶组成。在进行特殊打印时，多通道模式作用最为显著。下图所示即为多通道模式下隐藏青色通道的图像的显示效果。

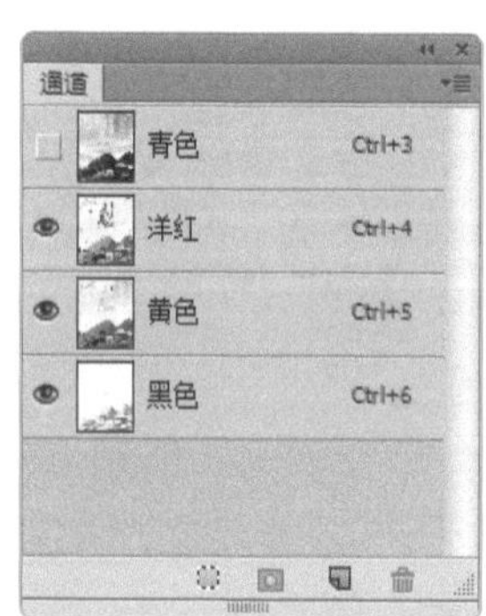

1.1.2 新建图像文件

在制作折页画册前，需要先启动 Photoshop CC 软件，然后新建图像文件，并在新建的文件中设置图像文件的参数，让后期的制作变得得心应手。下面将新建“茶叶折页画册”图像文件，并设置新建文件的参数，其具体操作步骤如下。

微视频：新建图像文件

STEP 1 启动 Photoshop CC

①在操作系统桌面上单击“开始”按钮；②在打开的面板中选择【所有程序】/【Adobe】命令；③再在打开的列表中选择【Adobe Photoshop CC】命令，即可启动 Photoshop CC。

技巧秒杀

启动Photoshop CC的其他方法

启动Photoshop CC的方法还包括：双击桌面上的Photoshop CC快捷方式图标或双击“计算机”中已经保存的任意一个后缀名为.psd的文件。

STEP 2 设置图像名称

①选择【文件】/【新建】命令，或按【Ctrl+N】组合键，打开“新建”对话框；②在“名称”文本框中输入图像名称“茶叶折页画册”。

STEP 3 设置宽度和高度

①在“预设”下拉列表框中选择“自定”选项；②在“宽度”和“高度”下拉列表框中选择“厘米”选项；③在“宽度、高度、分辨率”文本框中分别输入“42、29.7、300”。

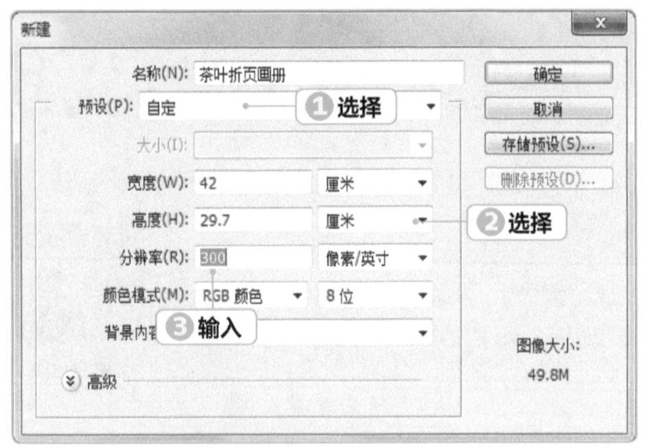

STEP 4 设置色彩模式和背景内容

①在“颜色模式”下拉列表框中选择“CMYK 颜色”选项；②在“背景内容”下拉列表框中选择“背景色”选项；③其他设置保持默认不变，单击“确定”按钮。

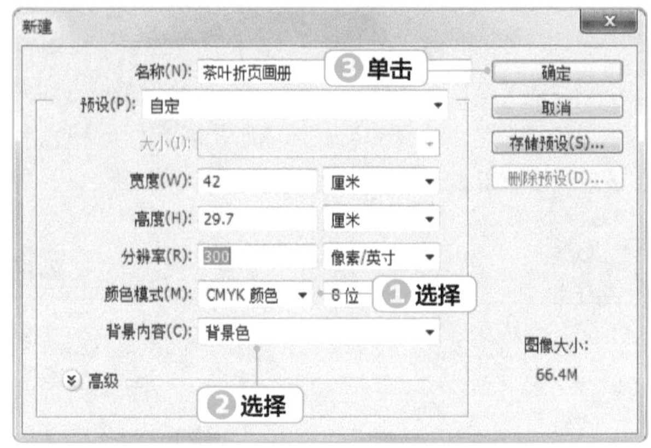

操作解谜

预设和高级栏的其他设置

在“预设”下拉列表框中还可设置新建文件的大小尺寸，其方法为：单击“预设”右侧的下拉按钮，在打开的下拉列表中选择需要的尺寸规格。单击“高级”按钮将打开“颜色配置文件”和“像素长宽比”两个下拉列表框，用于设置新建文件的大小尺寸，这是对“预设”下拉列表框的补充。

1.1.3 打开文件和置入图像

打开文件是图像处理中必不可少的操作，在制作茶叶折页画册时，需要先将素材文件打开，才能进行其他操作。打开图像后，可将需要操作的图像置入到文件中。下面分别对打开文件、置入图像的方法进行介绍。

微视频：打开文件和置入图像

1. 打开文件

Photoshop CC 中打开图像的方法有很多，可通过拖曳文件图标、右键快捷菜单、命令和最近使用过的文件打开图像。本例将使用命令的方法打开“茶.jpg”等图像文件，使其显示在 Photoshop CC 中，其具体操作步骤如下。

STEP 1 打开“打开”对话框

选择【文件】/【打开】命令或按【Ctrl+O】组合键，打开“打开”对话框。

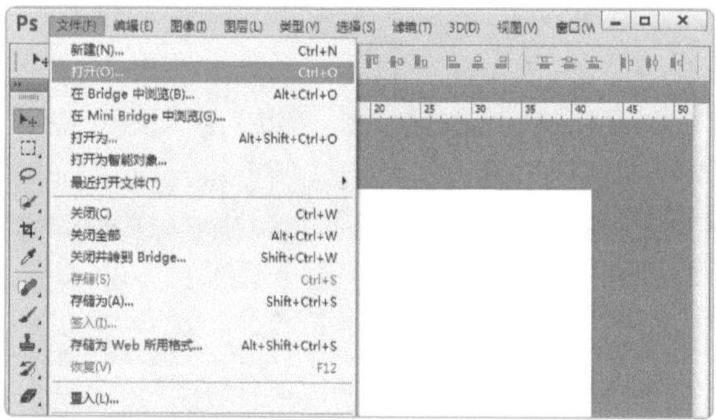

STEP 2 选择打开的文件

①在“打开”对话框的“查找范围”下拉列表框中选择图像的路径；②在中间的列表框中按住【Ctrl】键不放，选择需要的图像文件；③单击“打开”按钮，即可打开图像。

STEP 3 查看打开效果

返回工作界面，单击名称标签，即可看到打开的“茶”“墨点”“地图”等图像的显示效果。

技巧秒杀

打开文件的其他方式

启动Photoshop CC，在计算机中选择需要打开的图像文件图标，将该图像文件图标拖曳至Photoshop CC工作界面中即可。在计算机中需要打开的图像上单击鼠标右键，在弹出的快捷菜单中选择【打开方式】/【Adobe Photoshop CC】命令即可（如果图像文件为PSD格式，则可直接双击打开）。在Photoshop中选择【文件】/【最近打开文件】命令，在打开的列表中将显示最近在Photoshop中打开过的10个文件，选择需打开的文件即可。

2. 置入图像

置入图像常常是在已经创建好的文件中进行，置入图像后，被置入的图像将直接显示在图层的上方，用户可直接对其进行编辑而不需要来回拖曳。下面将在新建的文件中置入“背景.jpg”图像文件，并将图像缩放到与画布相同的宽度，其具体操作步骤如下。

STEP 1 选择“置入”命令

选择【文件】/【置入】命令，打开“置入”对话框。

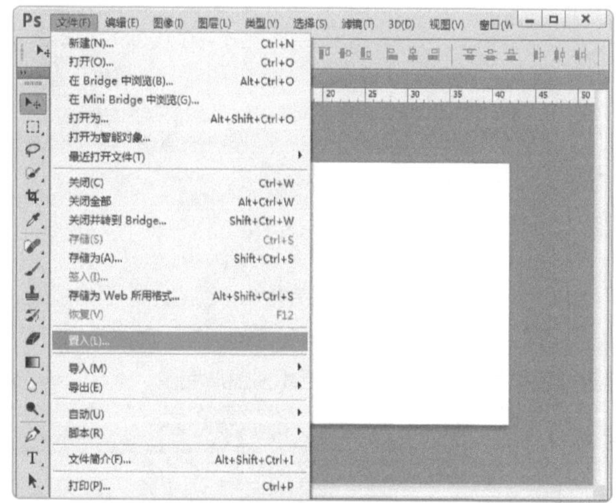

STEP 2 选择置入的图像文件

①在“置入”对话框的“查找范围”下拉列表框中选择图像的路径；②在中间的列表框中选择“背景.jpg”图像文件；③单击“置入”按钮，即可将图像置入到新建的文件中。

STEP 3 调整置入图像的位置

返回工作界面，即可看到置入的图像，此时该图像呈可编辑状态，选择该图像将其拖曳到文件左上角，使其与两条边对齐。

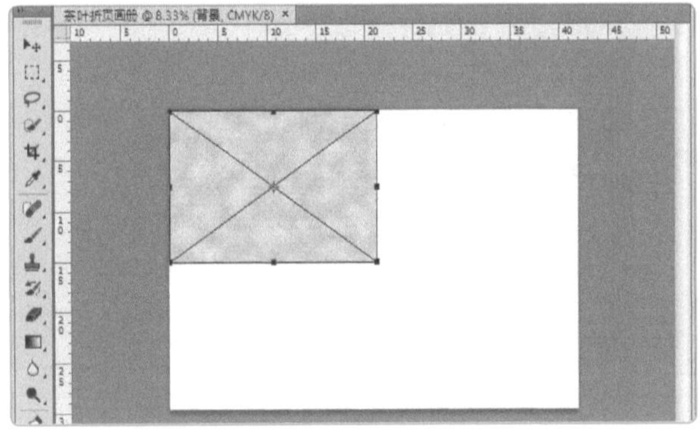

STEP 4 等比例放大置入的图像

将鼠标光标移动到图像的右下角，当其呈双向箭头时，按住【Shift】键不放，向右拖曳鼠标，等比例放大图像，使其与右侧的边线对齐。

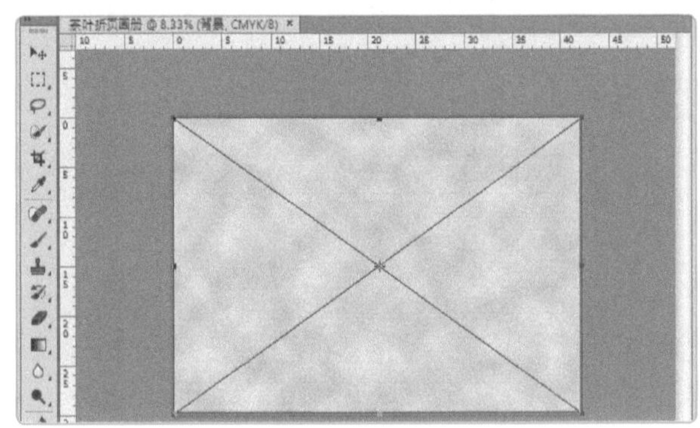

STEP 5 完成置入操作

在工具箱中选择移动工具，打开“要置入文件吗？”提示框，单击“置入”按钮，完成图像的置入操作。

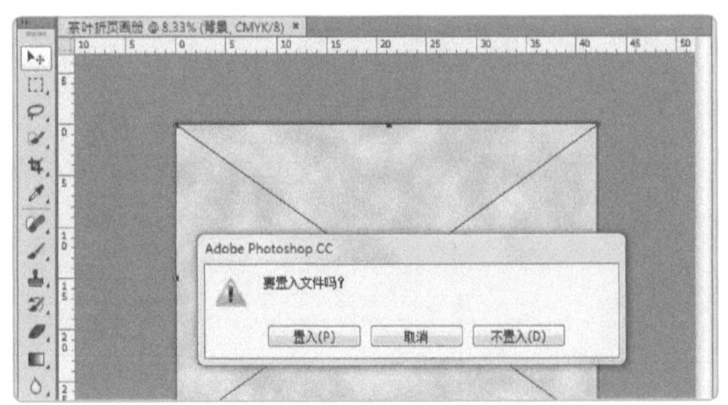

1.1.4 设置图像和画布大小

微视频：设置图像和画布大小

在设计折页画册时，为了使图像作品的尺寸更加规范，还需设置图像和画布的大小。在 Photoshop CC 中可以将画布理解为绘画时使用的画板，而图像则是画板上的绘画作品。下面将在置入的图像文件中调整图像和画布的大小，使其显示得更加完整。

1. 设置图像大小

图像大小是指图像文件存储空间的大小，以千字节（KB）、兆字节（MB）或吉字节（GB）为度量单位，与图像的像素大小成正比。当需要处理的图像太大，导致软件处理速度下降时，可对图像大小进行适当调整。下面对“茶”文件的图像大小进行设置，使其符合需求，其具体操作步骤如下。

STEP 1 打开“图像大小”对话框

选择【图像】/【图像大小】命令或按【Ctrl+Alt+I】组合键，打开“图像大小”对话框。

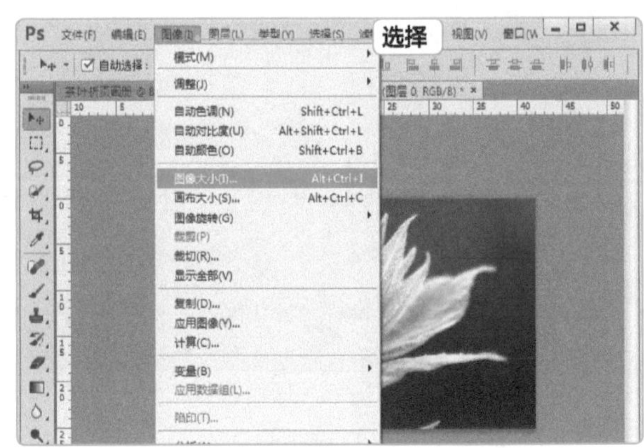

STEP 2 设置图像大小参数

❶单击选中“重新采样”复选框；❷在“宽度”文本框中输入“20”；❸单击“确定”按钮，完成宽度的设置。

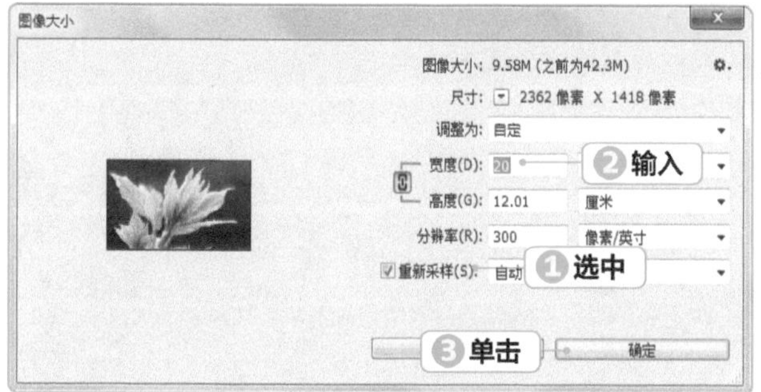

2. 设置画布大小

画布大小指的是当前图像周围工作空间的大小，当图像周围的空间太密集或太大时，可对画布大小进行设置，使其符合需求。下面设置“茶叶折页画册”图像的画布大小，为其添加3毫米的出血值，其具体操作步骤如下。

STEP 1 打开“画布大小”对话框

选择【图像】/【画布大小】命令或按【Alt+Ctrl+C】组合键，打开“画布大小”对话框。

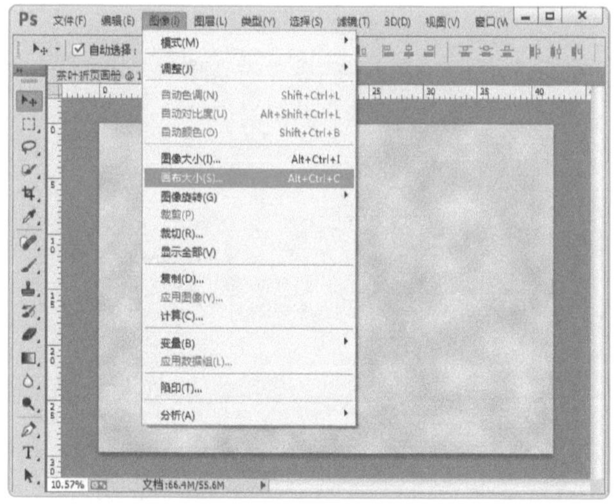

STEP 2 设置画布参数

❶在“新建大小”栏的“宽度”和“高度”文本框右侧的下拉列表中选择“厘米”选项，在“宽度”文本框中输入“42.6”，在“高度”文本框中输入“30.3”；❷单击“确定”按钮，确认画布的调整。

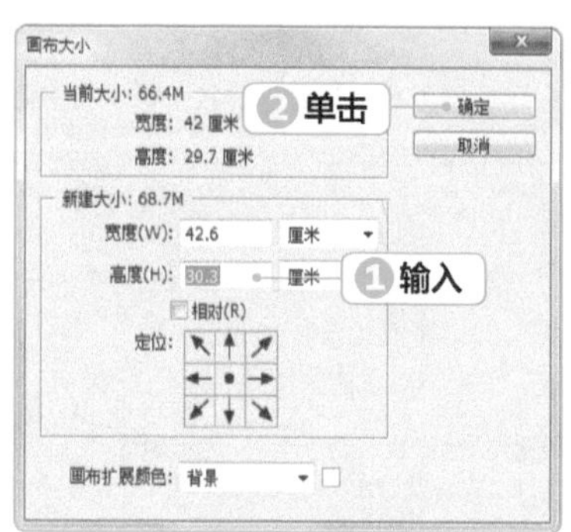

操作解谜

画布的定位的选择

在“画布大小”对话框的“定位”栏中，包含了8个方位，当在其中单击对应方位的箭头后，将确定裁剪或增加画布宽度和高度的起点位置。当“画布大小”小于上方图片的图层时，其上方的图层将自动隐藏上方图片的内容；若大于上方图片的图层，则多余的部分将显示在文件的上方。

STEP 3 查看设置出血值的效果

查看设置画布后图像的大小，以及添加出血值的效果。

1.1.5 使用辅助工具

在处理图像的过程中，经常需要借助一些辅助工具，如标尺、参考线和网格。通过它们可以帮助用户划分图像区域，精确定位图像位置。下面将在“茶叶折页画册”图像中打开标尺，并创建参考线，将页面垂直分割成4个板块，其具体操作步骤如下。

微视频：使用辅助工具

STEP 1 显示标尺刻度

选择【视图】/【标尺】命令，或按【Ctrl+R】组合键；在图像窗口的上方和左侧将显示标尺刻度。

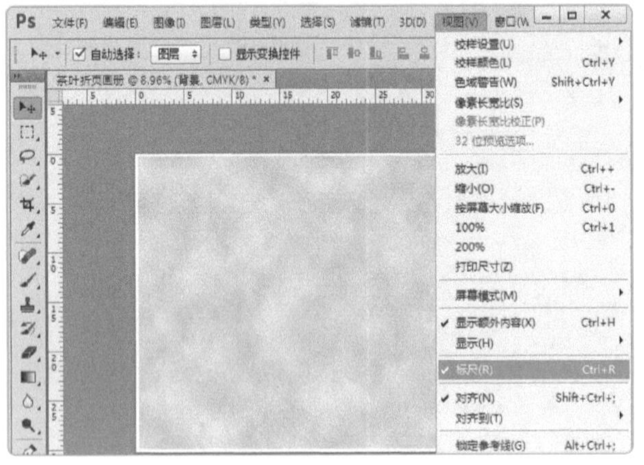

操作解谜

设置标尺的计量单位

将鼠标指针移动到图像窗口顶部或左侧的标尺上，单击鼠标右键，在弹出的快捷菜单中选择对应的计量单位即可。如选择“像素”命令，可以设置标尺的计量单位为“像素”。

STEP 2 拖曳标尺线创建参考线

①按【Ctrl+T】组合键调整背景大小至页面大小，按【Enter】键完成变换；②使用鼠标在图像窗口上方的标尺线上单击，并向下拖曳鼠标到图像的顶端位置，创建第 1 条水平参考线，所添加的参考线呈蓝色显示；③使用相同的方法创建其他的参考线。

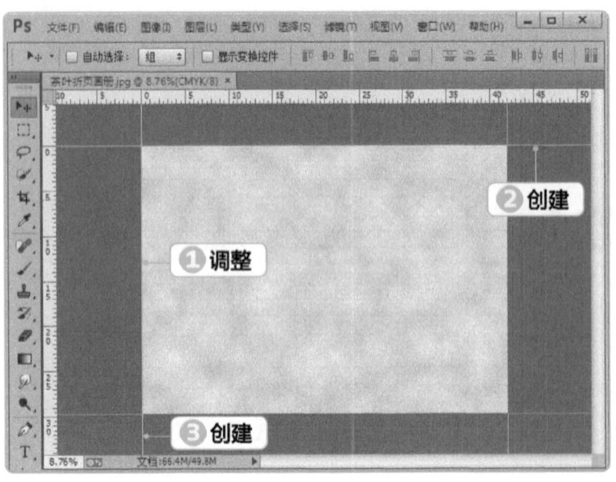

STEP 3 创建垂直参考线

①选择【视图】/【新建参考线】命令，打开“新建参考线”对话框，在“取向”栏中单击选中“垂直”单选项；②在“位置”文本框中输入“10.8 厘米”；③单击“确定”按钮，即可完成垂直参考线的创建。

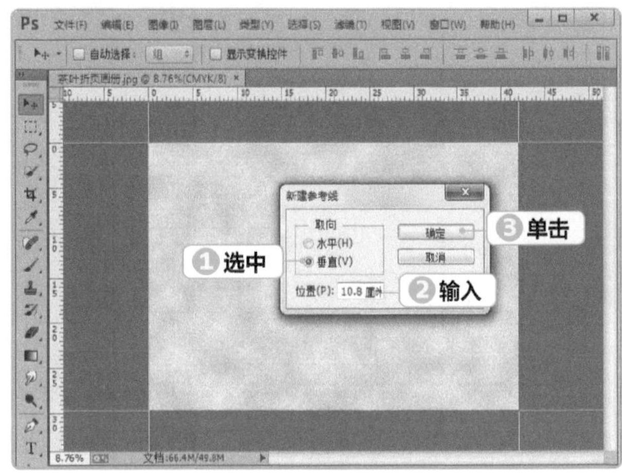

技巧秒杀

清除参考线

如果对创建的参考线不满意，可选择【视图】/【清除参考线】命令删除图像中创建的所有参考线。

STEP 4 创建其他参考线

使用相同的方法，分别创建位置为 21.3 厘米、31.8 厘米的其他垂直参考线，使参考线将图像划分为 4 个板块。

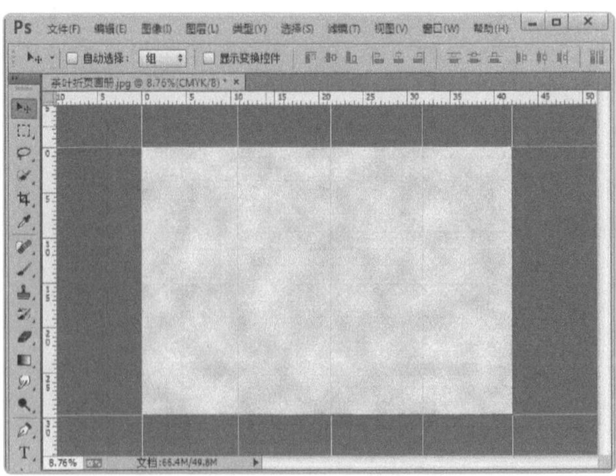

STEP 5 绘制矩形选区

①在“图层”面板中单击按钮创建新图层；②选择矩形选框工具；③沿着参考线拖动鼠标绘制矩形选框，按【Alt+Delete】组合键将选区填充为黑色，使用相同的方法为其他区域创建黑色矩形，将折页划分为 4 个页面。

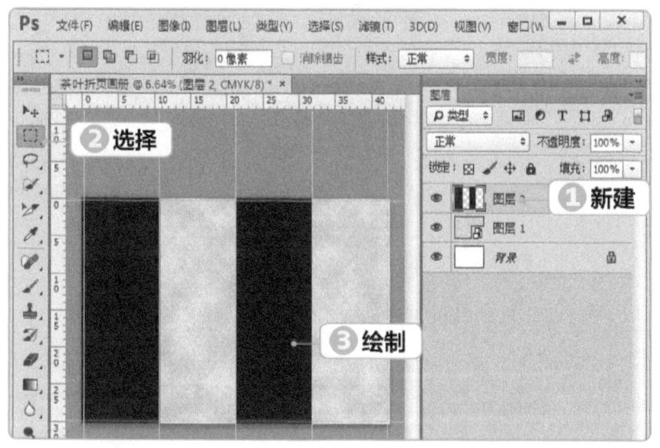

操作解谜

显示与隐藏参考线

在参考线的辅助下完成图像的编辑与处理后，如果用户觉得参考线影响对图像效果的查看，可选择【视图】/【显示】/【参考线】命令隐藏参考线。当需要显示参考线时，再次选择该命令即可。

技巧秒杀

定位参考线与拖曳标尺线创建参考线的区别

通过命令创建参考线前，需要先精确定位参考线的位置，而通过拖曳标尺线的方法则可以直接创建任意位置的参考线。

1.1.6 编辑图像

制作茶叶折页画册需要用到很多图像，此时就需要将图像拖曳到需要制作的文件中，为了排版美观与适用性的需求，还需要对图像进行编辑，如调整图像的大小、位置、角度等。下面将对茶叶折页画册中需要用到的图像进行处理，包括移动、变换、旋转、裁剪、撤销与重做等。

微视频：编辑图像

1. 移动图像

打开图像后，图像将被放置在单独的窗口中，此时需要将图像移动到需编辑的文件中。下面将把“茶.jpg”图像移动到“茶叶折页画册”文件中，其具体操作步骤如下。

STEP 1 将背景图层转换为普通图层

①打开“茶.jpg”图像，双击“背景”图层；②在打开的对话框中单击“确定”按钮，将背景图层转换为普通图层。

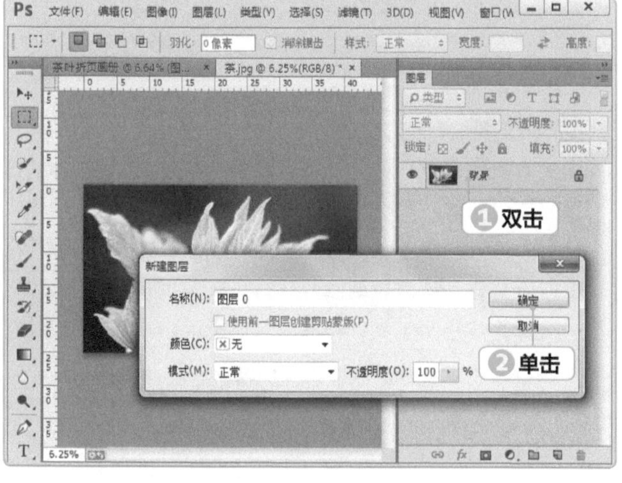

STEP 2 移动图像

在工具箱中选择移动工具，将鼠标指针移到图像上，按住鼠标左键将图像拖曳到“茶叶折页画册.psd”图像窗口上，切换到“茶叶折页画册”图像窗口，此时鼠标变为形状。

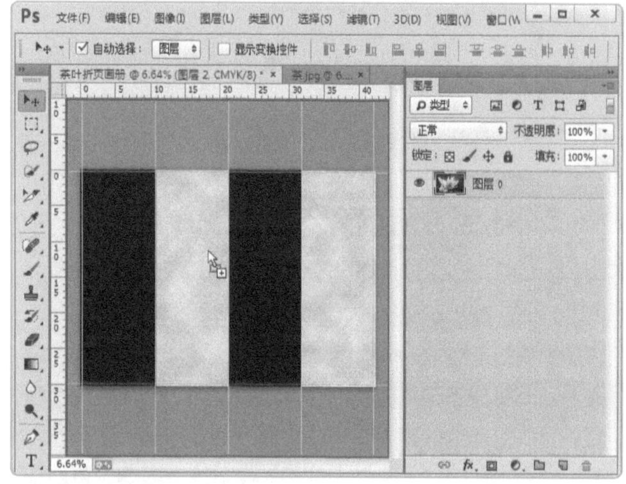

STEP 3 查看完成后的效果

释放鼠标，即可查看“茶.jpg”图像移动到“茶叶折页画册.psd”图像中的效果。调整“茶.jpg”图像的位置，查看完成后的效果。

2. 变换图像

变换图像指根据用户的不同要求，对图像的形状、大小进行改变，使图像达到用户需要的效果。下面对添加的“茶.jpg”图像进行变换操作，使其与辅助线对齐，其具体操作步骤如下。

STEP 1 根据参考线调整图片

①在工具箱中选择移动工具；②将鼠标指针移动到“茶.jpg”图像上，拖曳图像到参考线右下角的相交点。

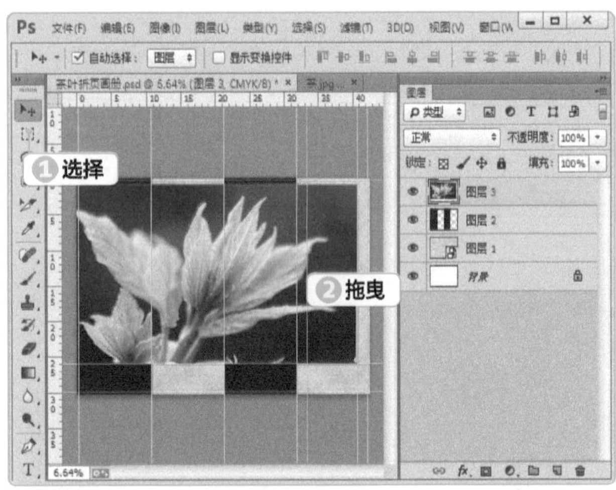

STEP 2 调整图片大小

选择【编辑】/【自由变换】命令，或按【Ctrl+T】组合键，图像四周将显示定界框、中心点和控制点，使用鼠标拖曳控制点可改变图像的大小，此时将鼠标指针移动到图像左上角的控制点上，按住【Shift】键不放向下拖曳图像，直到图像完全与参考线所构成的区域重合，完成后按【Enter】键确认变换。

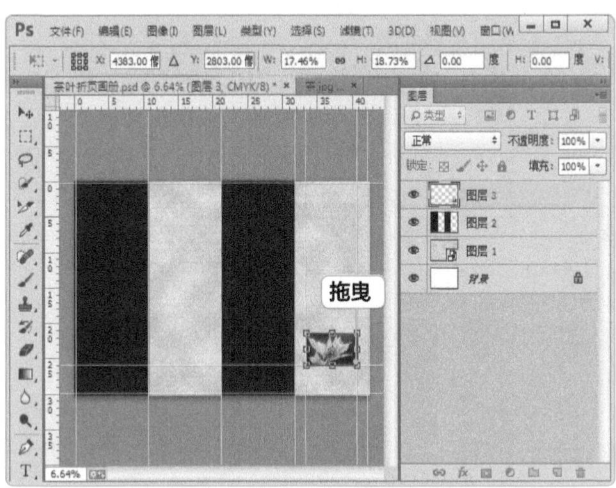

STEP 3 添加并编辑其他图像的大小和位置

使用相同的方法，将茶壶、文本、茶叶、地图等元素移动到图像中，创建辅助线，调整图像的大小和位置，进行画册的排版。

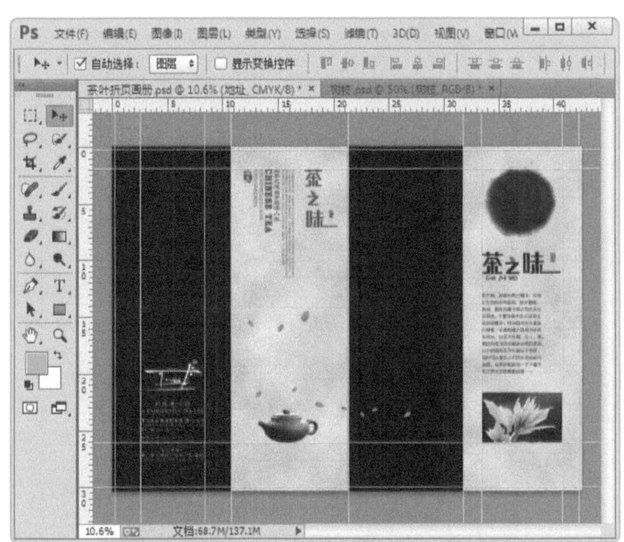

技巧秒杀

鼠标的妙用

在变换图像的过程中，往往会出现图片过大，不方便直接变换的问题，此时可按住【Alt】键不放，滚动鼠标滚轮对文件进行缩小，查看变换的控制点。若在移动过程中需要对移动或调整的图片进行旋转，可直接在工具箱中选择旋转视图工具，再在图像编辑区中按住鼠标左键不放，按一定方向对图像进行拖曳调整旋转角度。

3. 旋转图像

在图像的处理过程中，因为相机的拍摄角度不同，往往会出现横向或竖向两种图像模式，为了使图像的显示效果更加统一，需对横向的图像进行旋转操作。下面将对“树枝 .psd”图像进行旋转操作，其具体操作步骤如下。

STEP 1 逆时针旋转 90 度

打开“树枝 .psd”图像，选择【图像】/【图像旋转】命令，在打开的子菜单中选择需要旋转的角度，这里选择“90 度(逆时针)”命令。

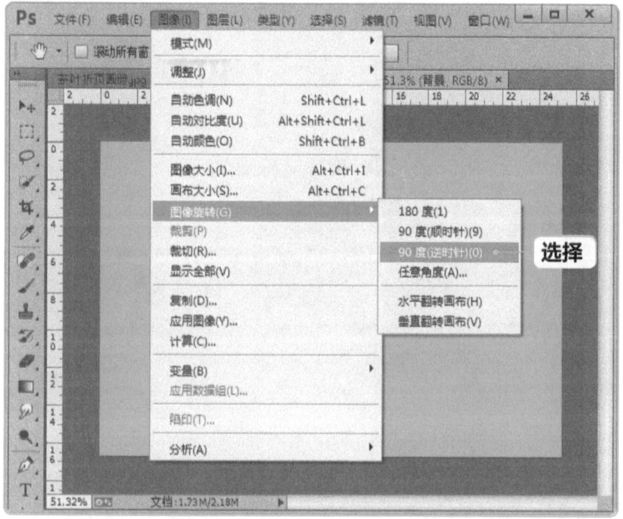

STEP 2 查看旋转效果

返回图像编辑区，查看逆时针旋转 90 度后的图像效果。

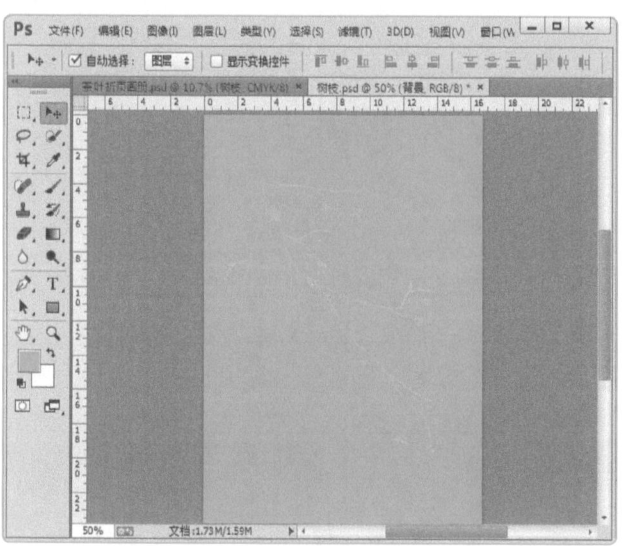

STEP 3 添加图像

将“树枝 .psd”图像拖动到“茶叶折页画册 .psd”图像中，按【Ctrl+T】组合键，将鼠标移动至四角，拖动旋转树枝，按【Enter】键确认旋转。

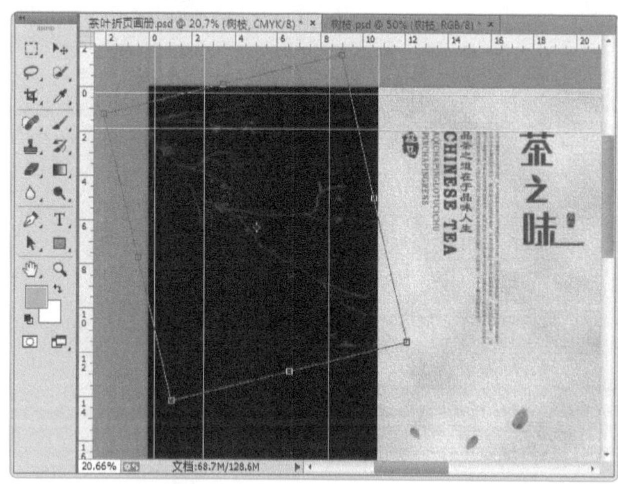

STEP 4 绘制圆

①新建图层，在工具箱中选择椭圆选框工具；②将前景色设置为“#bd1d21”；③按住【Shift】键不放拖动鼠标绘制圆，按【Alt+Delete】组合键填充颜色，创建等间距的 3 条辅助线。

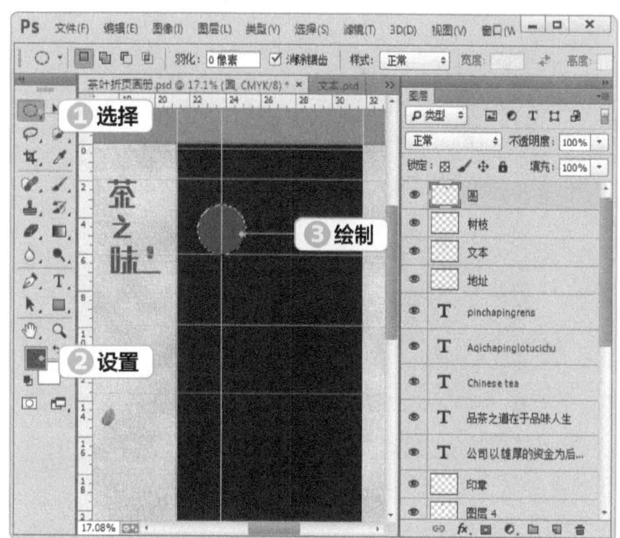

STEP 5 复制圆

按住【Alt】键垂直向下拖动圆，对齐辅助线释放鼠标复制一个圆，再次按【Alt】键垂直向下拖动圆，得到第二个拷贝的圆。

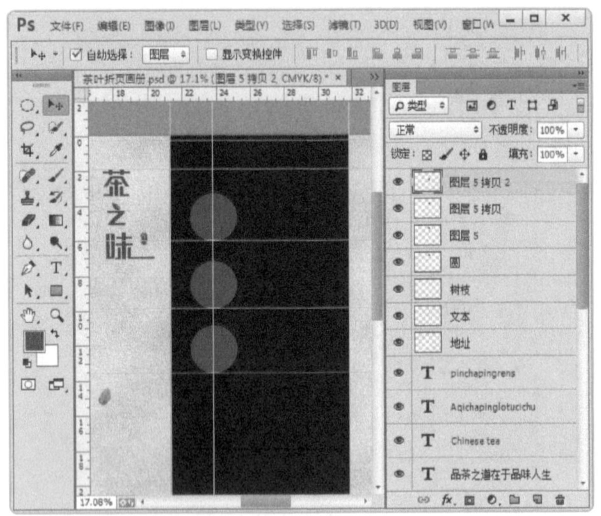

STEP 6 载入并填充选区

①将前景色设置为“#a77423”，按【Ctrl】键单击“图层5拷贝图层”的缩略图载入选区，选择“图层5拷贝图层”，按【Alt+Delete】组合键填充颜色；②将前景色设置为“#727171”，按【Ctrl】键单击“图层5拷贝2图层”的缩略图载入选区，选择“图层5拷贝2图层”，按【Alt+Delete】组合键填充颜色。

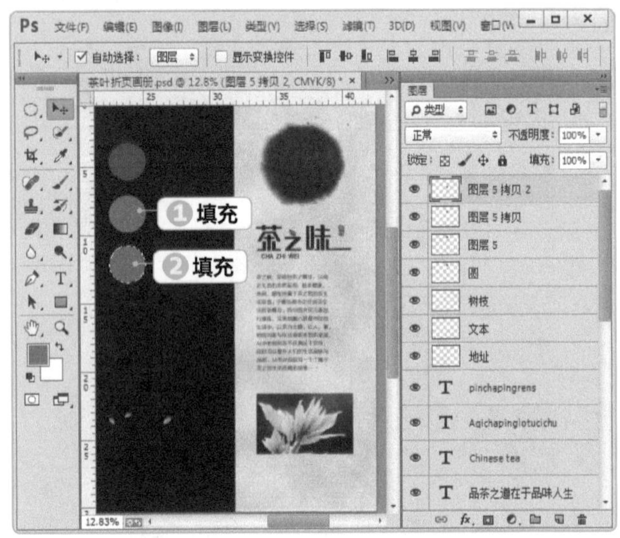

技巧秒杀

对齐工具的使用

调整好图片的大小后，在“图层”面板中选择需要进行排列的多张图像的图层，选择移动工具，单击工具属性栏中的相关按钮，可根据需要对图片进行快速排列，如顶对齐、垂直居中对齐、底部对齐、左对齐、水平居中对齐等。

STEP 7 输入文本

①将前景色设置为“白色”；②选择横排文字工具，在第三个页面圆上以及右侧等位置处输入文本，设置字体分别为“叶根友特色简体升级版、张海山锐线体2.0、华文细黑”，调整文本大小，使用移动工具拖动文本，设置文本的位置。

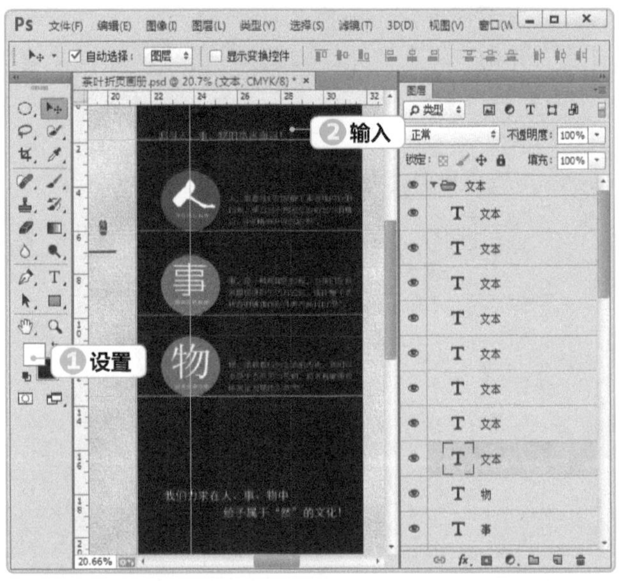

STEP 8 绘制矩形并输入文本

①将前景色设置为“#727171”，新建图层，选择矩形选框工具绘制选框，按【Alt+Delete】组合键填充颜色；②选择横排文字工具，在矩形上输入文本，设置“字体、字号”分别为“张海山锐线体2.0、20点”。

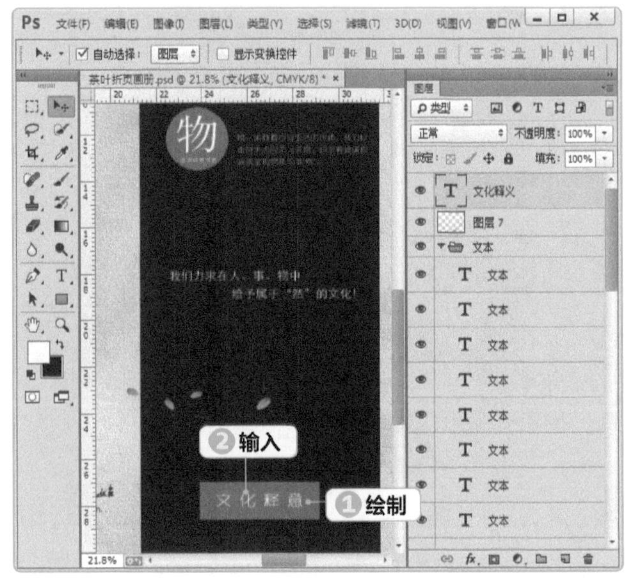

4. 裁剪图像

当不需要图像中的某部分内容时，可对图像进行裁剪操作，在裁剪过程中还能对图像进行旋转操作，使裁剪后的图像效果更加符合需要。下面将对"茶树.jpg"图像进行裁剪操作，其具体操作步骤如下。

STEP 1 裁剪茶树图像

①打开"茶树.jpg"图像文件，在工具箱中选择裁剪工具；②此时图像周围出现黑色的网格线和不同的控制点。

STEP 2 裁剪图片左侧

将鼠标指针移动到图像的左方，选择中间的控制点，当其呈形状时，向右拖曳鼠标，裁剪图片左侧的区域，此时被裁剪的区域将呈灰色显示。

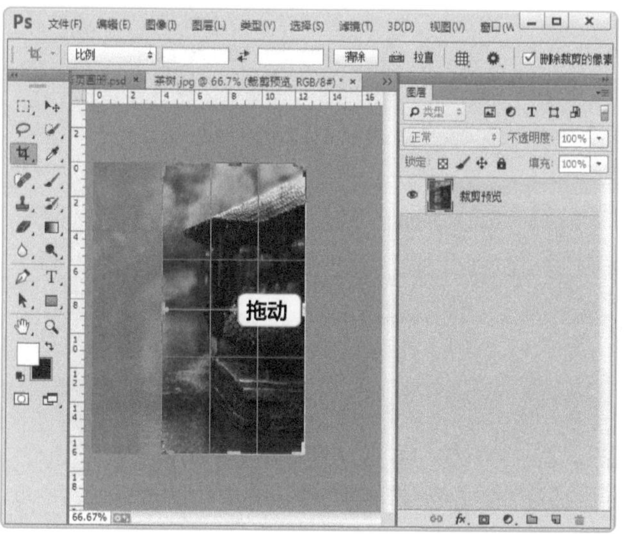

技巧秒杀

如何在裁剪时旋转图像

将鼠标指针移动到图像外的空白部分，当鼠标指针变为形状时，按住鼠标左键不放并进行拖动，即可旋转画布的方向。

STEP 3 完成裁剪

确定裁剪效果后按【Enter】键确认裁剪，退出裁剪状态，即可查看裁剪后的茶树图像效果。

STEP 4 擦除图像边缘并设置图层混合模式

①将"茶树.jpg"图像移动到"茶叶折页画册.psd"文件的背景图层上方，并使用移动工具将其移动到第二页的右下角；②选择橡皮擦工具；③在工具属性栏设置不透明度为"53%"，擦除茶树图像边缘；④在"图层"面板中设置混合模式为"正片叠底"，设置不透明度为"50%。

5. 撤销与重做

若在图像的处理过程中对图像执行了错误操作，可使用“历史记录”面板撤销错误操作的步骤，再进行重新制作，其具体操作步骤如下。

STEP 1 打开“历史记录”面板

选择【窗口】/【历史记录】命令，或是单击右侧面板组中的“历史记录”按钮，即可打开“历史记录”面板。

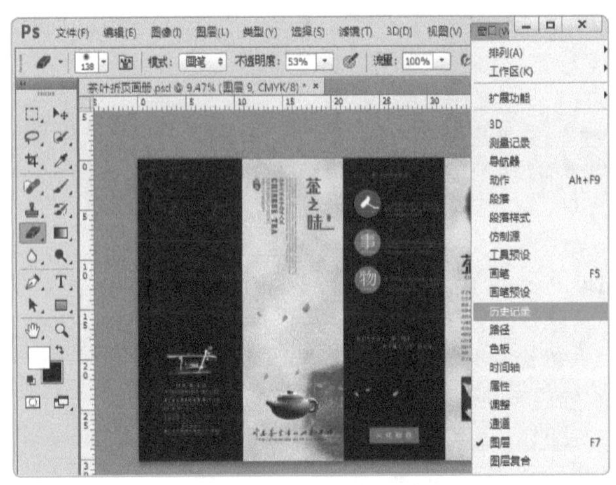

操作解谜

设置历史记录的显示数量

在Photoshop中默认的历史记录数量为20条，超出部分将不显示在历史记录中，即无法通过历史记录对超出部分的操作进行恢复。设置历史记录显示数量的方法为：选择【编辑】/【首选项】/【常规】命令，打开“首选项”对话框，在左侧列表中选择“性能”选项，在右侧面板中的“历史记录状态”文本框中可设置新的历史记录显示数量。需注意输入的数值越高，Photoshop的内存占用也越多，会影响其操作的流畅度。

STEP 2 历史记录的撤销与重做

单击“打开”记录就可以将图像恢复到打开时的状态，在这之后所做的操作（拖曳、变换等）将被撤销，单击灰色的记录选项，可以重新执行相关的操作。

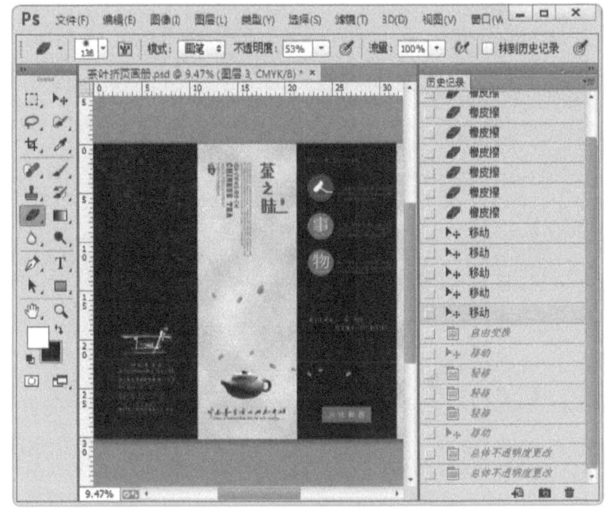

技巧秒杀

其他撤销与还原方法

- 撤销技巧：按【Ctrl+Z】组合键可以撤销最近一次的操作，再次按【Ctrl+Z】组合键又可以重做被撤销的操作；每按一次【Ctrl+Alt+Z】组合键可以向前撤销一步操作；每按一次【Ctrl+Shift+Z】组合键可以向后重做一步操作。
- 还原技巧：撤销后，选择【编辑】/【还原】命令可以撤销最近一次的操作；撤销后选择【编辑】/【重做】命令又可恢复该步操作；每选择一次【编辑】/【后退一步】命令可以向前撤销一步操作；每选择一次【编辑】/【前进一步】命令可以向后重做一步操作。

1.1.7 存储并关闭图像

在完成“茶叶折页画册 .psd”图像编辑操作后，还需要对图像进行存储，在存储时需要选择合适的格式，存储完毕后即可关闭图像文件，其具体操作步骤如下。

微视频：存储并关闭图像

STEP 1 隐藏参考线查看完成后的效果

选择【视图】/【显示】/【参考线】命令或按【Ctrl+;】组合键，可隐藏参考线，并查看隐藏参考线后的效果，按【Ctrl+S】组合键对图像文件进行保存操作。

STEP 2 存储图像

①选择【文件】/【存储为】命令，打开“另存为”对话框，选择文件保存的位置；②在“文件名”文本框中输入文件名称；③在“保存类型”下拉列表中选择“JPEG”选项；④单击“保存”按钮。

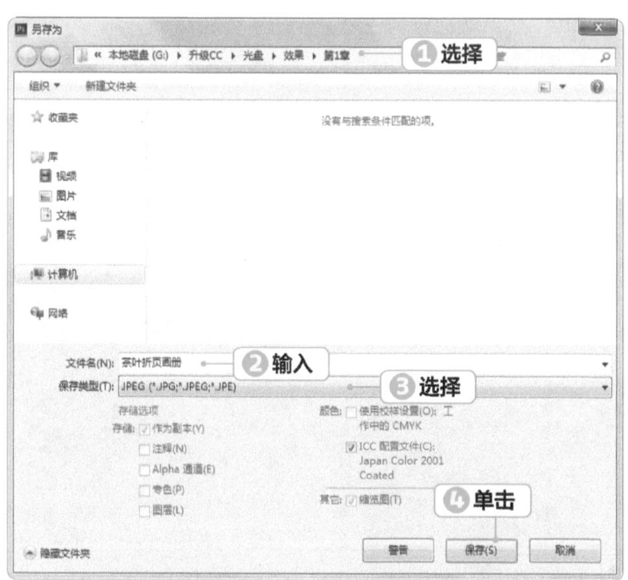

STEP 3 设置 JPEG 的图像品质

①打开“JPEG 选项”对话框，在“品质”栏右侧的文本框中输入“12”；②单击“确定”按钮。

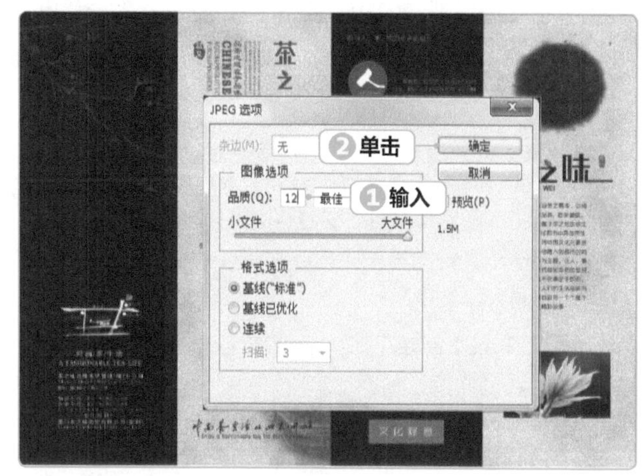

STEP 4 关闭保存后的图像

返回图像编辑窗口，选择【文件】/【关闭】命令关闭打开的窗口，完成操作。

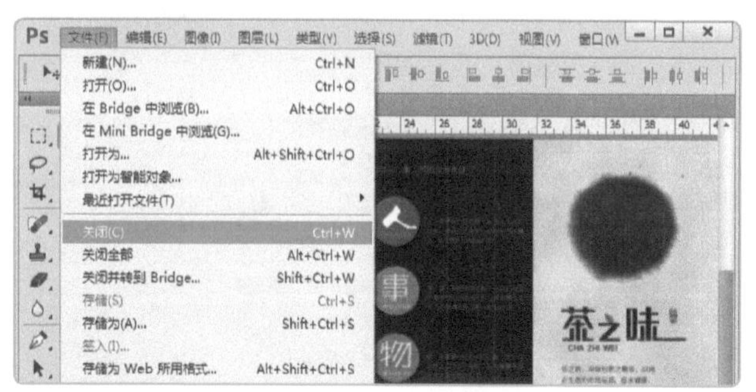

技巧秒杀

其他关闭方法

单击图像窗口标题栏最右端的“关闭”按钮即可关闭图像文件；或是按【Ctrl+W】组合键或【Ctrl+F4】组合键进行关闭操作。

1.2 制作“大雪”节气海报

二十四节气是我国气候变化、时令顺序的标志，客观地反映了季节更替和气候变化状况，它的形成和发展与我国农业生产的发展紧密相连。为了让大家关注二十四节气知识，弘扬传统文化，制作节气海报是相当必要的。本例将制作“大雪”节气海报，“大雪”是农历二十四节气中的第 21 个节气，标志着仲冬时节的正式开始。下面将主要使用画笔工具进行制作。

素材：素材 \ 第 1 章 \“大雪”节气海报 \

效果：效果 \ 第 1 章 \“大雪”节气海报 .psd

1.2.1 设置绘图颜色

微视频：设置绘图颜色

在使用绘图工具前需要先设置前景色和背景色，其中前景色用于显示当前绘图工具的颜色，背景色用于显示图像的底色，即画布的底色。设置前景色和背景色可通过拾色器、颜色面板、色板面板、吸管工具来完成，下面分别进行介绍。

1. 使用拾色器设置颜色

使用拾色器设置颜色是日常生活中设置颜色最为常用的方法。下面将新建图像文件，并使用拾色器设置背景色，其具体操作步骤如下。

STEP 1 新建图像文件

①选择【文件】/【新建】命令，或按【Ctrl+N】组合键，打开“新建”对话框，在“名称”文本框中输入图像名称为“‘大雪’节气海报”；②设置“宽度”和“高度”分别为“21”厘米和“37”厘米；③单击“确定”按钮。

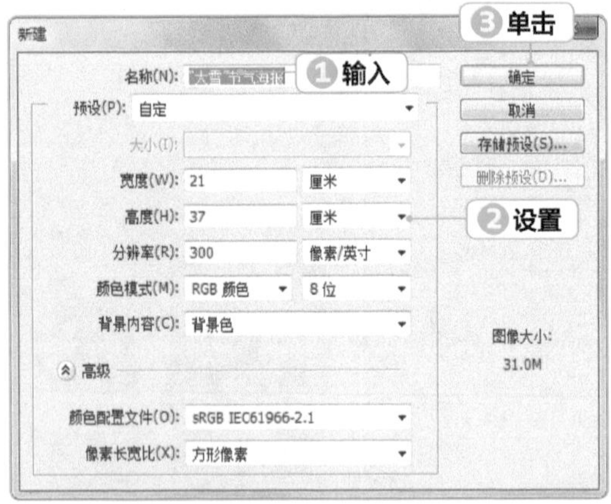

STEP 2 设置背景色

①单击工具箱中的背景色图标，打开“拾色器（背景色）”对话框；②使用鼠标拖曳颜色滑块到需要设置的颜色。

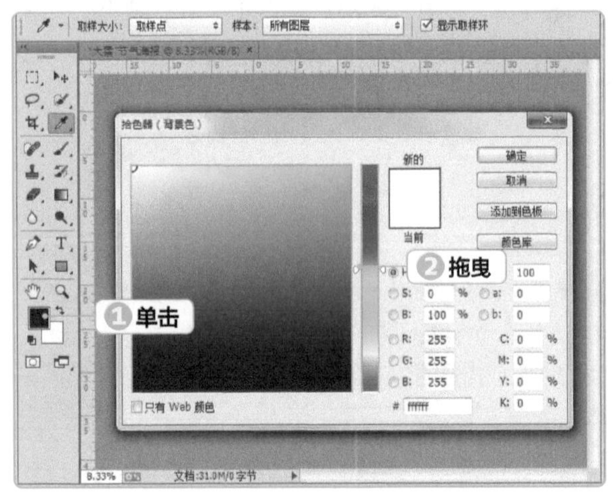

STEP 3 选择背景颜色

①将鼠标指针移动到左边颜色显示窗口中，此时鼠标指针将变成一个小圆圈，在需要设置为背景色的颜色处单击鼠标，或输入颜色值，这里输入“#c7f0fe”；②单击“确定”按钮。

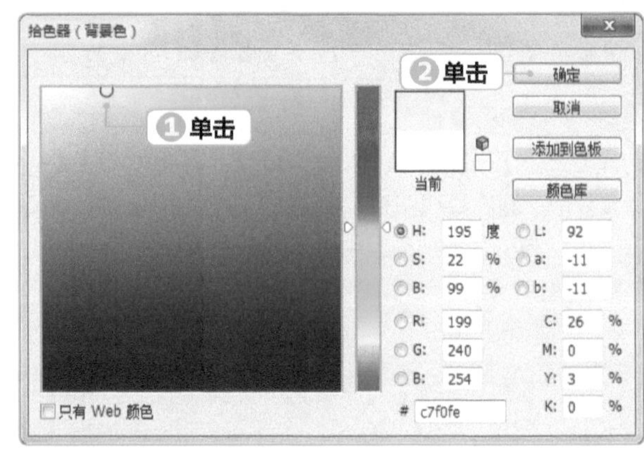

STEP 4 填充背景色

按【Ctrl+Delete】组合键，对背景色进行填充，查看填充背景色后的文件效果。

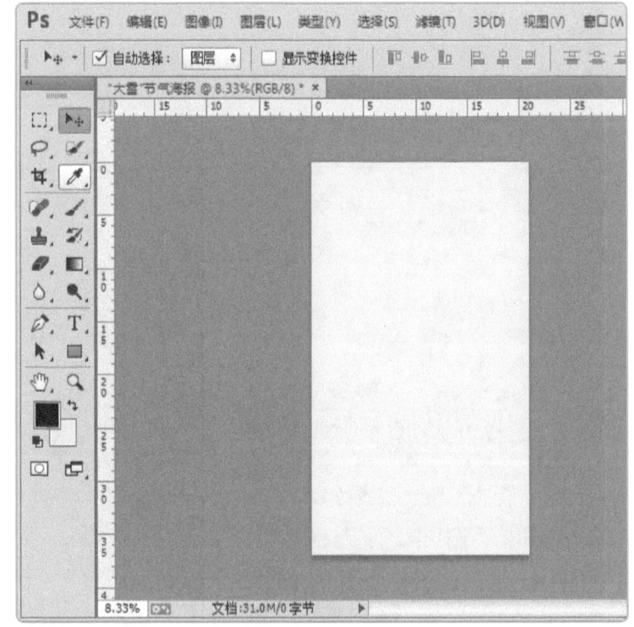

操作解谜

认识拾色器面板

对话框左侧的彩色方框称为色彩区域，用于选择颜色；中部的垂直长条为颜色滑杆，用于选择各种不同的颜色；右上方方形窗口的上半部分显示为当前新选取的颜色，下半部分显示为原来设置的颜色；对话框的右下角有9个单选项，即HSB、RGB、Lab 3种色彩模式的三原色，当选中其中某个单选项时，左侧的滑杆将自动变为该颜色模式的控制器。

2. 使用“颜色”面板和“色板”面板设置颜色

“颜色”面板和“色板”面板的设置方法与拾色器基本相同。下面将使用“颜色”面板和“色板”面板对前景色进行设置，其具体操作步骤如下。

STEP 1 使用“颜色”面板设置颜色

①选择【窗口】/【颜色】命令打开“颜色”面板，面板的左上角有两个颜色方框，上面的方框表示前景色，下面的方框表示背景色，这里单击选择前景色；②将鼠标移动到下方的色彩条上，当鼠标变为吸管工具时，单击所需设置的颜色；③在其滑块右侧的文本框中输入数值也可设置新的颜色，这里设置为“241、211、211”。

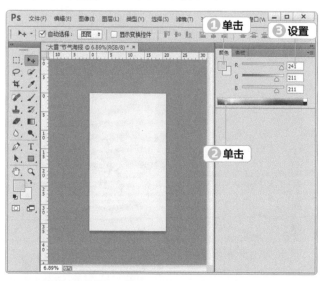

STEP 2 应用设置的颜色

①选择画笔工具；②将画笔大小设置为“2539 像素”，将画笔硬度设置为“0”；③横向涂抹图像的中间区域，添加背景颜色。

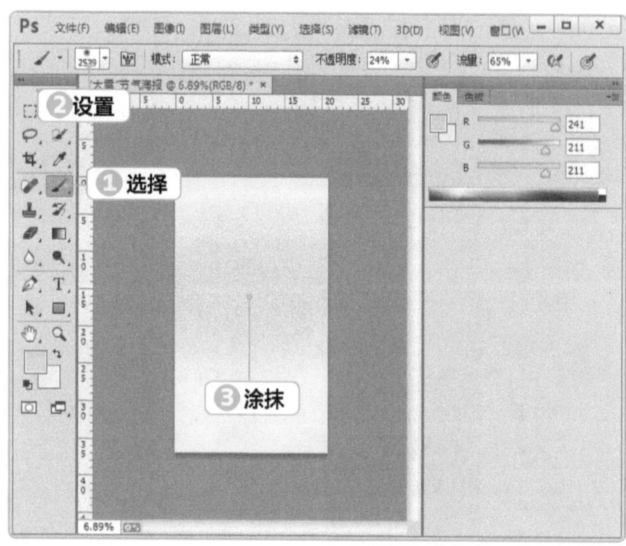

STEP 3 使用“色板”面板设置颜色

①单击“颜色”面板右侧的“色板”选项卡；②将鼠标移至“色板”面板的色样方格中，指针变为吸管工具，选择所需的颜色方格，即可设置前景色，此处选择“蜡笔青蓝”颜色。

技巧秒杀

使用“色板”面板设置背景色

若要设置背景色，只需按下【Ctrl】键，然后单击所需的色样方格即可。

STEP 4 应用设置的颜色

①选择画笔工具；②将画笔大小设置为“2539 像素”，将画笔硬度设置为“0”；③横向涂抹图像上方区域，添加背景颜色。

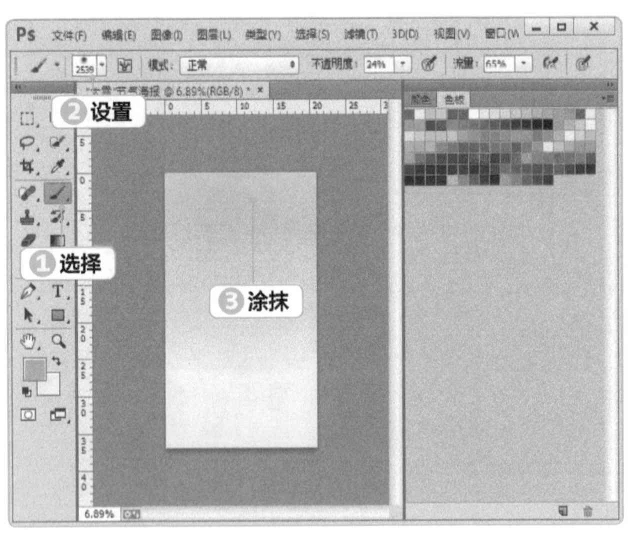

技巧秒杀

使用吸管工具设置颜色

使用吸管工具可以获取任何图像中的一种颜色，使其成为前景色或背景色。单击工具箱中的吸管工具，在其工具属性栏的“取样大小”列表框中选择一种取样方式，然后将光标移到图像中所需颜色处单击，取样的颜色就会成为新的前景色；按【Alt】键的同时在图像上单击选取所需的颜色，取样的颜色可成为新的背景色。

1.2.2 载入画笔样式

微视频：载入画笔样式

树木的枝丫较多，如果使用普通的画笔进行绘制，比较复杂费时，此时可选择合适的画笔样式进行载入，让画面的表现效果更加完整。下面将分别对载入画笔库中的画笔和载入外置画笔的方法进行介绍。

1. 载入画笔库中的画笔

当画笔笔尖形状不能满足需要时，需要在“画笔预设”面板中载入画笔库中的画笔，使画笔样式更加丰富。下面将先打开“画笔预设”面板，再进行画笔的载入操作，其具体操作步骤如下。

STEP 1 打开“画笔预设”面板

①选择【窗口】/【画笔预设】命令；②打开“画笔”面板，在“画笔”面板左侧单击“画笔预设”按钮。

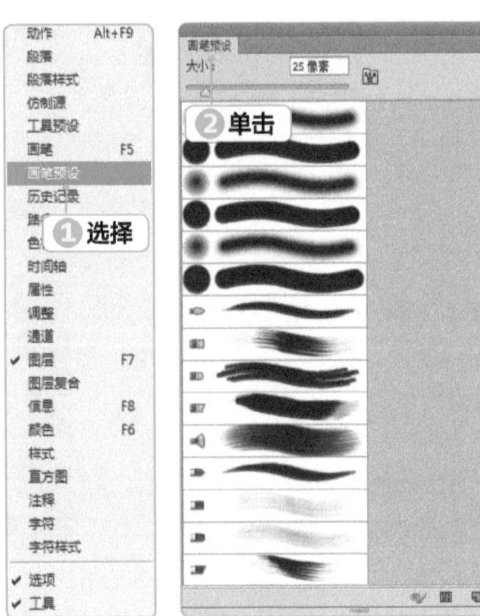

STEP 2 选择载入的画笔样式

①在“画笔预设”面板右侧单击按钮；②在打开的下拉列表中选择需要载入的画笔样式选项，这里选择“自然画笔”选项。

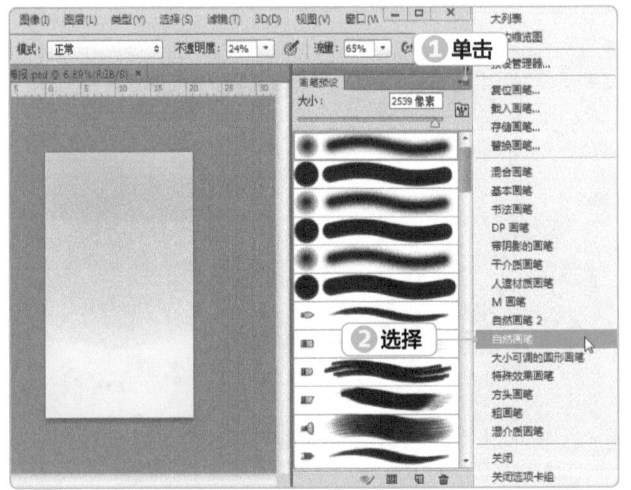

STEP 3 确认载入的画笔样式

打开“是否用自然画笔中的画笔替换当前的画笔？”提示框，单击“追加”按钮，将自然画笔追加到当前画笔中，单击“确定”按钮将使用选择的画笔组替换当前的画笔组。

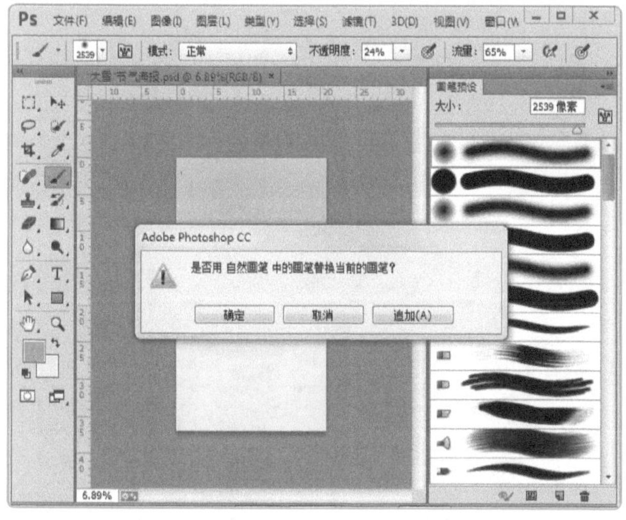

STEP 4 应用画笔样式

①在“画笔预设”下拉列表框中查看追加的画笔样式，将前景色设置为白色；②选择画笔工具；③在“画笔预设”下拉列表框中选择“63”选项；④在工具属性栏中将画笔大小设置为“1200 像素”，再将不透明度设置为“80%”；⑤在图像底部绘制白色的积雪效果。

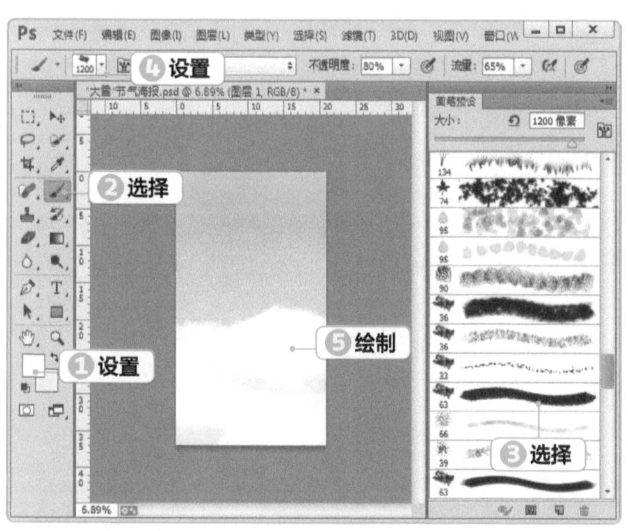

2. 载入外置画笔

用户可以在“画笔预设”面板右侧单击按钮，在打开的下拉列表中选择“载入画笔”选项直接载入画笔样式，也可通过“预设管理器”载入画笔，其具体操作步骤如下。

STEP 1 选择“预设管理器”选项

①在“画笔预设”面板右侧单击按钮；②在打开的下拉列表中选择“预设管理器”选项。

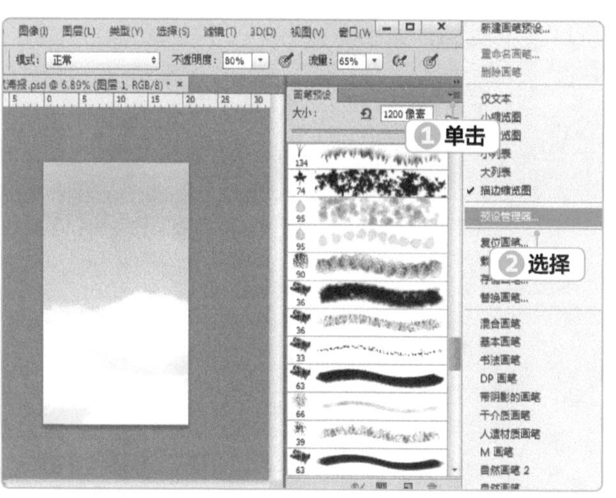

STEP 2 选择载入画笔

打开“预设管理器”对话框，单击“载入”按钮。

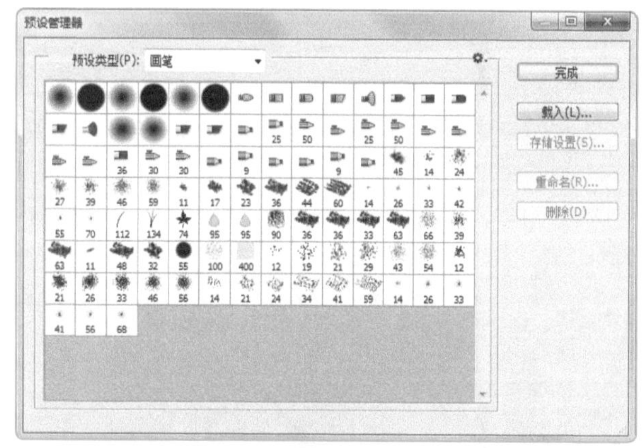

STEP 3 载入计算机中的画笔样式

①打开“载入”对话框，选择笔刷的保存位置；②选择需要载入的笔刷，此处选择“树枝 .abr”选项；③单击“载入”按钮。

STEP 4 **查看载入的树枝样式**

①返回"预设管理器"对话框，查看载入的树枝样式；②单击"完成"按钮。

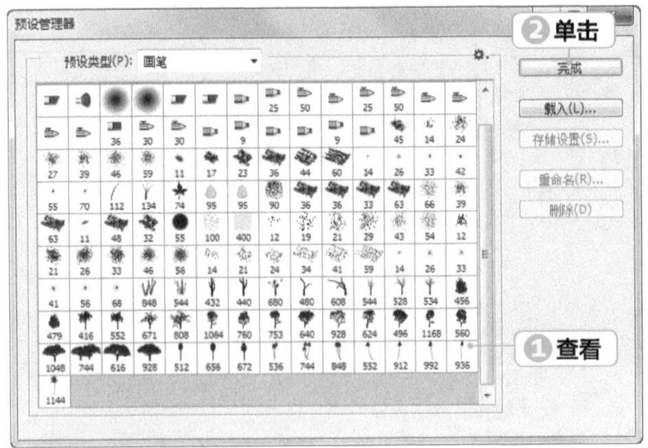

STEP 5 **绘制大树**

①选择画笔工具；②设置前景色为"#554230"；③选择"544"笔刷样式；④新建图层，设置画笔大小为"2200像素"；⑤在图像编辑区单击鼠标绘制大树，使用相同的方法绘制另一棵大树。

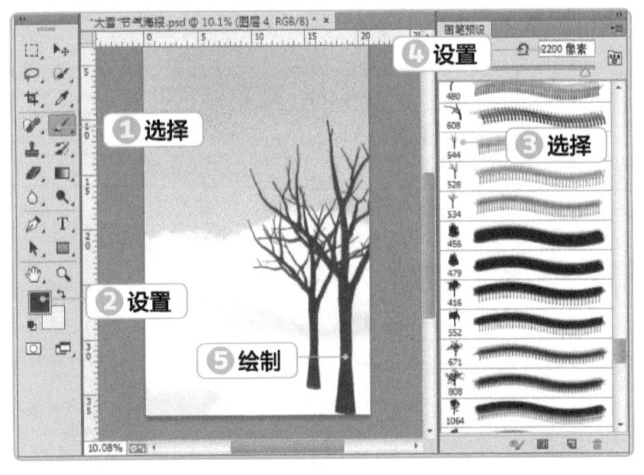

STEP 6 **绘制白色大树**

①新建图层，将其移动到树木图层下方，设置前景色为"白色"；②选择画笔工具，选择需要绘制的树枝样式，设置画笔大小，绘制白色远景树木，此处绘制的白色大树使用了"680" "608" "544" "528" "534" 5个画笔样式。

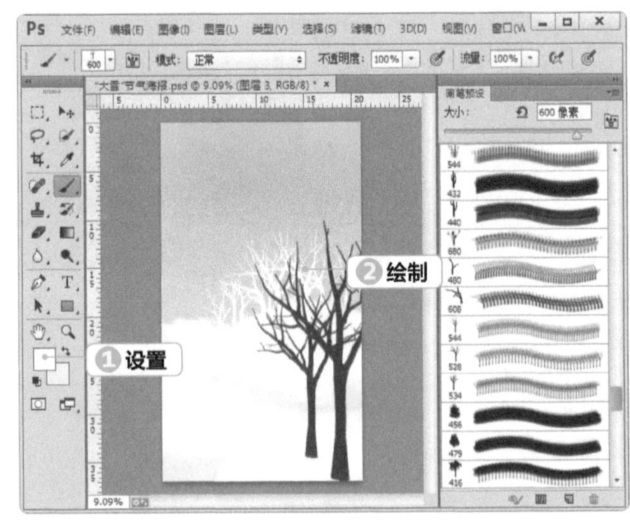

技巧秒杀

快速更改画笔大小

在使用画笔工具绘制图像的过程中，有时需要频繁切换画笔的大小，通过输入画笔大小值，固然精确，但比较耗时，此时可通过快捷键进行画笔大小的切换，其方法为：将输入法切换到英文状态或退出输入状态后，按【[】或【]】键放大或缩小画笔半径，按键次数越多放大与缩小画笔半径的幅度就越大。

1.2.3 设置画笔基本样式

默认的画笔大小与样式并不能满足编辑的需要，此时就需要对画笔笔尖的形状等样式进行设置。下面对设置笔尖形状样式和其他常用画笔样式的方法分别进行介绍。

微视频：设置画笔基本样式

1. 设置笔尖形状样式

设置笔尖形状是画笔中必不可少的操作，在设置时先选择需要的画笔样式，再对该画笔样式的详细参数进行设置，让绘制的画笔效果更加完美，其具体操作步骤如下。

STEP 1 **设置画笔参数**

①在"图层"面板底部单击"创建新图层"按钮，新建"雪花"图层；②将前景色设置为白色；③选择画笔工具，在工具属性栏的画笔样式下拉列表框中选择"柔边圆"笔刷样式。

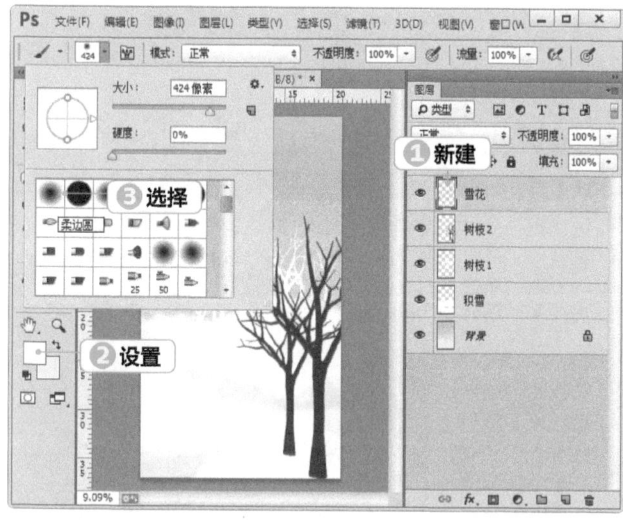

STEP 2 设置笔尖形状

①选择【窗口】/【画笔】命令，在打开的“画笔”面板中设置笔刷大小为“300 像素”；②单击选中“间距”复选框，设置间距值为“180%”，在面板下方即可预览设置后的效果。

STEP 3 设置形状动态

①在“画笔”面板的左侧单击选中“形状动态”复选框；②设置大小抖动的值为“100%”；③设置最小直径为“1%”。

操作解谜

形状动态的用途

形状动态主要用于绘制具有渐隐效果的图像，如烟雾生成到渐渐消逝的过程、物体的运动轨迹等。

STEP 4 设置散布

①在“画笔”面板中单击选中“散布”复选框；②设置散布值为“1000%”，控制为“5”，数量为“1”，数量抖动值为“99%”。

STEP 5 绘制飘落的雪花

将鼠标指针移动到绘图区，此时绘图区上将显示画笔形状效果，在左下角单击，即可完成雪花的绘制。

2. 设置其他画笔样式

画笔样式除了笔尖形状动态、散布外，还可对纹理、双重画笔、颜色动态、传递、画笔笔势、杂色、湿边、建立、平滑和保护纹理等进行设置。这些操作不但能使画笔效果更加美观，还能体现不一样的质感。其中前 4 个选项应用方法相似，后 5 个选项只需选中对应的复选框即可显示相应的效果。下面对纹理、双重画笔、颜色动态的使用方法进行具体讲解，其具体操作步骤如下。

STEP 1 设置纹理

❶单击选中“纹理”复选框；❷在右侧打开“纹理”面板，单击“反相”栏左侧的下拉按钮，在打开的下拉列表框中选择纹理样式；❸设置“缩放、亮度、对比度、深度、深度抖动”分别为“86%、150、-3、87%、49%”，绘制树叶，查看绘制后的效果。

STEP 2 设置双重画笔

❶单击选中“双重画笔”复选框；❷在右侧打开的“双重画笔”面板中选择另一种画笔；❸在“双重画笔”面板中设置画笔样式的“大小、间距、散布、数量”分别为“456 像素、25%、80%、6”，绘制树叶，查看绘制后的效果。

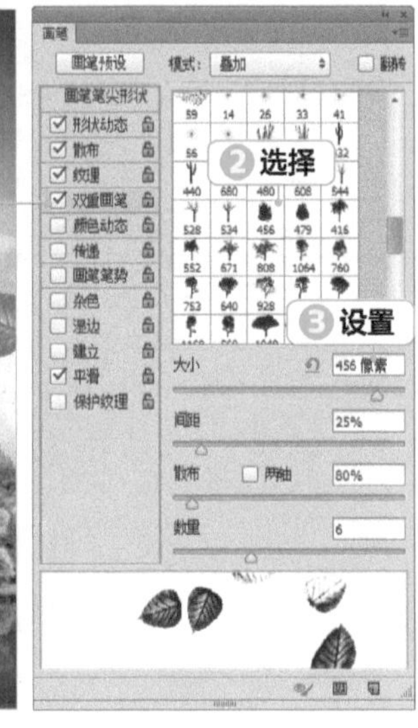

STEP 3 设置颜色动态

❶单击选中“颜色动态”复选框；❷单击选中“应用每笔尖”复选框，并设置“前景 / 背景抖动”为“53%”；❸设置“色相抖动、饱和度抖动、亮度抖动、纯度”分别为“38%、17%、23%、+10%”，查看设置后的效果。

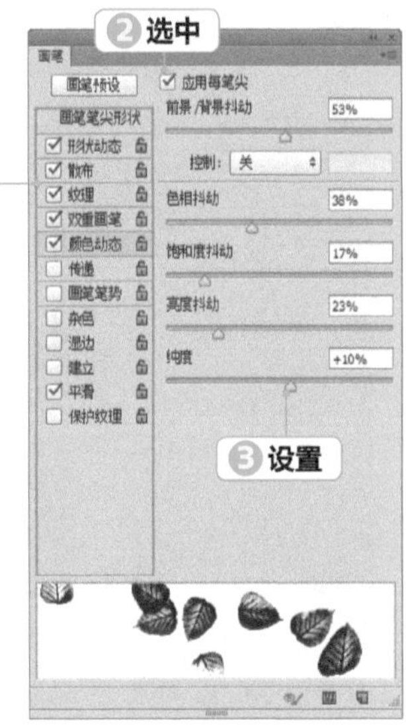

1.2.4 使用画笔工具绘制图像

当完成大树的绘制后，还需要使用画笔工具对大树上的积雪进行绘制。绘制时注意积雪的位置为树枝末端以及树枝分叉处，以使画面更加真实。此外还可使用画笔工具快速绘制小熊的投影，增加画面的立体感，其具体操作步骤如下。

微视频：使用画笔工具绘制图像

STEP 1 新建图层并设置画笔参数

①按【Ctrl】键单击树枝图层的缩略图，载入选区；②在“图层”面板中单击右下角的“创建新图层”按钮，新建图层；③设置前景色为“白色”，选择画笔工具，在工具属性栏的画笔样式列表框中选择“柔边圆”选项；④设置“画笔大小”为“60 像素”。

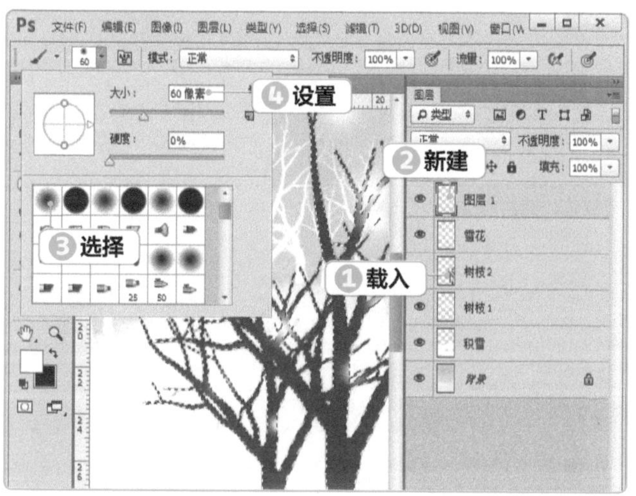

STEP 2 绘制积雪

涂抹树枝枝丫和树枝末端，添加积雪效果，在绘制过程中可不断调整画笔大小。

STEP 3 涂抹树干与树枝

①选择减淡工具；②在工具属性栏中设置曝光度为“85%”；③调整画笔大小，涂抹树干与树枝，增加树干与树枝的层次感。

STEP 4 绘制雪人投影

①打开“熊.psd”图像，将其移动到当前图像中；②按【D】键恢复前景色和背景色；③在熊图层下方新建图层2，使用画笔工具单击绘制1200像素的柔边圆，按【Ctrl+T】组合键，调整圆的大小与位置，使其置于雪人脚底。

1.2.5 使用铅笔工具

铅笔工具的使用方法与画笔工具相似，只是使用铅笔工具绘制的线条比画笔工具绘制的线条更加生硬，没有画笔工具的柔和过渡效果。下面输入对应的文字对海报进行说明，并且使用铅笔工具绘制线条，起到锦上添花的作用，其具体操作步骤如下。

微视频：使用铅笔工具

STEP 1 输入“大雪”文字

❶选择直排文字工具，设置前景色为“白色”；❷在工具属性栏中设置“字体”为“张海山锐线体简”；❸设置“字号”为“103 点”，字形为“浑厚”；❹在图像上的空白处单击，并输入“大雪”文字，按【Ctrl+Enter】键确认输入。

STEP 2 输入其他文字

❶选择直排文字工具；❷在工具属性栏中设置“字体”为“中圆体”；❸设置“字号”为“36 点”，字形为“浑厚”；❹在“大雪”文字的左侧分别输入两列文字，按【Ctrl+Enter】键确认输入，使用移动工具调整文本位置。

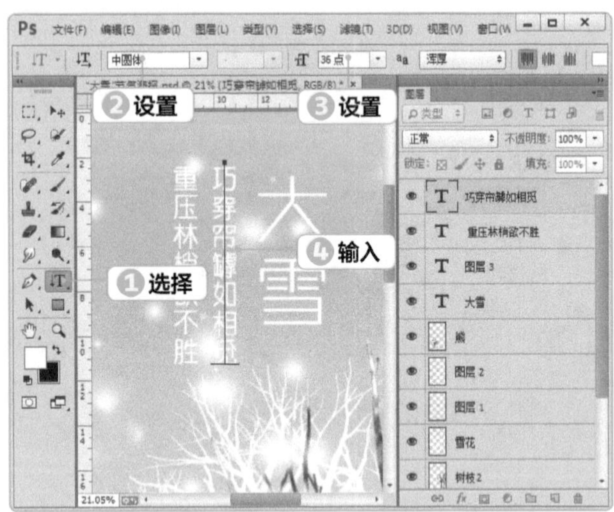

STEP 3 设置铅笔参数

❶在“图层”面板中单击右下角的“创建新图层”按钮，新建图层；❷在工具箱中选择铅笔工具，在工具属性栏中单击“铅笔工具”右侧的下拉按钮；❸在打开的下拉列表框中设置大小为“2 像素”；❹按住【Shift】键在文本中间绘制垂直线条；❺将“雪花”图层移动到最上端。

STEP 4 保存文件并查看效果

按【Ctrl+S】组合键打开“另存为”对话框，在其中设置保存位置并保存文件，查看完成后的效果。

新手加油站——编辑和绘制图像技巧

1. 图像文件格式

在 Photoshop 中存储作品时，应根据需要选择合适的文件格式。Photoshop 支持多种文件格式，下面介绍一些常见的文件格式。

- PSD（*.PSD）格式：是 Photoshop 软件默认生成的文件格式，是唯一能支持全部图像色彩模式的格式。以 PSD 格式保存的图像可以包含图层、通道、色彩模式等图像信息。
- TIFF（*.TIF；*.TIFF）格式：支持 RGB、CMYK、Lab、位图和灰度等色彩模式，而且在 RGB、CMYK 和灰度等色彩模式中支持 Alpha 通道的使用。
- BMP（*.BMP；*.RLE；*.DIB）格式：是标准的位图文件格式，支持 RGB、索引颜色、灰度和位图色彩模式，但不支持 Alpha 通道。
- GIF（*.GIF）格式：是 CompuServe 提供的一种格式，此格式可以进行 LZW 压缩，从而使图像文件占用较少的磁盘空间。
- EPS（*.EPS）格式：是一种 PostScript 格式，常用于绘图和排版。此格式最显著的优点是在排版软件中能以较低的分辨率预览，在打印时则以较高的分辨率输出。它支持 Photoshop 中所有的色彩模式，但不支持 Alpha 通道。
- JPEG（*.JPG；*.JPEG；*.JPE）格式：主要用于图像预览和网页，该格式支持 RGB、CMYK 和灰度等色彩模式。使用 JPEG 格式保存的图像会被压缩，图像文件会变小，但会丢失部分不易察觉的色彩。
- PDF（*.PDF；*.PDP）格式：是 Adobe 公司用于 Windows、Mac OS、UNIX 和 DOS 系统的一种电子出版格式，包含矢量图和位图，还包含电子文档查找和导航功能。
- PNG（*.PNG）格式：用于在互联网上无损压缩和显示图像。与 GIF 格式不同，PNG 格式支持 24 位图像，产生的透明背景没有锯齿边缘。PNG 格式支持带一个 Alpha 通道的 RGB 和灰度模式，用 Alpha 通道来定义文件中的透明区域。

2. 查看图像

对图像进行编辑时，需要不断放大或缩小图像以便调整细节或观察整体。查看图像主要包括使用导航器查看、使用缩放工具查看、使用抓手工具查看，下面分别进行讲解。

- 使用导航器查看图像：使用导航器查看图像可以快速显示图像的细节部分，并能在导航器中查看完整的图像，便于整体和部分间的细节观察。打开需查看的文件，在右侧的面板组中单击“导航器”按钮，展开“导航器”面板，拖曳底部的滑块可调整显示比例，也可通过单击“放大”按钮放大或缩小图像，或直接在左侧的文本框中输入缩放比例。

- 使用缩放工具查看图像：在工具箱中选择缩放工具放大和缩小图像，也可使图像呈 100% 显示。在工具箱中选择缩放工具，在需要放大的图像上拖曳鼠标，释放鼠标即可放大图像；按住【Alt】键，当鼠标指针变为减号状态时，单击要缩小的图像，即可使视图以预设的百分比进行缩小。

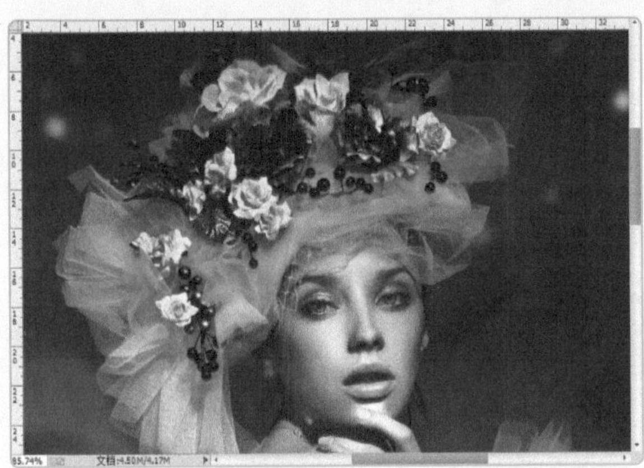

- 使用抓手工具查看图像：使用工具箱中的抓手工具可以在图像窗口中移动图像，图像放大后，在工具箱中选择抓手工具，在放大的图像窗口中按住鼠标左键拖曳，可以查看图像的其他部分。

3. 复制和粘贴图像

将图像粘贴到另一张图像中，可使图像效果更加丰富，其方法为：打开需要复制和粘贴的图像，在要复制的图像中按【Ctrl+A】组合键选择图像，选择【编辑】/【拷贝】命令或按【Ctrl+C】组合键，再切换到另一张图像中，选择【编辑】/【粘贴】命令或按【Ctrl+V】组合键粘贴图像。

高手竞技场 ——编辑和绘制图像练习

照片下雪处理

打开提供的素材文件“照片.jpg”，对素材进行编辑，要求如下。

- 载入提供的雪花画笔，新建几个雪花图层，使用不同大小和不同流量的画笔绘制雪花，增加雪花的层次感。
- 选择【图像】/【调整】/【照片滤镜】命令，为照片添加冷却滤镜，设置容差值为“20%”。
- 调整背景的曲线，增加亮部与暗部的对比度。

02 Chapter

第 2 章

创建并编辑选区

/ 本章导读

利用各种选区绘制工具在图像中创建的全部或部分图像区域称为选区，其作用是保护选区外的图像不受影响，只对选区内的图像效果进行编辑。本章将通过制作 CD 光盘封面、抠取网店商品图片、制作墙壁中手的特效等案例介绍选区的创建与编辑方法。

2.1 制作光盘封面

CD 光盘封面是在 CD 光盘制作好后针对光盘中的内容来设计的，使用 Photoshop CC 设计光盘封面前需要先利用选区工具来创建选区，并添加渐变颜色，再添加封面图片，最后对封面图片进行反向操作。下面对制作 CD 光盘封面用到的工具进行介绍。

素材：素材 \ 第 2 章 \CD 光盘 \ | 效果：效果 \ 第 2 章 \CD 光盘封面 .psd

2.1.1 创建规则选区

微视频：创建规则选区

矩形选框工具组主要包括椭圆选框工具、矩形选框工具、单行选框工具和单列选框工具，通过这些工具可以直接在图像中创建规则选区。本例制作的 CD 光盘为圆形，因此在绘制时需要先使用椭圆选框工具创建圆形的规则选区，再对图形进行编辑，下面分别对各种创建方法进行介绍。

1. 使用椭圆选框工具

椭圆选框工具主要用于圆形的绘制，如绘制正圆、椭圆等。下面将新建名为“CD 光盘封面”的图像文件，并在绘图区的中间位置使用椭圆选框工具绘制 CD 光盘中的正圆，其具体操作步骤如下。

STEP 1 新建图像文件

❶启动 Photoshop CC，选择【文件】/【新建】命令，或按【Ctrl+N】组合键，打开“新建”对话框，在“名称”文本框中输入图像名称“CD 光盘封面”；❷在“宽度”和“高度”下拉列表框中选择“厘米”选项；❸在“宽度”和“高度”文本框中都输入“12.6”；❹单击“确定”按钮。

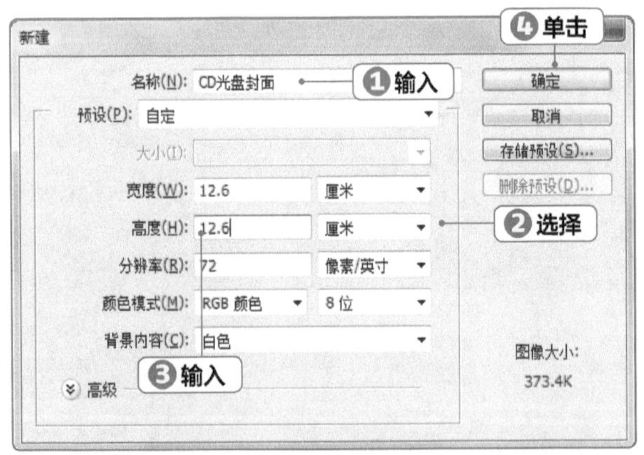

STEP 2 确定绘制椭圆选框工具的起点

按【Ctrl+R】组合键显示参考线，分别从左侧和上侧的标尺上拖出两条参考线，两条参考线相交的位置即为光盘圆心。

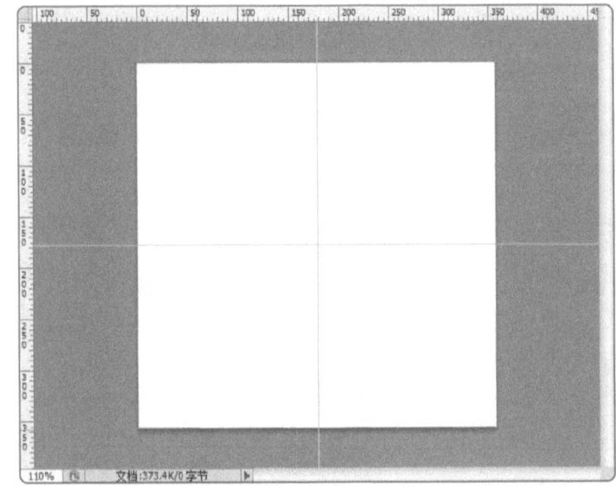

STEP 3 设置绘制椭圆的参数

❶在工具箱中的矩形选框工具上单击鼠标右键，在弹出的面板中选择椭圆选框工具；❷在工具属性栏的样式下拉列表框中选择“固定大小”选项；❸在“宽度”和“高度”的文本框中都输入“11.5 厘米”。

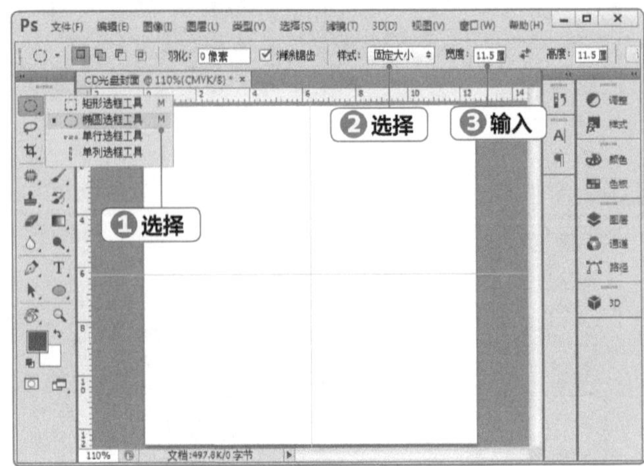

STEP 4 绘制椭圆

❶按住【Alt】键，在图像区域的参考线交叉处单击即可绘制直径为 11.5 厘米的圆形选区；❷按【Ctrl+J】组合键复制选区到新的图层，得到图层 1。

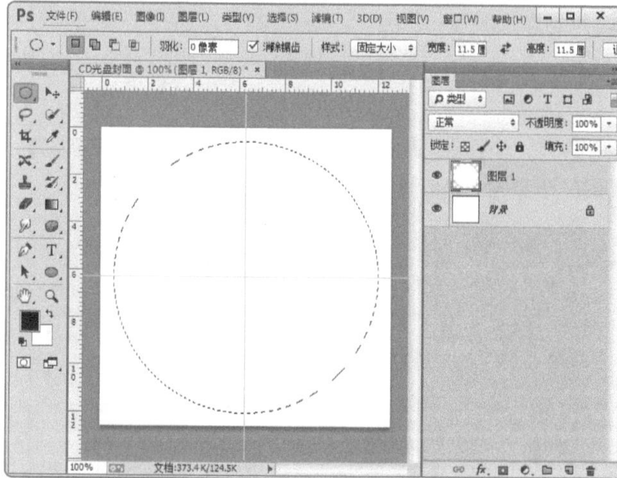

技巧秒杀

绘制圆时的技巧

在图像窗口中按住【Alt】键的同时拖曳鼠标，可以从中心创建选区；按住【Shift】键的同时拖曳鼠标，可以绘制正圆形选区。

2. 使用其他选框工具

使用其他选框工具绘制选区的方法与椭圆选框工具基本类似。下面分别对矩形选框工具、单行选框工具和单列选框工具的绘制方法进行讲解。

- 矩形选框工具：在工具箱中选择矩形选框工具，此时鼠标指针变为十字形状，将鼠标移动到图像中需要选择的区域的起始点，按住鼠标左键不放，拖曳鼠标到被选择区域的结束位置，释放鼠标即可自动创建一个选区，按【Alt】键在选区内继续绘制矩形框可从已有选区减去当前选区，为选区填充红色。

技巧秒杀

设置固定选区和绘制正方形选区的方法

在工具属性栏中的“样式”下拉列表框中选择“固定比例”选项，或绘制时按住【Shift】键，可绘制正方形的选区。

- 单行选框工具：使用单行选框工具可以在图像上创建的水平选区。只需在工具箱中选择单行选框工具，在图像窗口中单击即可。

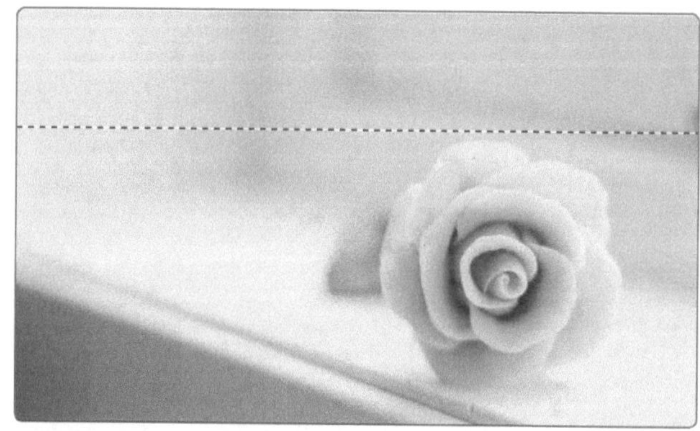

- 单列选框工具：单列选框工具和单行选框工具一样，只是选框的方向不同，使用单列选框工具可以在图像上创建垂直选区。只需在工具箱中选择单列选框工具，在图像窗口中单击即可。

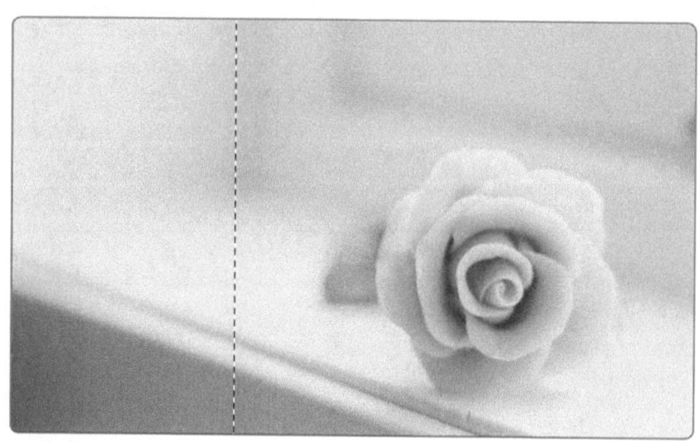

2.1.2 使用填充选区工具组填充颜色

CD 中有一面具有渐变的发光效果，为了将该效果展现出来，在制作 CD 光盘封面时，需要在绘制的选区中填充颜色。下面分别对在选区中填充颜色的方法进行介绍。

1. 使用渐变工具填充选区

使用渐变工具填充选区时，不但能为选区添加不同的渐变颜色，还能让颜色变得有层次感。下面将在绘制的椭圆选区中添加渐变颜色，展现光盘的质感，其具体操作步骤如下。

微视频：使用渐变工具填充选区

STEP 1 选择渐变工具

❶在工具箱中选择渐变工具；❷在工具属性栏中单击“渐变编辑器”按钮；❸打开“渐变编辑器”对话框。

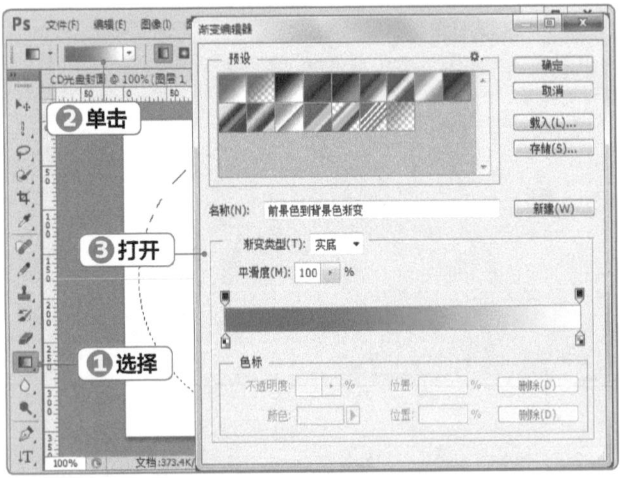

STEP2 选择渐变颜色

❶在“预设”栏中选择“黑，白渐变”选项；❷在颜色条上单击左下侧的“色标”滑块；❸单击“色标”栏的“颜色”色块。

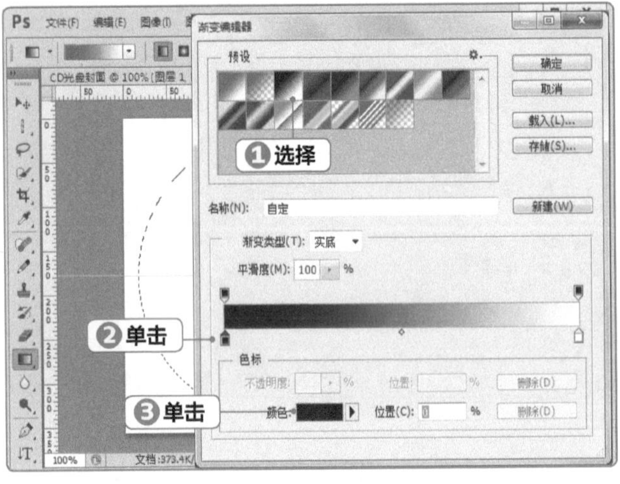

STEP 3 选择渐变颜色

❶打开“拾色器（色标颜色）”对话框，在其中设置颜色为“灰色（#cac8c8）”；❷单击“确定”按钮；❸返回“渐变编辑器”对话框，单击“确定”按钮，完成渐变颜色的设置，设置的渐变颜色将默认显示在“预设”栏中。

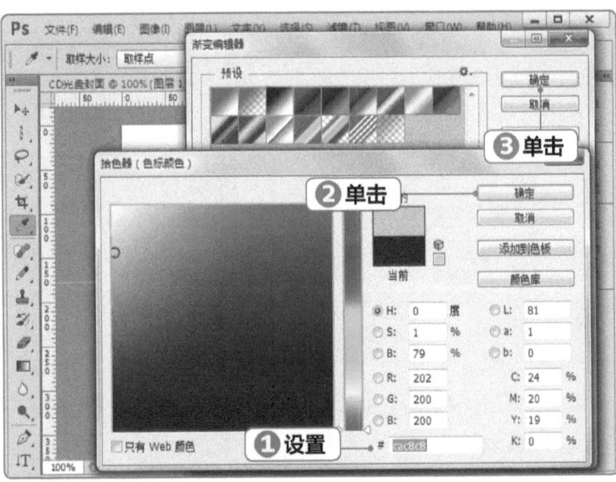

STEP 4 设置渐变参数并进行渐变填充

❶在工具属性栏中单击“径向渐变”按钮，设置径向渐变；❷单击选中“反向”复选框，使渐变颜色反向；❸在图像中心向边缘拖曳鼠标，进行渐变填充，并查看填充渐变后的效果。

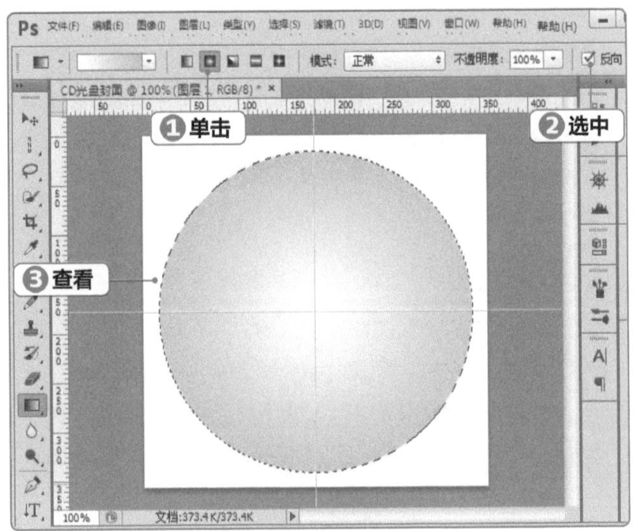

技巧秒杀

渐变填充的注意事项

在渐变填充时根据拖曳直线的起点、方向及长短不同，其渐变效果也将有所不同，用户进行填充时应根据具体需要拖曳直线。

操作解谜

渐变工具对应工具属性栏中各选项含义

“模式”下拉列表框：用于设置填充渐变颜色与其他图像进行混合的方式，各选项与图层的混合模式作用相同；“不透明度”下拉列表框：用于设置填充渐变颜色的透明程度；“仿色”复选框：单击选中该复选框可使用递色法来表现中间色调，使颜色渐变更加平顺；“透明区域”复选框：单击选中该复选框可设置不同颜色段的透明效果。

2. 使用填充命令填充选区

使用填充命令也可为选区填充前景色、背景色或图案。下面将对使用填充命令填充选区的方法进行介绍，其具体操作步骤如下。

STEP 1 填充纯色

❶选择【编辑】/【填充】命令，或按【Shift+F5】组合键，打开“填充”对话框，在“使用”下拉列表中选择前景色、背景色或其他颜色，此处选择“白色”选项；❷单击“确定”按钮，可以为选区填充白色。

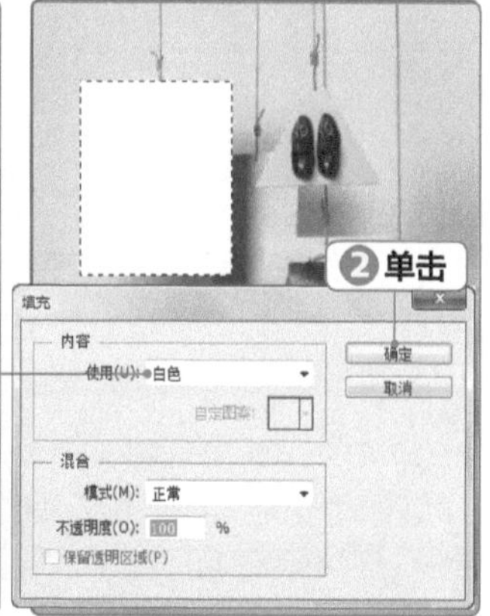

STEP 2 填充图案

❶在“使用”下拉列表中选择“图案”选项；❷在“自定图案”下拉列表框中选择一种图案；❸在“脚本”下拉列表中选择“随机填充”选项；❹单击“确定”按钮。

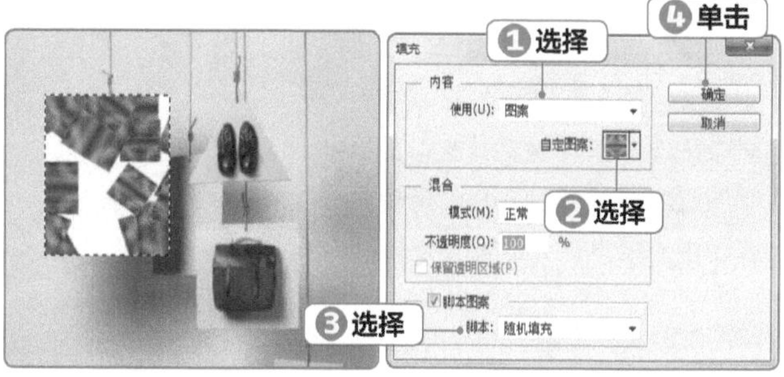

STEP 3 内容识别

❶为图像中的文本创建矩形选区，在“使用”下拉列表中选择“内容识别”选项；❷单击“确定”按钮，系统将识别文本周围的颜色与图案，并应用到选区中。

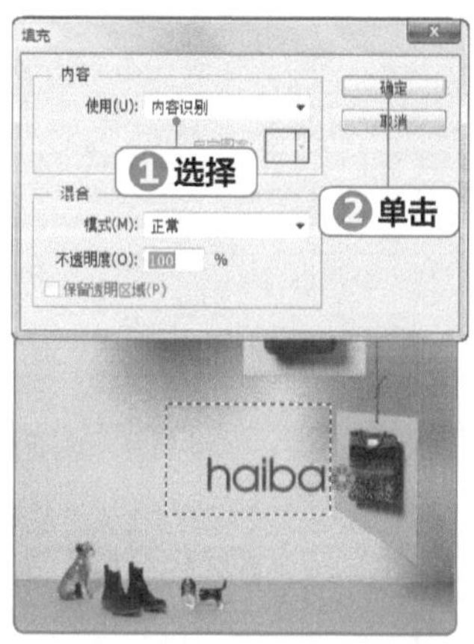

3. 使用油漆桶工具填充选区

油漆桶也是填充颜色的常用操作，只需选择油漆桶工具进行颜色填充。下面将对使用油漆桶工具填充选区的方法进行介绍，其具体操作步骤如下。

STEP 1 设置填充参数

❶在工具箱中选择油漆桶工具，或按【G】键；❷在工具属性栏中单击“前景”按钮，在打开的下拉列表中选择“图案”选项；❸单击右侧的下拉按钮，在打开的下拉列表中选择一种图案样式。

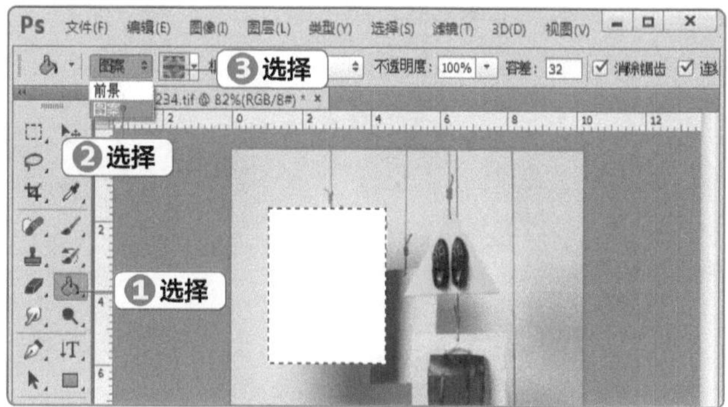

第2章 创建并编辑选区

技巧秒杀

使用油漆桶工具填充颜色

使用油漆桶工具填充颜色主要是填充前景色的颜色，因此设置好前景色后，在工具箱中选择油漆桶工具，并在选区中直接单击，即可完成颜色的填充。

STEP 2 填充图案

返回选区，可发现此时的鼠标指针变为油漆桶形状，在选区中单击，即可填充设置的填充图案。

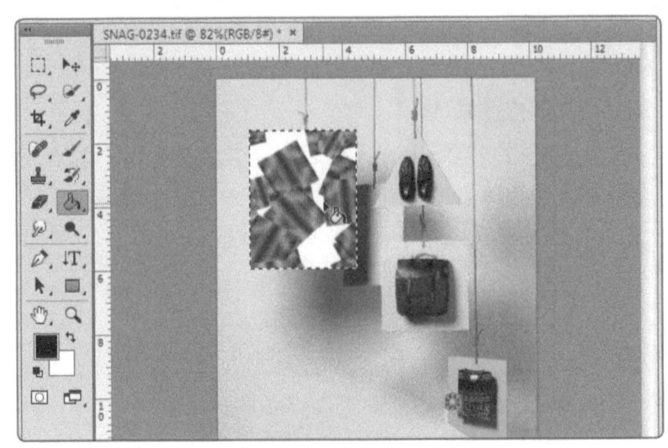

2.1.3 描边选区

微视频：描边选区

在绘制过程中，经常会出现颜色较相似、选区边界混淆的情况，或是选区出现错误，需要对绘制的选区进行修改，此时可对选区进行描边和修改操作。下面将对光盘进行描边操作，在选区的上方重新创建选区并对其进行描边，其具体操作步骤如下。

STEP 1 描边选区

❶选择【编辑】/【描边】命令，打开“描边”对话框，设置描边宽度为“2 像素”；❷设置描边颜色为“#b0aeae”；❸单击“确定”按钮。

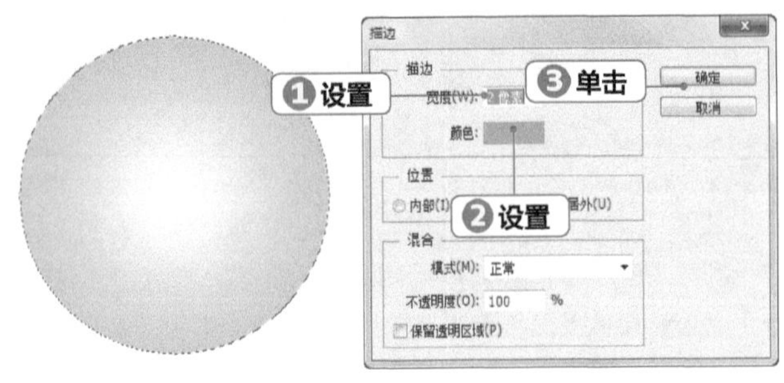

STEP 2 取消选区并查看描边效果

选择【选择】/【取消选择】命令或按【Ctrl+D】组合键取消选区，查看描边效果。

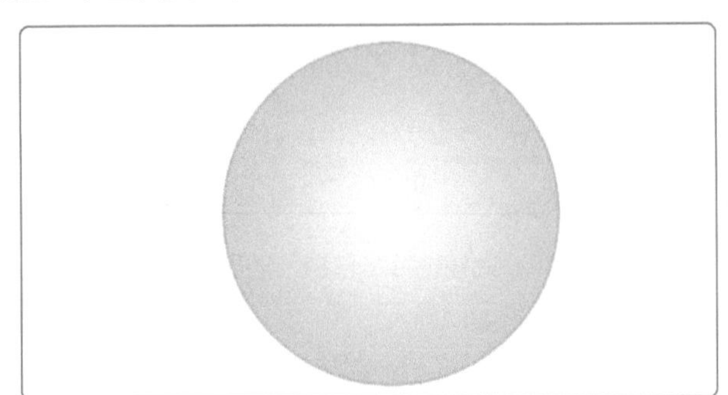

2.1.4 反向选区

微视频：反向选区

在绘制图像的过程中往往需要添加不同的素材，若需要将素材中的某一部分显示在绘制选区中，可通过反选命令将选区外的部分选中并删除。下面将在椭圆选区中添加图片，并使用反向命令将图片中不需要的部分删除，其具体操作步骤如下。

STEP 1 选择打开的文件

❶按【Ctrl+O】组合键，打开“打开”对话框，在“查找范围”下拉列表中选择文件的打开位置；❷在中间列表框中双击需打开的文件，打开素材图片。

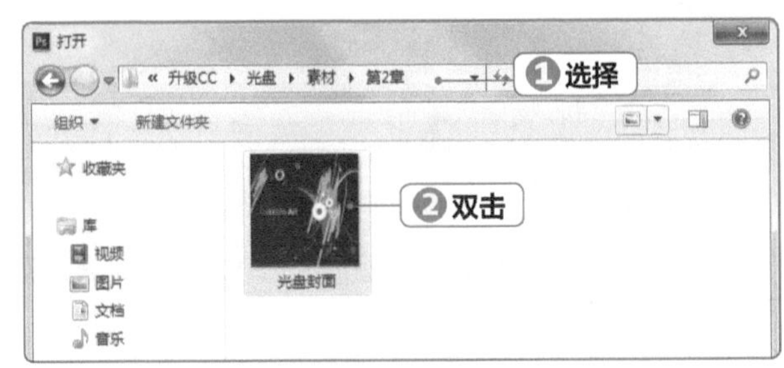

STEP 2 调整图片大小

使用移动工具将打开的素材拖动到“CD 光盘封面”文件中，生成图层 2，按【Ctrl+T】组合键进入变换状态，拖动四边的控制点，直至页面大小，按【Enter】键完成调整。

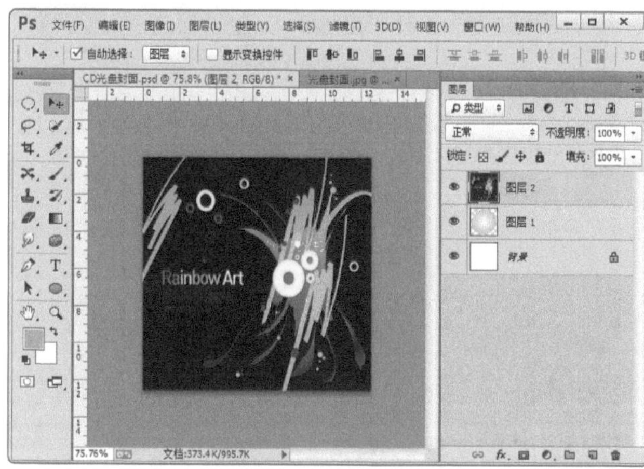

STEP 3 收缩选区

❶保持图层 2 的选择状态，按【Ctrl】键单击图层 1 缩略图，在图层 2 中载入圆形选区；❷选择【选择】/【修改】/【收缩】命令，在打开的“收缩选区”对话框中输入“5”；❸单击“确定”按钮。

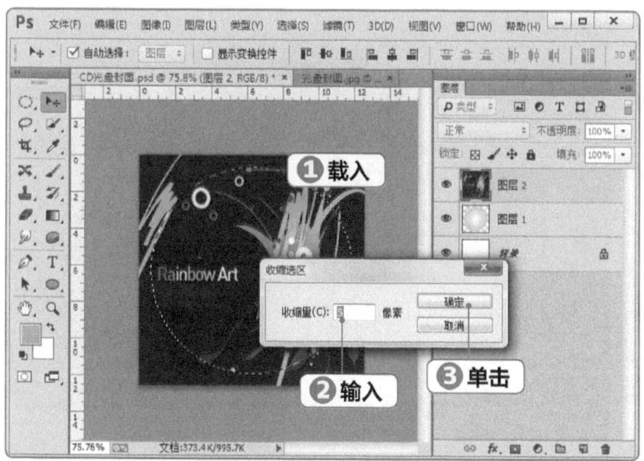

STEP 4 反向选择选区

按【Enter】键完成调整，选择【选择】/【反向】命令，或按【Ctrl+Shift+I】组合键，将选区反向选择，按【Delete】键删除反向的选区内容，即可查看得到的圆形光盘图片效果。

STEP 5 描边选区

❶新建图层 3，在“图层”面板中按【Ctrl】键单击图层 2 的缩略图载入选区，选择【选择】/【变换选区】命令，按住【Shift+Alt】组合键，保持中心点不变，向中心拖动选区，等比例缩小选区；❷选择【编辑】/【描边】命令，打开“描边”对话框，设置描边宽度为“4 像素”；❸设置描边颜色为“#b0aeae”；❹单击“确定”按钮。

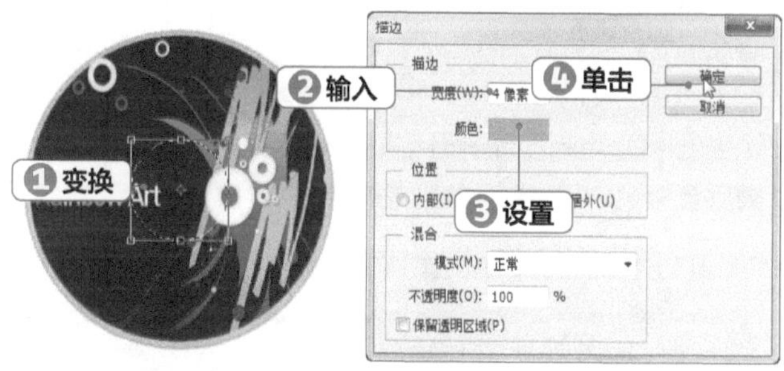

STEP 6 取消选区并查看描边效果

选择【选择】/【取消选择】命令或按【Ctrl+D】组合键取消选区，查看描边效果。

STEP 7 复制圆环

❶按【Ctrl+J】组合键复制图层 3，得到图层 3 拷贝图层；❷按住【Shift+Alt】组合键，保持中心点不变，向中心拖动一角，得到同心圆环效果。

STEP 8 变换选区

❶隐藏背景图层，按【Ctrl+Shift+Alt+E】组合键盖印可见图层，得到图层 4；❷保持图层 4 的选择状态，按【Ctrl】键单击图层 1 缩略图，在图层 4 中载入圆形选区；❸选择【选择】/【变换选区】命令，按住【Shift+Alt】组合键，保持中心点不变，向中心拖动选区，等比例缩小选区至图层 3 拷贝图层内部；❹按【Enter】键完成变换，按【Delete】键删除选区中的内容，显示背景图层，隐藏图层 1、图层 2、图层 3、图层 3 拷贝，查看制作的光盘效果。

STEP 9 设置投影参数

❶双击合并后的图层打开“图层样式”对话框，单击选中“投影”复选框；❷设置“不透明度、距离、扩展、大小”分别为“87%、5、5、9”；❸单击“确定”按钮。

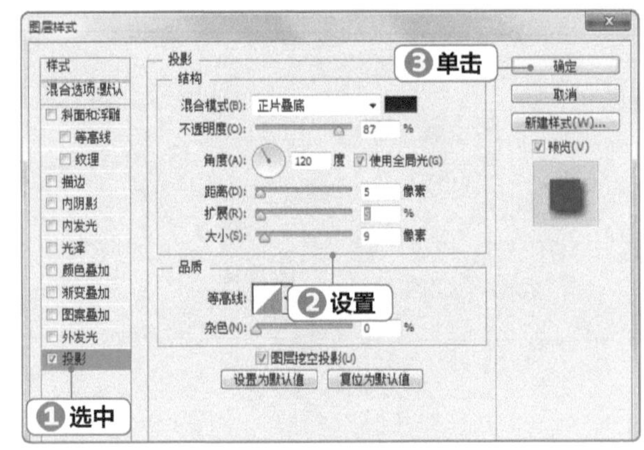

STEP 10 添加背景并查看完成后的效果

打开“光盘背景.jpg”图像文件，使用移动工具将光盘移动到“光盘背景.jpg”图像文件中，调整位置，将其置于背景阴影的上方，另存文件为“CD 光盘封面”，查看完成后的效果。

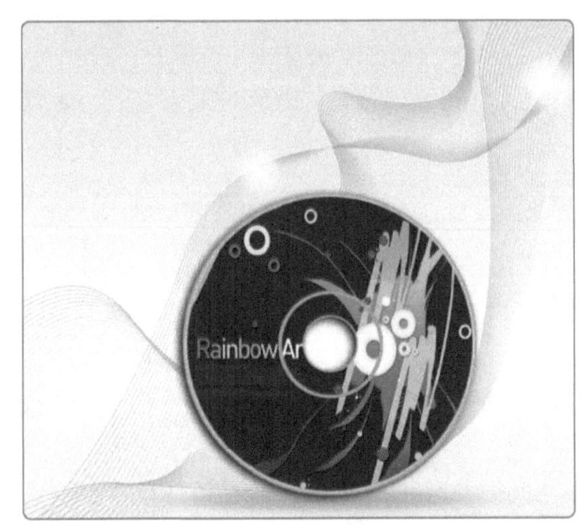

Chapter 02

2.2 抠取一组网店商品图片

抠图是在制作网店商品主图、海报或详情页内容时经常使用的操作，为了商品图片的美观，通常需要将商品主体从单调的背景中抠取出来，放置到其他合适的背景中，从而提高商品的美观度和买家的购买欲。本例将抠取一组网店商品图片，并为抠取的图片添加背景效果，以制作一幅好看的商品海报。

 素材：素材\第 2 章\抠取一组网店商品图片\ | 效果：效果\第 2 章\抠取一组网店商品图片\

2.2.1 使用快速选择工具组创建选区

微视频：使用快速选择工具组创建选区

快速选择工具组包括快速选择工具和魔棒工具，通过它们可快速选择一些具有特殊效果的图像选区。下面将打开“商品图片 1.jpg”和“商品图片 2.jpg”图像文件，分别使用快速选择工具和魔棒工具为图像创建选区，并将抠取后的选区添加到对应的背景中。

1. 使用快速选择工具创建选区

选择快速选择工具，在选取图像的同时按住鼠标左键进行拖曳，可以选择更多相似或相同颜色的图像，适合在具有强烈颜色反差的图像中绘制选区。下面将先打开“商品图片 2.jpg”图像文件，并使用快速选择工具为图像创建选区，再将图像选区应用到“背景 2.jpg”中，其具体操作步骤如下。

STEP 1 创建包包的轮廓选区

❶打开“商品图片 2.jpg”图像文件，在工具箱中选择快速选择工具；❷将鼠标指针移动至图像显示区域，此时鼠标指针将变为◉形状。在图像的手提包部分拖曳鼠标，鼠标经过的区域将会被创建为选区。

技巧秒杀

使用快速选择工具创建选区的技巧

缩放图像显示比例后，选区画笔的大小也会一起改变，此时可在英文输入法状态下，按【[】键减小选区画笔的大小，按【]】键增加选区画笔的大小，使其更符合选区的绘制要求。在“快速选择工具”的工具属性栏的下拉列表框中不仅可以设置选区画笔的大小，还可对其硬度、间距、角度、圆度等参数进行设置，使绘制的选区能更切合图像轮廓。

STEP 2 添加选区

❶继续拖曳鼠标，并在工具属性栏中单击“添加到选区”按钮；❷在按钮后的“画笔”下拉列表框中设置选区画笔的大小为“15”；❸此时鼠标指针变为◉形状，在手提包的边角位置的边线处按住鼠标不放进行拖曳，将其添加到之前创建的选区范围内。

STEP 3 减去选区

❶在工具属性栏中单击“从选区减去”按钮；❷此时鼠标指针变为◉形状，按住鼠标不放，在需要删除的选区位置处拖曳鼠标，将其从之前的选区中删除。

STEP 4 绘制选区的细节

在图像窗口中按住【Alt】键不放，向上滚动鼠标滚轮，放大图像在 Photoshop CC 界面中的显示比例，查看图像的选区，并使用相同的方法，将其中未被选中的选区添加到其中。

STEP 5 完成选区的绘制

❶完成后按住【Alt】键不放，向下滚动鼠标滚轮，将图像缩小到适合的比例，查看选区效果；❷在工具属性栏中单击“调整边缘”按钮，打开“调整边缘”对话框。

STEP 6 调整边缘

❶设置“边缘检测”栏下方的“半径”为“2 像素”；❷设置“调整边缘”栏下方的“平滑”为“10”；❸设置“羽化”为“1 像素”；❹设置“对比度”为“20%”；❺在“输出到”下拉列表中选择“图层蒙版”选项，完成输出位置的设置；❻单击“确定”按钮，完成边缘的调整。

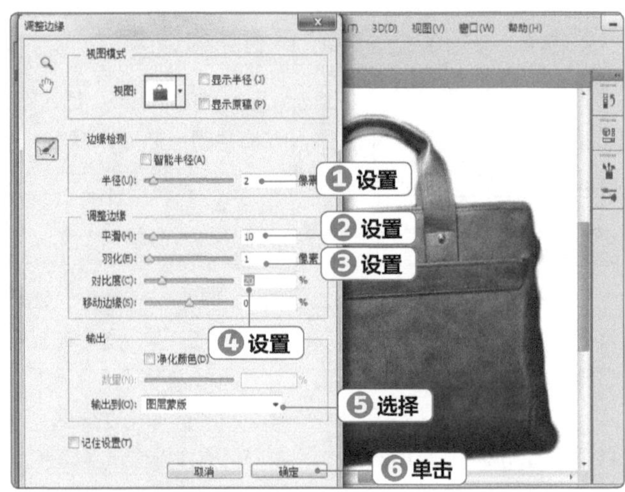

STEP 7 查看抠取后的包包效果

返回图像编辑窗口，发现选区的图像单独显示在图层蒙版中，即可查看抠取后的手提包效果。

STEP 8 打开背景素材并添加抠取后的图像

打开“背景 2.jpg”图像文件，按住鼠标左键不放拖曳选区到“背景 2.jpg”图像文件中。完成后按住【Alt】键不放，复制一个相同大小的手提包，调整位置并查看效果。按【Ctrl+S】组合键，打开“另存为”对话框，将其以“商品效果 2.psd”为名进行保存，完成商品图片的抠取操作。

Chapter 02

2. 使用魔棒工具创建选区

魔棒工具通常用于选取图像中颜色相同或相近的区域。下面将先打开“商品图片 1.jpg”图像文件，并使用魔棒工具为图像创建选区，再将图像选区应用到“背景 1.jpg”中，其具体操作步骤如下。

STEP 1 使用魔棒工具选择白色区域

❶打开“商品图片 1.jpg”图像文件，在工具箱中的快速选择工具组上单击鼠标右键，在弹出的面板中选择魔棒工具；❷当鼠标指针呈形状时，在手提包的白色区域处单击。

STEP 2 添加选区

❶在工具属性栏中单击“添加到选区”按钮；❷此时鼠标指针变为形状，在手提包其他需要添加选区的位置处单击，添加选区，让选区框选手提包的每个角落，若在添加过程中添加了不需要添加的区域，可在工具属性栏中单击“从选区减去”按钮，减去该区域。

STEP 3 反选选区

❶选择【选择】/【反向】命令，或按【Ctrl+Shift+I】组合键，反向选择选区；❷查看反选后的商品区域效果，完成后按【Ctrl+J】组合键，将其复制到新的图层。

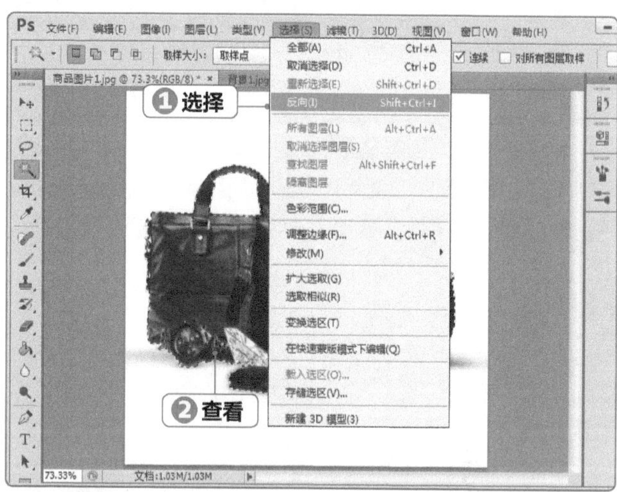

STEP 4 打开背景素材并添加抠取后的图像

打开“背景 1.jpg”图像文件，将抠取后的商品图片拖曳到“背景 1.jpg”图像文件中，调整位置并查看添加后的效果。按【Ctrl+S】组合键，打开“另存为”对话框，将其以“商品效果 1.psd”为名进行保存操作，完成商品图片的抠取操作。

2.2.2 使用套索工具组创建选区

微视频：使用套索工具组创建选区

套索工具组主要由套索工具、多边形套索工具、磁性套索工具组成。通过套索工具组不但能创建不规则的图像选区，还能对图像进行抠取操作。下面将打开“商品图片 3.jpg”和“商品图片 4.jpg”图像文件，分别使用套索工具和磁性套索工具为图像创建选区，并将抠取后的选区添加到对应的背景中，查看添加后的效果；同时，还会简单介绍使用多边形套索工具创建选区的方法。

1. 使用套索工具创建选区

套索工具如同画笔在图纸上绘制线条一样，可以创建手绘类不规则的选区。下面将先打开“商品图片 4.jpg”图像文件，并使用套索工具为图像创建选区，再将图像选区应用到“背景 4.jpg”中，其具体操作步骤如下。

STEP 1 选择套索工具

❶打开“商品图片 4.jpg”图像文件，按住【Alt】键不放，滚动鼠标滚轮调整商品图像的显示比例；❷在工具箱中选择套索工具。

STEP 2 绘制套索轮廓

将鼠标指针移动到选区的起始位置，这里选择手提包的一条边，按住鼠标左键不放并沿图像边缘进行拖曳，框选整个图像轮廓后即可查看选区效果。

STEP 3 减去多余选区

❶在工具属性栏中单击“从选区减去”向上滚动鼠标滚轮按钮；❷此时鼠标光标变为▮形状，按住【Alt】键不放，放大图像，在手提包提手部分的多余区域进行绘制，将该选区删除。

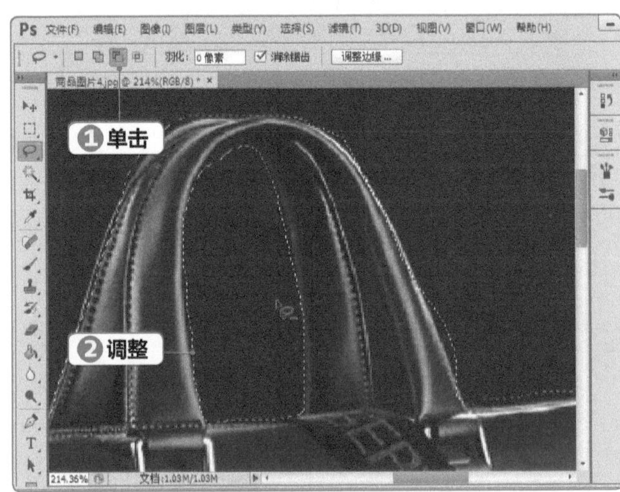

STEP 4 减去其他部分选区

使用相同的方法，减去其他多余选区。

STEP 5 添加其他部分选区

❶在绘制选区的过程中若出现未选中的区域，可在工具属性栏中单击“添加到选区”按钮；❷将图像放大，选择未被选

中的区域，使其与前面的选区合并。

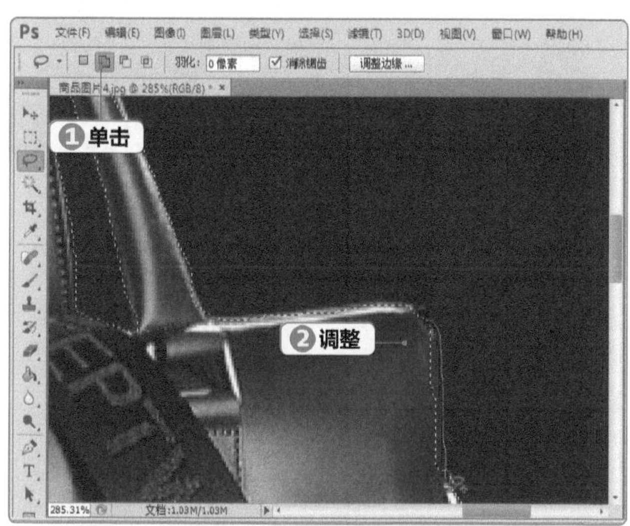

STEP 6 打开背景素材并添加抠取后的图像

完成抠取后，按【Ctrl+J】组合键，将选区复制到新的图层。打开“背景4.jpg”图像文件，将抠取后的商品图片拖曳到“背景4.jpg”图像文件中，调整位置并查看效果。按【Ctrl+S】组合键，打开“另存为”对话框，将其以“商品效果4.psd”为名进行保存，即可完成商品图片的抠取操作。

2. 使用磁性套索工具创建选区

磁性套索工具可以自动捕捉图像色彩对比明显的图像边界，从而快速进行选区的创建。下面将先打开“商品图片3.jpg”图像文件，并使用磁性套索工具为图像创建选区，再将图像选区应用到“背景3.jpg”中，其具体操作步骤如下。

STEP 1 选择磁性套索工具

❶打开“商品图片3.jpg”图像文件，在套索工具上单击鼠标右键，在弹出的面板中选择磁性套索工具；❷此时鼠标指针变为形状，按住【Alt】键不放滚动鼠标滚轮，将图像放大显示。

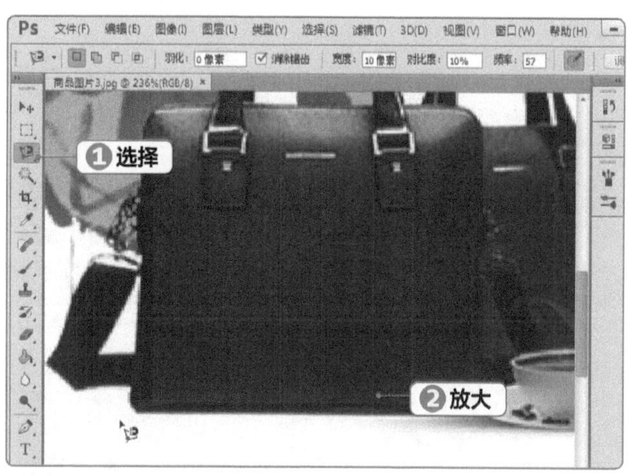

STEP 2 创建选区

将鼠标指针移动至需要绘制选区的起始点，单击鼠标左键确定选区的起始点，拖曳鼠标，此时将产生一条套索线并自动附着在对比度较大的图像周围。继续拖曳鼠标直至回到起始点处，按【Enter】键，即可完成选区的创建。

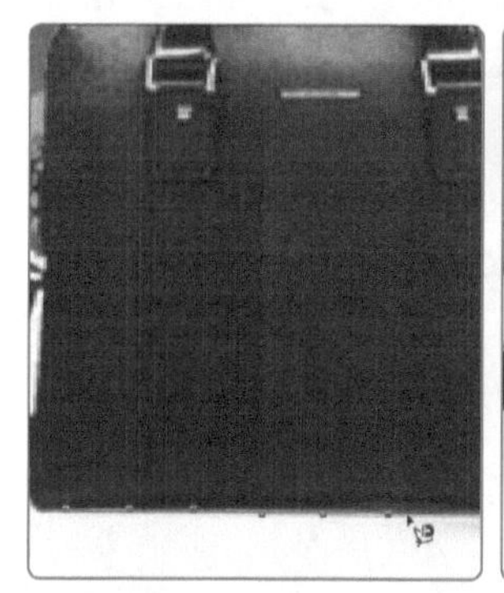

STEP 3 减去未选中部分选区

❶在工具属性栏中单击“从选区减去”按钮；❷此时鼠标指针变为形状，在手提包的未选择区域绘制选区，完成后按【Ctrl+J】组合键，将其复制到新的图层。

STEP 4 打开背景素材并添加抠取后的图像

打开“背景 3.jpg”图像文件，先将抠取后的商品图片拖曳到“背景 3.jpg”图像文件中，调整图像位置并查看完成效果，再将其以“商品效果 3.psd”为名进行保存。

3. 使用多边形套索工具创建选区

使用多边形套索工具可以将图像中不规则的直边对象从复杂的背景中选择出来，并可以绘制具有直线段或折线样式的多边形选区，让选区区域更加精确。多边形套索工具常用于规则物品的抠取，其具体操作步骤如下。

STEP 1 选择多边形套索工具

❶打开需要抠取的图片，在工具箱中选择多边形套索工具；❷在图像中单击创建选区的起始点，然后沿着需要选取的图像区域移动光标。

STEP 2 绘制多边形选区

❶当光标移动到多边形的转折点时，单击鼠标左键确定多边形的一个顶点；❷当回到起始点时，光标右下角将出现一个小的圆圈，单击即可生成最终的选区。

2.2.3 使用“色彩范围”命令创建选区

“色彩范围”命令与魔棒工具的作用比较相似，但功能更为强大，该命令可以选取图像中某一颜色区域内的图像或整个图像内指定的颜色区域。下面将打开“商品图片 5.jpg”并通过“色彩范围”命令选取颜色为深蓝色的图像区域，从而创建选区，其具体操作步骤如下。

微视频：使用“色彩范围”命令创建选区

STEP 1 打开“色彩范围”对话框

❶打开“商品图片 5.jpg”图像文件；❷选择【选择】/【色彩范围】命令，打开“色彩范围”对话框，单击选中“图像”单选项，以便在对话框中查看原图像；❸在“选择”下拉列表框中选择需要选取的颜色，这里选择“取样颜色”选项；❹将鼠标指针移动到图像的深蓝色部分，当指针呈吸管形状时单击，设置选区的颜色为深蓝色。

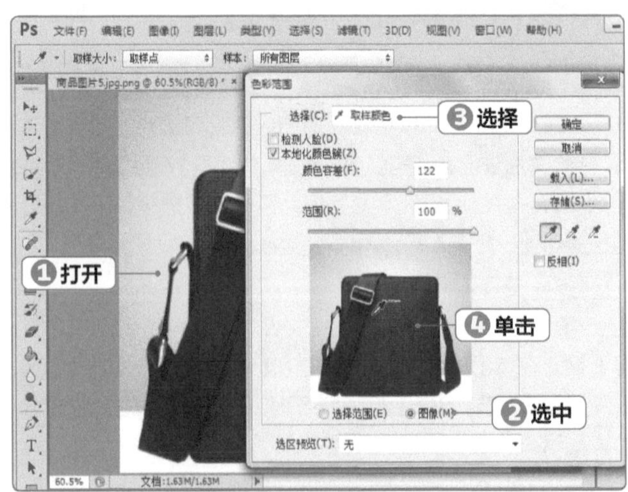

技巧秒杀

选区的删除与颜色的替换

抠选出选区后，可以直接按【Delete】键删除选区中的内容，也可以填充选区的颜色或替换选区中的内容，使图像效果更加精美。

STEP 2 选取色彩范围

❶单击选中“选择范围”单选项；❷在“颜色容差”数值框中输入“150”；❸分别单击右侧的“添加到取样”按钮和“从取样中减去”按钮对色彩的范围进行调整，让黑白的对比更明显；❹单击“确定”按钮完成设置。

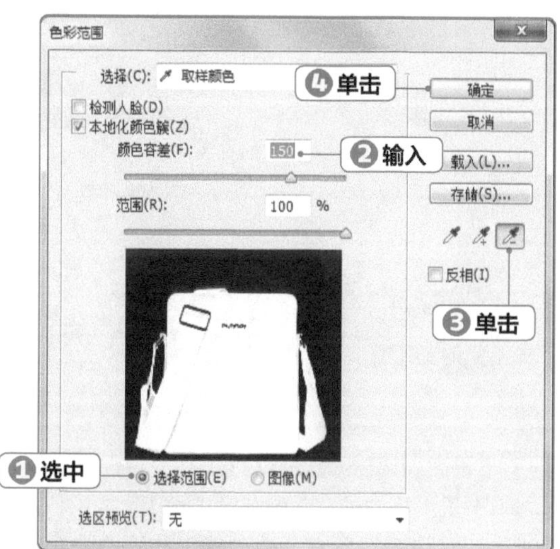

STEP 3 查看选取的效果

返回图像编辑窗口，完成选区的创建，并按【Ctrl+J】组合键将选区复制到新图层。

STEP 4 打开背景素材并添加抠取后的图像

打开“背景 5.jpg”图像文件，先将抠取后的商品图片拖曳到“背景 5.jpg”图像文件中，调整位置并查看效果，再将其以“商品效果 5.psd”为名进行保存，完成整套网店商品图片的抠取。

技巧秒杀

快速抠取人物轮廓

通过“色彩范围”命令还可快速抠取人物的轮廓，只需在“色彩范围”对话框的“选择”下拉列表框中选择“肤色”选项，再使用相同的方法进行选区的创建。该方法适用于人物颜色与周围背景有较大的色彩差别时使用。

操作解谜

“选择范围”与“图像”模式的区别与联系

“选择范围”与“图像”模式分别用于显示图像的选区和原始效果，通过在这两种模式之间切换，可以快速取样并查看效果；同时拖曳“颜色容差”滑块，还可在“选择范围”模式下查看不同容差下图像的选取效果，便于精确选择需要的选区。

2.3 制作墙壁中的手特效

墙壁中的手特效是一种广告展示效果，该效果主要是先将“手”图像中的内容移动到“墙壁”图像中，并为图像中的手形创建选区；再通过对选区进行羽化、旋转等操作，使选区内容融合于图像；最后将文字以选区的形式载入图像中，增加图像的立体效果。下面通过手特效的制作介绍编辑选区的方法。

素材：素材 \ 第 2 章 \ 墙壁中的手 \	效果：效果 \ 第 2 章 \ 墙壁中的手 .psd

2.3.1 以蒙版形式编辑选区

微视频：以蒙版形式编辑选区

使用蒙版编辑选区不但能让选区变得更加完整，还能手动控制选区范围，让选区更加自然合理。下面将打开“手.jpg”图像文件，并通过“以快速蒙版模式编辑”和“画笔工具”的结合使用绘制并编辑选区，其具体操作步骤如下。

STEP 1 新建图层

❶打开“手.jpg”图像文件；❷在“图层”面板的“背景”图层上双击鼠标，打开“新建图层”对话框；❸保持图层中的设置默认不变，单击“确定”按钮。

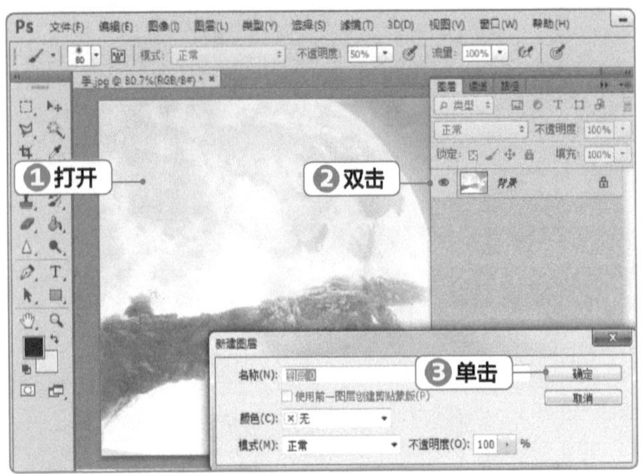

操作解谜

新建图层的原因

这里的新建图层操作是将“背景”图层转换为一般图层，以便在进行清除选区内容的操作时，使选区中的内容变为透明。关于“背景”图层与一般图层的区别将在第3章中进行讲解。

STEP 2 单击“以快速蒙版模式编辑”按钮

❶将前景色设置为黑色，在工具箱中单击“以快速蒙版模式编辑”按钮；❷在工具箱中选择画笔工具；❸在图像中手的区域拖曳鼠标进行涂抹，在涂抹过程中可按【[】或【]】键调整画笔大小。

选区的删除与颜色的替换

在使用快速蒙版创建选区时，如果画笔涂抹的范围有误，可在工具箱中选择橡皮擦工具，返回图像窗口，在不需要的地方进行涂抹，擦除不需要的部分。

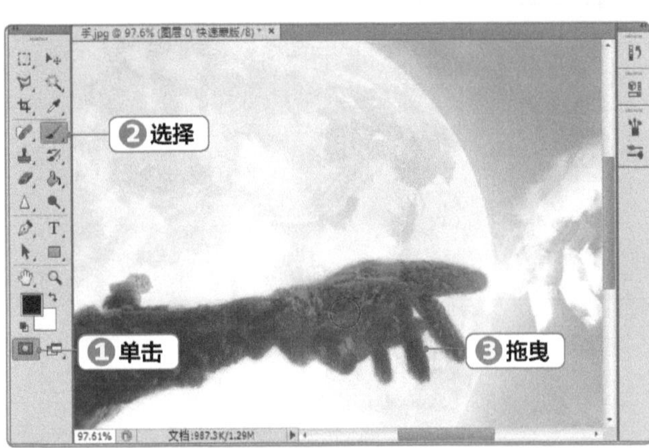

STEP 3 退出编辑状态查看反向选区

❶再次单击工具箱中的“以标准模式编辑”按钮；❷退出编辑模式，此时可查看到图像中创建了与涂抹的区域相反的选区。

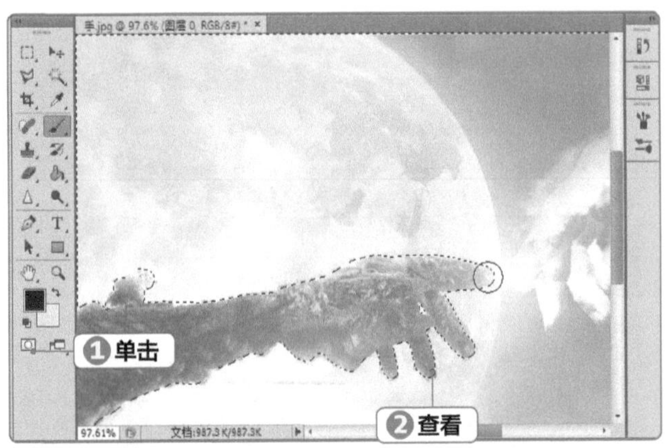

STEP 4 删除选区

按【Delete】键删除手形以外的区域。选择【选择】/【反向】命令，反选选区，创建“手形”选区区域。

操作解谜

“以快速蒙版模式编辑”的作用

使用“以快速蒙版模式编辑”可以将任何选区作为蒙版进行编辑，而无需使用“通道”面板，使得查看与编辑图像更加方便。将选区作为蒙版进行编辑时，几乎可以使用任何Photoshop工具或滤镜修改蒙版。

Chapter 02

2.3.2 平滑与羽化选区

微视频：平滑与羽化选区

通过平滑和羽化选区，可以使选区的边缘变得更加光滑、连续和柔和，使选区更为精确。下面将继续对“手 .jpg”图像文件进行平滑与羽化操作，让手选区边界的过渡更加自然。

1. 平滑选区

平滑选区可以消除选区边缘的锯齿，使选区边界变得连续而平滑。下面将在“手 .jpg”图像文件上进行平滑操作，让选区更加平滑，其具体操作步骤如下。

STEP 1 选择“平滑选区”命令

选择【选择】/【修改】/【平滑】命令，打开“平滑选区”对话框。

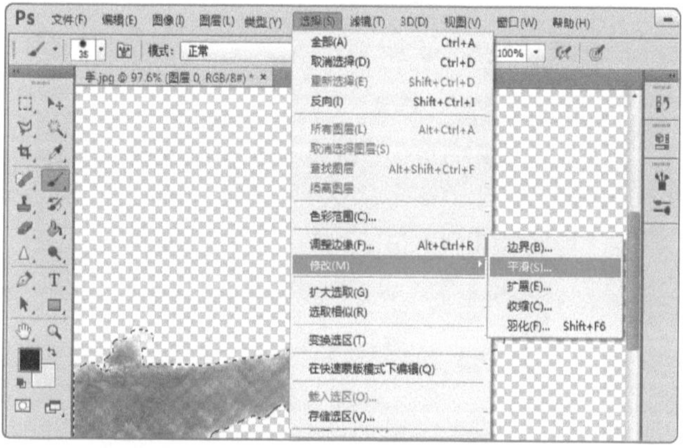

STEP 2 设置平滑参数

❶在其中的“取样半径”数值框输入平滑值，这里输入“3”；❷单击”确定“按钮；❸返回图像编辑窗口即可看到图像的过渡部分已经变得平滑。

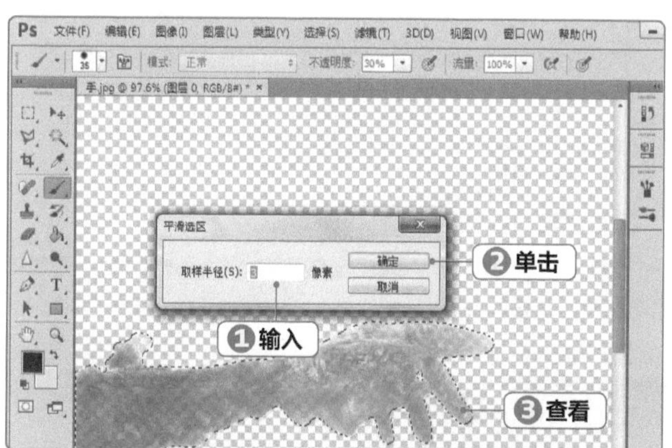

2. 羽化选区

羽化选区可以让选区的边缘变得柔和，从而使图像更加自然地过渡到背景图像中。羽化选区常用于图像合成，但是容易导致丢失选区边缘的图像细节。下面将在“手 .jpg”图像文件上进行羽化操作，让色彩的过渡更加完美，其具体操作步骤如下。

STEP 1 选择“羽化”命令

选择【选择】/【修改】/【羽化】命令，或按【Shift+F6】组合键，打开“羽化选区”对话框。

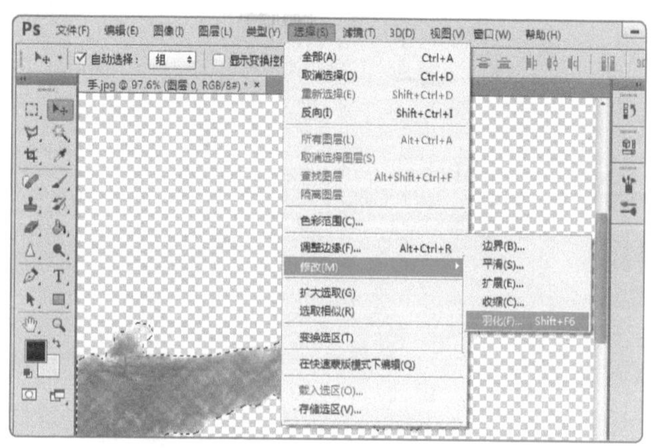

STEP 2 设置羽化参数

❶在其中的“羽化半径”数值框输入羽化值，这里输入“12”；❷单击”确定“按钮；❸返回图像编辑窗口即可看到图像的边缘已经羽化。

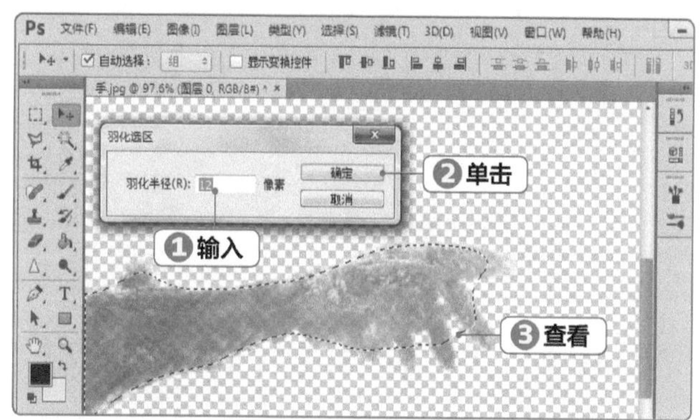

技巧秒杀

羽化数值的设置方法

羽化半径的值越大，选区边缘将越平滑，在设置时，需要根据选区与被框选部分的间隙选择一个合适的值进行调整。

2.3.3 移动与变换选区

微视频：移动与变换选区

变换选区是对选区进行编辑时最基本的操作之一，用户可先通过移动选区调整选区范围，再通过变换选区对选区的形状进行调整。下面将继续在“手.jpg”图像中使用移动与变换选区的方法改变手的形状，使其更加美观，其具体操作步骤如下。

STEP 1 移动选区

选择移动工具，将鼠标指针移动到“手”选区范围内，当鼠标指针标变为形状时，按住鼠标左键不放向上拖曳，移动选区的位置，在拖曳过程中按住【Shift】键，可使选区沿水平、垂直或45°斜线方向移动。

STEP 2 选择“变换选区”命令

❶选择【选择】/【变换选区】命令；❷此时，手的选区周围将出现一个矩形控制框。

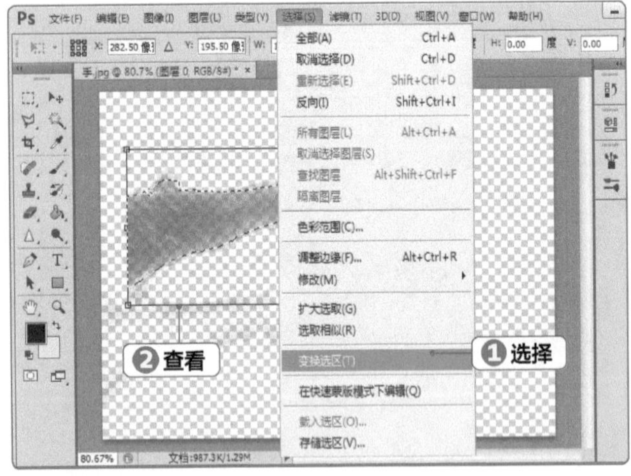

STEP 3 调整选区位置

❶将鼠标移至控制框上方的控制点上，当鼠标指针变为形状时，拖曳鼠标调整选区大小；❷将鼠标移至控制框右下角的控制点上，拖曳鼠标调整选区的大小，完成后按【Enter】键即可。

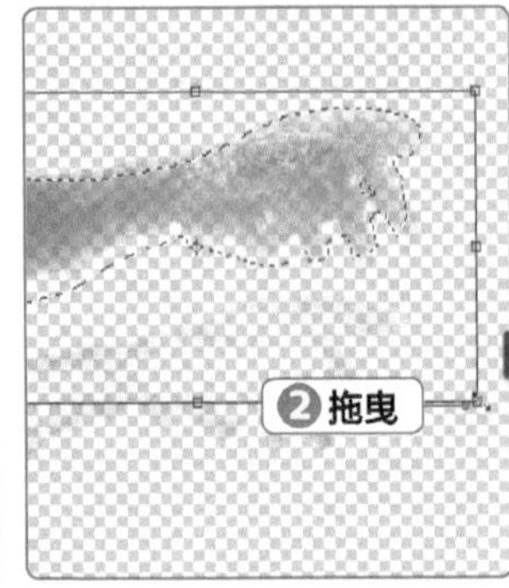

STEP 4 放大与旋转图像

❶按【Ctrl+T】组合键执行变形命令，将鼠标移动到控制框右下角的控制点上，按住【Shift】键不放，拖动控制点放大图像；❷将鼠标指针移至控制框右下角控制点附近，当其变为形状时，拖曳鼠标将图像按逆时针方向旋转，完成后按【Enter】键即可。

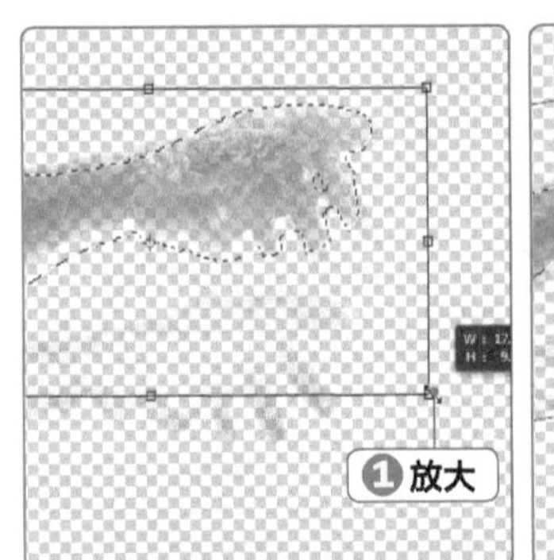

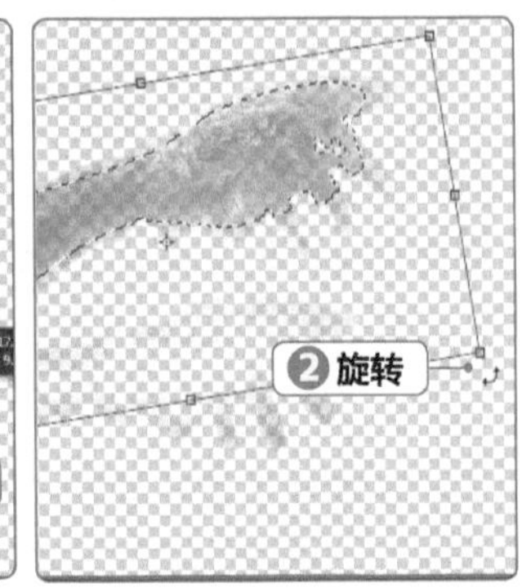

技巧秒杀

变换选区与变换的区别

变换选区只是对选区进行变换，对图像没有影响；而变换主要是针对图像进行变换，在变换时不仅变换选区，还变换整个图像。

STEP 5 创建选区

❶打开“墙壁.jpg”图像，在工具箱中选择魔棒工具；❷将鼠标移动到图像中间的黑色部分，单击鼠标，选择中间的黑色区域为选区。

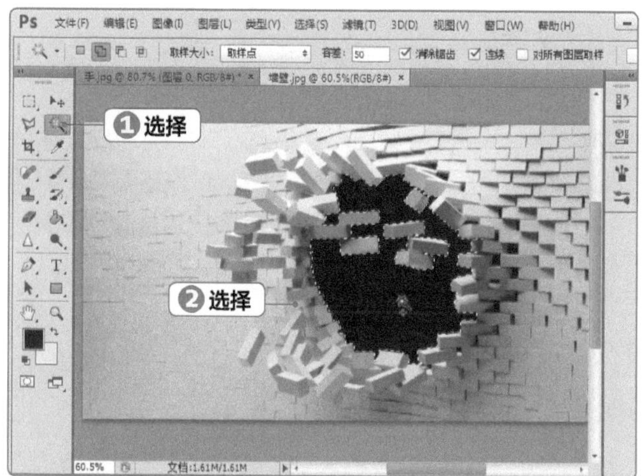

STEP 6 选择黑色区域

❶选择【选择】/【选取相似】命令；❷可查看到所有黑色区域已被选中。

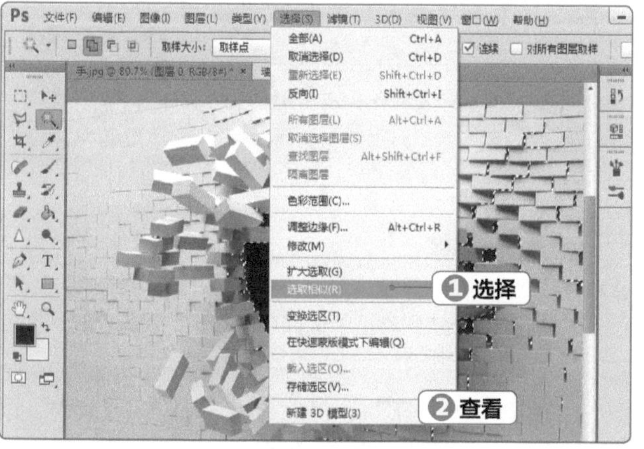

STEP 7 新建图层

❶在“图层”面板的“背景”图层上双击鼠标，打开“新建图层”对话框；❷保持图层中的设置默认不变，单击“确定”按钮。

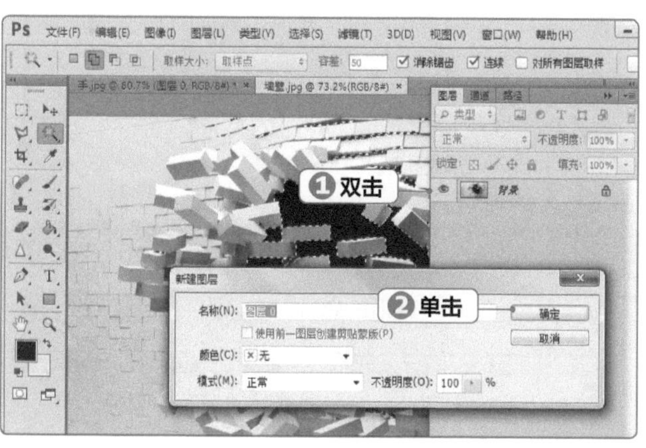

STEP 8 删除选区背景

返回图像编辑窗口，按【Delete】键删除选区中的黑色背景，使选区中的内容变为透明，然后按【Ctrl+D】组合键取消选区。

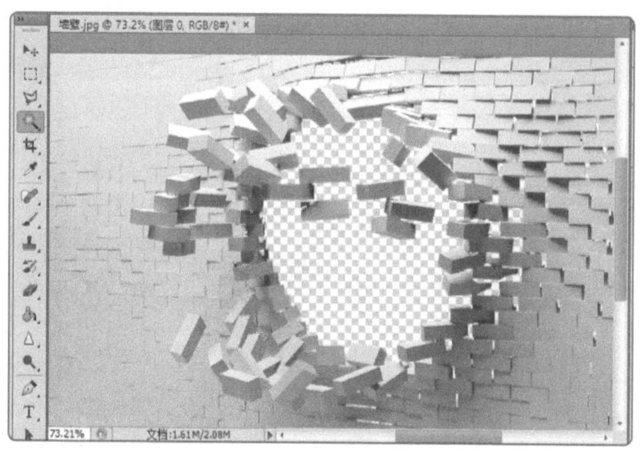

STEP 9 移动图像

选择移动工具，将处理后的手图像拖曳到“墙壁.jpg”图像中，按【Ctrl+T】组合键，调整手的位置与大小。

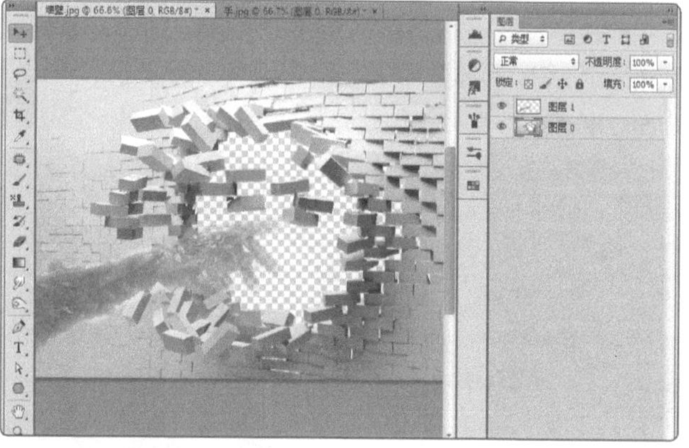

STEP 10 调整图层顺序

重新打开“手.jpg”图像，将背景图层转换为普通图层，然后将其拖动到墙壁图像中，在“图层”面板中将生成的图层拖曳到最下方。

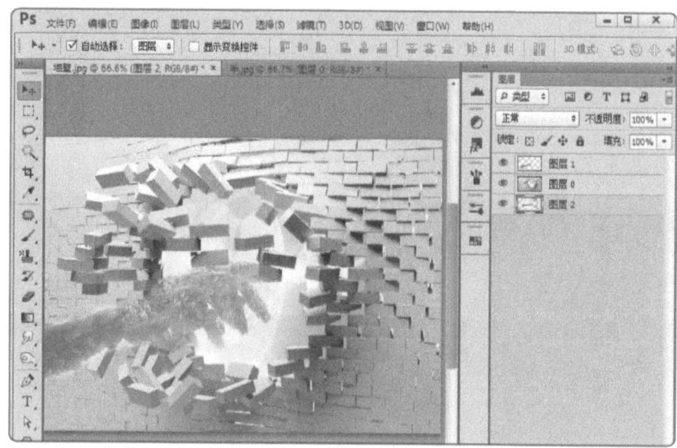

STEP 11 调整图像大小、位置与角度

选择带背景的手图层，按【Ctrl+T】组合键，调整大小、位置与角度，使图像中的手与之前的手重合，按【Enter】键完成变换操作。

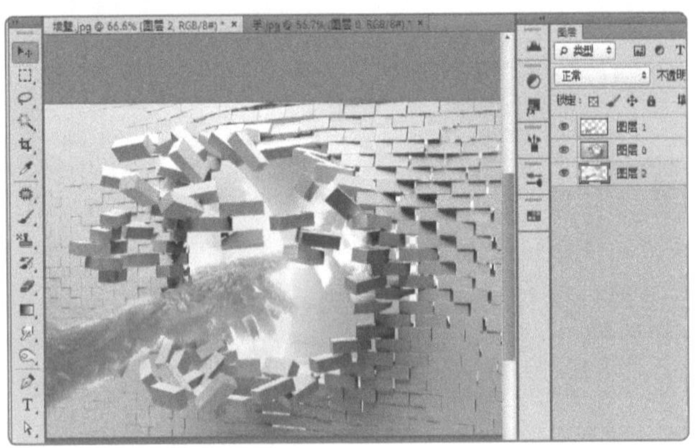

技巧秒杀

对齐图像的方法

若不确定上下图层中的图片是否对齐，可在“图层”面板中单击“图层0”前面的眼睛按钮隐藏墙壁图层；确认对齐后再次单击眼睛按钮即可对图层进行显示，其具体方法将在第3章讲解。

技巧秒杀

调整位置的技巧

在调整图像位置时，注意手与手要重合，不然将出现两只手，影响美观。

2.3.4 存储和载入选区

微视频：存储和载入选区

如果需要多次使用同一个选区，可以对该选区进行存储，当需要时再将存储的选区载入。本节需要先创建文字选区，再将其存储为选区，并在“墙壁.jpg”图像文件中进行载入操作，最后为其填充背景色。下面对存储和载入选区的方法分别进行介绍。

Chapter 02

1. 存储选区

在图像处理的过程中，用户可将所绘制的选区存储起来，以便需要时直接使用。下面将“文字.jpg”图像存储为选区，以方便后期的操作，其具体操作步骤如下。

STEP 1 创建文字选区

❶打开“文字.jpg”图像，在工具箱中选择魔棒工具；❷移动鼠标到图像编辑窗口中，单击窗口中的白色区域，创建选区；❸选择【选择】/【反向】命令反选选区，创建文字选区。

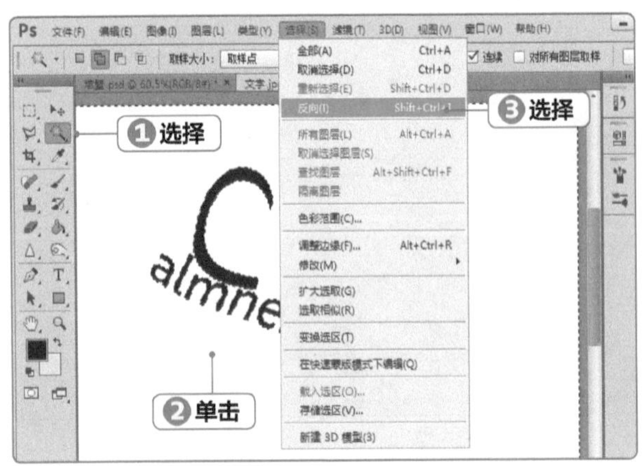

STEP 2 存储选区

❶选择【选择】/【存储选区】命令，打开“存储选区”对话框，在“文档”下拉列表框中选择存储选区的目标文档为“文字.jpg”；❷在“通道”下拉列表框中选择存储的通道为“新建”；❸在“名称”文本框中输入选区的名称为“文字”；❹完成后单击“确定”按钮存储选区。

2. 载入选区

载入选区在存储选区的基础上进行。下面将在“墙壁.jpg”图像文件上载入文字选区，并调整载入选区的颜色，其具体操作步骤如下。

STEP 1 载入选区

❶切换到“墙壁.jpg”图像窗口，选择【选择】/【载入选区】命令，打开“载入选区”对话框，在“文档”下拉列表框中选择选区所在的文档为“文字.jpg”；❷在“通道”下拉列表框中选择需要载入的选区为“文字”；❸单击“确定”按钮载入选区。

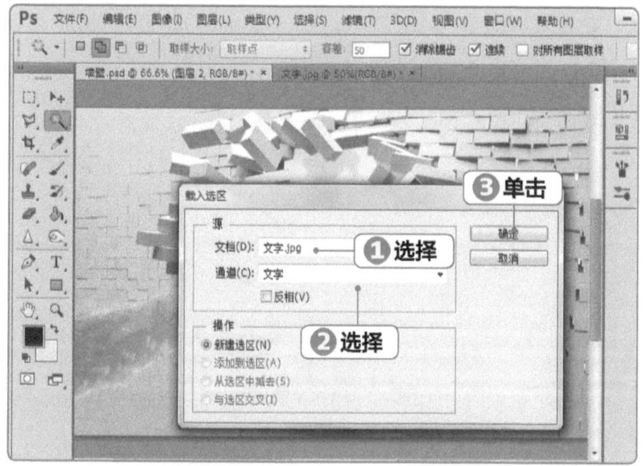

STEP 2 拖曳并旋转选区

选择【选择】/【变换选区】命令，选择移动工具，将选区移动到图像的左上方，然后将鼠标指针移动到控制柄上，当其变为▸形状时，拖曳鼠标调整文字选区的位置，完成后继续将鼠标指针移动到控制柄上，当鼠标变为↰形状时，旋转文字选区，按【Enter】键完成变换选区。

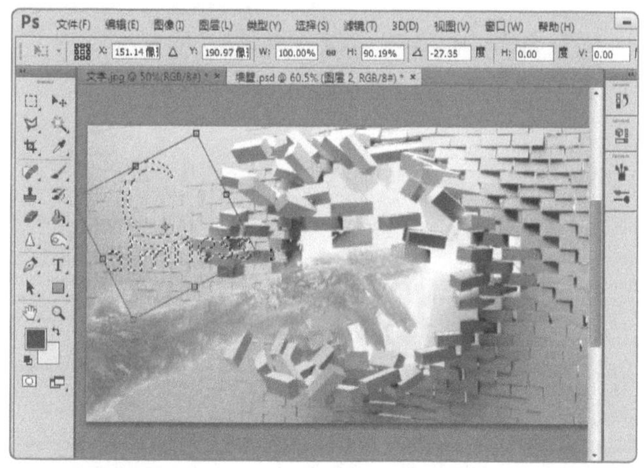

STEP 3 填充选区

❶选择【编辑】/【填充】命令，打开“填充”对话框，在“使用”下拉列表框中选择“50% 灰色”选项；❷单击“确定”按钮填充选区。

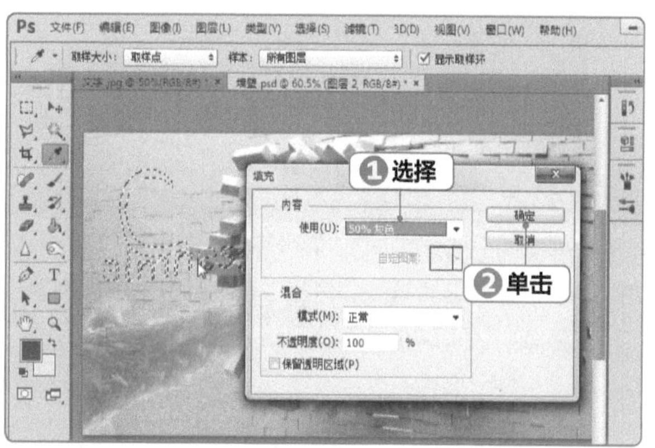

STEP 4 再次载入并调整选区

选择【选择】/【变换选区】命令，拖动四边的控制点调整高度与宽度，移动并旋转选区，使该选区置于前面文字的上方。

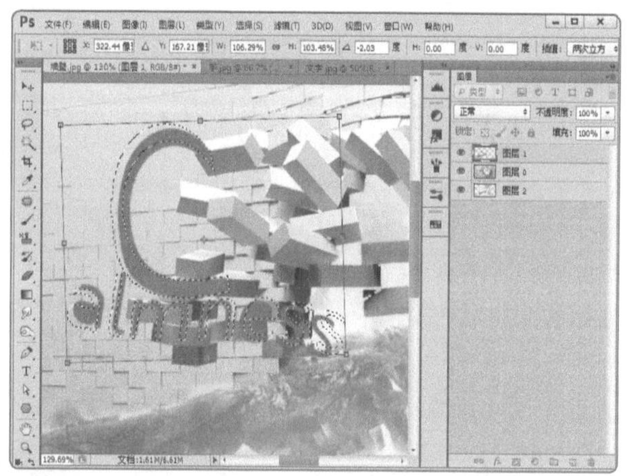

STEP 5 再次填充选区

❶按【Enter】键确认变换选区，将前景色设置为“#647173”，选择【编辑】/【填充】命令，打开“填充”对话框，在“使用”下拉列表框中选择“前景色”选项；❷单击“确定”按钮填充选区。

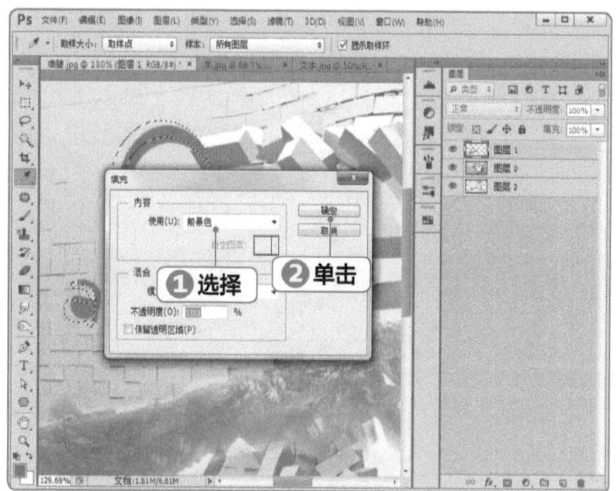

STEP 6 完成制作

按【Ctrl+D】组合键取消选区，查看填充颜色后的效果，并将其以"墙壁中的手.psd"为名进行保存，完成图像的制作。

技巧秒杀

显示与隐藏选区

需要查看图片整体效果时，可按【Ctrl+H】组合键隐藏选区。隐藏后的选区仍旧存在，再次按【Ctrl+H】组合键，可重新显示选区。

新手加油站——创建并编辑选区技巧

1. 边界选区

边界选区是在选区边界处向外增加一条边界，选择【选择】/【修改】/【边界】命令，在打开的"边界选区"对话框中的"宽度"数值框中输入相应的数值，单击"确定"按钮，返回图像编辑窗口，即可看到增加边界选区后的效果。

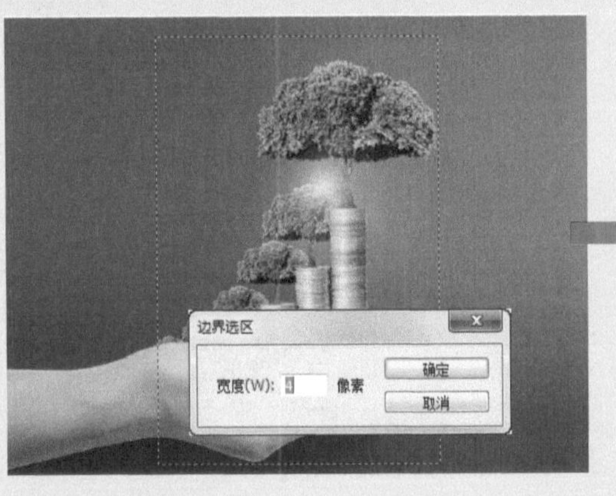

2. 扩展与收缩选区

扩展选区是指在原有选区的基础上向外扩张，而缩小选区则是向内缩小。下面分别对其进行介绍。

- 扩展选区：选择【选择】/【修改】/【扩展】命令，打开"扩展选区"对话框，在"扩展量"文本框中输入1~100的整数，单击"确定"按钮。

- 收缩选区：选择【选择】/【修改】/【收缩】命令，打开"收缩选区"对话框，在"收缩量"文本框中输入1~100的整数，单击"确定"按钮。

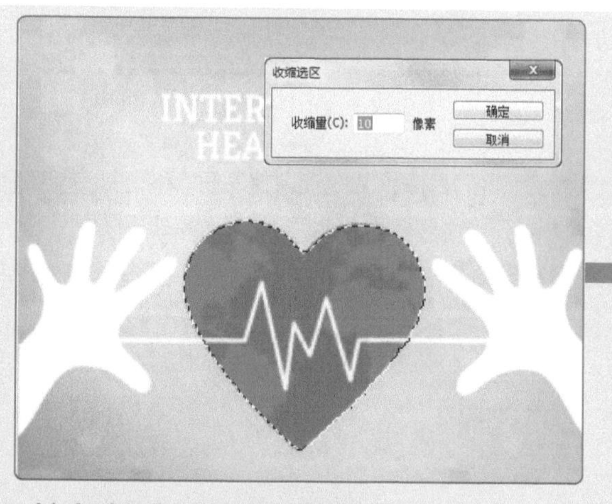

3. 扩大选取与选取相似选区

扩大选取是指在原有选区的基础上，按照物体轮廓向外进行扩大；选取相似则是按照选区范围的颜色，选取与其色彩相近的区域。下面分别对其进行介绍。

- 扩大选取：选择【选择】/【扩大选取】命令，系统将自动根据图像轮廓进行扩大选取范围的操作。如下图所示即为在选区上执行 4 次该命令后的效果。

- 选取相似：选择【选择】/【选取相似】命令，系统将自动根据选区内的颜色进行判断，选择图像中所有与此颜色相近的区域范围。如下图所示即为选择与白色相似的选区范围。

高手竞技场——创建并编辑选区练习

1. 制作飞鸟效果

本例将打开“鸟类.jpg”图像，对图像中的鸟图像建立选区。打开“背景.jpg”图像，再将鸟图像移动到“背景.jpg”图像中。最后使用“自由变换”命令编辑移动鸟图像，制作鸟在图像中飞行的效果。制作前后的效果如下图所示。

2. 制作店铺横幅广告

本例将为闹钟店制作一个横幅广告。该店铺主要销售各类闹钟，要求画面干净整洁，店铺整体装修偏向文艺清爽风格，制作后的效果如下。本练习主要涉及选择选区、编辑选区等知识，要求如下。

- 新建文件，利用多边形套索工具和磁性套索工具等创建相关图像选区，选择床、桌子、闹钟图像。
- 将选择的图像复制到新建的图像文件中，通过自由变换操作调整其大小并将其移动到合适位置。
- 将“背景.jpg”图像移动到图像文件中，然后新建一个图层，将其移动到“背景.jpg”图像上方，在闹钟位置创建一个矩形选区，自由变换选区，然后羽化选区，并填充为灰色。
- 使用相同的方法为床和桌子图像创建选区，使其呈现靠墙的阴影效果。
- 新建一个图层，设置前景色为白色，使用渐变工具，设置前景色的透明参数，然后在右上角进行渐变色填充，制作光照效果。
- 将“房间.psd”图像文件中的文字图层复制到图像中，并调整到合适位置即可。

Chapter 02

03 Chapter 第 3 章

应用图层

/ 本章导读

在 Photoshop 中，一个完整的作品通常是由多个图层合成得到的，图像中每个部分都可以置于不同图层的不同位置，由图层叠加形成图像的整体效果。本章将通过合成“草莓城堡”图像、合成“火中恶魔”图像和制作晶莹剔透的玻璃字，来介绍图层的应用方法。

3.1 合成“草莓城堡”图像

“草莓城堡”由不同的场景组合而成，其中包括白云、草莓、飞鸟和城堡等内容。为了完美组合“草莓城堡”中的各个对象，需要先创建图层，再将图层依次叠加，使其合成为一个整体，最后将其以组的形式展现，对相关图层进行链接。下面对合成“草莓城堡”图像的方法及相关知识点进行讲解。

素材：素材\第 3 章\草莓城堡\　　效果：效果\第 3 章\草莓城堡 .psd

3.1.1 创建图层

一个图像文件通常由若干对象组成，将每个对象分别放置于不同的图层中，这些图层叠放在一起即可形成完整的图像效果，增加或删除图像中任何一个图层都可能影响整个图像。因此，图层是图像的载体，没有图层，图像将不存在。下面将创建新图层，开始合成“草莓城堡”图像。

1. 创建新图层

要创建一个新图层，首先要新建或打开一个图像文档。下面将先打开“白云 .jpg”图像文件，并在其上新建图层，再为图层添加渐变效果，其具体操作步骤如下。

微视频：创建新图层

STEP 1 打开素材文件

打开“白云 .jpg”素材文件，然后将其存储为“草莓城堡 .psd”文件。

STEP 2 新建图层

①在“图层”面板底部单击“创建新图层”按钮；②新建“图层 1”；③在工具箱中选择渐变工具；④在工具属性栏中单击“渐变编辑器”按钮，打开“渐变编辑器”对话框。

技巧秒杀

在当前图层中新建图层

在创建图层时，按住【Ctrl】键单击“创建新图层”按钮，可在当前图层下新建一个图层。

STEP 3 设置渐变颜色

①在渐变条左下侧单击滑块；②在“色标”栏的“颜色”色块上单击；③打开“拾色器（色标颜色）”对话框，设置颜色为“深绿色（#478211）”；④单击“确定”按钮。

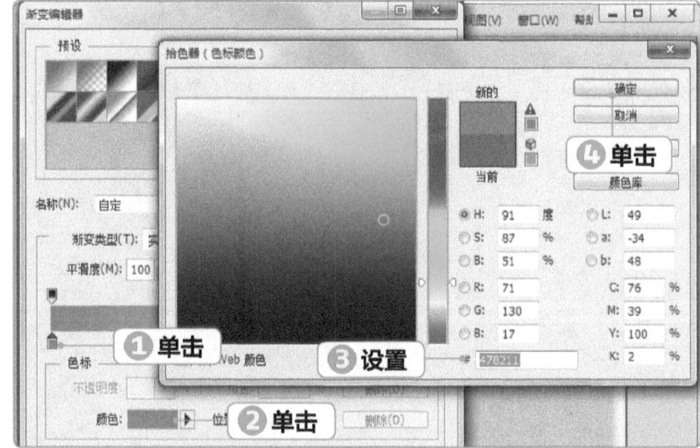

STEP 4 设置其他渐变颜色

①在渐变条下方需要的位置单击，添加色块；②利用相同的方法设置颜色为“黄色（#f5f9b5）”，设置渐变条下方右

侧的色块颜色为“蓝色(#4d95ba)”；③单击“确定”按钮。

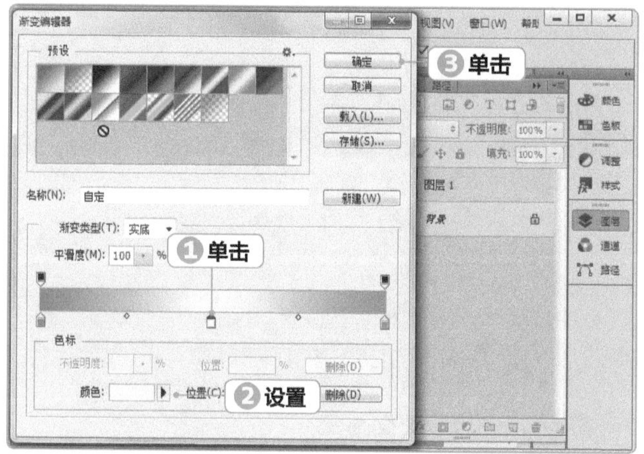

STEP 5 填充渐变色

①在新建的图层上由下向上拖曳鼠标，渐变填充“图层 1”，在“混合模式”下拉列表框中选择“强光”选项；②返回图像编辑窗口，查看添加混合模式后的渐变效果。

技巧秒杀

使用“新建图层”对话框设置混合模式

在“新建图层”对话框中也可设置图层的混合模式，其具体操作方法将在3.2节中进行讲解。

操作解谜

图层的基本知识

新建一般图层时，可发现新建的图层都是按“图层1”“图层2”……“图层X”的规则命名。若是“图层”面板未在面板组中显示，可选择【窗口】/【图层】命令，打开“图层”面板。

STEP 6 使用“新建图层”对话框新建图层

①选择【图层】/【新建】/【图层】命令，或按【Ctrl+Shift+N】组合键打开“新建图层”对话框，在“名称”文本框中输入“深绿”文本；②在“颜色”下拉列表中选择“绿色”选项；③单击“确定”按钮，即可新建一个透明普通图层。

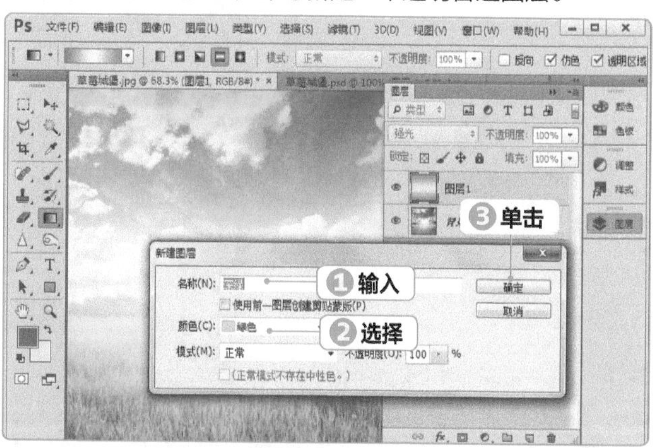

STEP 7 继续添加叠加效果

①再次选择渐变工具；②设置渐变样式为“由黑色到透明”；③在图像中从右下向左上拖曳鼠标渐变填充图层，并设置图层混合模式为“叠加”；④查看添加混合模式后的效果。

2. 新建背景图层

背景图层是新建文档或打开图像时创建的图层，常为锁定状态，且图层名称为“背景”，位于图层面板底部。如果图像文件中没有背景图层，则可以将图像文件中的某个图层新建为背景图层，其具体操作步骤如下。

STEP 1 选择需要设置为背景的图层

①选择需要设置为背景图层的图层；②选择【图层】/【新建】/【图层背景】命令。

STEP 2 **完成背景图层的设置**

此时被选择的图层将自动转换为背景图层并置于整个图像的最下方，呈锁定状态，图层上未填充的区域将自动填充为背景色。

3. 新建文本图层

文本图层是在使用文字工具时自动创建的图层，可以使用文字工具对其中的文字进行编辑，其具体操作步骤如下。

STEP 1 **输入文本**

①选择直排文字工具；②在图像中单击需要输入文字的区域，在其中输入文字，这里输入“蓝色记忆”。

STEP 2 **完成文本图层的创建**

按【Ctrl+Enter】组合键，“图层”面板中将自动新建名为“蓝色记忆”的图层。

4. 新建填充图层

填充图层是指使用某种单一颜色、渐变颜色或图案对图像或选区进行填充，填充后的内容单独位于一个图层中，并且可以随时改变填充的内容，其具体操作步骤如下。

STEP 1 **打开“新建图层”对话框**

打开需要设置填充图层的图像文件，为头发创建选区，选择【图层】/【新建填充图层】/【渐变】命令，打开“新建图层”对话框。

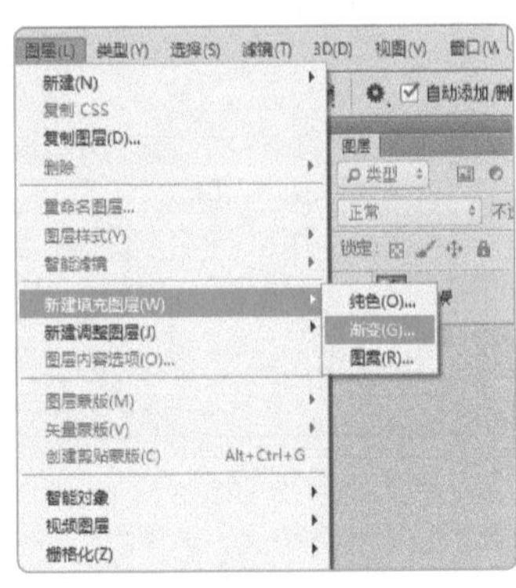

STEP 2 新建图层

①在“名称”文本框中输入图层的名称为“渐变填充 1”；②在“颜色”下拉列表框中选择“橙色”选项；③设置模式为“叠加”，在“不透明度”数值框中输入“70%”；④单击“确定”按钮新建图层。

STEP 3 设置渐变图层的属性

①打开“渐变填充”对话框，在“渐变”下拉列表框中选择“铜色渐变”选项，单击渐变条，在打开的“渐变编辑器”对话框中，可设置其他颜色渐变；②在“样式”下拉列表框中选择渐变的样式为“线性”，设置角度为“-3.81”；③单击“确定”按钮完成设置。

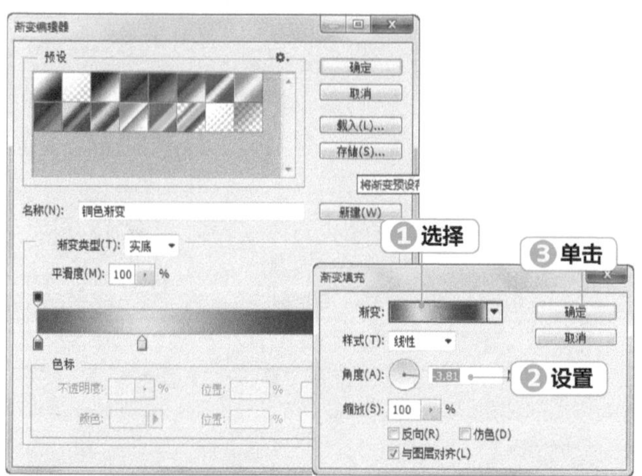

STEP 4 查看渐变图层效果

返回Photoshop CC工作区，在“图层”面板中即可看到“背景”图层上方新建的“渐变填充 1”图层。

技巧秒杀

新建填充图层的其他技巧

填充图层有纯色、渐变和图案3种填充方式，用户可根据需要，选择对应的选项进行新建。在“图层”面板中双击渐变图层图标，将再次打开“渐变填充”对话框，在其中可以对新建的渐变图层的渐变方式、样式、角度、缩放、反向、对齐等属性进行编辑。

5. 新建形状图层

使用形状工具组中的工具在图像中绘制图形时，将自动创建形状图层，其具体操作步骤如下。

STEP 1 绘制椭圆

①选择椭圆工具，在工具属性栏设置填充色；②在图像中需要绘制椭圆的区域按住鼠标左键不放，进行拖曳，绘制椭圆。

STEP 2 新建形状图层

释放鼠标，此时，“图层”面板中将自动新建名为“椭圆 1”的图层。

6. 新建调整图层

调整图层是将“曲线”“色阶”或“色彩平衡”等调整命令的效果单独存放在一个图层中，且调整图层下方的所有图层都会受到这些调整命令的影响，其具体操作步骤如下。

STEP 1 选择调整图层类型

选择【图层】/【新建调整图层】命令，在打开的子菜单中显示了调整图层的类型，这里选择【曲线】命令。

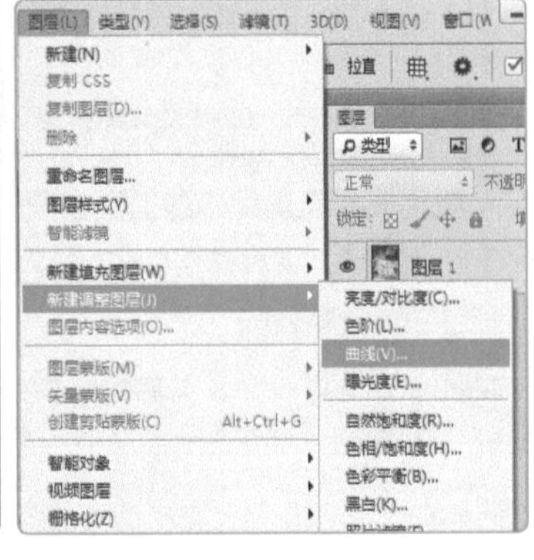

STEP 2 新建图层

❶打开“新建图层”对话框，在“名称”文本框中输入图层的名称为“曲线 1”；❷在“颜色”下拉列表框中选择“紫色”选项；❸在“不透明度”数值框中输入“50”；❹单击“确定”按钮新建图层。

STEP 3 调整曲线

打开“属性”面板，在其中拖曳滑块可以调整图像的明暗，此时将在“图层”面板中自动生成一个调整图层，双击该图层可再次打开“属性”面板进行曲线调整。

3.1.2 选择并修改图层名称

要对图层进行编辑，需要先选择图层，为了区分各个图层，还可对图层名称进行修改。下面将先抠取“草莓 .jpg”图像，并将“草莓 .jpg”图像移动到“草莓城堡 .psd”图像文件中，再打开“草莓阴影 .psd”图像，将其移动到草莓图层的下方并修改名称，其具体操作步骤如下。

微视频：选择并修改图层名称

STEP 1 抠取“草莓”图像

❶打开“草莓 .jpg”素材文件，选择魔棒工具；❷选取草莓的背景图像，并按【Ctrl+Shift+I】组合键反选“草莓”图像。

技巧秒杀

选择多个图层

若需选择多个不连续的图层，可在按住【Ctrl】键的同时单击要选择的图层。

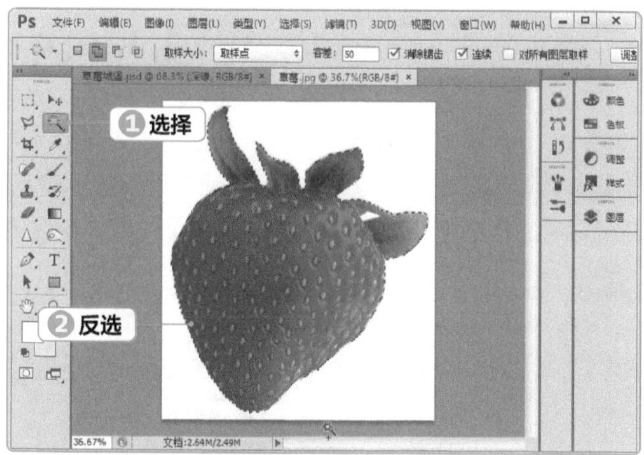

STEP 2 调整草莓图像大小

使用移动工具将“草莓”选区拖曳到“草莓城堡 .psd”图像中，生成图层 2 按【Ctrl+T】组合键进入变换状态，按住【Shift】键调整图像大小，然后调整图像的方向，并将其放置到合适的位置。

STEP 3 调整草莓阴影大小

打开“草莓阴影 .psd”素材文件，使用移动工具将其拖曳到“草莓城堡 .psd”图像中，按【Ctrl+T】组合键进入变换状态，按住【Shift】键调整图像大小，并将其放置到合适的位置。

STEP 4 选择图层调整阴影位置

在“图层”面板中选择“草莓阴影”图层，按住鼠标左键不放，将其拖曳到“图层 2”的下方，调整图层位置，此时可发现草莓阴影已在草莓的下方。

STEP 5 添加“石板”素材文件

❶打开“石板 .jpg”素材文件，选择矩形选框工具；❷在工具属性栏中设置“羽化”为“20 像素”；❸在石板的小石子区域绘制矩形选框。

STEP 6 调整石板位置

使用移动工具将石板区域移动到“草莓城堡”图像中，按【Ctrl+T】组合键，将图像调整到合适位置。

STEP 7 重命名图层

①在打开的“图层”面板中选择“图层 2”，选择【图层】/【重命名图层】命令；②此时所选图层名称将呈可编辑状态，在其中输入“草莓”。

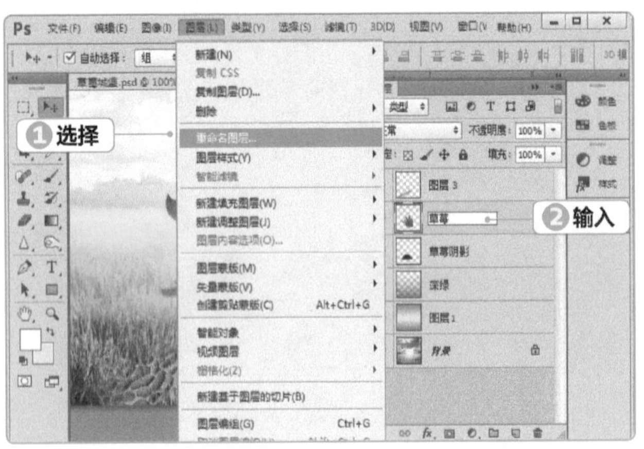

STEP 8 双击重命名图层

在打开的“图层”面板中选择“图层 3”，在图层名称上双击鼠标左键，此时图层名称将变为可编辑状态，在其中输入新名称，这里输入“石子路”。

3.1.3 调整图层的堆叠顺序

由于图层中的图像具有上层覆盖下层的特性，所以适当地调整图层排列顺序可以帮助用户制作出更丰富的图像效果。下面将打开“城堡 .psd”“飞鸟 .psd”“飞鸟 1.psd”“叶子 .psd”素材文件，然后分别将素材拖曳到“草莓城堡 .psd”图像文件中，并调整图层的堆叠顺序，其具体操作步骤如下。

微视频：调整图层的堆叠顺序

STEP 1 添加“城堡”素材文件

打开“城堡 .psd”素材文件，使用移动工具将其拖曳到“草莓城堡 .psd”图像中，按【Ctrl+T】组合键调整图像大小，并将其放置到合适的位置。

STEP 2 添加其他素材文件

使用相同的方法，打开“飞鸟 .psd”“飞鸟 1.psd”“叶子 .psd”素材文件，使用移动工具分别将对应的图像拖曳到“草莓城堡 .psd”图像中，按【Ctrl+T】组合键调整图像大小，并将其放置到合适的位置。

技巧秒杀

取消选择图层

在“图层”面板下方的空白处单击，或选择【选择】/【取消选择图层】命令，即可取消图层的选择。

STEP 3 为图层命名

选择“飞鸟 .psd”所在的图层，在图层名称上双击鼠标左键，此时图层名称将变为可编辑状态，在其中输入新名称，这里输入“飞鸟 1”。使用相同的方法，将其他图层分别命名为“绿草”“飞鸟 2”“城堡装饰”。

STEP 4 使用命令移动图层

①在“图层”面板中选择“石子路”图层，选择【图层】/【排列】/【后移一层】命令，或按【Ctrl+[】组合键将其向下移动两个图层，使其位于“草莓阴影”图层的下方；②返回图像编辑窗口，即可发现石子路在草莓阴影的下方显示。

技巧秒杀

隐藏和显示图层

若需要单独查看某个或几个图层的显示效果，可以先将其他图层隐藏，待查看完毕后再将其显示出来。其方法为：在“图层”面板中单击需要隐藏的图层左侧的眼睛图标，即可进行隐藏；再次单击该图标可重新显示该图层。

STEP 5 使用拖曳鼠标的方法移动图层

选择“飞鸟 1”图层，按住鼠标左键不放，将其拖曳到“草莓阴影”图层的下方，调整图层位置。使用相同的方法，依次将“飞鸟 2”和“绿草”图层拖曳到“飞鸟 1”和“石子路”图层的下方。

3.1.4 创建图层组

由于图像中需要添加的素材很多，若依次重命名图层会显得繁琐，因此，可将同类型图层或相关图层统一放置到图层组中。下面将在“草莓城堡 .psd”图像文件中为与“城堡”相关的图层创建图层组，使其更加便于查看，其具体操作步骤如下。

微视频：创建图层组

STEP 1 使用命令新建组

①选择【图层】/【新建】/【组】命令；②打开“新建组”对话框，在“名称”文本框中输入组名称为“草莓城堡”，其他设置保持默认；③单击“确定”按钮，即可完成新建组操作。

技巧秒杀

隐藏和显示所有图层

按住【Alt】键单击某个图层的眼睛图标，可将该图层外的所有图层隐藏；再次执行相同的操作，则可显示所有图层。

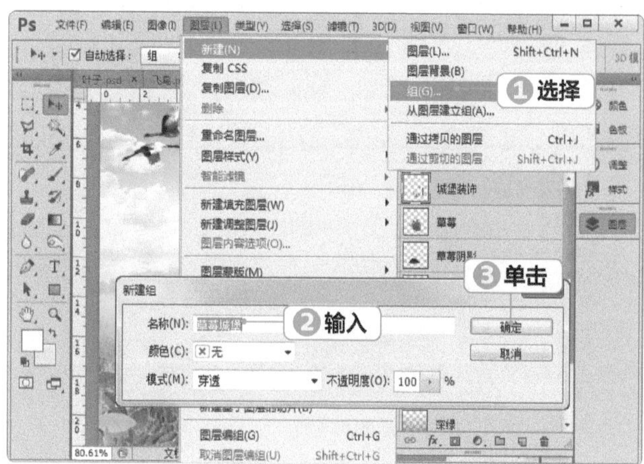

STEP 2 将图层拖曳到新建组中

❶按住【Ctrl】键不放，分别选择“城堡装饰”“草莓”“草莓阴影”图层；❷按住鼠标左键不放，将选择的图层向上拖曳到“草莓城堡”文件夹上，即将图层添加到新组中，此时会发现所选图层在“草莓城堡”文件夹的下方显示。

STEP 3 使用按钮新建文件夹

❶在“图层”面板下方单击“创建新组”按钮，新建文件夹“组1”；❷双击文件夹名称，使其呈可编辑状态，在其中输入“草莓城堡辅助图层”；❸选择需要移动到该文件中的图层，这里选择“石子路”“绿草”图层，按住鼠标左键不放，将其拖曳到“草莓城堡辅助图层”文件夹中。

3.1.5 复制图层

微视频：复制图层

复制图层指为已存在的图层创建相同的图层副本，并通过调整图层副本让相同的图像通过不同的样式展现。下面将对“草莓城堡.psd”图像文件中的“飞鸟 1”和“飞鸟 2”图层进行复制操作，并对复制的图层进行编辑，其具体操作步骤如下。

STEP 1 通过命令复制图层

❶在“图层”面板中选择“飞鸟 1”图层，选择【图层】/【复制图层】命令；❷打开“复制图层”对话框，在为文本框中输入“飞鸟丨副本”，单击“确定”按钮。

STEP 2 调整复制图层的位置

❶在工具箱中选择移动工具；❷将鼠标指针移动到图像编辑窗口的“飞鸟 1 副本”上，按住鼠标左键进行拖曳，即可看到复制的图层与原图层分离，按【Ctrl+T】组合键调整复制图层的大小和旋转角度。

STEP 3 通过按钮复制图层

继续选择“飞鸟 1”图层，在图层上按住鼠标左键不放，将其向下拖曳到面板底部的“创建新图层”按钮上，释放鼠标即可新建一个图层，其默认名称为所选图层的副本图层。

STEP 4 调整复制图层的位置

①通过自由变换，调整复制图层的大小和位置；②将鼠标指针移动到图像编辑窗口的“飞鸟 2”上，按住【Alt】键并拖曳鼠标，复制“飞鸟 2”图层，再次通过自由变换调整，复制图像的大小和位置，即可完成复制操作。

3.1.6 链接图层

链接图层是指将多个图层链接成一组，以便同时对链接的多个图层进行对齐、分布、移动和复制等操作。本例中由于需要调整所有飞鸟的位置，因此，可将飞鸟所在的图层链接起来，其具体操作步骤如下。

微视频：链接图层

STEP 1 通过按钮链接图层

①按住【Shift】键选择“飞鸟 1”所有的 3 个图层；②在“图层”面板底部单击“链接图层”按钮，即可将所选图层链接。

STEP 2 通过命令链接图层

①按住【Shift】键选择“飞鸟 2”所有的两个图层；②单击鼠标右键，在弹出的快捷菜单中选择“链接图层”命令，即可对选择的图层进行链接。

技巧秒杀

撤销图层链接

选择所有的链接图层，单击“图层”面板底部的“链接图层”按钮，即可取消所有图层的链接关系。若只想取消某一个图层与其他图层间的链接关系，只需选择该图层，再单击“图层”面板底部的“链接图层”按钮。

3.1.7 锁定和合并图层

锁定图层能够保护图层中的内容不被编辑，合并图层能够减少图层中占用的空间，提高制作效率。下面将先对“草莓城堡 .psd”图像文件中的“草莓城堡”图层组进行锁定，再对前面填充的图层进行合并，减少图层空间占用量。

微视频：锁定和合并图层

1. 锁定图层

“图层”面板中的“锁定”栏提供了锁定图层透明像素、图像像素、位置和全部信息等功能。下面将分别使用全部信息锁定和位置锁定，对“草莓城堡 .psd”图像文件进行锁定操作，其具体操作步骤如下。

STEP 1 锁定图层组

①在“图层”面板中选择“草莓城堡”图层组；②在“图层”面板上单击“锁定全部”按钮，图层将被全部锁定，不能再对其进行任何操作。展开图层组，可发现图层组中的图层也全部被锁定。

技巧秒杀

锁定透明像素

在“图层”面板中单击“锁定透明像素”按钮，可以使图层的透明区域受到保护，从而达到限制图像编辑范围的目的。

STEP 2 锁定位置

①按住【Shift】键选择“飞鸟 1”所在的3个图层；②在“图层”面板上单击“锁定位置”按钮，此时将不能对图层位置进行移动。

技巧秒杀

锁定图像像素

在“图层”面板中单击“锁定图像像素”按钮，此时将不能再对图层进行绘画、擦除或应用滤镜等改变图像像素的操作，而只能进行移动、变换等简单的操作。

2. 合并图层

合并图层能将两个或多个不同的图层合并到一个图层中显示。下面对“背景”和“深绿”图层进行合并，其具体操作步骤如下。

STEP 1 合并图层

①按住【Ctrl】键分别选择“深绿”和“背景”图层；②在图层上单击鼠标右键，在弹出的快捷菜单中选择“合并图层”命令。

STEP 2 查看合并后的效果

返回"图层"面板，可发现"深绿"图层已被合并，而对应的"背景"图层颜色变深。按【Ctrl+S】组合键对图像进行保存操作，即可查看完成后的效果。

操作解谜

合并图层的基本知识

合并图层分为向下合并、合并可见图层和拼合图像3种。向下合并选择一个图层后，按【Ctrl+E】组合键或选择【图层】/【向下合并】命令，可以合并两个或两个以上的多个图层，合并后的图层名称使用上面图层的名称；合并可见图层：选择【图层】/【合并可见图层】命令，可将所有呈显示状态的图层合并为一个图层，合并后的图层名称为合并前所选择的可见图层名称；拼合图像：选择【图层】/【拼合图像】命令，打开"提示"对话框，询问是否扔掉隐藏的图层，单击"确定"按钮，拼合后的图层将自动变为背景图层。

3.2 合成"火中恶魔"图像

"火中恶魔"图像是特效中的一种，具有很强的视觉冲击力。本例将打开"人物.jpg"图像，调整图像亮度，将火焰图像移动并融入到"人物.jpg"图像中，制作火焰中的恶魔效果。在制作过程中，将对设置图层混合模式、添加并设置图层样式，以及设置图层透明度的方法进行介绍。

素材：素材\第3章\火中恶魔\ | 效果：效果\第3章\火中恶魔.psd

3.2.1 设置图层混合模式

微视频：设置图层混合模式

图层混合模式是指对上面图层与下面图层的像素进行混合，上层的像素会覆盖下层的像素，从而得到另外一种图像效果。Photoshop CC提供了二十多种不同的图层混合模式，不同的图层混合模式可以产生不同的效果。下面将制作"火中恶魔"图像，并在其中添加不同素材，设置不同素材的混合模式，其具体操作步骤如下。

STEP 1 打开图像并复制图层

打开"人物.jpg"图像文件，按【Ctrl+J】组合键复制图层，在复制的图层上编辑图像。

STEP 2 调整曲线

❶按【Ctrl+M】组合键，打开“曲线”对话框，拖动曲线调整图像亮度；❷单击“确定”按钮。

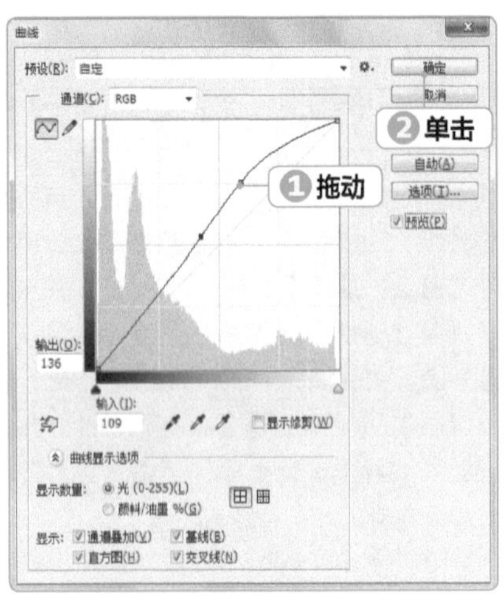

STEP 3 设置图层混合模式并添加火焰 1

❶在“图层”面板中设置图层混合模式为“滤色”；❷设置“不透明度”为“70%”；❸打开“火焰 1.jpg”图像，使用移动工具，将火焰图像移动到“人物 .jpg”图像下方并调整其大小后添加文本“生成图层 2”。

3.2.2 设置高级混合与混合色带

微视频：设置高级混合与混合色带

在 Photoshop 中，用户不但可以使用图层混合模式来对图层与图层的混合方式进行调整，还可以通过“图层样式”对话框对混合的选项进行高级混合与混合色带的调整，如混合颜色、通道混合和挖空等。下面将分别使用图层混合模式、混合颜色、通道混合和挖空等功能调整火焰与文字，合成“火中恶魔”图像，其具体操作步骤如下。

STEP 1 设置图层混合模式

❶在“图层”面板中双击“图层 2”图层，在打开的“图层样式”对话框中设置“混合模式”为“变亮”；❷再设置“本图层”为“36、255”；❸单击“确定”按钮。

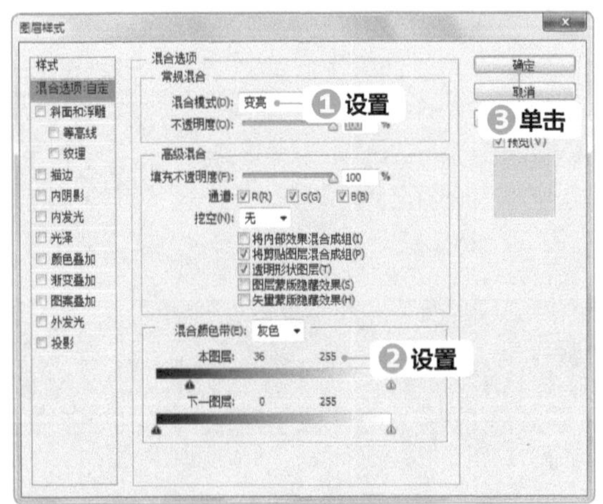

STEP 2 添加火焰 2

❶打开并添加“火焰 2.jpg”图像文件；❷使用移动工具将火焰图像移动到“人物 .jpg”图像上方并缩放旋转。

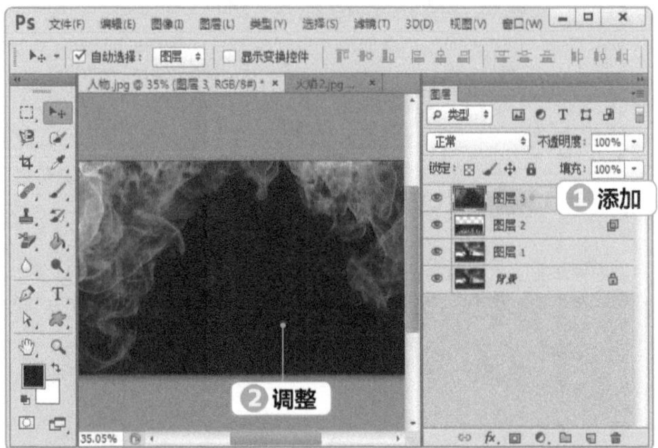

STEP 3 设置图层样式

❶在“图层”面板中双击“图层 3”图层，在打开的“图层样式”对话框中设置“混合模式”为“线性减淡（添加）”；❷撤销选中“B”复选框；❸单击“确定”按钮。

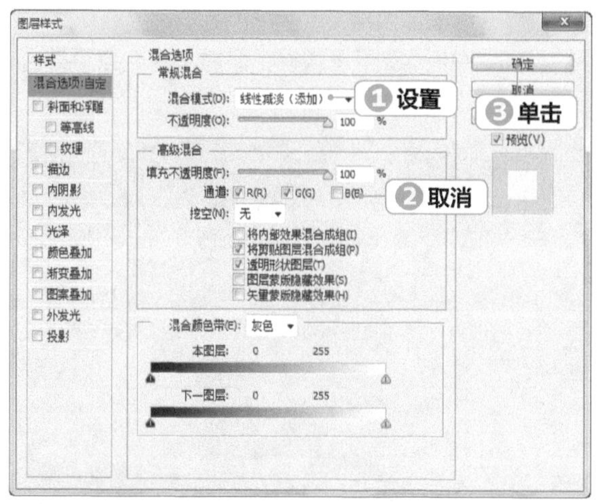

STEP 4 添加火焰 3

①打开并添加“火焰 3.jpg”图像文件；②使用移动工具，将火焰图像移动到“人物 .jpg”图像的人物帽子上，将其缩小并旋转。

STEP 5 设置混合模式并添加火焰

①在“图层”面板中的混合模式下拉列表框中选择“变亮”选项；②按【Ctrl+J】组合键，复制图层，将其缩放后移动到人物的左边翅膀上，使用相同的方法，为图像的其他部分添加火焰图像。

STEP 6 添加火焰 4

①打开并添加“火焰 4.jpg”图像文件；②，使用移动工具，将火焰图像移动到“人物 .jpg”图像的上方，将其缩小并旋转。

STEP 7 设置图层混合模式并添加火焰

①在“图层”面板中的混合模式下拉列表框中选择“滤色”选项；②按【Ctrl+J】组合键，复制图层，将其缩放后移动到人物的左边翅膀上，使用相同的方法，为图像的其他部分添加火焰图像。

STEP 8 输入文本

①将前景色设置为白色，选择横排文字工具；②在工具属性栏中设置字体为“Arial”；③在图像上方输入文字；④在“图层”面板中双击文字图层。

STEP 9 设置图层混合模式

①在打开的“图层样式”对话框中设置“填充不透明度”为“0%”；②设置“挖空”为“深”；③撤销选中“B”复选框；④单击“确定”按钮。

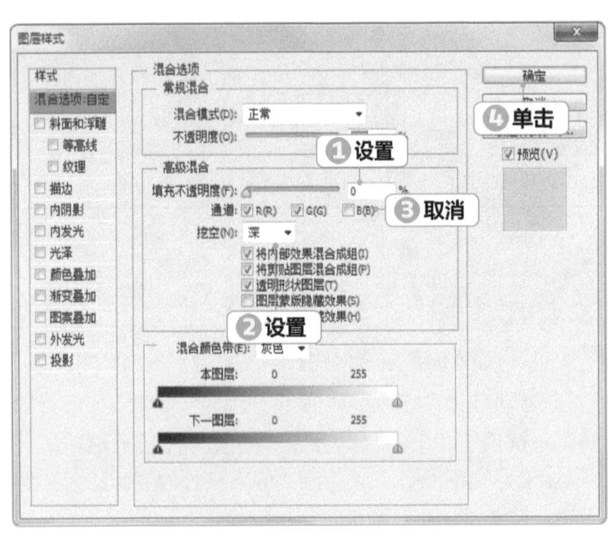

STEP 10 查看图像效果

查看制作的火中恶魔图像效果，保存文件，查看完成后的效果。

3.3 制作晶莹剔透的玻璃字

在 Photoshop 中，通过为图层应用图层样式，可以制作一些丰富的图像效果，如水晶、金属和纹理等效果都可以通过为图层设置投影、发光和浮雕等图层样式来实现。本案例将输入文本，通过设置投影、发光、斜面与浮雕、光泽等图层样式，制作具有玻璃质感的文字效果。

 素材：素材 \ 第 3 章 \ 蜗牛 .jpg　　效果：效果 \ 第 3 章 \ 蜗牛 .psd

3.3.1 设置斜面和浮雕

使用“斜面和浮雕”效果可以为图层添加高光和阴影的效果，让图像看起来更加立体生动。下面将在“蜗牛 .jpg”图像中输入文本，并为其设置斜面和浮雕效果，其具体操作步骤如下。

微视频：设置斜面和浮雕

STEP 1 输入文本

①打开“蜗牛 .jpg”素材文件；②选择横排文字工具；③在工具属性栏中设置文本的“字体、字号、字形、颜色”分别为“华文琥珀、90 点、浑厚、#6dfa48”；④在蜗牛上方输入文本。

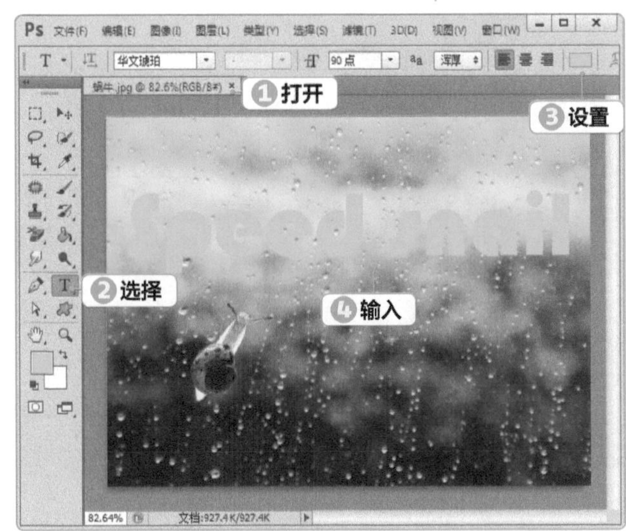

STEP 2 设置斜面和浮雕参数

❶打开“图层样式”对话框，单击选中“斜面和浮雕”复选框；❷设置“样式、方法、深度、大小、软化”分别为“内斜面、平滑、100、16、0”，单击选中“上”单选项；❸在“阴影”栏中设置“角度、高度、高光模式、不透明度、阴影模式”分别为“30、30、滤色、75、正片叠底”；❹单击“确定”按钮。

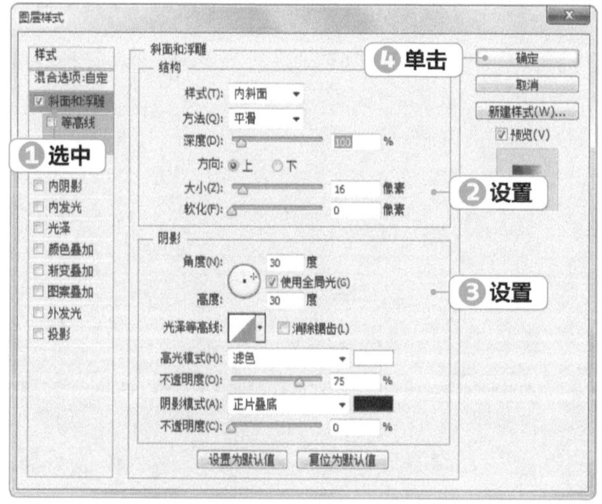

STEP 3 查看斜面和浮雕效果

返回工作界面查看添加斜面和浮雕效果后的图像效果，可发现文字更加立体。

技巧秒杀

双击图层的操作技巧

在“图层”面板中双击图层时，不能双击图层名称，否则将不会打开“图层样式”对话框，只能对图层进行重命名。

3.3.2 设置等高线

“等高线”效果是在设置斜面和浮雕的基础上进行的，通过单击选中“等高线”复选框可以为图层添加凹凸、起伏的效果，下面为文本添加等高线效果，其具体操作步骤如下。

微视频：设置等高线

STEP 1 设置等高线参数

❶打开“图层样式”对话框，单击选中“等高线”复选框；❷在右侧的面板中单击“等高线”下拉列表框右侧的下拉按钮，在打开的下拉列表中选择“半圆”选项，设置范围为“50”。

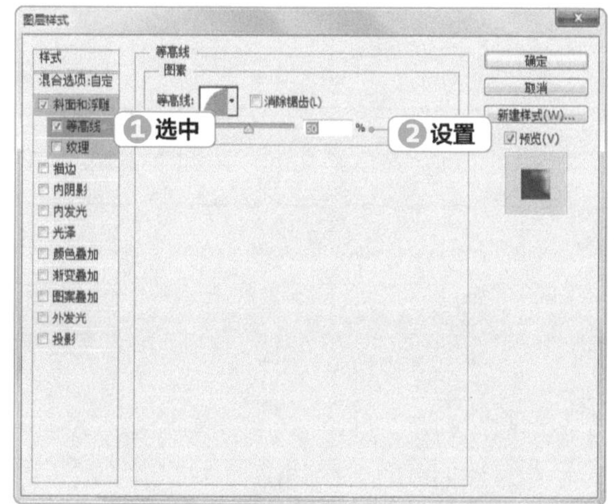

STEP 2 查看等高线效果

返回工作界面查看添加等高线后的图像效果，可发现文字的光泽度更强。

3.3.3 设置内阴影

微视频：设置内阴影

使用“内阴影”效果可以在图层内容的边缘内侧添加阴影效果，制作陷入的效果，下面为文本添加内阴影效果，其具体操作步骤如下。

STEP 1 设置内阴影参数

①单击选中“内阴影”复选框；②设置“混合模式、颜色、不透明度、角度、距离、阻塞、大小”分别为“正片叠底、#61b065、75、30、5、0、16”，单击选中“使用全局光”复选框。

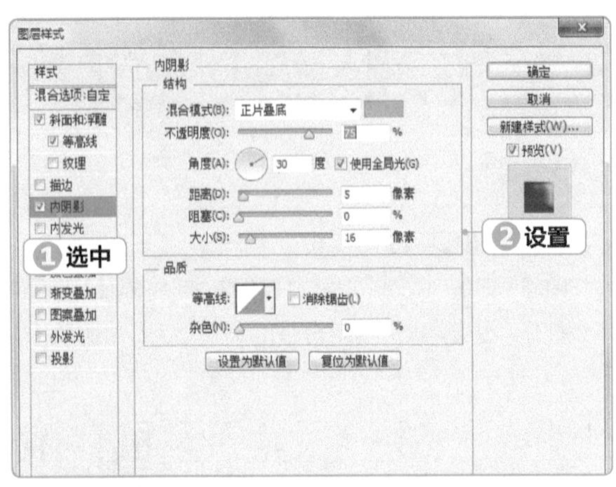

STEP 2 查看内阴影效果

返回工作界面查看添加内阴影后的图像效果，发现文字的立体感更强。

3.3.4 设置内发光

微视频：设置内发光

使用“内发光”效果可沿着图层内容的边缘内侧添加发光效果，下面为文本添加绿色的内发光效果，其具体操作步骤如下。

STEP 1 设置内发光参数

①单击选中“内发光”复选框；②设置“混合模式、不透明度、杂色、颜色、方法、阻塞、大小、范围、抖动”分别为“正片叠底、50、0、#6ba668到透明渐变、柔和、10、13、50、0”，单击选中“边缘”单选项。

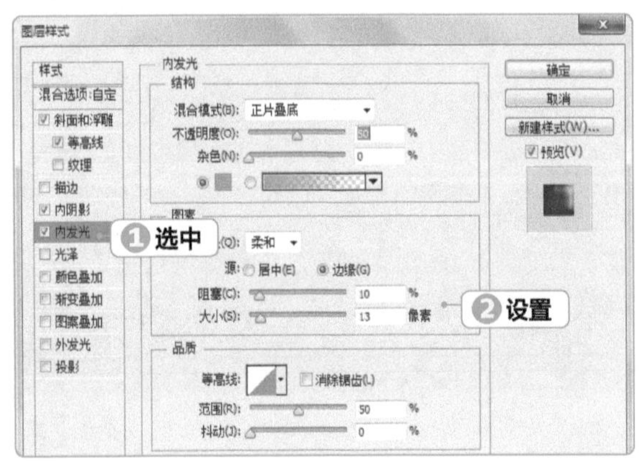

STEP 2 查看内发光效果

返回工作界面查看添加内发光后的图像效果。

Chapter 03

3.3.5 设置光泽

使用“光泽”效果可以为图层图像添加光滑而又有内部阴影的效果，常用于模拟金属的光泽效果，下面为文本添加光泽效果，其具体操作步骤如下。

微视频：设置光泽

STEP 1 设置光泽参数

①单击选中“光泽”复选框；②设置“混合模式、颜色、不透明度、角度、距离、大小”分别为“正片叠底、#63955f、50、75、43、50”。

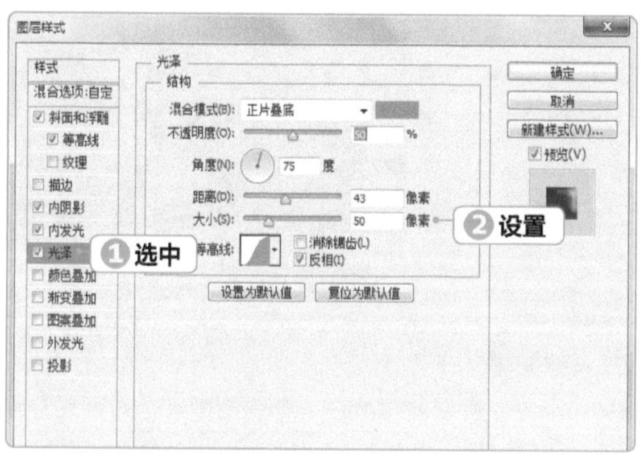

STEP 2 查看光泽效果

返回工作界面查看添加光泽后的图像效果。

3.3.6 设置外发光

使用“外发光”效果，可以沿图层图像边缘向外创建发光效果，下面为文本添加浅绿色的外发光效果，其具体操作步骤如下。

微视频：设置外发光

STEP 1 设置外发光参数

①单击选中“外发光”复选框；②设置“混合模式、不透明度、杂色、颜色、方法、扩展、大小、范围、抖动”分别为“滤色、50、0、#caeecc 到透明渐变、柔和、15、10、50、0”。

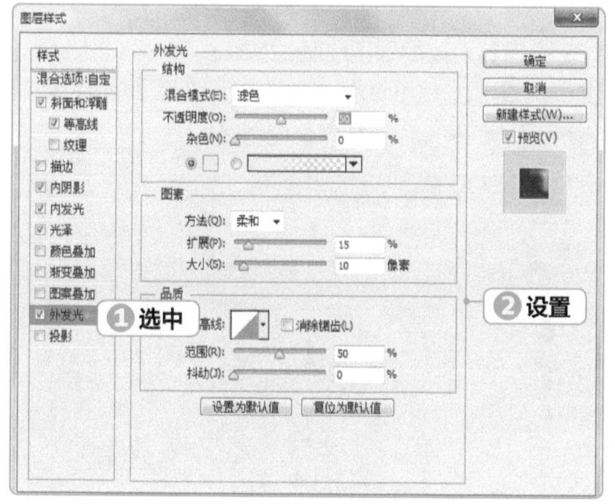

STEP 2 查看外发光效果

返回工作界面查看添加外发光后的图像效果。

3.3.7 设置投影

微视频：设置投影

使用“投影”样式可以为图像添加投影效果，常用于增加图像的立体感，下面为文本添加投影效果，并设置图层混合模式，其具体操作步骤如下。

STEP 1 设置投影参数

❶单击选中“投影”复选框；❷单击选中“使用全局光”复选框，设置“混合模式、颜色、不透明度、角度、距离、扩展、大小”分别为“正片叠底、#509b4c、75、30、5、0、5”；❸单击“确定”按钮。

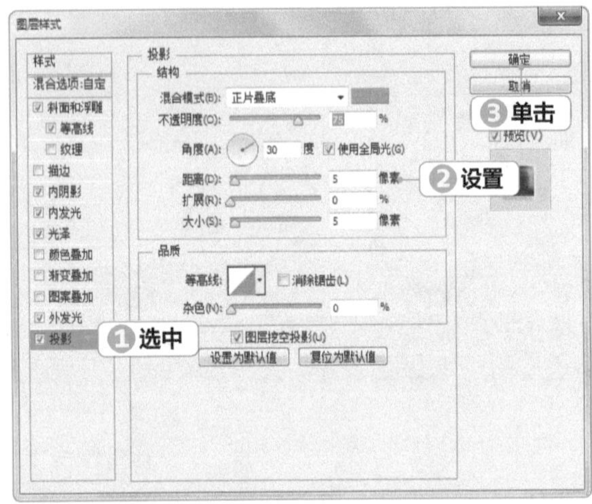

STEP 2 查看完成后的效果

❶在“图层”面板中选择文字图层，可查看添加的图层样式；❷在“混合模式”下拉列表中选择“正片叠底”选项，将背景图片与文本融合，使水珠显示在文字上面，保存文件，查看完成后的图像效果。

技巧秒杀

设置其他图层样式

- 描边：可以使用颜色、渐变或图案等对图层边缘进行描边，其效果与“描边”命令类似。
- 颜色叠加：可以为图层图像叠加自定的颜色，常用于更改图像的部分色彩。
- 渐变叠加：可为图层图像中单纯的颜色添加渐变色，从而使图层图像颜色看起来更加丰富。
- 图案叠加：可以为图层图像添加指定的图案。

3.3.8 设置图层不透明度

微视频：设置图层不透明度

通过设置指定图层的不透明度可以淡化该图层中的图像，从而使下方的图层显示出来，设置的不透明度值越小，就越透明。下面绘制白色熊掌，并设置熊掌的不透明度，其具体操作步骤如下。

STEP 1 绘制熊掌

将前景色设置为白色，选择自定形状工具，在工具属性栏选择“熊掌”图形，拖动鼠标绘制白色熊掌。

STEP 2 查看设置图层不透明度效果

在“图层”面板中将不透明度设置为“30%”，可发现熊掌变得半透明，保存文件完成本例的制作。

新手加油站——应用图层技巧

1. 对齐图层

对齐图层时，若需对齐的图层与其他图层存在链接关系，则可对齐与之链接的所有图层，其具体操作步骤如下。

❶ 打开图像文件，按住【Ctrl】键选择需对齐的图层。

❷ 选择【图层】/【对齐】/【水平居中】命令，即可将选定图层中的图像按水平中心像素对齐；选择【图层】/【对齐】/【左边】或【右边】命令，可使选定图层中的图像于左侧或右侧进行对齐；选择【图层】/【对齐】/【顶边】或【底边】命令，可使选定图层中的图像于顶边或底边进行对齐。下图所示为顶边对齐的效果。

2. 分布图层

分布图层与对齐图层的操作方法相似，在选择移动工具后，单击工具属性栏中“分布”按钮组中的“分布”按钮，可实现图层的分布，从左至右分别为按顶分布、垂直居中分布、按底分布、按左分布、水平居中分布和按右分布。

3. 栅格化图层内容

通常情况下，包含矢量数据的图层，如文字图层、形状图层、矢量蒙版和智能对象图层等都需先将其栅格化，才能进行相应的编辑。栅格化图层的方法是：选择【图层】/【栅格化】命令，在打开的子菜单中选择相应命令，即可栅格化图层中的内容；或是选择需要栅格化的图层，在图层上单击鼠标右键，在弹出的快捷菜单中选择“栅格化图层”命令，也可对所选图层进行栅格化操作，下图所示为栅格化形状图层。

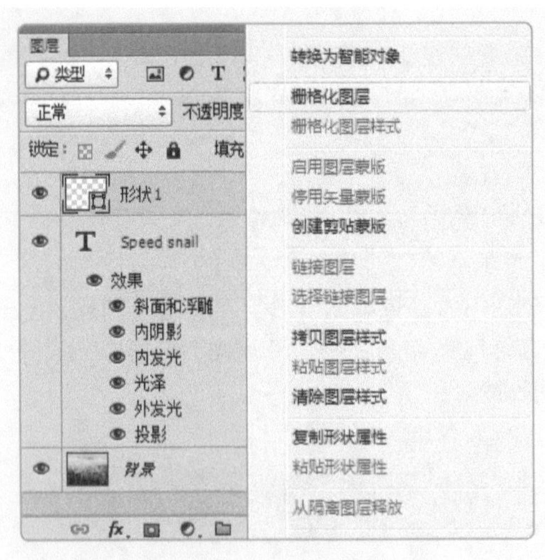

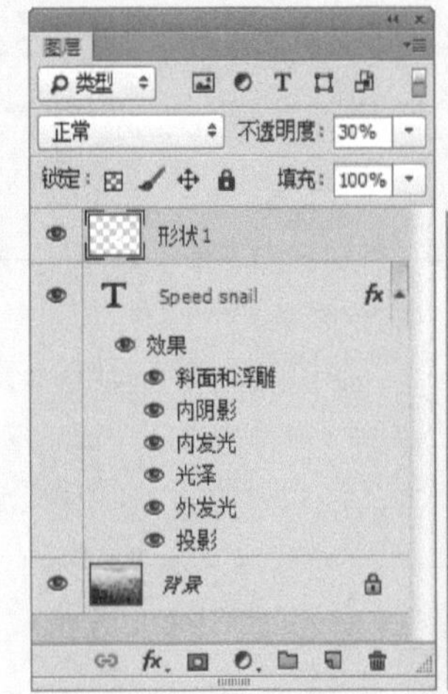

高手竞技场——应用图层练习

制作商品陈列图

本例将对“商品”文件夹中的小白鞋进行陈列设计，将部分商品图片以相同大小进行排列，并统一图片之间的间距，进一步巩固图层的排列、分布与对齐等基本操作，要求如下。

- 新建名为“商品陈列”的图像文件，创建参考线。
- 在“商品陈列”窗口中添加鞋子素材，调整素材的大小与位置。
- 选择鞋子 1、鞋子 3、鞋子 4、鞋子 5 所在图层，选择【图层】/【对齐】/【底边】命令进行对齐。
- 选择【图层】/【分布】/【右边】命令，均匀分布鞋子，添加文字素材，完成本例的操作。

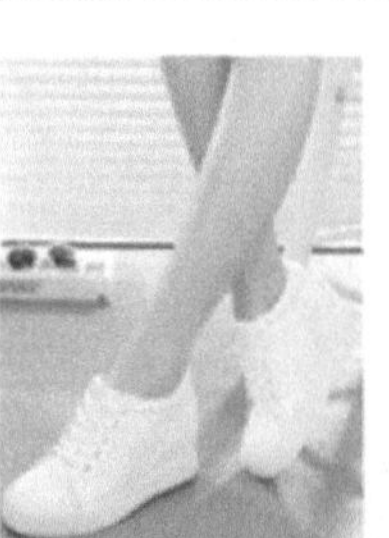

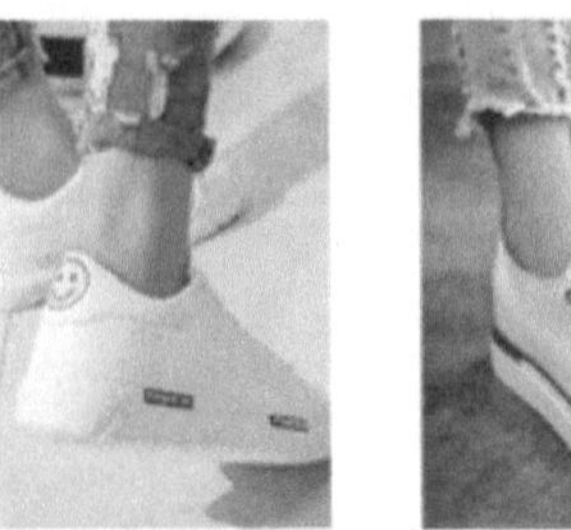

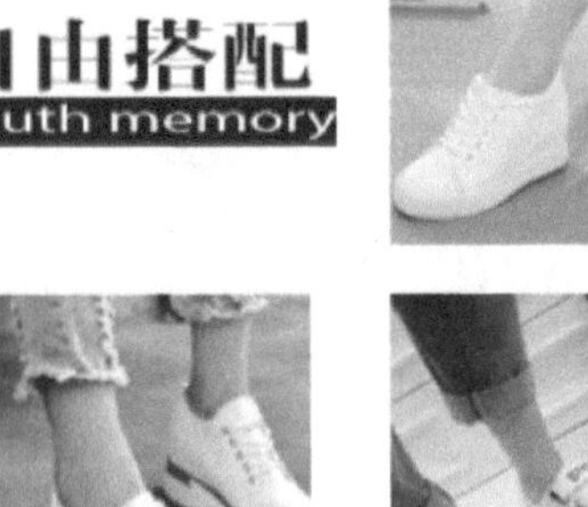

04 Chapter 第 4 章

修饰图像

/ 本章导读

掌握了图像的基本操作方法后，读者还需要学会对图像进行后期处理。例如，对图像中不满意的地方进行修饰，使其效果变得更加美观；或对有损失的图片进行修复，使其恢复原状。下面通过制作合成房地产海报、美化数码照片中的人像、制作面部飞散效果、精修首饰等案例，帮助读者掌握修饰图像的方法 。

4.1 合成房地产海报

房地产海报是常见的一种海报。本例制作的房地产海报，主要是通过从风景油画中展现不一样的浓郁色彩，营造童话般的效果，让人体会到幽居湖光山色的惬意。在制作过程中，将主要涉及到橡皮擦工具组以及混合画笔的使用，下面进行具体介绍。

素材：素材 \ 第 4 章 \ 房地产海报 \ | 效果：效果 \ 第 4 章 \ 房地产海报 .psd

4.1.1 使用橡皮擦工具组

微视频：使用橡皮擦工具组

在绘制图像的过程中，难免会遇到不需要的部分或是错误区域，此时可使用橡皮擦工具组中的工具擦除不需要的部分。下面将先新建图像文件并添加风景图片，再使用橡皮擦工具对风景进行擦除处理。

1. 使用魔术橡皮擦工具

魔术橡皮擦工具能自动分析图像的边缘，擦除图像中轮廓明显的区域。当擦除普通图层时，擦除区域将变为透明；当擦除“背景”图层或锁定透明区域的图层时，擦除的区域将变为背景色。下面将新建“房地产海报 .psd”图像文件，并添加风景，最后使用魔术橡皮擦工具擦除风景中的白色背景，其具体操作步骤如下。

STEP 1 新建图像文件并添加背景

❶新建一个大小为“2743 像素 ×4000 像素”，名为“房地产海报 .psd”的图像文件；❷打开“风景 1.jpg”素材文件，将其拖曳到新建的图像文件中，调整图片的大小。

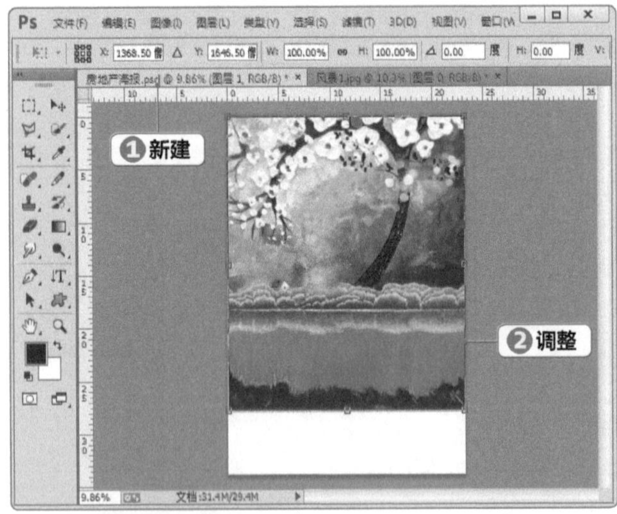

STEP 2 选择魔术橡皮擦工具

❶打开“风景 2.jpg”素材文件，将其拖曳到新建的图像文件中，此处将生成图层 2。调整图片的大小，在工具箱中按住橡皮擦工具不放，在打开的下拉列表中选择“魔术橡皮擦工具”选项；❷当鼠标光标变为 形状时，在白色背景区域处单击。

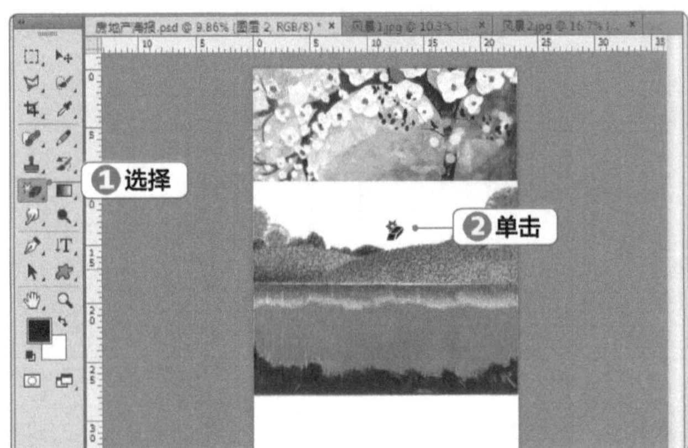

STEP 3 制作倒影

❶选择图层 2，按【Ctrl+J】组合键进行复制，按【Ctrl+T】组合键进入变换状态，向下拖动上边框中间的控制点，垂直翻转图像；❷设置图层的不透明度为“79%”。

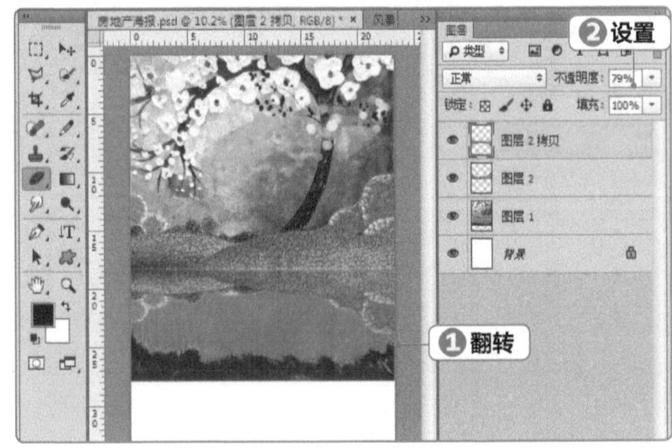

Chapter 04

STEP 4 设置动感模糊

❶选择【滤镜】/【模糊】/【动感模糊】命令，打开“动感模糊”对话框，设置角度为“180”，设置距离为“60”；❷单击“确定”按钮。

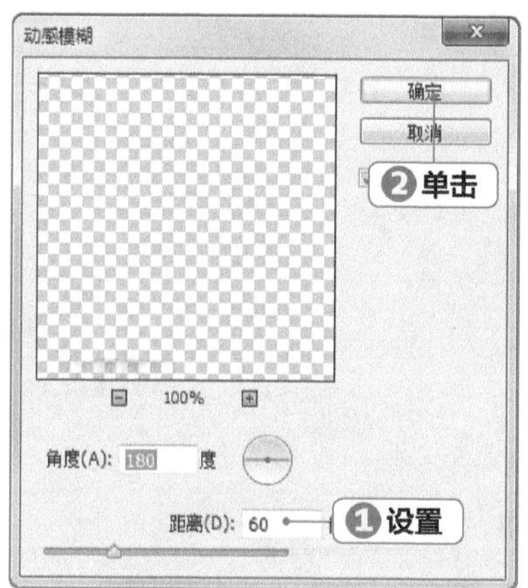

STEP 5 查看倒影效果

返回工作区，查看为倒影添加动感模糊后的效果，此时发现倒影更加逼真。

2. 使用橡皮擦工具

“橡皮擦工具”用于擦除图像中的内容，当擦除“背景”图层或锁定了透明区域的图层时，擦除的部分会变为背景色；当擦除其他图层时则可擦除图像中的像素。下面先打开“风景 3.jpg”图像文件，并将其移动到“房地产海报 .psd”图像文件中，再使用橡皮擦工具对超出部分进行擦除，其具体操作步骤如下。

STEP 1 添加风景素材

打开“风景 3.jpg”素材文件，使用移动工具将其拖曳到“房地产海报 .psd”图像文件的风景下方，调整其位置和大小。

STEP 2 设置橡皮擦参数

❶在“图层”面板中选择“风景 3.jpg”所在图层，并在工具箱中选择橡皮擦工具；❷在工具属性栏中单击“橡皮擦”按钮右侧的下拉按钮，在打开的面板中设置橡皮擦大小为“300 像素”；❸设置橡皮擦笔尖样式为“柔边圆”，设置硬度为“80%”。

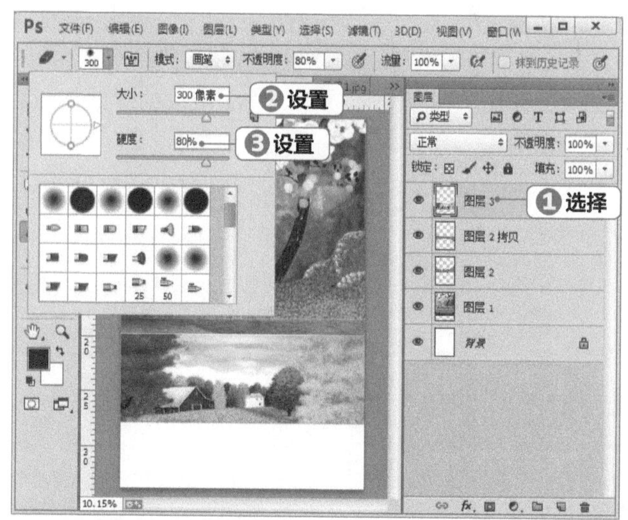

STEP 3 擦除部分图像

在“风景 3.jpg”图像上拖动鼠标，擦除风景中多余的部分，在擦除过程中可按【[】或【]】键调整画笔大小。

STEP 4　继续擦除图像

完成图像的大致擦除后，在工具属性栏中缩小画笔半径，并设置画笔不透明度，继续对边缘的细节进行处理，使其更好的与其他风景图片相融合。

STEP 5　添加文本

打开“房地产海报文本 .psd”素材文件，使用移动工具选择其中的文字，将其拖曳到“房地产海报 .psd”图像文件中，调整其位置和大小。

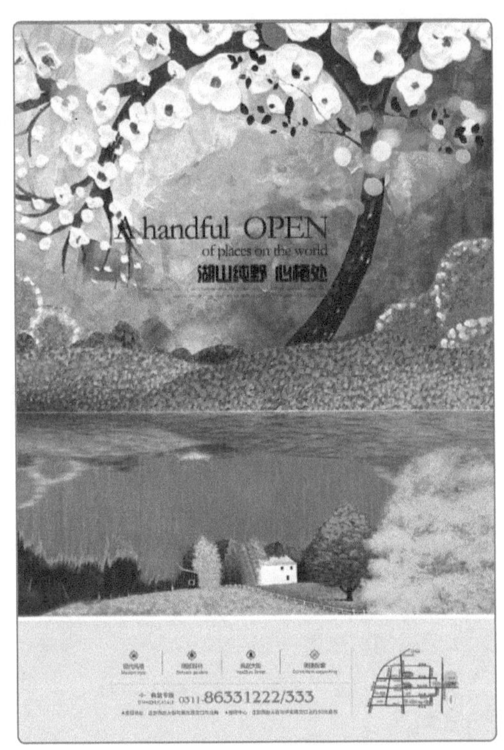

3. 使用背景橡皮擦工具

背景橡皮擦工具能自动采集画笔中的色样，同时删除画笔内出现的同种颜色，使擦除的区域变为透明，其具体操作步骤如下。

STEP 1　设置背景橡皮擦参数

❶在工具箱中选择背景橡皮擦工具，在工具属性栏中设置橡皮擦大小与笔尖样式；❷在“限制”下拉列表中选择“查找边缘”选项。

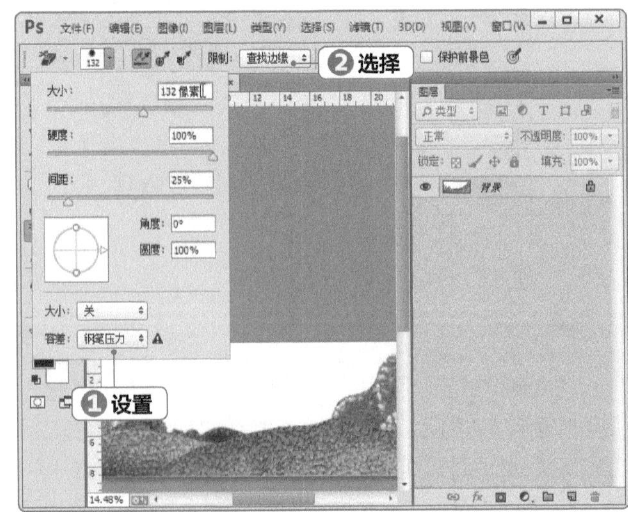

STEP 2 擦除白色区域背景

先使用鼠标在需要擦除的白色背景部分进行涂抹，擦除白色背景，在涂抹风景边缘时，将自动保留风景颜色，完成后可查看擦除后的效果。

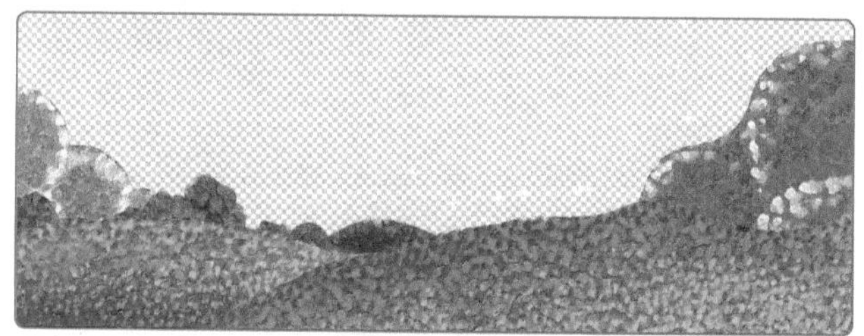

操作解谜

选择橡皮擦画笔时的注意事项

在使用橡皮擦工具擦除图像时，需要注意根据不同的要求选择不同的画笔。在擦除时若擦除部分需要有明度的过渡，可选择带有柔化边缘类的画笔（如柔边圆），在使用时可先将画笔放大，直接拖曳即可擦除颜色和图像的过渡；若只是擦除单独的某一个物体，则需要选择带有实心的画笔（如硬边圆）。

4.1.2 使用混合器画笔工具

微视频：使用混合器画笔工具

混合器画笔工具能画出水墨画或油画的效果，并且让绘制的图像能真实地显示。下面将在“房地产海报 .psd”图像中使用混合器画笔工具绘制树叶，让树与背景相融合，其具体操作步骤如下。

STEP 1 设置混合器画笔工具的参数

❶在“图层”面板中单击“创建新图层”按钮，新建图层；❷在工具箱中选择混合器画笔工具，单击工具属性栏中“混合器画笔工具”按钮右侧的下拉按钮；❸在打开的面板中设置画笔为“散布叶片”；❹设置“大小”为“1000 像素”。

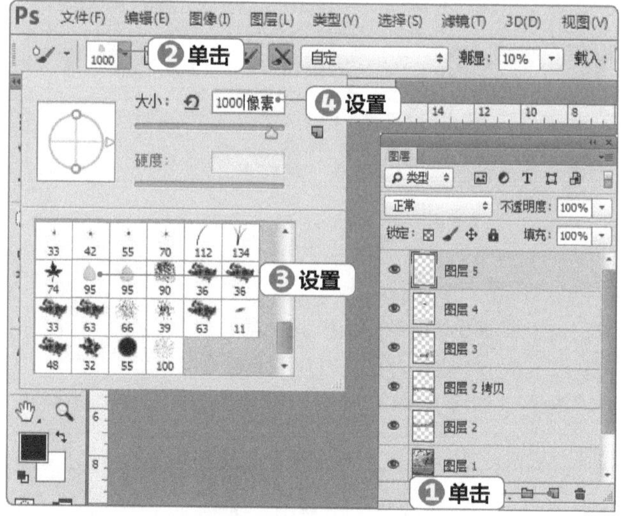

技巧秒杀

混合器画笔工具的设置

混合器画笔工具除了可在工具属性栏进行设置，也可在右侧列表中的“画笔”面板中进行设置。

STEP 2 设置画笔颜色

❶在工具属性栏中单击颜色色块，打开“拾色器（混合器画笔颜色）”对话框，将鼠标移动到图像编辑区的湖色部分，此时鼠标呈吸管状显示，即可单击鼠标获取颜色；❷返回“拾色器（混合器画笔颜色）”对话框，单击“确定”按钮。

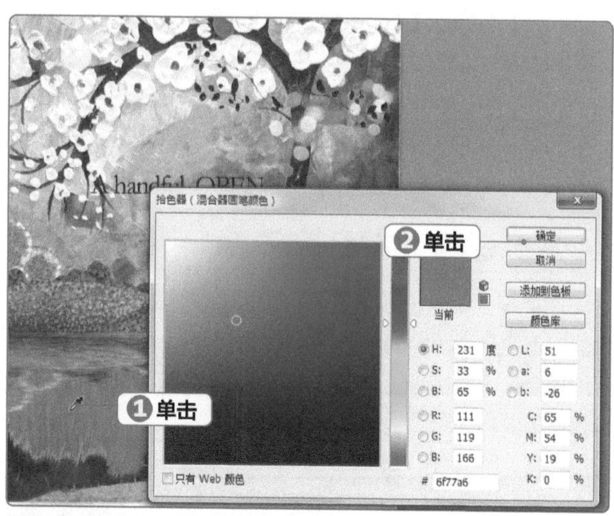

STEP 3 设置混合器画笔组合

❶在工具属性栏中单击“混合器画笔组合”右侧的下拉按钮，在打开的下拉列表中选择“自定”选项；❷设置右侧的“潮湿”栏和“载入”栏分别为“10%”和“5%”；❸在“混合”栏设置混合百分比为“30%”。

STEP 4 绘制画笔并查看完成后的效果

返回图像编辑区，在需要添加画笔的图像下方单击，将自动添加绘制的散布叶片效果。若是散布叶片颜色单一，还可更改颜色继续进行画笔操作，完成后查看绘制的效果。

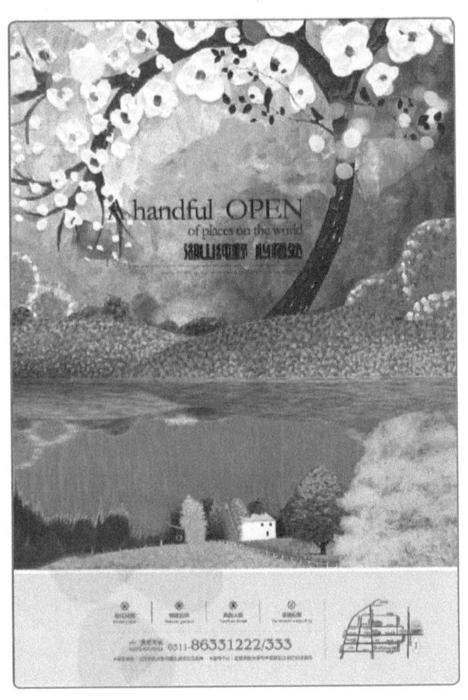

4.2 美化数码照片中的人像

当使用数码相机拍摄人像时，往往会因为某一些环境原因让拍摄的照片不够美观，或是因为模特脸部斑点太多使其脸部不够光滑美观，为了达到需要的效果，可对拍摄的照片进行美化，让人像完美地展现到照片中。下面将对美化数码照片中人像的方法和所涉及的知识进行介绍。

素材：素材 \ 第 4 章 \ 美女 .jpg　　效果：效果 \ 第 4 章 \ 美女 .jpg

4.2.1 使用污点修复画笔工具

污点修复画笔工具主要用于快速修复图像中的斑点或小块杂物等。使用污点修复画笔工具能对图像中的样本像素进行绘画，还可以将源图像区域中像素的纹理、透明度、光暗等情况与目标图像区域的情况匹配融合。下面将修复“美女 .jpg”图像中脸部与手部一些较明显的斑点，使其变得较白净，其具体操作步骤如下。

微视频：使用污点修复画笔工具

STEP 1 设置污点修复画笔工具的参数

❶打开“美女 .jpg”素材文件，在工具箱中选择污点修复画笔工具；❷在工具属性栏中设置污点修复画笔的大小为“20”；❸单击选中“内容识别”单选项；❹单击选中“对所有图层取样”复选框，为了方便处理，可放大显示“美女 .jpg”图像。

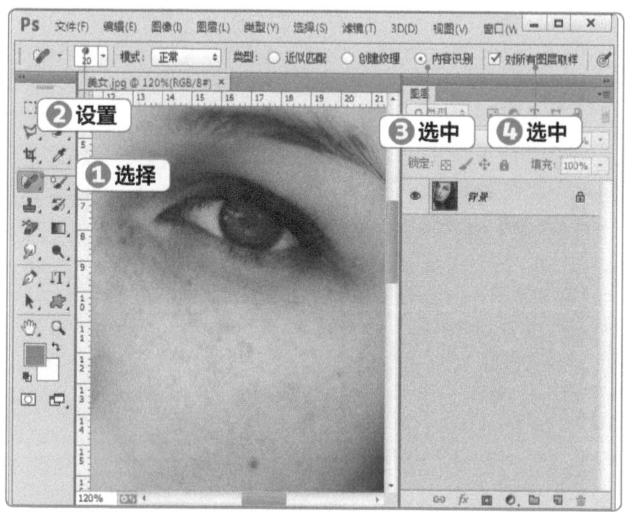

STEP 2 修复脸部右侧的斑点

使用鼠标在脸部右侧单击，以确定一点，向下拖曳修复画笔将显示一条灰色区域，释放鼠标即可看见拖曳区域的斑点已经消失。若是修复单独的某一个斑点，可在斑点上单击，以完成修复操作。

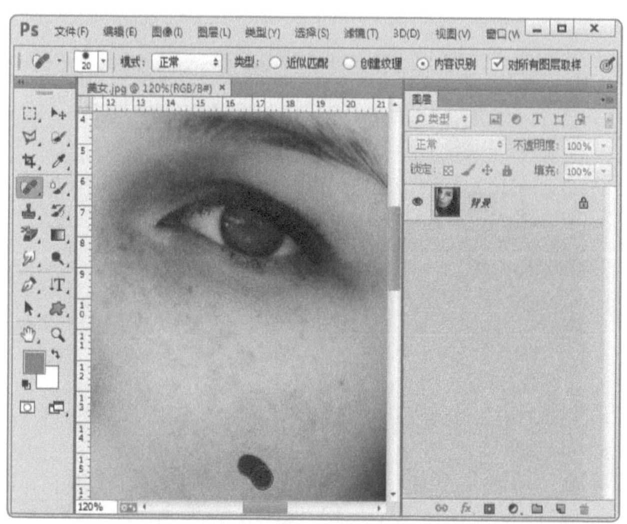

STEP 3 修复鼻子上的斑点

使用修复画笔工具沿着鼻子的轮廓进行涂抹，以修复鼻子上的斑点，应注意避免修复过程中因为颜色的不统一，导致再次出现大块的污点。并且在修复过程中需单独对某个斑点进行单击，减少鼻子不对称的现象出现。

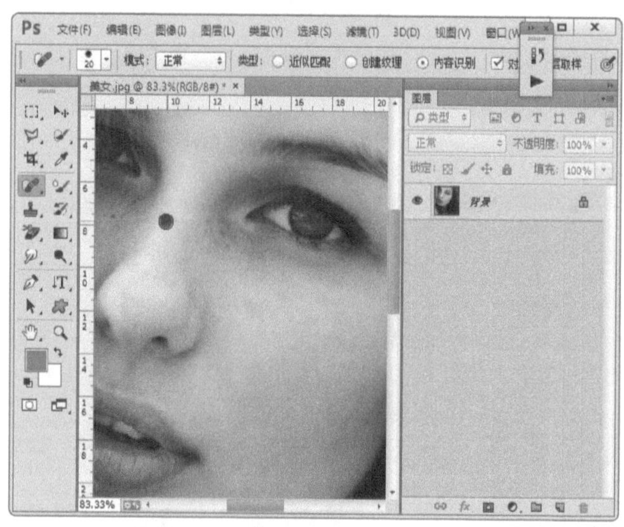

STEP 4 修复脸部左侧的斑点

使用相同的方法对脸部左侧进行修复，在修复时单击斑点可进行修复，对于斑点密集部分，则可使用拖曳的方法进行修复，完成后查看修复后的效果。

4.2.2 使用修复画笔工具

修复画笔工具可以用图像中与被修复区域相似的颜色去修复破损图像，它与污点修复画笔工具的作用和原理基本相同，只是修复画笔工具更便于控制，不易于产生人工修复的痕迹。下面将继续在“美女.jpg”图像中修复眼睛的眼袋和黑眼圈让其更加平顺自然，其具体操作步骤如下。

微视频：使用修复画笔工具

STEP 1 设置修复画笔工具的参数

❶在工具箱中选择修复画笔工具；❷在工具属性栏中设置修复画笔的大小为“15”；❸在“模式”栏右侧的下拉列表中选择“滤色”选项；❹单击选中“取样”单选项；❺完成后将右侧眼部放大。

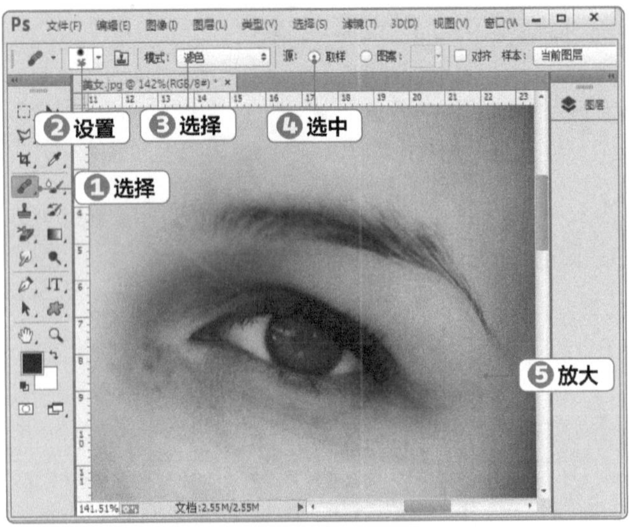

STEP 2 获取修复颜色并进行修复操作

❶在右侧眼睛的下方，按住【Alt】键的同时，单击图像上需要取样的位置，这里单击右侧脸部相对平滑的区域；❷将光标移动到需要修复的位置，这里将其移动到眼睛的下方，单击并拖曳鼠标，修复眼部的细纹。

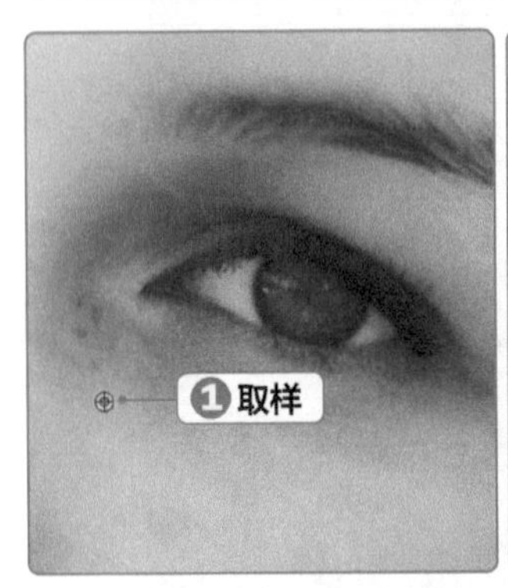

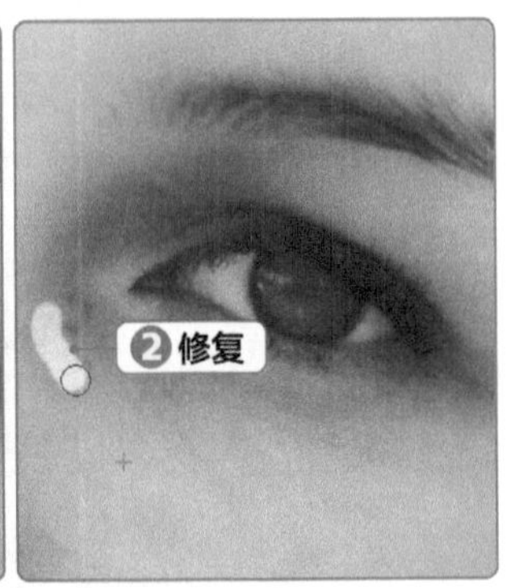

STEP 3 修复右侧眼部细纹并使周围颜色统一

根据眼部轮廓的不同和周围颜色的不同，在使用修复画笔工具时，为了使修复的图像效果更加完美，在修复过程中需不断修改取样点和画笔大小，让右侧脸部变得统一，并且在处理过程中，也可修复脸部的细纹。

STEP 4 修复左侧眼部细纹

使用相同的方法对左侧眼部进行修复，让周围的颜色统一，并去除细纹。

4.2.3 使用修补工具

修补工具可将目标区域中的图像复制到需要修复的区域中。用户在修复较复杂的纹理和瑕疵图像时，便可以用修补工具进行修复。下面将继续在“美女.jpg”图像中使用修补工具对图像中手部、鼻尖等区域进行修补，使皮肤更加白皙光滑，其具体操作步骤如下。

微视频：使用修补工具

STEP 1 设置修补工具参数

❶在工具箱中选择修补工具；❷在工具属性栏中单击“新选区”按钮；❸在“修补”下拉列表中选择“正常”选项；❹单击选中“源”单选项。

STEP 2 修补手部部分

在需要修补的手处单击，绘制一个闭合的形状圈住需要修补的位置，当鼠标变为形状时，按住鼠标左键不放向上拖曳，以手其他部分的颜色为主体进行修补。注意修补时不要将鼠标拖曳得太远，避免造成颜色不统一。

STEP 3 修补鼻尖部分

在左侧鼻尖处发现鼻尖的皮肤很粗糙，并且有凹痕。使用修补工具沿着鼻尖的轮廓绘制一个闭合的选区，并将鼠标移动到选区的中间，当鼠标光标呈形状后，向上拖曳修补鼻尖。

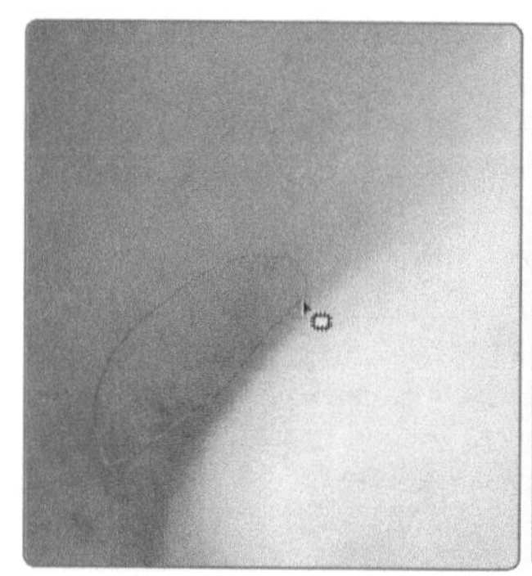

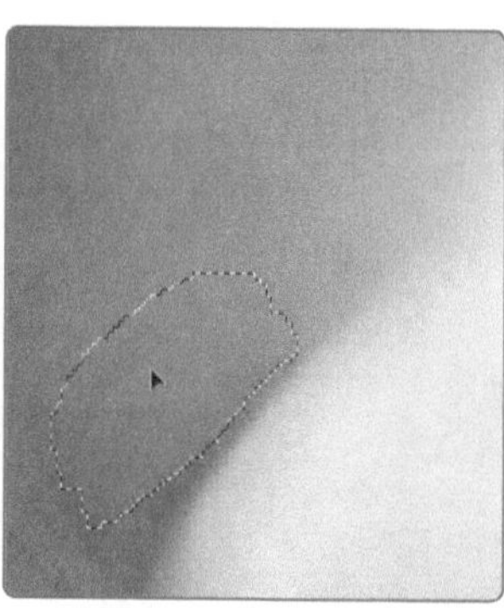

STEP 4 修补其他区域

使用相同的方法对脸部的其他区域进行修补，让皮肤变得更加细腻。注意修补过程中，要预留轮廓，不要让轮廓变得平整，修补完成后查看修补后的效果。

4.2.4 使用红眼工具

拍照时经常会出现由于闪光灯引发的红色、白色或绿色反光斑点的现象，此时可使用红眼工具快速去除照片中的瑕疵。下面将继续在“美女.jpg”图像中通过红眼工具清除图像中的红眼，让眼睛恢复原色并变得有神，其具体操作步骤如下。

微视频：使用红眼工具

STEP 1 设置红眼工具参数

❶在工具箱中选择红眼工具；❷在工具属性栏中设置“瞳孔大小”为“80%”；❸设置“变暗量”为“40%”；❹完成后将左侧眼部放大，并在眼部的红色区域单击。

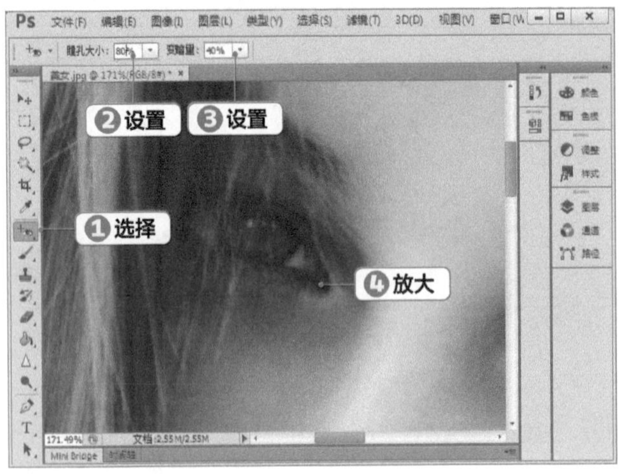

技巧秒杀

修复工具组快速切换的方法

按【J】键可以快速选择修复工具组中正在使用的工具，按【Shift+J】组合键可以在修复画笔工具组中的4个工具之间进行切换。

STEP 2 修复左眼

此时单击处呈黑色显示，继续单击红色区域，使红色的眼球完全呈黑色显示。

STEP 3 修复右眼

使用相同的方法修复右眼，完成后查看修复后的效果。

4.2.5 使用模糊工具

微视频：使用模糊工具

使用模糊工具可柔化图像中相邻像素之间的对比度，减少图像细节，从而使图像产生模糊的效果。下面将对“美女.jpg”图像中的脸部皮肤进行模糊处理，使其更加光滑，其具体操作步骤如下。

STEP 1 设置模糊工具参数

❶在工具箱中选择模糊工具；❷在工具属性栏中设置模糊大小为“90”；❸设置“强度”为“70%”；❹设置完成后在右侧脸部进行涂抹，使脸部的小斑点变得模糊。

技巧秒杀

使用模糊工具的注意事项

在对人物进行模糊处理时，注意不能对眼睛、眉毛、鼻子、嘴唇进行模糊处理，因为这是脸部的主要部位，需要突出显示。

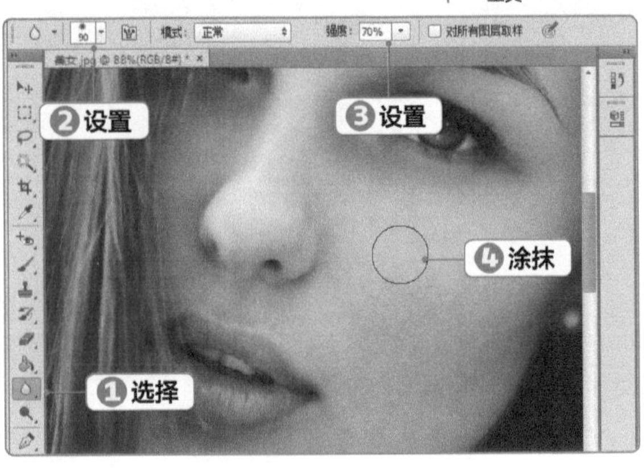

STEP 2 涂抹其他部分

对脸部的其他部分进行涂抹，使其脸部变得光滑。注意轮廓部分需要按照轮廓线的走向进行涂抹。

STEP 3 打开“曲线”对话框

选择【图像】/【调整】/【曲线】命令，或是按【Ctrl+M】组合键，打开“曲线”对话框。

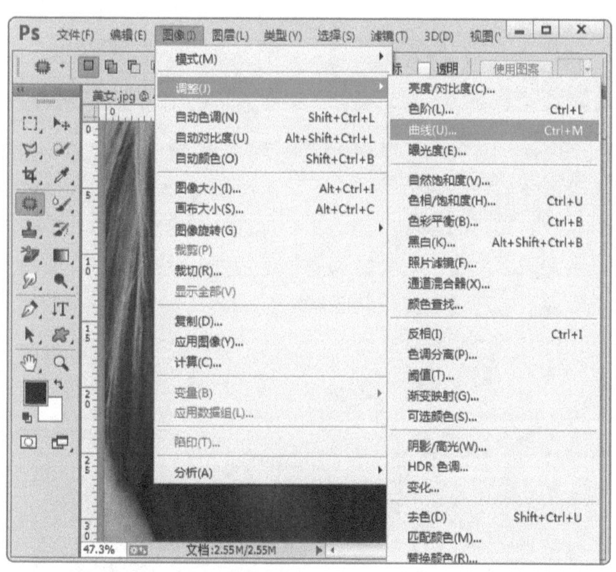

STEP 4 使用曲线调整亮度

将鼠标移动到曲线编辑框中的斜线上，单击鼠标左键，创建一个控制点，再向上方拖曳曲线，调整亮度。或是在“输出”或“输入”文本框中分别输入曲线输出与输入值，这里设置“输出”和“输入”的值分别为“150”和“120”。

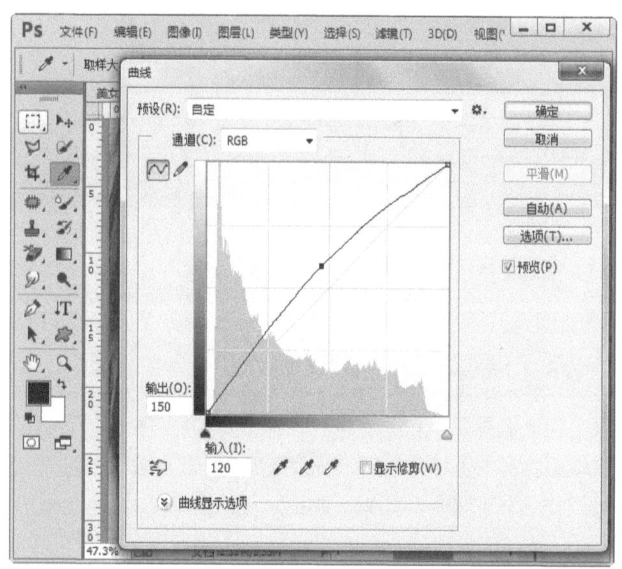

STEP 5 查看完成后的效果

单击“确定”按钮，返回图像窗口，即可看到调整后的效果。

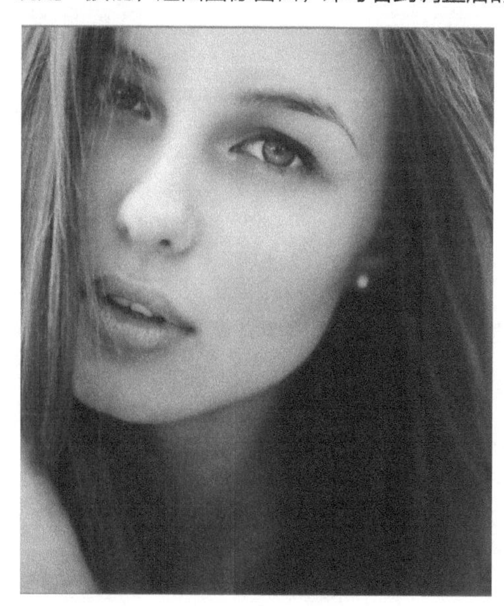

技巧秒杀

人物美化技巧

在对人物进行美化过程中，若只是对斑点进行简单处理还可使用滤镜中的高斯模糊来解决，其方法为：先选择【滤镜】/【模糊】/【高斯模糊】命令，设置模糊值，进行整体模糊；再使用历史记录画笔工具对不需要模糊的区域进行还原处理。

4.3 制作面部飞散效果

面部飞散效果常用于设计类海报。本例中制作的面部飞散效果就是先对面部进行编辑，修复人物脸上的瑕疵；再通过图案图章工具填充纹理，将纹理变形，并绘制出不规则的方格，并将其按照一定的方式排列；最后添加图层样式，使图形效果更加逼真。下面对制作面部飞散效果的方法和用到的知识进行详细介绍。

素材：素材 \ 第 4 章 \ 面部飞散 \ | 效果：效果 \ 第 4 章 \ 美女面部飞散 .psd

4.3.1 使用仿制图章工具

微视频：使用仿制图章工具

仿制图章工具位于工具箱的图章工具组中，用于快速复制选中区域的图像及颜色等，并将复制的图像和颜色运用于其他区域。下面将在“脸部飞散 .jpg”图像中使用仿制图章工具处理脸部的瑕疵，让其变得更加干净，其具体操作步骤如下。

STEP 1 设置仿制图章工具的参数

❶打开“面部飞散 .jpg”图像文件，在工具箱中选择仿制图章工具，在工具属性栏中单击“仿制图章”按钮右侧的下拉按钮；❷在打开的面板中设置“大小”为“20 像素”；❸在其下方的列表中设置图章画笔为“硬边圆”。

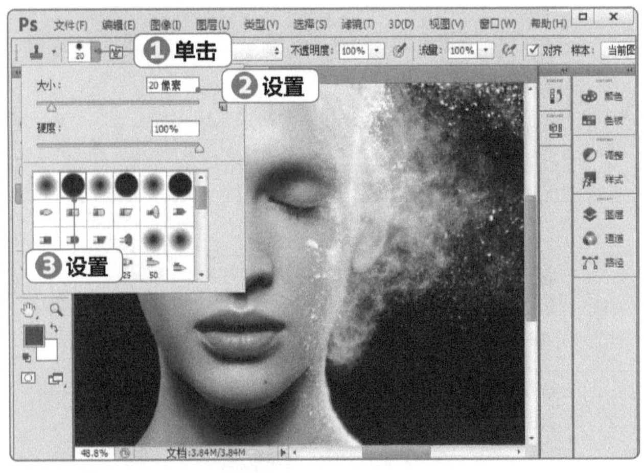

STEP 2 使用图章覆盖人脸中的斑点

❶在左脸的一块黑色斑点处，按住【Alt】键的同时，单击黑色斑点的下方，取样下方的肤色；❷单击需要修复的黑色斑点，将取样的肤色覆盖到斑点上。

技巧秒杀

修复皮肤的其他方法

本例中人物脸部的瑕疵较少，脸部皮肤较光滑，也可以选择其他的工具进行修复，如“污点修复画笔工具”和“修补工具”等。

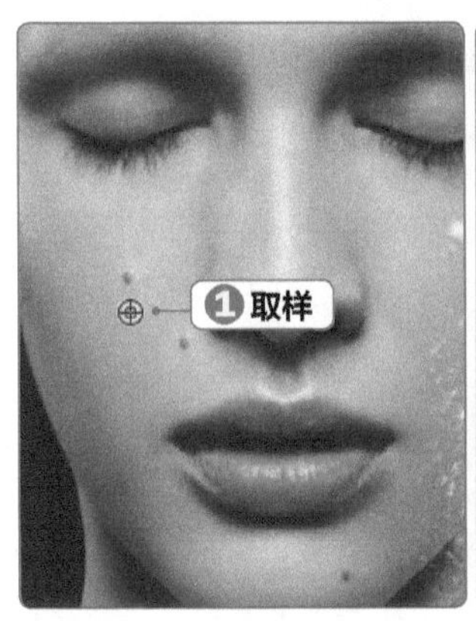

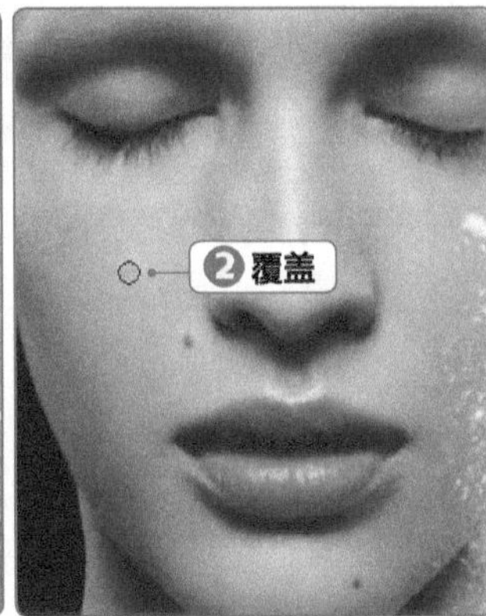

STEP 3 使用图章覆盖人脸中其他的斑点

使用相同的方法，取样斑点周围的肤色，并对斑点进行覆盖操作，以完成面部的修复。由于此操作是将一个地方的肤色覆盖到斑点上方，难免会有肤色的色差，因此还需要使用污点修复工具对图形进行后期修复。

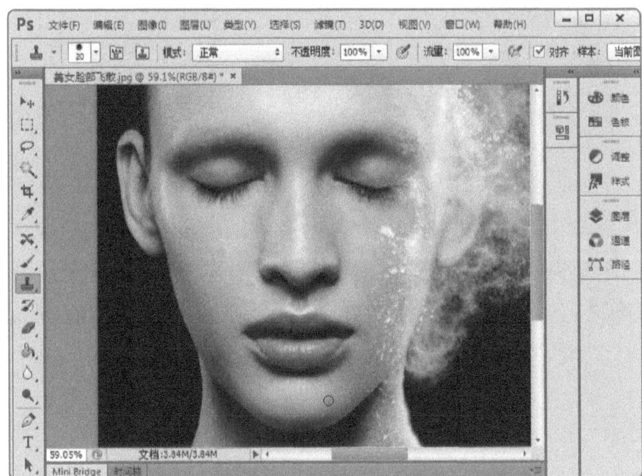

Chapter 04

STEP 4 设置污点修复画笔工具参数

❶在工具箱中选择污点修复画笔工具，在工具属性栏中设置污点修复画笔的大小为“40 像素”；❷单击选中“近似匹配”单选项；❸单击选中“对所有图层取样”复选框。

STEP 5 修复肤色不统一区域

使用鼠标在面部左侧确定一点，向下拖曳修复画笔，将显示一条灰色区域，释放鼠标即可发现拖曳区域的肤色已经统一。

技巧秒杀

使用仿制图章工具取样修复的技巧

如果取样的像素不能很好地融合图像，可重新按住【Alt】键进行取样，或选择其他画笔样式进行取样。

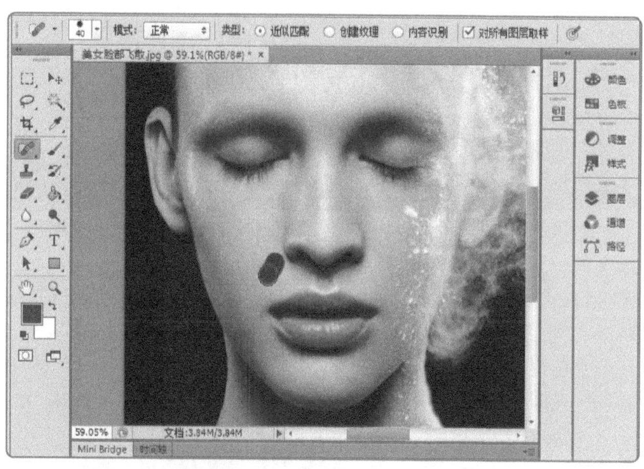

STEP 6 查看修复后的效果

使用相同的方法对脸的其他地方进行修复，在修复过程中注意肤色要统一，完成后查看修复后的效果。

4.3.2 使用图案图章工具

图案图章工具位于工具箱的图章工具组中，用于将 Photoshop CC 中提供的图案或自定义的图案应用到图像中。下面将在“面部飞散 .jpg”图像中使用矩形选框工具和图案图章工具，绘制、拼贴格子图案，并将绘制的格子变形，其具体操作步骤如下。

微视频：使用图案图章工具

STEP 1 绘制矩形选区

❶在“背景”图层上按【Ctrl+J】组合键，复制“图层 1”，并隐藏“背景”图层；❷新建一个空白的“图层 2”图层；❸选择“图层 2”图层，在工具箱中选择矩形选框工具；❹绘制一个覆盖人物面部的选区。

操作解谜

复制并隐藏背景图层的原因

复制并隐藏背景图层的目的是避免在后期的制作中，在不小心的情况下改变背景图层，或不能将背景还原到初始状态。

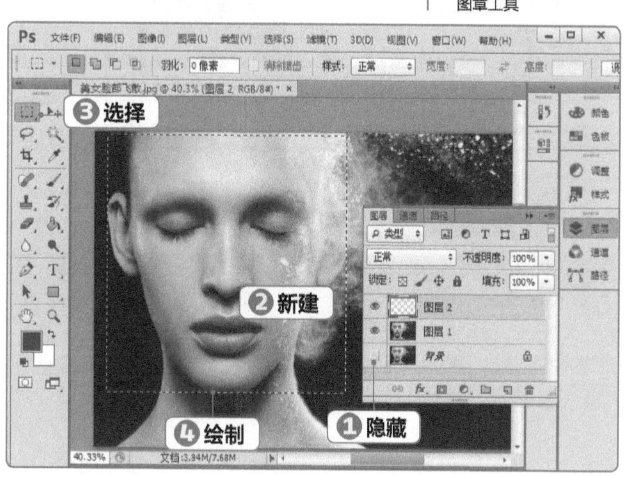

第4章 修饰图像

STEP 2 载入图案

❶在工具箱中选择图案图章工具；❷在工具属性栏中设置画笔大小为“400”；❸单击“启用喷枪样式的建立效果”右侧的下拉按钮，在打开的下拉列表框中单击⚙按钮，在打开的下拉列表中选择“图案”选项；❹在打开的提示框中，单击“确定”按钮。

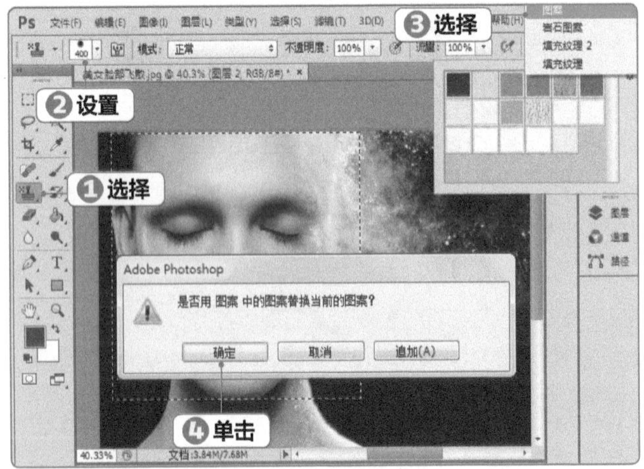

STEP 3 绘制图案

❶在“图案”下拉列表框中选择“拼贴 - 平滑（128×128像素，灰度模式）”图案；❷使用鼠标在选区中进行涂抹，绘制出拼贴格子图案。

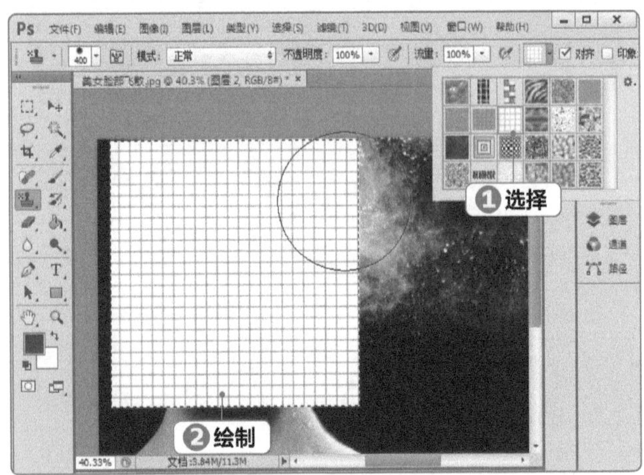

STEP 4 选择变形命令

❶设置“图层 2”的图层混合模式为“划分”；❷在图像中按【Ctrl+T】组合键，将其切换到自由编辑状态，在图像上单击鼠标右键，在弹出的快捷菜单中选择“变形”命令。

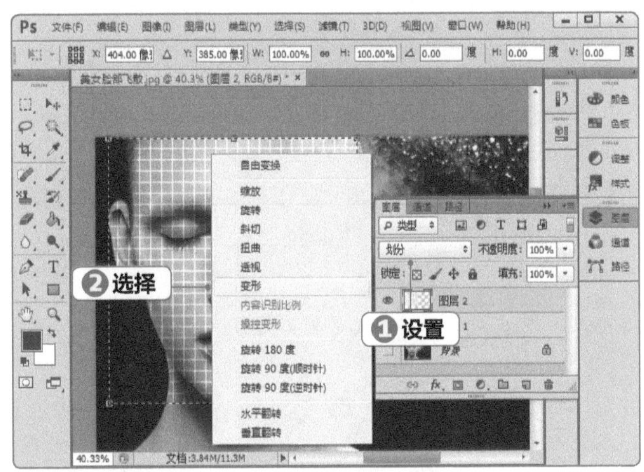

STEP 5 变形面部

单击右侧面部的一个点，按住鼠标左键不放向下拖曳，到右侧的下巴处释放鼠标，即可发现拖曳区域与面部重合。使用相同的方法，对其他点进行拖曳，使图案与面部重合，在调整时还可拖曳两侧的调整线，以调整图案曲线。

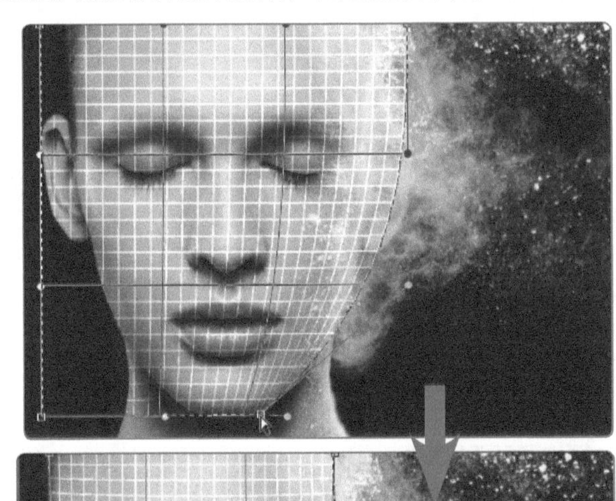

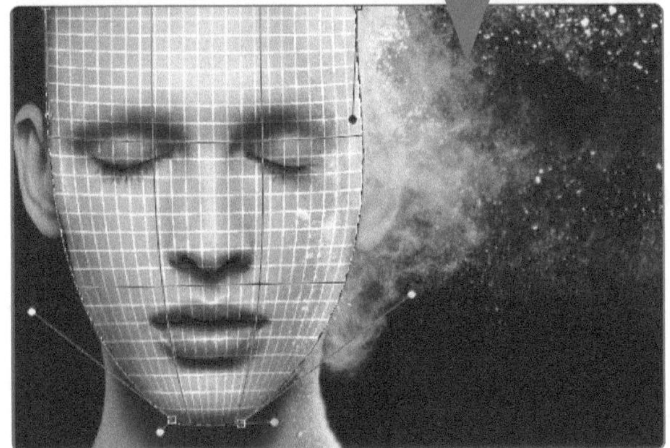

STEP 6 放大图案

完成后按【Enter】键确认变形，再按【Ctrl+D】组合键取消选区。在“图层 2”图层上按【Ctrl+T】组合键，拖曳图像右下角的控制点，以放大图案。

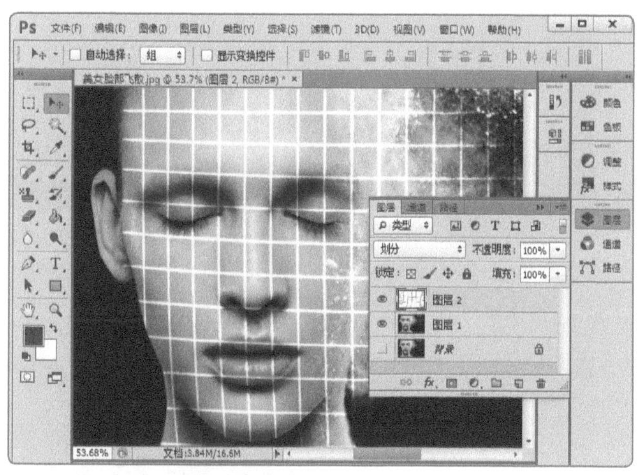

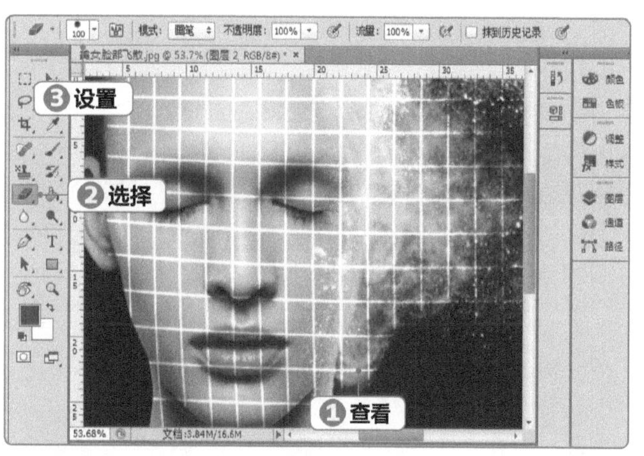

STEP 7 选择橡皮擦工具

❶查看此时白色的轮廓线已经展现到人物的外部；❷在工具箱中选择橡皮擦工具；❸设置橡皮擦大小为“100”，画笔样式为“硬边圆”。

操作解谜

将图像放大的原因

图像变形后，图案属于密集的小格子形状，若是在这种小格子中制作飞散效果，将具有很大的难度。此时将格子形状放大，在后期的制作中将大大减少难度，从而方便制作的需要。

STEP 8 擦除轮廓外的方格

对面部轮廓外的方格进行涂抹，擦除轮廓外的方格，完成后打开“图层”面板，设置“图层 2”的不透明度为“20%”，查看设置后的效果。

4.3.3 制作飞散效果

微视频：制作飞散效果

飞散效果是图片特效的一种。本节先通过抠取面部的块状，并在抠取部分填充颜色；再通过剪切和复制等操作将裁剪后的面部图块移动到其他区域，制作飞散效果；最后使用图层样式，让图块具有立体感，其具体操作步骤如下。

STEP 1 绘制矩形框并填充颜色

❶打开“图层”面板，新建“图层 3”图层；❷在工具箱中将前景色设置为黑色；❸在工具箱中选择矩形选框工具；❹在眼部的上方沿着小方格绘制矩形选框，并按【Alt+Delete】组合键填充前景色。

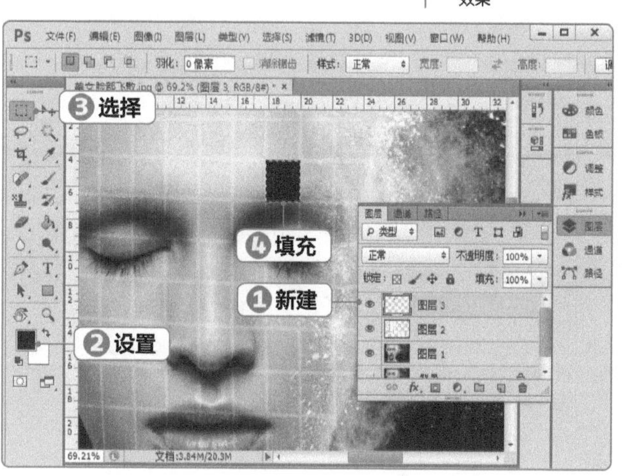

操作解谜

绘制方格的注意事项

绘制方格选区时，尽量不要在同一位置上进行绘制，最好是交错绘制，以使图像层次感更强。

STEP 2 绘制其他矩形框并填充颜色

按住【Shift】键不放，使用相同的方法继续在面部绘制 5 个矩形框并填充为黑色，完成后查看填充后的效果。

STEP 3 复制方格

❶保持选区的选择状态，选择“图层 1”图层，按【Ctrl+X】组合键进行剪切操作；❷按【Ctrl+V】组合键进行粘贴操作，将“图层 1”图层中相同大小、不同像素的图像提取出来，并自动创建“图层 4”图层。

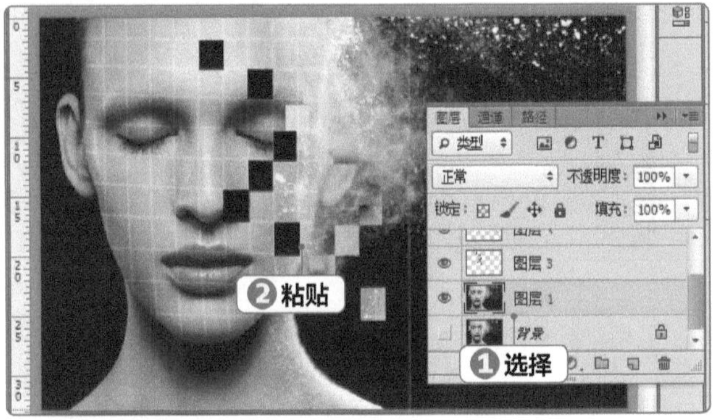

STEP 4 调整方格

❶继续保持选区的选择状态，选择“图层 4”图层；❷按【Ctrl+T】组合键，对“图层 4”图层中的方格进行调整，适当缩小其大小，并将其移动到合适的位置。

STEP 5 复制并移动图层

❶在“图层”面板中选择“图层 4”图层，按【Ctrl+J】组合键复制选择的图层；❷按两次【↓】键，将复制的图层向下移动。

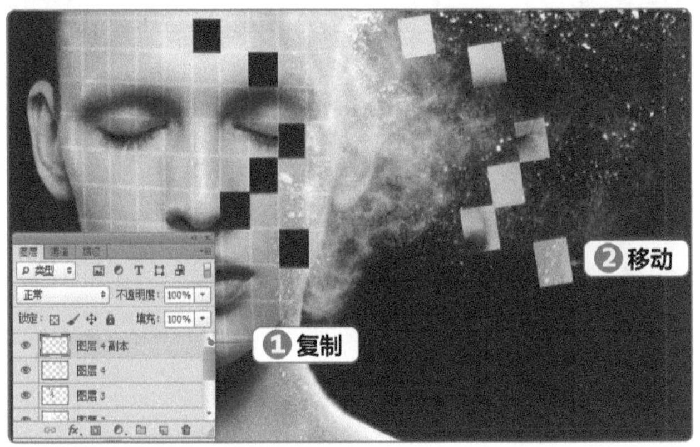

STEP 6 再次复制并移动图层

使用相同的方法，再次复制 3 个图层，并适当向右、向下移动，使图像产生类似立体的效果。

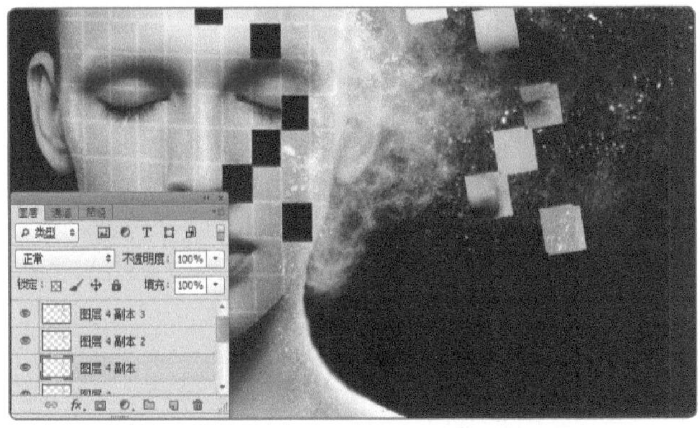

STEP 7 合并图层

❶按住【Shift】键不放，选择“图层 4”~“图层 4 副本 2”图层；❷单击鼠标右键，在弹出的快捷菜单中选择“合并图层”命令。

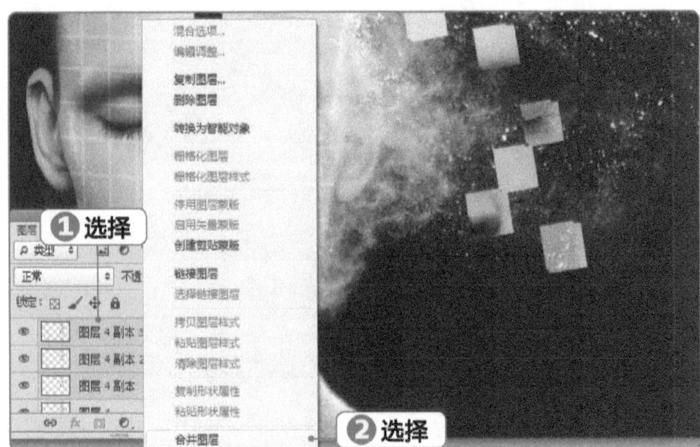

Chapter 04

STEP 8 选择"渐变叠加"选项

❶在"图层"面板中选择合并后的图层；❷单击"添加图层样式"按钮，在打开的下拉列表中选择"渐变叠加"选项。

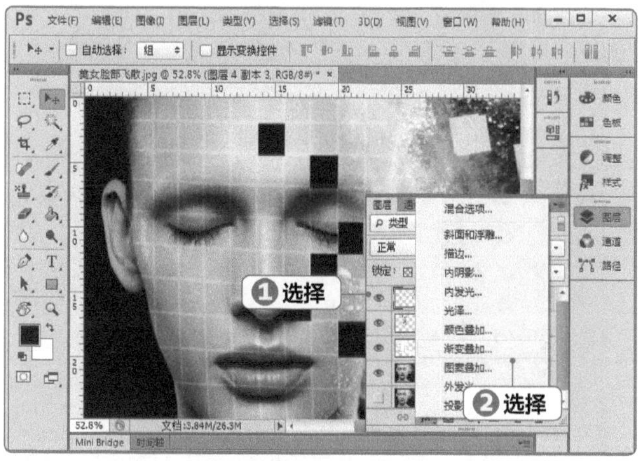

STEP 9 设置渐变叠加参数

❶打开"图层样式"对话框，在"不透明度"数值框中输入"80"；❷在"角度"数值框中输入"180"；❸设置渐变颜色为"#00000"~"#f8dcd1"的渐变；❹保持其他设置默认不变，单击"确定"按钮完成设置。

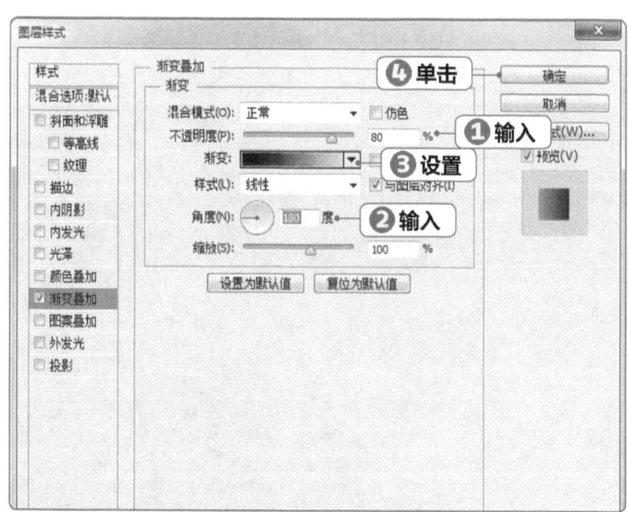

操作解谜

分两步设置立体效果的原因

前面合并的图层为立体图层，需要设置叠加效果让其立体展示，而表面的图层则需要显示图像原本的效果。

STEP 10 重命名图层

❶选择设置渐变叠加后的图层，选择【图层】/【重命名图层】命令，将其重命名为"立体侧边"；❷使用相同的方法，将"图层 4 副本 3"图层重命名为"侧面顶部"。

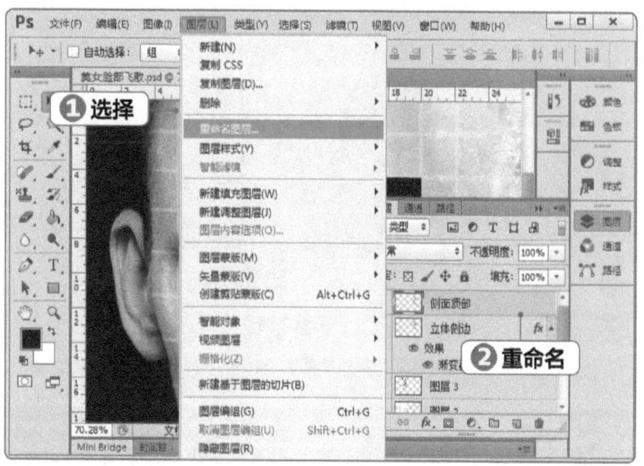

STEP 11 打开"图层样式"对话框

❶在"图层"面板中选择"侧面顶部"图层；❷单击鼠标右键，在弹出的快捷菜单中选择"混合选项"命令，打开"图层样式"对话框。

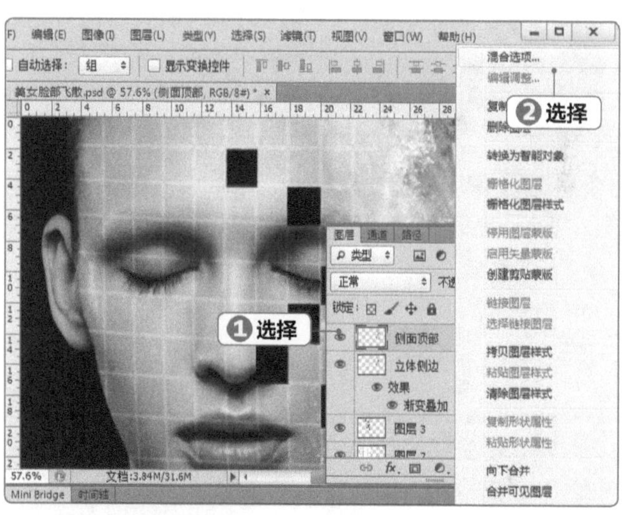

STEP 12 设置外发光参数

❶在左侧列表中单击选中"外发光"复选框；❷在"混合模式"下拉列表框中选择"叠加"选项；❸设置发光颜色为"#f9e0d4"；❹保持其他设置默认不变，单击"确定"按钮完成设置。

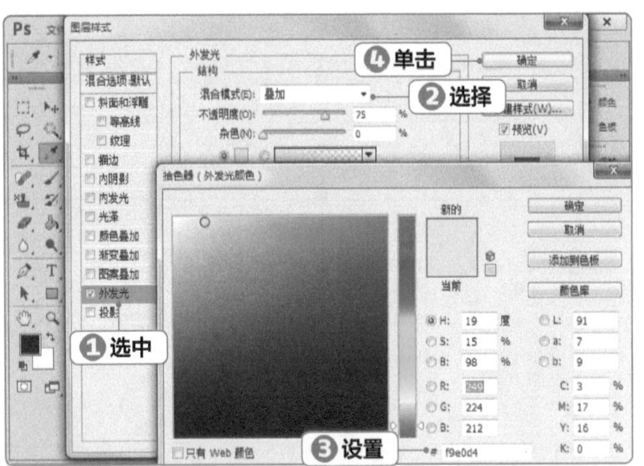

STEP 13 **查看设置外发光后的效果**

返回图像编辑区，即可发现抠取后的图像已经变得立体。

STEP 14 **添加其他方格**

在“图层”面板中新建“图层 4”图层，按住【Shift】键不放，使用矩形选框工具在人物面部的其他位置绘制矩形，并填充颜色为黑色。

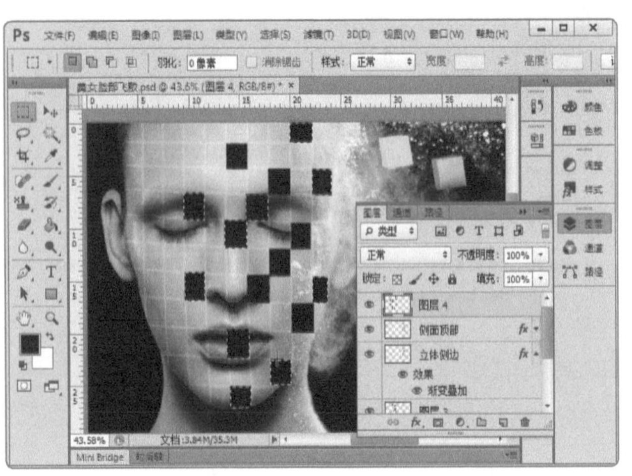

STEP 15 **复制并移动图层**

❶使用相同的方法，选择“图层 1”图层，按【Ctrl+X】组合键进行剪切操作；❷按【Ctrl+V】组合键进行粘贴操作，自动新建“图层 5”图层，然后将其适当缩小并移动到右侧的空白部分。

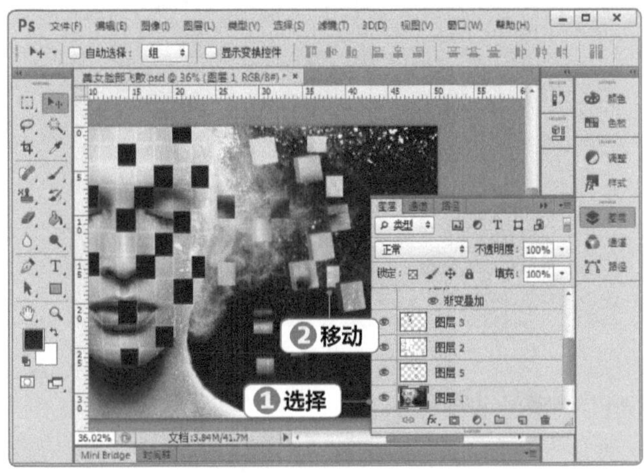

STEP 16 **复制图层使其产生立体效果**

在“图层”面板中选择“图层 5”图层，按住【Alt】键再按 3 次【→】键，快速复制 3 个“图层 5”图层的副本图层。将复制的 3 个图层适当向右和向下移动 3 个像素，使图像产生类似立体的效果。

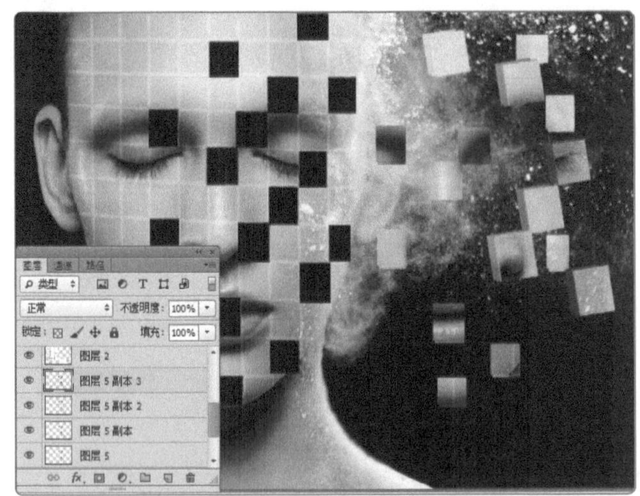

STEP 17 **添加渐变叠加效果**

❶使用前面介绍的方法，合并“图层 5”~“图层 5 副本 2”图层，将其重命名为“立体侧边 1”，并在“图层”面板中双击该图层，打开“图层样式”对话框，单击选中“渐变叠加”复选框；❷在“不透明度”数值框中输入“70”；❸设置渐变颜色为“#000000”~“#e9cbc0”的渐变；❹设置“角

度”为“180”；❺单击“确定”按钮完成设置。

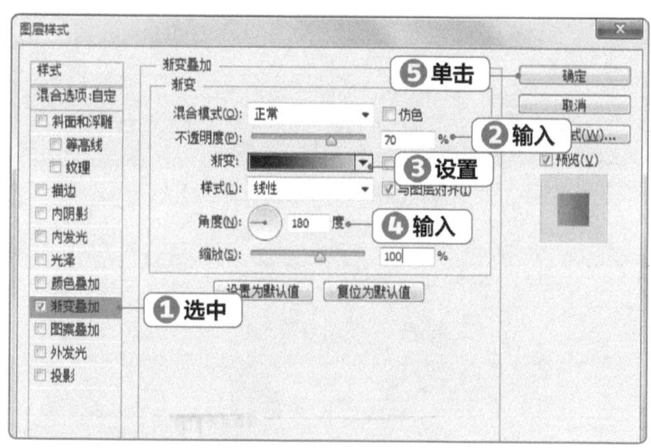

STEP 18 添加外发光效果

❶将“图层5副本3”图层重命名为“侧边顶层1”，在“图层”面板中双击鼠标，打开“图层样式”对话框，单击选中“外发光”复选框；❷在“混合模式”下拉列表框中选择“线性加深”选项；❸设置发光颜色为“#f7ccb8”；❹设置等高线为“线性”；❺单击“确定”按钮完成设置。

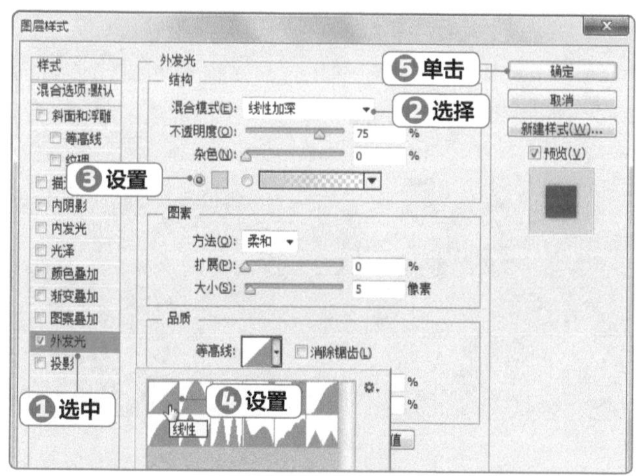

STEP 19 绘制其他立体侧边

使用相同的方法，再次执行绘制、填充选区，以及粘贴图层的操作，完成后添加渐变叠加和外发光效果，制作其他方块的侧边，并将其命名为“立体侧边2”和“侧边顶层2”，查看完成绘制后的效果。

技巧秒杀

绘制时的注意事项

绘制时要注意将方格图层放在人物及格子线条的上方，用户可直接将所有粘贴后的图层放置在最顶层。

STEP 20 设置斜面和浮雕效果

❶合并“图层3”~“图层5”，在合并后的图层上双击鼠标，打开“图层样式”对话框，单击选中“斜面和浮雕”复选框；❷在“结构”栏中设置“深度”为“300”%、“大小”为“3”像素、“软化”为“5”像素；❸设置阴影角度为“0”度、高度为“10”度；❹在“高光模式”下拉列表框中选择“滤色”选项，设置颜色为“#f2d8c8”；❺单击“确定”按钮完成设置。

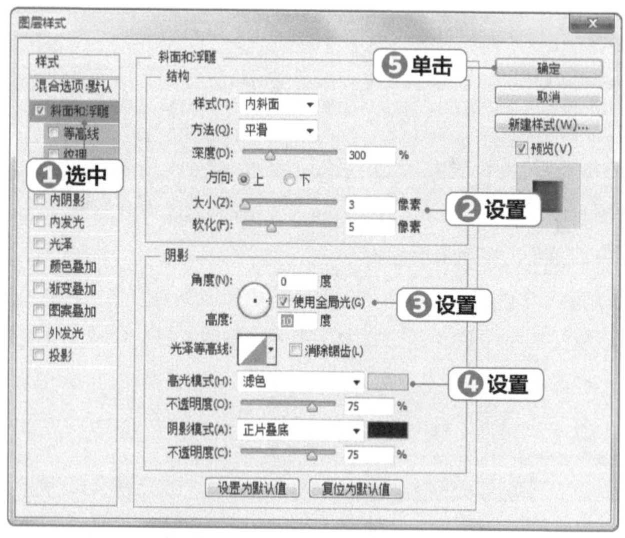

STEP 21 链接图层

❶选择“立体侧边2”和“侧边顶层2”图层，在其上单击鼠标右键，在弹出的快捷菜单中选择“链接图层”命令；❷使用相同的方法链接其他相关图层，并调整各个方块的位置，使其与黑色方格分离。

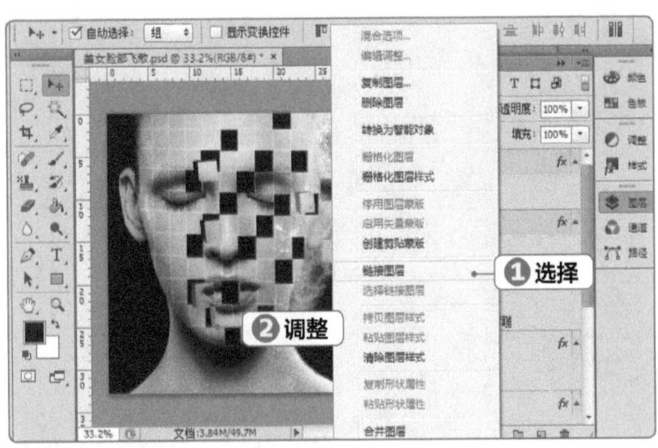

STEP 22 调整方块显示位置

复制“立体侧边”和“侧边顶层”所有图层，将其移动到右侧调整大小和位置，完成后使用橡皮擦工具擦除重叠部分方块，并查看调整后的效果。

STEP 23 添加黑白渐变

❶新建“图层 6”图层，在工具箱中选择渐变工具；❷在工具属性栏中设置渐变方式为从黑色到白色的透明渐变；❸在图像编辑区中从右向左填充渐变颜色。

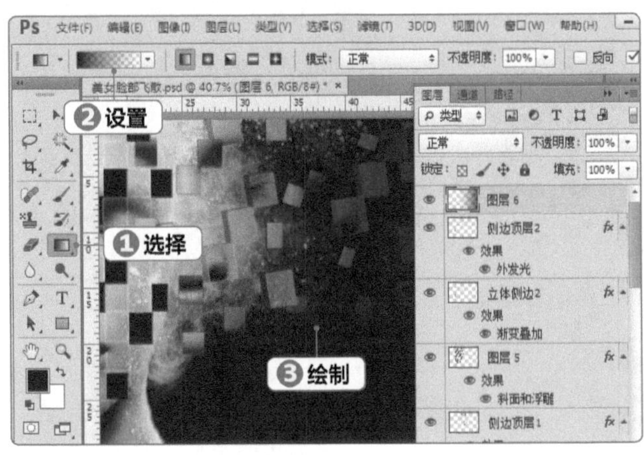

STEP 24 查看完成后的效果

新建“图层 7”图层，设置渐变方式为从橙色（#ff7612）到白色的透明渐变；再在图像编辑区中从右向左填充渐变颜色。完成后设置图层的混合模式为“叠加”，此时橙色将变为蓝色显示。

4.4 精修手镯

在制作淘宝图片时，若想让商品图片更加好看，可对其背景进行虚化，凸显主体。在制作时需先对背景的物体进行虚化，再加深背景颜色并减淡主体颜色，让购买者在浏览商品时能够一目了然地看到商品，并且让主体更加美观。下面讲解制作虚化背景效果的方法，并对运用到的锐化、加深、减淡等工具进行详细介绍。

 素材：素材 \ 第 4 章 \ 手镯 .jpg、手镯背景 .jpg | 效果：效果 \ 第 4 章 \ 手镯 .psd

4.4.1 使用锐化与模糊工具

锐化工具能使模糊的图像变得清晰，使其更具有质感；模糊工具能使图像变得模糊，常用于光滑皮肤或制作虚化背景。使用锐化与模糊工具时要注意，若反复涂抹图像中的某一区域，则会造成图像失真。下面分别对锐化与模糊工具的使用方法进行介绍。

1. 使用锐化工具

下面将对镯子进行锐化操作，提高镯子的清晰度，便于后期处理镯子上的花纹，其具体操作步骤如下。

微视频：使用锐化工具

STEP 1 打开素材

打开“手镯 .jpg”素材文件，复制背景图层，进行手镯的备份。

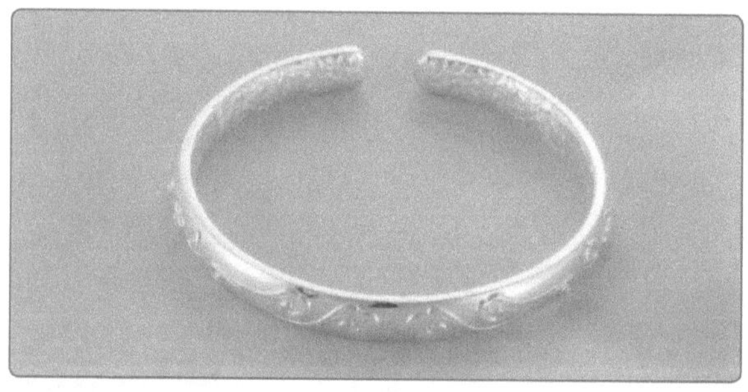

STEP 2 抠取镯子图形并去色

❶使用钢笔工具绘制镯子形状；❷按【Ctrl+Shift+Enter】组合键转换为选区，按【Ctrl+J】组合键抠出镯子，复制镯子备份，按【Ctrl+Shift+U】组合键进行去色处理，新建图层，填充为白色，并将其移至复制的镯子图层下方。

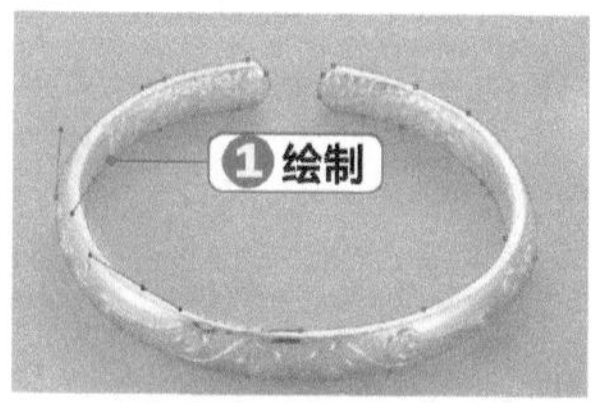

STEP 3 提高镯子的清晰度

❶在工具箱中选择锐化工具；❷设置锐化画笔大小为“200”，再设置“强度”为“50%”；❸单击选中“保护细节”复选框，然后放大镯子图像。

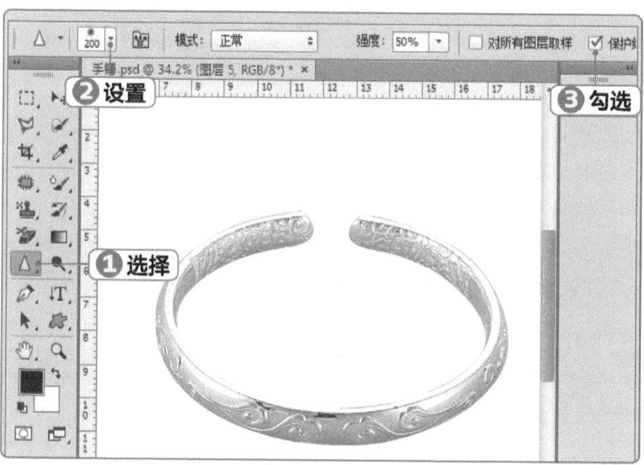

技巧秒杀

使用滤镜锐化图像

选择【滤镜】/【锐化】命令，在弹出的子菜单中可选择其他锐化图像的方法。

2. 使用模糊工具

下面将画面中主体以外部分作模糊处理，以凸现主体，其具体操作步骤如下。

STEP 1 设置模糊参数

打开需要模糊处理的图像，在工具箱的锐化工具组上单击鼠标右键，在打开的面板中选择模糊工具，在其工具属性栏中设置画笔样式、大小、模式、强度。

STEP 2 查看模糊效果

涂抹需要模糊处理的区域，即可模糊图像。

技巧秒杀

使用滤镜模糊图像

选择【滤镜】/【模糊】命令，在弹出的子菜单中可选择其他模糊图像的方法。

4.4.2 使用涂抹、加深和减淡工具

微视频：使用涂抹、加深和减淡工具

涂抹工具用于模拟手指进行拖动涂抹油彩时的绘图效果，使用它时将会提取鼠标单击处的颜色，然后与鼠标拖动经过的颜色相融合挤压产生流动模糊的效果；加深工具可增加曝光度，使图像中的区域变暗；减淡工具则可以快速增加图像中特定区域的亮度，常用于处理照片的曝光。下面通过涂抹、加深和减淡工具对“手镯.jpg”图像进行处理，其具体操作步骤如下。

STEP 1 涂抹、减淡选区

❶放大镯子图片，使用钢笔工具分别创建需要涂抹的选区，按【Shift+F6】组合键，设置较小的羽化值，选择涂抹工具，设置笔刷大小，涂抹选区，使选区的颜色更加平滑；❷使用减淡工具涂抹需要提亮的部分。

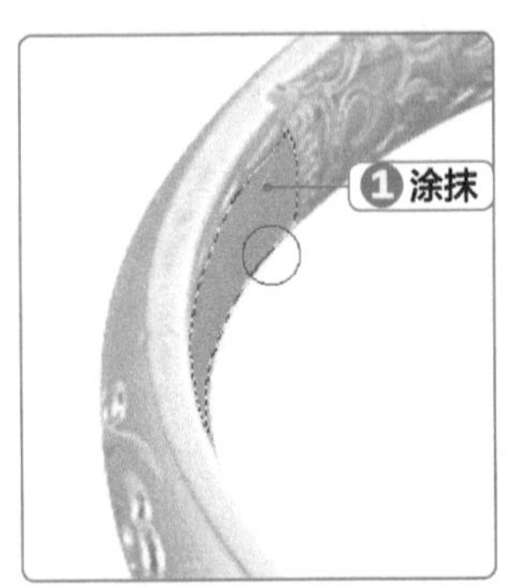

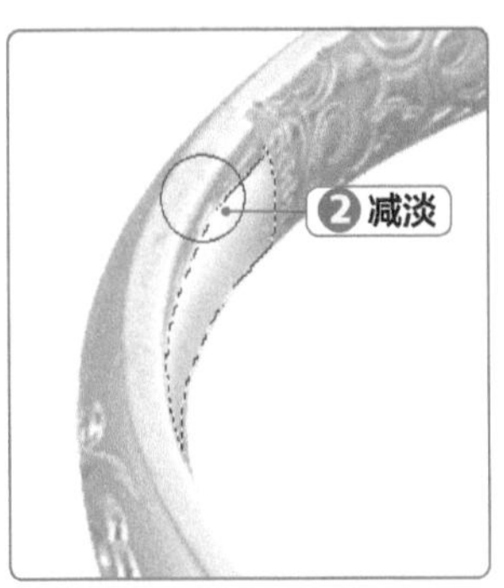

STEP 2 加深与描边选区

❶使用加深工具涂抹需要变暗的部分，打造镯子的阴影；❷选择画笔工具，设置前景色为黑色，在工具属性栏中设置画笔大小、画笔硬度与不透明度，涂抹需要描边的边缘，描边镯子的边缘。

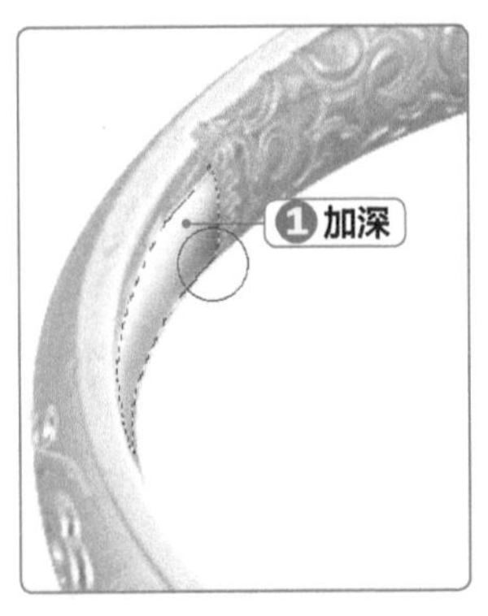

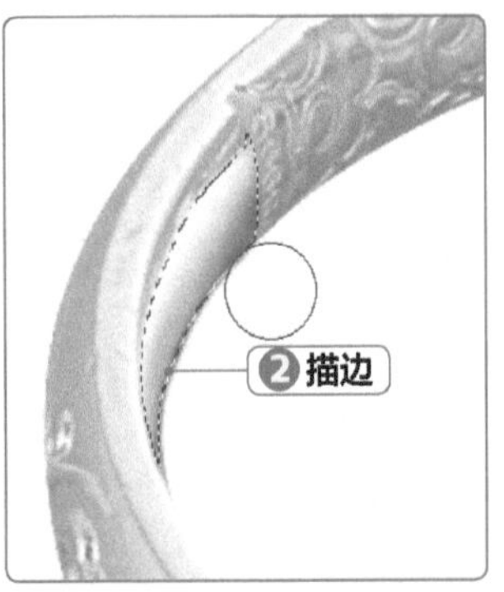

STEP 3 处理镯子花纹

使用相同的方法，结合选区的创建、加深工具、减淡工具、涂抹工具、画笔工具涂抹镯子上的花纹，使花纹明暗对比明显，再为花纹创建选区，并抠取花纹图像到新建的图层上。

STEP 4 涂抹镯子正面

选择镯子图层，创建选区，结合加深工具、减淡工具、涂抹工具涂抹镯子，使其更具有质感。

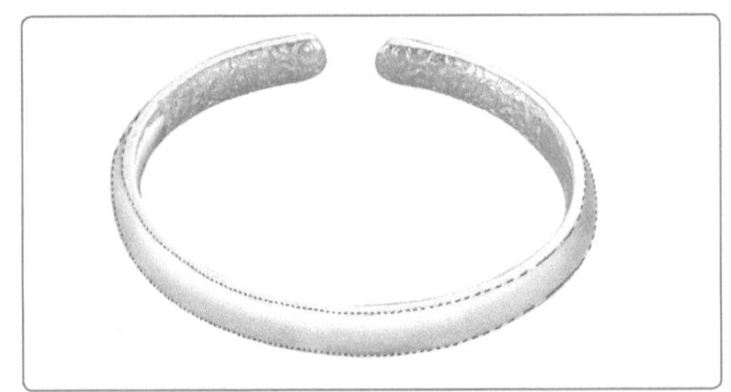

STEP 5 绘制阴影图形

❶新建图层，使用钢笔工具绘制阴影图形，并填充为黑色；❷选择【滤镜】/【模糊】/【高斯模糊】命令，设置模糊半径为“15 像素”；❸单击“确定”按钮。

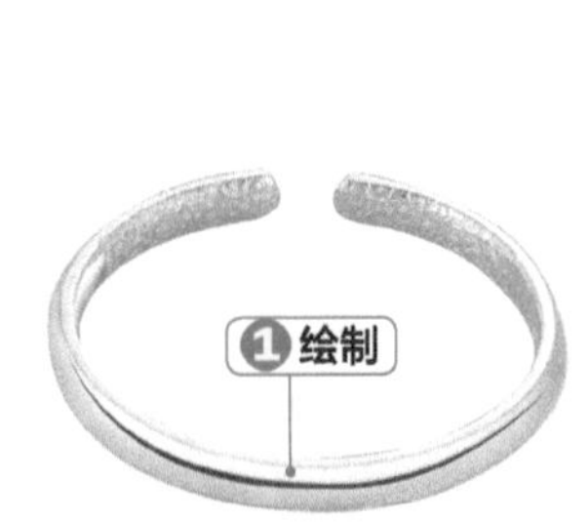

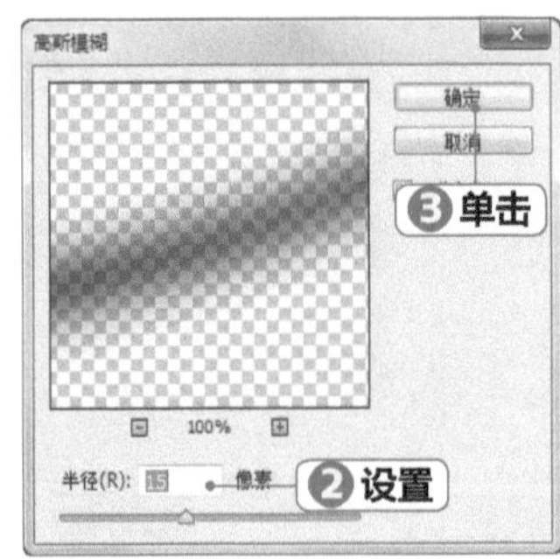

STEP 6 合并花纹图层与镯子图层

查看模糊后的阴影效果，将花纹图层移动到镯子的上方，通过【Ctrl+E】组合键合并花纹图层与镯子图层，使用相同的方法继续处理镯子的其他部分。

Chapter 04

STEP 7 调整手镯投影的色阶

❶复制并向下移动手镯图层；❷按【Ctrl+L】组合键打开“色阶”对话框，向左拖动最右侧的滑块，降低图像的亮度，这里直接输入“204”；❸单击“确定”按钮。

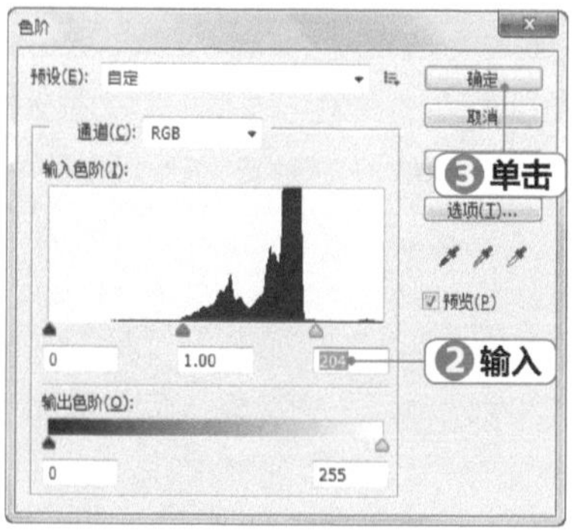

STEP 8 查看处理后的手镯效果

选择【滤镜】/【模糊】/【高斯模糊】命令模糊复制的镯子图层，调整图层的不透明度，制作投影效果。

STEP 9 添加背景

打开“手镯背景.psd”图像，将背景移动到“手镯.jpg”图像中，调整图层堆叠顺序和位置。完成后保存文件，查看完成后的效果。

A STONE OF LOVE
为爱而生.至善至美
特A级天然紫水晶/925银电镀白金/持久闪耀
RMB
158.00
全国包邮

新手加油站 ——修饰图像技巧

1. “仿制源”面板

“仿制源”面板中的选项并不是一个单独使用的工具，它需要配合仿制图章工具或修复画笔工具使用，通过“仿制源”面板可设置不同的样本源，以及缩放、旋转和位移样本源，以帮助用户在特定位置仿制源和匹配目标的大小及方向。打开一幅图像后，选择【窗口】/【仿制源】命令，即可打开“仿制源”面板。下图所示为缩小样本源为“76%”，然后使用仿制图章工具取样气球到车子上的效果，可发现取样后的气球已经缩小。

“仿制源”面板中常用选项作用如下。

- “仿制源”按钮：单击该按钮后，使用仿制图章工具或修复画笔工具，并按住【Alt】键在图像中单击，可设置取样点。继续单击其后的“仿制源”按钮，可继续拾取不同的取样点（最多可设置 5 个不同的取样源）。
- 位移：可在文本框中输入精确的数值指定 X 和 Y 像素的位移，还可在相对于取样点的精确位置进行绘制。其右侧为缩放文本框，默认情况下，会约束比例，若在“W”和“H”文本框中输入数值，可缩放仿制源；若在“角度”文本框中输入数值，则可旋转仿制源。
- “复位变换”按钮：单击该按钮，可将样本源复位到初始大小和方向。
- “帧位移”文本框：表示使用与初始取样的帧相关的特定帧进行绘制。
- “锁定帧”复选框：单击选中该复选框，可一直保持与初始取样的帧进行仿制。
- “显示叠加”复选框：单击选中该复选框，可在其下方的列表框中设置叠加的方式（包括正常、变亮、变暗和差值），此时可以更方便地对图像进行修复，使效果融合得更完美。
- 不透明度：用于设置叠加图像的不透明度。
- “已剪切”复选框：单击选中该复选框，可将叠加图像剪切到画笔大小。
- “自动隐藏”复选框：单击选中该复选框，可在应用绘画描边时隐藏叠加效果。
- “反相”复选框：单击选中该复选框，可以反相叠加图像中的颜色。

2. 内容感知移动工具

在修复图像时，常会遇到移动或复制图像的情况，此时可使用内容感知移动工具进行移动或复制。进行移动时，还可将原位置的图像自动隐藏，无需再进行擦除等操作，提高了修复图像的效率。下面使用内容感知移动工具将图像向右侧移动位置，其具体操作步骤如下。

❶ 打开图像，选择内容感知移动工具，在其工具选项栏中设置“模式”为“移动”，在“适应”下拉列表框中选择“中”选项，在图像中拖曳鼠标，为花瓶创建选区，为了移动后更加逼真，将窗户的木架添加到选区中。

❷ 将光标放置在选区内，按住鼠标左键不放向左侧拖曳，再释放鼠标，即可看到图像已移动，原位置的图像已被隐藏，再按【Ctrl+D】组合键取消选区。

❸ 使用仿制图章工具和修补工具，对源位置的图像进行处理即可。

高手竞技场 ——修饰图像练习

1. 精修人物美图

下面将使用修复工具和液化工具对人物进行修饰，让人物展现地更加美观，要求如下。

- 在工具箱中选择污点修复画笔工具，修复人物脸部较大的斑点。
- 在工具箱中选择修复画笔工具，去除额头的皱纹。
- 选择修补工具，去除人物的眼袋。
- 最后提高人物亮度、填充纯色，并对头发、脸型进行处理。

2. 处理商品照片

下面对拖鞋的照片进行处理，制作时需首先去除拖鞋上的污点，然后对背景的物体进行虚化，加深背景颜色并减淡主体颜色，让购买者在购买时能够一目了然地看到商品，要求如下。

- 在工具箱中选择修补工具，按住鼠标左键不放，沿污点周围绘制选区，拖动选区去除污点。
- 在工具属性栏中选择模糊工具，对周围的物品进行涂抹，使其模糊显示，然后放大拖鞋图像，并对拖鞋进行锐化操作。
- 选择加深工具，对背景进行加深操作，选择减淡工具对拖鞋进行减淡处理。
- 调整图像的曲线、色阶与曝光度，完成本例的制作。

3. 处理艺术照片

下面将打开“人物轮廓 .jpg”图像，使用加深工具将人物的阴影部分加暗，再使用减淡工具将人物的高光部分加亮，从而增强人物的立体感，制作前后的效果如下。

05 Chapter 第 5 章

调整图像色彩

/ 本章导读

图像的色彩搭配是否美观以及颜色是否符合想要表达的主题，是判断一张图片是否达到效果的重要标准。本章将主要通过制作婚纱写真、修正数码照片中的色调、处理一组艺术照片、制作三色海效果等案例，对一些色彩的调整方法进行介绍。

5.1 制作婚纱写真

为了达到个性化的效果，常常会将婚纱写真处理成不同的色调，这种处理不但能使婚纱效果变得多样，还能展现婚纱不一样的特点。下面讲解制作婚纱写真的方法，包括通过“自动色调”“自动颜色”“自动对比度”“色相 / 饱和度”和“色彩平衡”等命令，调整图像的色调和颜色，使图片的色彩更加美丽迷人。

素材：素材 \ 第 5 章 \ 婚纱写真 \　　效果：效果 \ 第 5 章 \ 婚纱写真 .psd

5.1.1 使用“自动色调”命令调整颜色

微视频：使用“自动色调”命令调整颜色

“自动色调”命令能够对颜色较暗的图像色彩进行调整，使图像中的黑色和白色变得平衡，以增加图像的对比度。下面将打开“婚纱照 1.jpg”图像，并对图像进行自动调色操作，使图像黑白平衡，其具体操作步骤如下。

STEP 1 选择菜单命令

打开“婚纱照 1.jpg”图像，选择【图像】/【自动色调】命令，调整图像的色调。

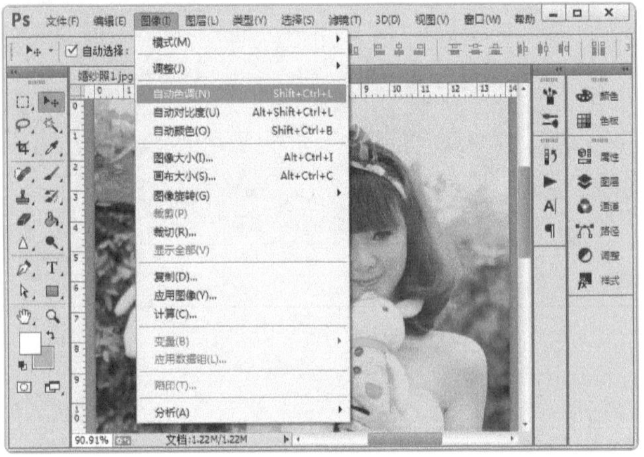

STEP 2 查看调整后的效果

返回图像编辑区，即可发现调整后的图像颜色变亮了，画面更加美观。

操作解谜

色彩 3 原色

在自然界中有很多种颜色，但所有的颜色都是由红、绿和蓝这3种颜色调和而成。人们所指的3原色就是指红（Red）、绿（Green）、蓝（Blue）3种颜色。当这些颜色以它们各自波长或各种混合波长的形式出现时，人们就可以通过眼睛感知不同的颜色。

操作解谜

色彩 3 要素

任何一种色彩都是由饱和度、色相和明度这3种基本要素组成。饱和度又称纯度，即颜色的鲜艳程度；色相又称色调，即颜色主波长的属性；明度又称亮度，即色彩的明暗程度，通常以黑色和白色表示。

5.1.2 使用“自动颜色”命令调整颜色

微视频：使用“自动颜色”命令调整颜色

“自动颜色”命令能够对图像中的阴影、中间调和高光进行搜索，并对图像的对比度和颜色进行调整，常被用于偏色的校正。下面将在“婚纱照 1.jpg”图像中对图像进行自动颜色操作，纠正图像中的偏色，其具体操作步骤如下。

STEP 1 选择菜单命令

打开“婚纱照 1.jpg”图像，选择【图像】/【自动颜色】命令，调整图像的颜色。

STEP 2 查看调整后的效果

返回图像编辑区，即可发现调整后的颜色向深色过渡。

5.1.3 使用“自动对比度”命令调整对比度

“自动对比度”命令可以自动调整图像的对比度，使阴影颜色更暗，高光颜色更亮。下面将在“婚纱照 1.jpg”图像中对图像进行自动对比度的操作，增强图像的对比效果，其具体操作步骤如下。

微视频：使用“自动对比度”命令调整对比度

STEP 1 选择“自动对比度”命令

在“婚纱照 1.jpg”图像中，选择【图像】/【自动对比度】命令，调整图像的对比度。

STEP 2 查看完成后的效果

返回图像编辑区，即可发现调整后的颜色更加温馨，更具有层次感。

5.1.4 使用“色相 / 饱和度”命令调整图像单个颜色

使用“色相 / 饱和度”命令可以调整图像全图或单个颜色的色相、饱和度和明度，常用于处理图像中不协调的单个颜色。下面通过“色相 / 饱和度”命令调整“婚纱照 1.jpg”图像的色相和饱和度，其具体操作步骤如下。

微视频：使用“色相 / 饱和度”命令调整图像单个颜色

STEP 1 打开"色相 / 饱和度"对话框

打开"婚纱照 1.jpg"图像，选择【图像】/【调整】/【色相 / 饱和度】命令，打开"色相 / 饱和度"对话框。

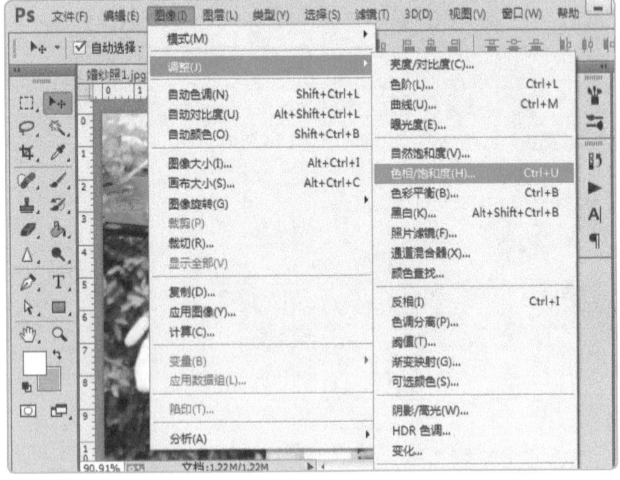

STEP 2 调整黄色的色相 / 饱和度

①在"预设"下拉列表框下面的列表框中选择"黄色"选项；②在"色相""饱和度"和"明度"数值框中分别输入"+20""+8"和"10"。

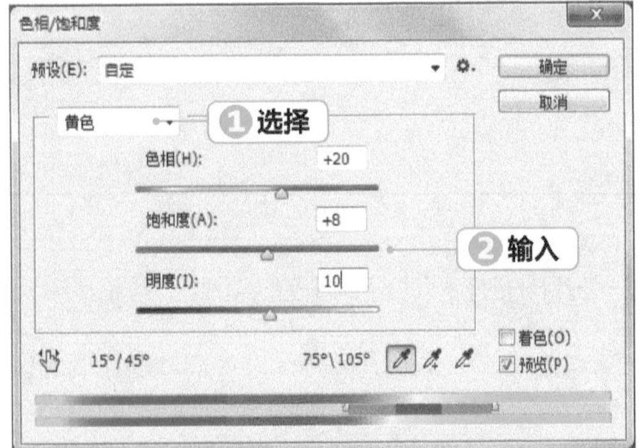

技巧秒杀

对整个图像色彩进行调色

在"色相/饱和度"对话框中单击选中"着色"复选框，可对整个图像的色彩进行调整。

STEP 3 调整绿色的色相 / 饱和度

①在"预设"下拉列表框下面的列表框中选择"绿色"选项；②在"色相""饱和度"和"明度"数值框中分别输入"+10""+20"和"0"；③单击"确定"按钮。

STEP 4 查看调整后的效果

返回图像编辑区，即可发现图像中的黄色减少，绿色增加。

技巧秒杀

快速调整饱和度的方法

单击"色相/饱和度"对话框左下方的按钮，在图像显示区域中拖曳鼠标可调整图像的饱和度。

5.1.5 使用"色彩平衡"命令调整图像颜色

"色彩平衡"命令可以调整图像的阴影、中间调和高光，得到颜色鲜亮、明快的效果。下面通过"色彩平衡"命令调整"婚纱照 1.jpg"图像的颜色，再使用相同的方法，调整"婚纱照 2.jpg"图像的色调 / 饱和度、色阶，最后排列婚纱照并添加文本，制作相册封面，其具体操作步骤如下。

微视频：使用"色彩平衡"命令调整图像颜色

STEP 1 调整图像阴影的色彩平衡

①选择【图像】/【调整】/【色彩平衡】命令，打开“色彩平衡”对话框，单击选中“阴影”单选项；②在“色阶”数值框中依次输入“+15”“+5”和“-10”，调整图像中的阴影。

STEP 2 调整中间调

①单击选中“中间调”单选项；②在“色阶”数值框中依次输入“+25”“-2”和“-10”，调整图像中的中间调；③单击“确定”按钮。

STEP 3 调整色相/饱和度

①打开“婚纱照2.jpg”图像，选择【图像】/【调整】/【色相/饱和度】命令，打开“色相/饱和度”对话框，在“预设”下拉列表框下面的列表框中选择“黄色”选项；②在“色相”“饱和度”和“明度”数值框中分别输入“+20”“+8”和“10”。

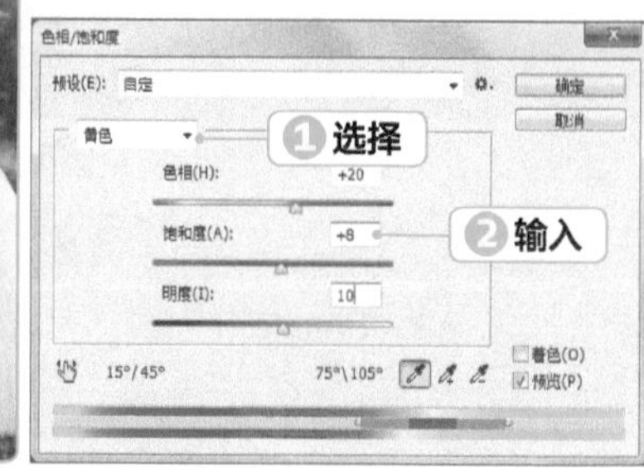

STEP 4 调整绿色的色相/饱和度

①在“预设”下拉列表框下面的列表框中选择“绿色”选项；②在“色相”“饱和度”和“明度”数值框中分别输入“+20”“-15”和“+15”；③单击“确定”按钮。

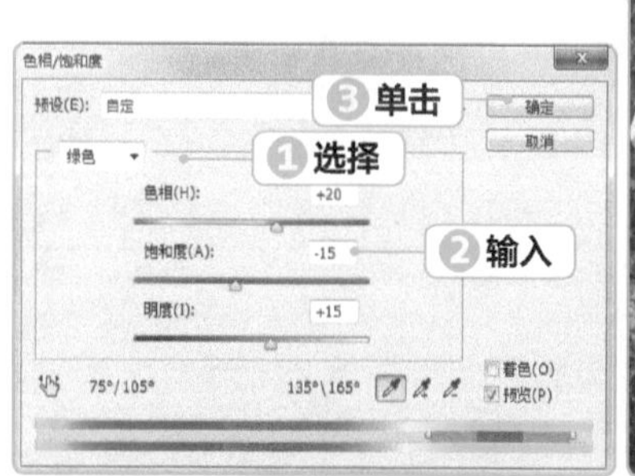

STEP 5 调整颜色并裁剪图像

按【Ctrl+Shift+L】组合键调整图像，并在工具箱中选择裁剪工具，对人物进行裁剪，并查看完成后的效果。

STEP 6 调整图像亮度

①选择【图像】/【调整】/【色阶】命令，打开“色阶”对话框，设置色阶参数分别为“0、1.10、220”；②单击“确定”按钮。

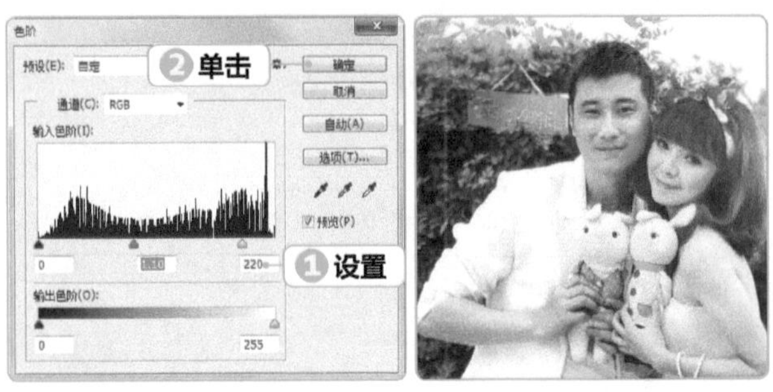

STEP 7 **设置不透明度**

新建大小为"5100×5700像素"，分辨率为"72像素"，名称为"婚纱写真"的图像文件，将"婚纱照1.jpg"图像拖动到图像左侧并调整图像位置，设置图层不透明度为"40%"。

STEP 8 **添加描边**

①按【Ctrl+J】组合键复制图像并设置不透明度为"100%"，调整图像位置，选择【编辑】/【描边】命令，打开"描边"对话框，设置"宽度"为"8像素"；②单击"确定"按钮。

STEP 9 **设置描边参数**

①将"婚纱照2.jpg"图像拖动到图像右侧并调整图像位置，打开"图层样式"对话框，单击选中"描边"复选框；②在右侧设置"大小、位置、颜色"分别为"20像素、外部、白色"。

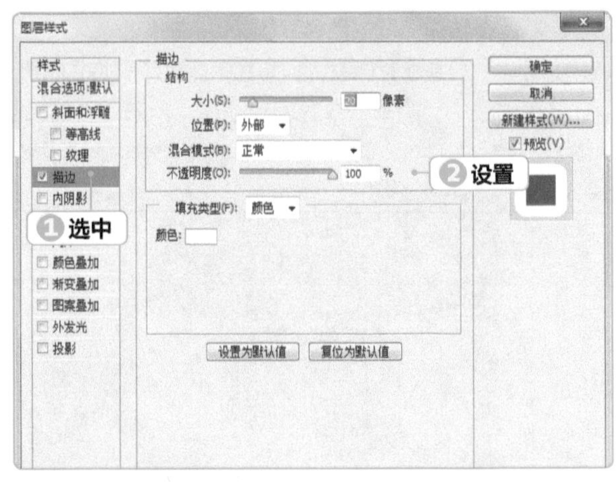

STEP 10 **设置投影**

①单击选中"投影"复选框；②在右侧设置"不透明度、角度、距离、扩展、大小"分别为"75、125、30、6、30"；③单击"确定"按钮。

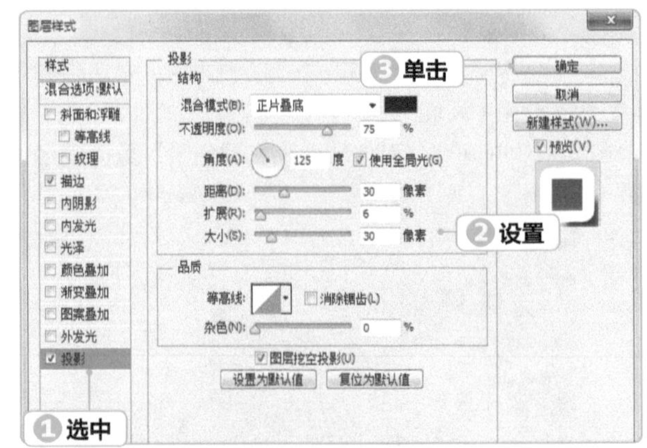

STEP 11 **添加文本素材**

打开"文字.psd"图像，将其拖曳到图像窗口中，并放置到图像右侧的空白部分，完成后保存图像。

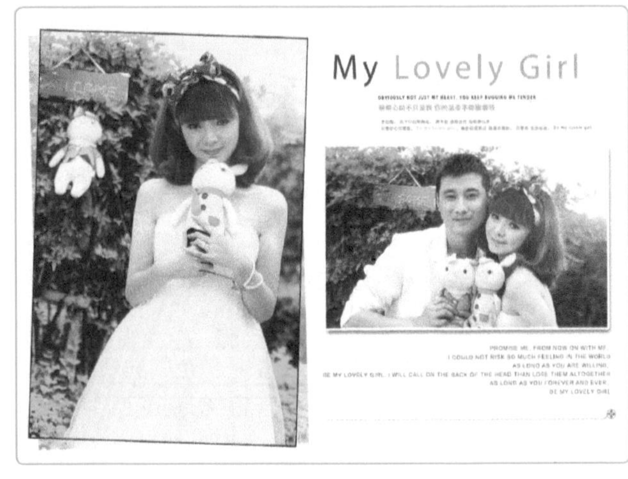

Chapter 05

5.2 矫正数码照片中的色调

婚纱图像拍摄完成后，往往属于半成品，还需要对色彩进行调整。因为刚刚拍摄出的图像由于天气或光源等原因存在一定的缺陷，需要将缺陷纠正。下面讲解矫正数码照片中色调的方法，在矫正时需要先打开“数码照片.jpg”图像文件，再使用“色阶”命令调整图像灰暗，使用“曲线”命令调整图像质感，使用“亮度/对比度”、“变化”命令调整图像的亮度和色彩。

素材：素材\第5章\纠正数码照片中的色调\ | 效果：效果\第5章\数码照片.psd

5.2.1 使用“色阶”命令调整灰暗图像

“色阶”常用于表示图像中高光、暗调和中间调的分布情况，通过“色阶”命令不但能提高画面亮度，还能使画面变得清晰。下面将打开“数码照片.jpg”图像，并对图像进行色阶的调整，提高画面的亮度效果，其具体操作步骤如下。

微视频：使用“色阶”命令调整灰暗图像

STEP 1 选择菜单命令

在Photoshop CC中打开“数码照片.jpg”图像，选择【图像】/【调整】/【色阶】命令。

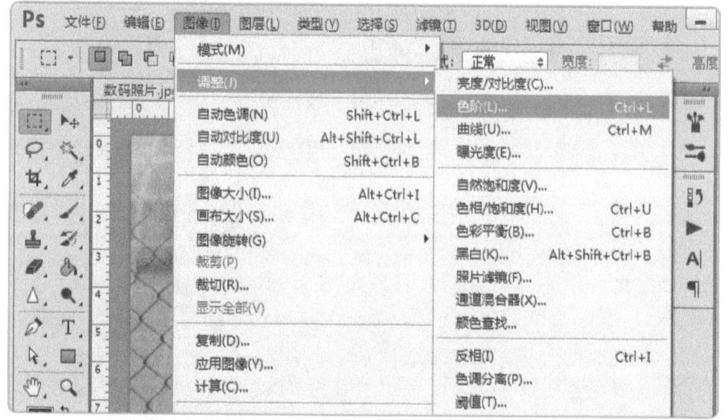

STEP 2 设置“色阶”参数

①打开“色阶”对话框，在“通道”下拉列表中选择“RGB”选项；②在“输入色阶”栏的数值框中从左到右依次输入“13”“1.30”和“200”；③单击“确定”按钮。

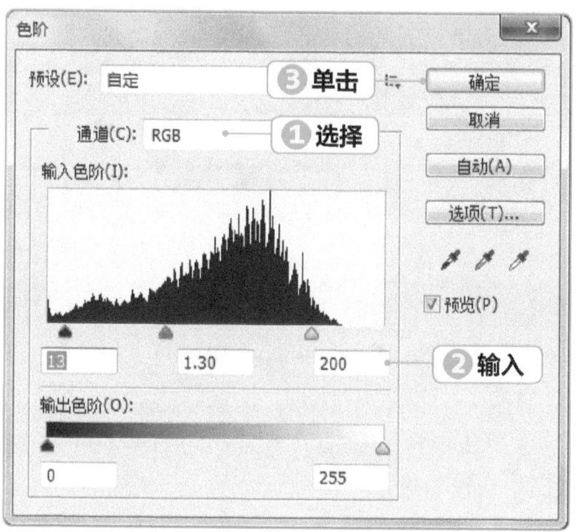

操作解谜

输入色阶栏的作用

“输入色阶”栏中的3个文本框依次可调整黑、灰、白的颜色参数，用户还可在对话框中单击按钮，在图像窗口中获取黑色；或单击按钮获取图像中的灰色；或单击按钮获取图像中的白色。通过调整“输出色阶”色条可直接调整黑、灰、白的比例。

STEP 3 查看调整后的效果

返回图像编辑区，即可发现调整后的图像颜色更加明亮美观。

5.2.2 使用“曲线”命令调整图像质感

微视频：使用“曲线”命令调整图像质感

“曲线”命令可对图片的色彩、亮度和对比度等进行调整，使图像颜色更具质感，是图像处理中调整图像色彩时最常用的一种操作。下面将打开“数码照片.jpg”图像，对图像进行曲线的调整，提高图像色彩和亮度，从而达到调整图像质感的目的，其具体操作步骤如下。

STEP 1 选择菜单命令

打开“数码照片.jpg”图像，选择【图像】/【调整】/【曲线】命令。

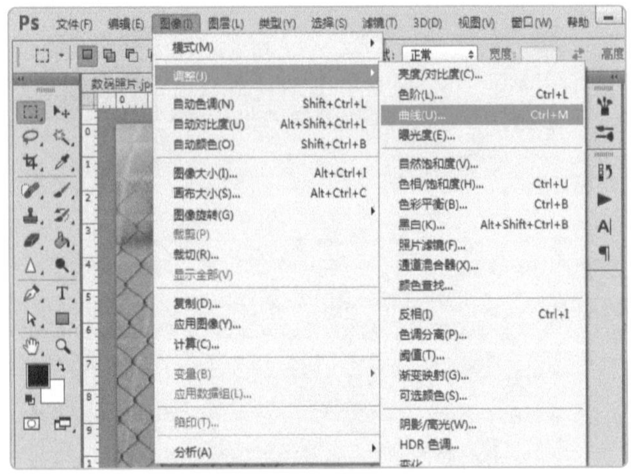

STEP 2 设置“红曲线”参数

①打开“曲线”对话框，在“通道”下拉列表中选择“红”选项；②将鼠标指针移动到曲线编辑框中的斜线上，单击鼠标创建一个控制点并拖曳调整，或在“输出”和“输入”文本框中分别输入“154”和“124”。

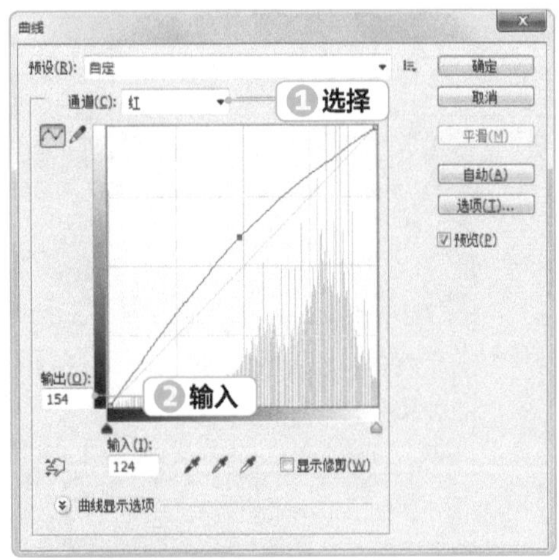

STEP 3 设置“蓝曲线”参数

①在“通道”下拉列表中选择“蓝”选项；②在“输出”和“输入”文本框中分别输入“194”和“176”；③单击“确定”按钮。

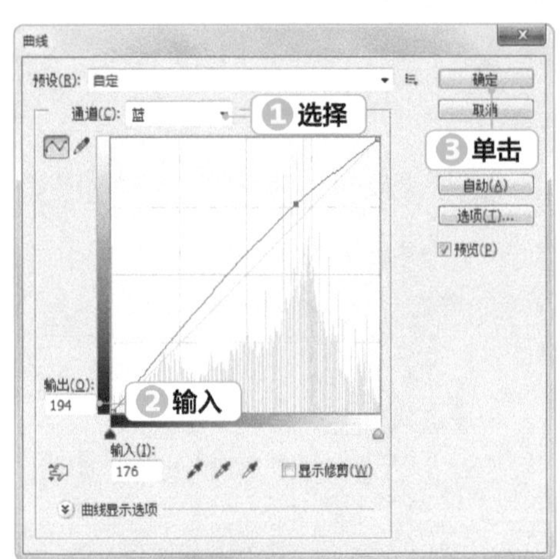

STEP 4 查看调整后的效果

返回图像编辑区，查看调整后的最终效果。

技巧秒杀

“选项”按钮的作用

在“曲线”对话框中单击“选项”按钮，打开“自动颜色校正选项”对话框，在其中可对图形进行颜色的设置。

5.2.3 使用“亮度 / 对比度”命令调整图像亮度

使用“亮度 / 对比度”命令可以将灰暗的图像变亮，并增加图像的明暗对比度。下面将继续在打开的“数码照片.jpg”图像中，调整图像的亮度，提高图像的明暗对比度，其具体操作步骤如下。

微视频：使用“亮度 / 对比度”命令调整图像亮度

STEP 1 设置“亮度 / 对比度”参数

①选择【图像】/【调整】/【亮度 / 对比度】命令；②打开“亮度 / 对比度”对话框，在“亮度”和“对比度”文本框中分别输入“20”和“15”；③单击“确定”按钮。

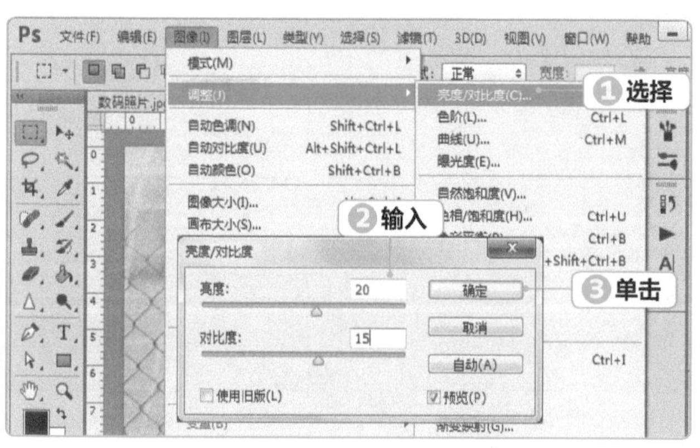

STEP 2 查看完成后的效果

返回图像编辑区，查看调整后的最终效果。

5.2.4 使用“变化”命令调整图像色彩

使用“变化”命令可调整图像中的中间色调、高光、阴影及饱和度等信息。下面将继续在打开的“数码照片.jpg”图像中，对调整过后出现的图像色彩偏红进行调整，使人物的肤色显得更加自然，完成后添加相框样式，其具体操作步骤如下。

微视频：使用“变化”命令调整图像色彩

STEP 1 选择菜单命令

①选择【图像】/【调整】/【变化】命令，打开“变化”对话框，单击选中“中间调”单选项；②在下方的列表框中选择需要变化的效果，这里选择两次“加深青色”选项；③拖曳“精细”滑块调整颜色效果；④单击“确定”按钮。

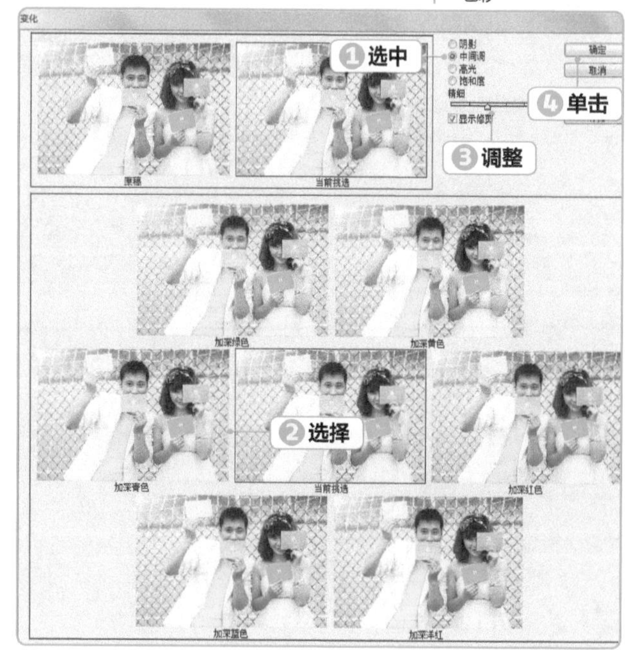

技巧秒杀

“变化”对话框的作用

在“变化”对话框中，“当前挑选”选项用于显示当前的调整结果；其他的加深选项则用来调整图像的变化效果。选择某个选项可应用该变化效果，连续选择某个选项则可累积添加变化效果。

STEP 2 查看调整后的效果

打开“画框.psd”图像，将“画框.psd”图像移动到“数码照片.jpg”图像文件中并保存文件，完成后查看调整后的效果。

技巧秒杀

“饱和度”单选项的作用

单击选中“变化”对话框中的“饱和度”单选项，将出现3个缩略图，分别是“减少饱和度”“当前挑选”和“增加饱和度”，其中“减少饱和度”和“增加饱和度”选项可用于调整饱和度。同时还可单击选中“显示修剪”复选框，对超出饱和度范围的颜色进行调整。

5.3 处理一组艺术照

拍摄的艺术照片已具有一定的观赏性，所以在图像后期常常只需要对色调进行处理即可调整出个性的艺术效果。在调整艺术照颜色时，需要根据客户在拍照前选择的艺术风格类型进行调整，根据色调的不同调整出不同的风格。本例将使用“曝光度”“自然饱和度”“黑白”“阴影/高光”“照片滤镜”命令调整艺术照，使一组艺术照展现不同的效果。

素材：素材\第5章\一组艺术照\　　效果：效果\第5章\一组艺术照\

5.3.1 使用“曝光度”命令调整图像色彩

“曝光度”命令常用于处理曝光不足、色彩暗淡或曝光过度、色彩太亮的照片。下面将打开“艺术照1.jpg”图像，并对图像进行曝光度的处理，增加图像的曝光度，使图像颜色恢复到正常状态，其具体操作步骤如下。

微视频：使用“曝光度”命令调整图像色彩

STEP 1 设置曝光度参数

❶在Photoshop CC中打开“艺术照1.jpg”图像，选择【图像】/【调整】/【曝光度】命令；❷打开“曝光度”对话框，在“曝光度”“位移”和“灰度系数校正”文本框中分别输入“+1”“+0.01”和“0.9”；❸单击“确定”按钮。

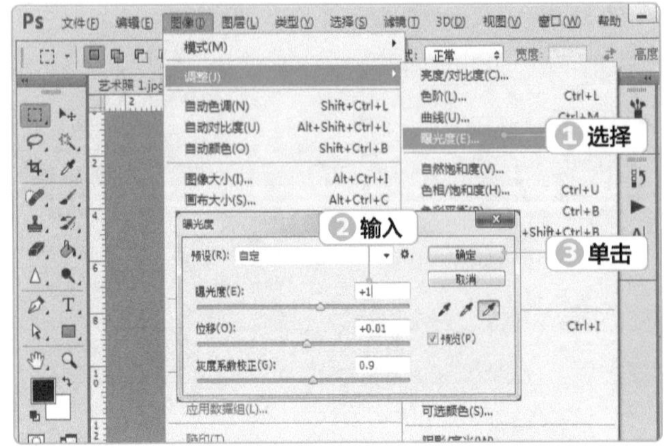

STEP 2 查看完成后的效果

返回图像编辑区，即可发现“艺术照1.jpg”图像中的色彩已发生了变化，调整后的颜色更加美观。

5.3.2 使用“自然饱和度”命令调整图像全局色彩

微视频：使用“自然饱和度”命令调整图像全局色彩

“自然饱和度”命令可增加图像色彩的饱和度，常用于在增加饱和度的同时，防止颜色过于饱和而出现溢色，适合处理人物图像。下面将打开“艺术照 2.jpg”图像，并对图像的饱和度进行处理，增加饱和度，让艺术照中的人物颜色更加饱满，其具体操作步骤如下。

STEP 1 选择菜单命令

①打开“艺术照 2.jpg”图像，选择【图像】/【调整】/【自然饱和度】命令；②打开“自然饱和度”对话框，在“自然饱和度”和“饱和度”文本框中分别输入“+80”和“10”；③单击“确定”按钮。

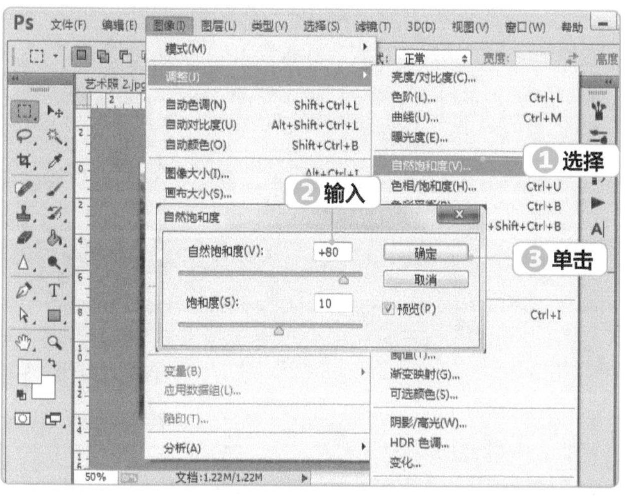

STEP 2 查看调整后的效果

返回图像编辑区，即可发现调整后图像的色彩更加鲜艳。

5.3.3 使用“黑白”命令制作黑白照

微视频：使用“黑白”命令制作黑白照

“黑白”命令能够将彩色图像转换为黑白照片，并能对图像中各颜色的色调深浅进行调整，使黑白照片更有层次感。下面将打开“艺术照 3.jpg”图像，并对图像进行黑白处理，让颜色丰富的照片变为黑白照，体现照片的怀旧感，其具体操作步骤如下。

STEP 1 选择菜单命令

打开“艺术照 3.jpg”图像，选择【图像】/【调整】/【黑白】命令，打开“黑白”对话框。

技巧秒杀

“黑白”对话框中常用选项的作用

“预设”下拉列表框用于选择系统预设的调整文件对图像进行调整；“红色”~“洋红”数值框，分别用于设置红色、黄色、绿色、青色、蓝色和洋红等颜色的色调深浅，其值越大，颜色越深；“色相”数值框用于设置着色的色相，只有单击选中“色调”复选框才能激活该选项。

STEP 2 设置黑白参数

❶在"红色""黄色"和"洋红"文本框中分别输入"-40""140"和"40"；❷单击"确定"按钮。

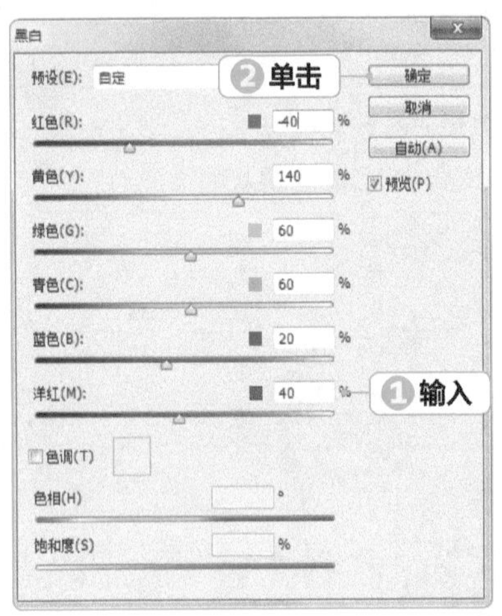

STEP 3 查看完成后的效果

返回图像编辑区，即可发现"艺术照 3.jpg"图像已经变为黑白效果，此时的艺术照更加具有复古感。

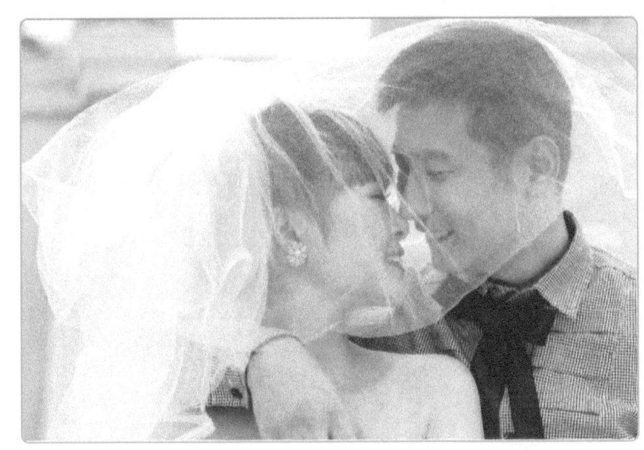

5.3.4 使用"阴影 / 高光"命令调整图像明暗度

"阴影 / 高光"命令能够对图像中特别亮或特别暗的区域进行调整，常用于校正由强逆光而形成剪影的照片，也可用于校正因太接近相机闪光灯而有些发亮的图像。下面将打开"艺术照 4.jpg"图像，对图像的阴影和高光进行调整，使画面显得更加自然，其具体操作步骤如下。

微视频：使用"阴影 / 高光"命令调整图像明暗度

STEP 1 设置阴影与高光参数

❶打开"艺术照 4.jpg"图像，选择【图像】/【调整】/【阴影 / 高光】命令；❷打开"阴影 / 高光"对话框，在"阴影"栏中设置"数量""色调宽度"和"半径"分别为"85%""69%"和"200 像素"；❸在"高光"栏中设置"色调宽度"为"75%"；❹在"调整"栏中设置"颜色校正"和"中间调对比度"分别为"-30"和"+50"；❺单击"确定"按钮。

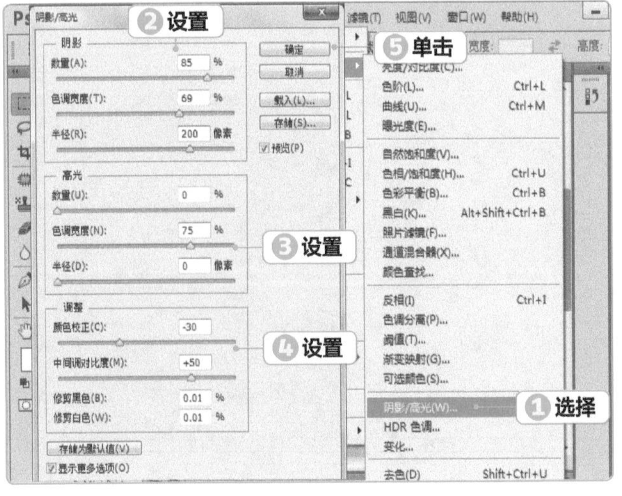

STEP 2 查看完成后的效果

返回图像编辑区，即可发现"艺术照 4.jpg"图像的亮度提高了。

5.3.5 使用“照片滤镜”命令调整图像色调

微视频：使用“照片滤镜”命令调整图像色调

“照片滤镜”命令可以模拟传统光学滤镜特效，使图像呈暖色调、冷色调或是其他色调进行显示。下面将打开“艺术照 5.jpg”图像，对照片添加浅蓝色的色调，完成后使用“色阶”命令提高照片的亮度，其具体操作步骤如下。

STEP 1 选择菜单命令

打开“艺术照 5.jpg”图像，选择【图像】/【调整】/【照片滤镜】命令。

STEP 2 设置照片滤镜颜色

①打开“照片滤镜”对话框，单击选中“颜色”单选项，单击其后的色块；②打开“拾色器（照片滤镜颜色）”对话框，设置滤镜颜色为“#c2c5e4”；③设置“浓度”为“80%”；④单击“确定”按钮。

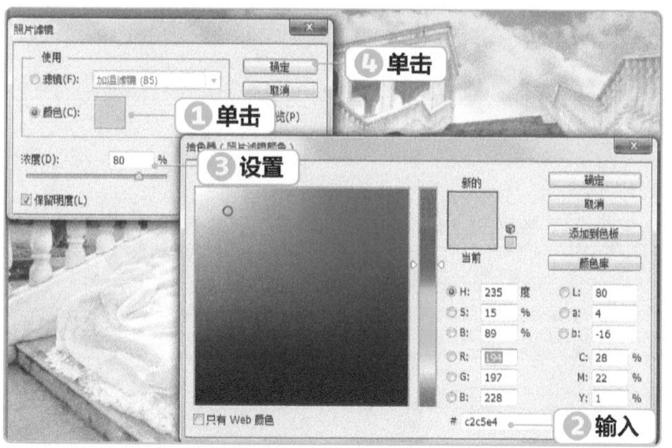

技巧秒杀

“滤镜”单选项的使用方法

“滤镜”单选项右侧的下拉列表中罗列了常用的滤镜效果，用户只需单击右侧的下拉按钮，在打开的下拉列表中选择需要的滤镜即可。

STEP 3 查看调整后的效果

返回图像编辑区，即可发现“艺术照 5.jpg”图像中的色彩偏向正常而不再过暖。

STEP 4 设置色阶参数

①选择【图像】/【调整】/【色阶】命令；②打开“色阶”对话框，在“输入色阶”栏的数值框中从左到右依次输入“0”“1.13”和“222”；③单击“确定”按钮。

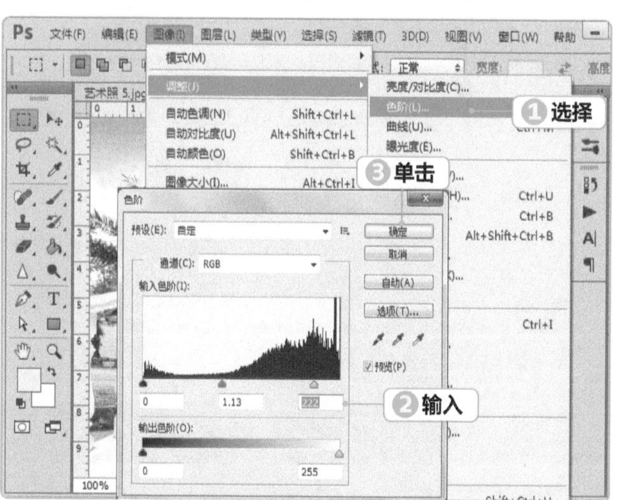

STEP 5 查看调整后的效果

返回图像编辑区，即可发现图像已经提亮，此时艺术照呈蓝白色调。

技巧秒杀

"预览"的使用

在"照片滤镜"和"曝光度"对话框中单击选中"预览"复选框可以预览设置的图像效果，如果撤销选中该复选框，则在确认设置后才能在图像显示区域中显示设置的效果。

5.4 制作三色海效果

爱情往往是人们向往的，作为一款要体现心形海岛的海报，可从爱情出发，让海报将爱情体现的更加完美。本例制作的三色海效果，主要通过"替换颜色"命令、"可选颜色"命令，让海岛通过 3 种颜色进行显示，并进行文字的添加，让海报更加完美。

素材：素材 \ 第 5 章 \ 三色海 .jpg | 效果：效果 \ 第 5 章 \ 三色海 .psd

5.4.1 使用"替换颜色"命令替换颜色

微视频：使用"替换颜色"命令替换颜色

使用"替换颜色"命令可以指定图像中的颜色，将选择的颜色替换为其他颜色。本例将打开"三色海 .jpg"图像，使用"替换颜色"命令一层层地对海洋区域的颜色进行替换，制作出海水分为三层不同颜色的效果，其具体操作步骤如下。

STEP 1 去除船只

❶打开"三色海 .jpg"图像，按【Ctrl+J】组合键，复制图像，在工具箱中选择污点修复画笔工具；❷在图像编辑区中对图像中的船只进行涂抹去除船只。

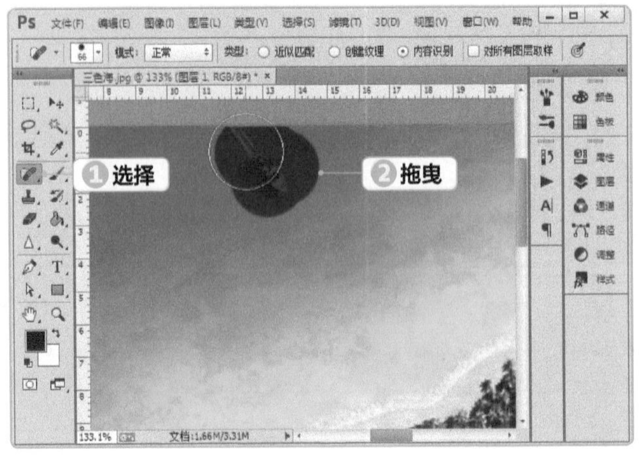

STEP 2 选择"替换颜色"命令

选择【图像】/【调整】/【替换颜色】命令，打开"替换颜色"对话框。

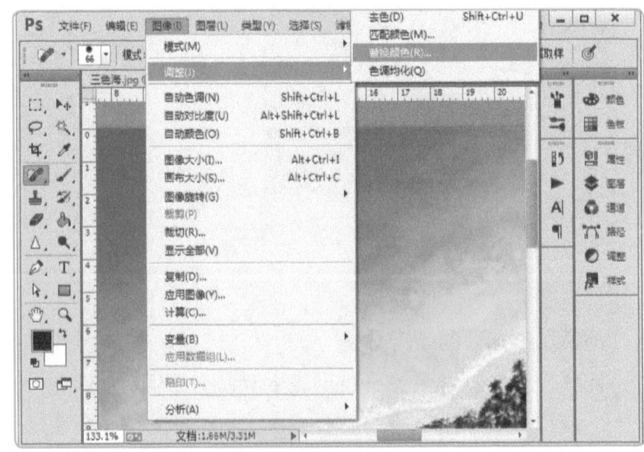

STEP 3 设置替换颜色参数

①使用鼠标在图像左上角单击；②在“替换颜色”对话框中设置“色相、饱和度、明度”分别为“4、12、0”；③单击“确定”按钮。

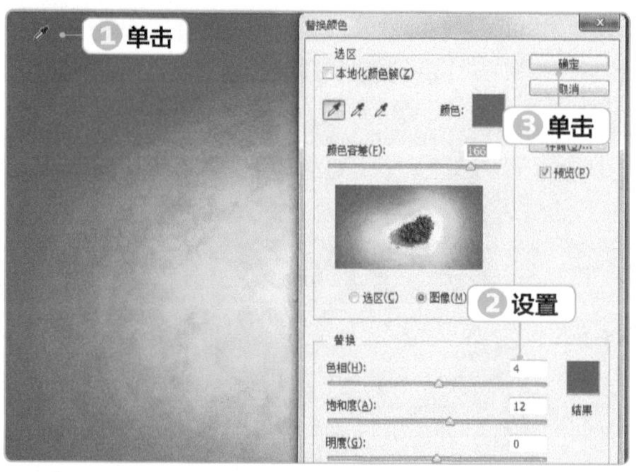

STEP 4 查看完成后的效果

返回图像窗口，查看替换后的效果，即可发现替换颜色后外部的蓝色更加湛蓝。

STEP 5 调整图像颜色

①再次打开“替换颜色”对话框，使用鼠标在图像靠中间的位置单击；②在“替换颜色”对话框中设置“色相、饱和度、明度”分别为“-42、8、0”；③单击“确定”按钮。

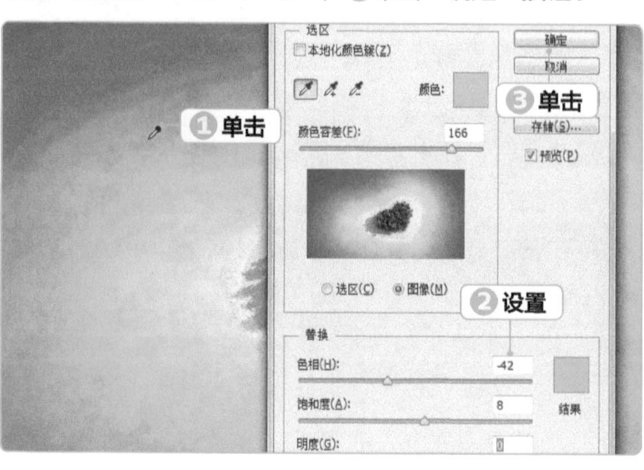

STEP 6 查看替换后的效果

返回图像窗口，查看替换后的效果，即可发现替换颜色后中间区域的浅蓝色变成了浅绿色。

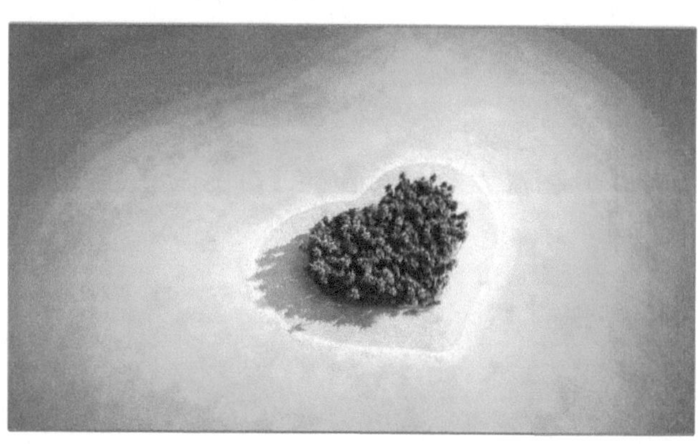

STEP 7 调整图像颜色

①打开“替换颜色”对话框，使用鼠标在图像沙滩边缘处单击；②在“替换颜色”对话框中设置“颜色容差、色相、饱和度、明度”分别为“120、150、15、0”；③单击“确定”按钮。

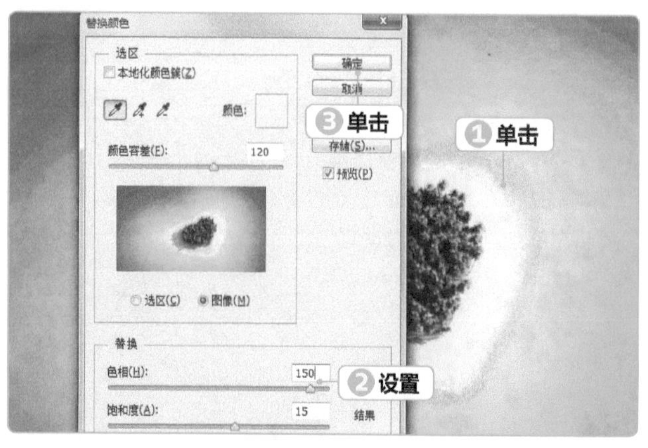

STEP 8 查看完成后的效果

返回图像窗口，即可查看替换颜色后的效果。

5.4.2 使用"可选颜色"命令修改图像中某一种颜色

微视频：使用"可选颜色"命令修改图像中某一种颜色

"可选颜色"命令可以对图像中的颜色进行针对性的修改，而不影响图像中的其他颜色。它主要针对印刷油墨的含量来进行控制，包括青色、洋红、黄色和黑色。下面将继续在"三色海.jpg"图像中对白色中间区域的颜色进行修改，其具体操作步骤如下。

STEP 1 选择菜单命令

选择【图像】/【调整】/【可选颜色】命令，打开"可选颜色"对话框。

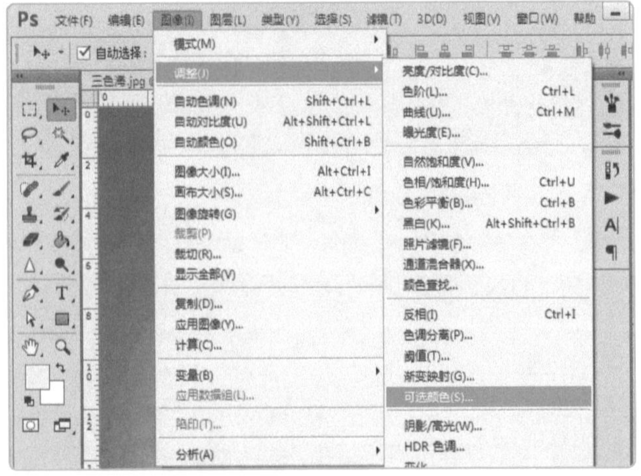

STEP 2 设置"可选颜色"参数

①在"颜色"下拉列表中选择"白色"选项；②在"青色""洋红""黄色""黑色"数值框中分别输入"-80""0""-100""+45"；③单击选中"相对"单选项。

STEP 3 设置"可选颜色"参数

①在"颜色"下拉列表中选择"绿色"选项；②在"青色""洋红""黄色""黑色"数值框中分别输入"+30""-35""-90""+20"；③单击选中"绝对"单选项；④单击"确定"按钮完成设置。

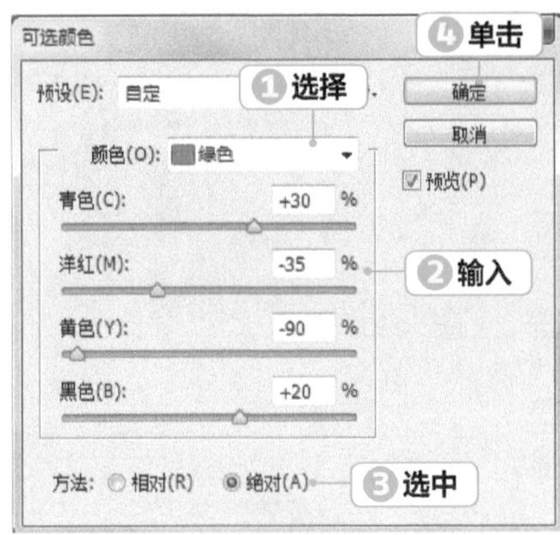

STEP 4 查看完成后的效果

返回图像窗口，即可查看设置可选颜色后的效果。

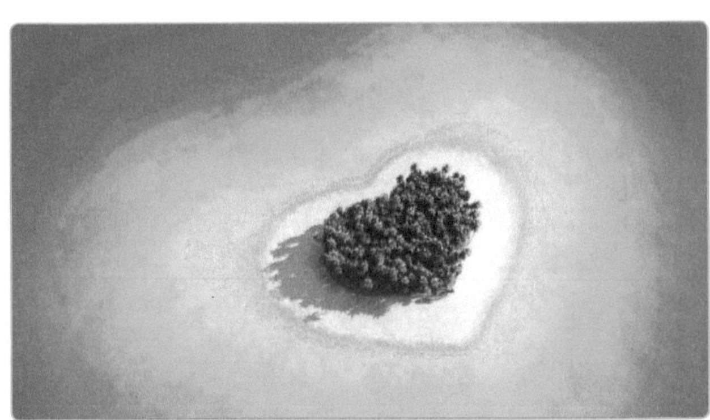

STEP 5 输入文字

使用横排文字工具在图像中间输入黑色的文字，按【Ctrl+J】组合键，复制文字图层。然后将复制的文字图层中文字颜色更改为白色，并使用移动工具将白色的文字与黑色的文字错开，保存图像查看完成后的效果。

新手加油站——调整图像色彩技巧

1. 颜色的感情色彩

颜色拥有着丰富的感情色彩，它会因为性别、年龄、生活环境、地域、民族、阶层、经济、工作能力、教育水平、风俗习惯和宗教信仰等的差异有着不同的象征意义。常用色彩所代表的感情色彩如下。

- 红色：在可见光谱中，红色光波最长，属暖色系中的颜色。红色是一种有力的色彩，是热烈、冲动、警示的色彩。同时，红色也代表着热情、兴奋、紧张和激动等情绪。其中深红色及带紫色的红给人庄严、稳重而又热情的感觉，常见于迎接贵宾的场合。含白的高明度粉红色，则有柔美、甜蜜、梦幻、愉快、幸福、温雅的感觉，多用于和女性相关的色彩。下图中左侧图片即为以红色为基调的图片。
- 橙色：橙色的波长仅次于红色，因此它也兼具长波长的效果，具有可以使人脉搏加速、温度升高的特征。橙色是十分活泼的光辉色彩，是暖色系中最温暖的色彩，因此也是一种富足、温暖、幸福的色彩，也给人以活泼、华丽、辉煌、跃动、炽热、温情、甜蜜、愉快、幸福等感觉，但还有疑惑、嫉妒等倾向，适合应用于能源、食品和服务等领域的设计。下图中间图片即为以橙色为基调的图片。
- 黄色：黄色是亮度最高的颜色，在高明度下能够保持很强的纯度。黄色如同太阳，因此代表着灿烂、光辉、活力等。但由于黄色过于明亮刺激，并且与其他颜色相混合易失去其原貌特征，所以也有轻薄、不稳定、变化无常、冷漠等含义。因为黄色极易被人发现和识别，故常常作为安全色被使用，如室外作业者的工作服以及交通标志的颜色设计。下图中右侧图片即为以黄色为基调的图片。

- 绿色：绿色是大自然中非常常见的颜色，是植物的颜色，常常表现出丰富、充实、宁静与希望、和平与信仰等情感元素。此外，绿色又十分宽容大度，常用于象征青春、生命和健康等。绿色最适应人眼的注视，因此在视觉疲劳的时候看看绿色，有助于消除疲劳、调节视神经功能。在绿色中黄绿带给人们春天的气息；蓝绿、深绿是海洋、森林的颜色，有深沉、稳重、沉着、睿智等含义；含灰的绿，如土绿、橄榄绿、墨绿，给人以成熟、古朴、深沉的感觉。下图中左侧图片即为以绿色为基调的图片。
- 蓝色：蓝色是一种博大的色彩，天空和大海的景色都呈蔚蓝色。同时蓝色是最冷的色，代表着平静、理智与纯净。其中浅蓝色富有青春朝气，为年轻人所钟爱，但也有不够成熟的感觉；深蓝色具有沉着、稳重的特点，是中年人普遍喜欢的颜色；群青色略带暖昧，充满深邃的魅力；藏青色则给人庄重、大气的感觉。下图中间图片即为以蓝色为基调的图片。
- 紫色：波长最短的可见光是紫色波。紫色是非知觉的色，它通常代表着神秘、高贵、优雅，让人印象深刻。其中较暗或含深灰的紫，给人以不详、腐朽、死亡的感觉。红紫和蓝紫色，给人优雅、神秘的时代感，在现代生活中被广泛运用。下图中右侧图片即为以紫色为基调的图片。

2. 使用“色调分离”命令分离图像中的色调

使用“色调分离”命令可以为图像中的每个通道指定亮度数量，并将这些像素映射到最接近的匹配色调上，以减少图像分离的色调。其方法是：选择【图像】/【调整】/【色调分离】命令，打开“色调分离”对话框，在其中拖曳“色阶”滑块，调整分离的色阶值。下图所示即为调整前和调整后的差别。

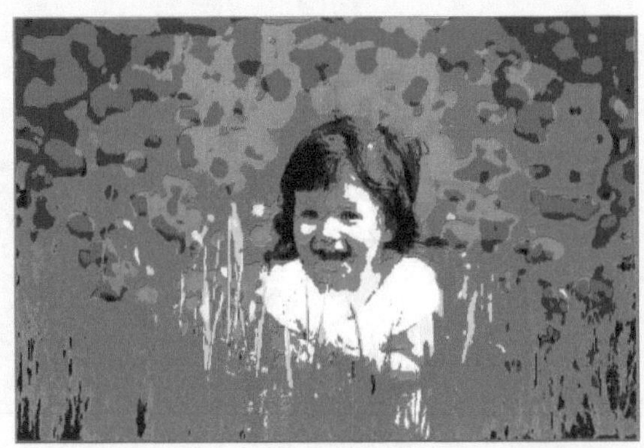

3. 使用“去色”和“反相”命令调色

使用“去色”命令可去掉图像中除黑色、灰色和白色以外的颜色；使用“反相”命令可将图像中的颜色替换为相对应的补色，但不会丢失图像颜色信息，如将红色替换为绿色，反相后可将正常图像转化为负片或将负片还原为正常图像。下面分别介绍“去色”和“反相”命令的使用方法。

- “去色”命令：打开一个彩色图像文件后，选择【图像】/【调整】/【去色】命令，即可将图像中的彩色去掉。
- “反相”命令：打开一个正常图像文件后，选择【图像】/【调整】/【反相】命令，即可制作出该图像的负片效果。

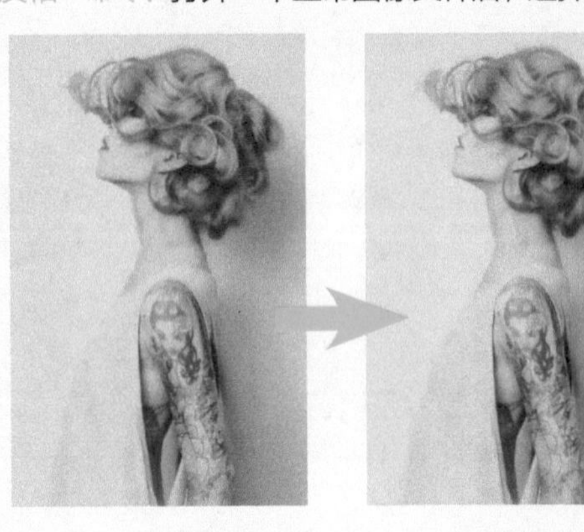

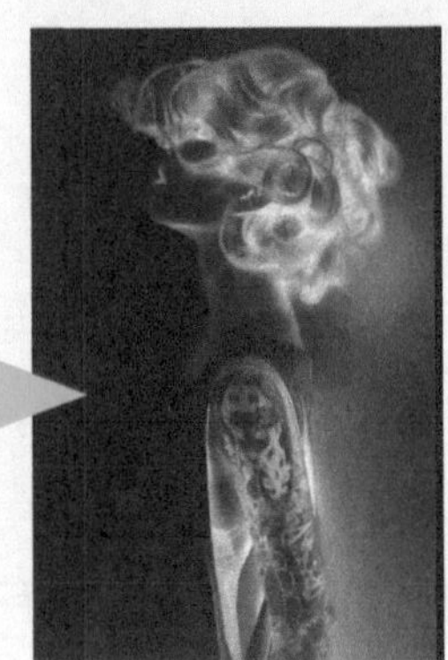

4. 使用“阈值”和“色调均化”命令调色

使用“阈值”命令可将彩色或灰度图像转换为只有黑白两种颜色的高对比度图像，使用“色调均化”命令可将图像中各像素的亮度值进行重新分配。下面分别介绍“阈值”和“色调均化”命令的使用方法。

- “阈值”命令：打开一个彩色图像文件后，选择【图像】/【调整】/【阈值】命令，在打开的“阈值”对话框的“阈值色阶”文本框中输入“1~255”的整数，单击“确定”按钮，即可将图片转换为高对比度的黑白图像。

- “色调均化”命令：打开一个彩色图像文件后，选择【图像】/【调整】/【色调均化】命令，即可重新分配图像中各像素的亮度值。

高手竞技场——调整图像色彩练习

1. 制作夏日清新照

打开提供的素材文件“夏日 .jpg”，对图像进行色彩调整，要求如下。

- 使用“色相 / 饱和度”命令，提升图像的色彩饱和度。
- 使用“渐变映射”命令绘制光线照射效果。
- 使用图层混合模式的调整、选区的绘制以及文字的输入等操作完成夏日清新照的编辑。

2. 制作打雷效果

本例将打开“背景.jpg”图像，对图像进行编辑，要求如下。

- 使用“阴影/高光”“HDR 色调”“曲线”等命令调整城市夜景效果。
- 打开“雷击.jpg”图像，将图像移动到“背景”图像中，设置混合模式为“变亮”，融合制作城市夜晚的打雷效果。

06 Chapter 第 6 章

添加并编辑文字

/ 本章导读

在图形图像处理中，文字是一种传达信息的手段，它不但能够丰富图像内容，起到强化主题、明确主旨的作用，还能在一定程度上起到美化图像的作用。在 Photoshop 中输入文字一般是通过文字工具来实现的，为了使文字效果更加符合需要，还可通过“字符”面板和“段落”面板对文字进行调整。本章将对添加并编辑文字的方法进行介绍。

6.1 制作标价牌

标价牌主要用于标示产品的价格，方便消费者浏览，因此广泛用于各行各业。为了商品图片的美观，标价牌在形状与字体、字体颜色的选择上都需要与商品图片和谐。下面将先绘制标价牌形状，并输入文字，然后设置字符属性，制作一款清新的酸奶标价牌。

素材：素材 \ 第 6 章 \ 标价牌 .jpg | 效果：效果 \ 第 6 章 \ 标价牌 .psd

6.1.1 创建文本

为了满足图像编辑处理的需要，Photoshop CC 中可以创建多种类型的文本，如点文本、段落文本、蒙版文本、变形文本与路径文本等，下面分别进行介绍。

1. 创建点文本

点文字通常用于一行文字的编写，它可以是横排的文字，也可是直排的文字。下面将创建标价文本，其具体操作步骤如下。

微视频：创建点文本

STEP 1 设置工具属性

❶打开“标价牌 .jpg”图像，将前景色设置为“#00c4ff”；❷选择多边形工具，在工具属性栏中设置“工具模式”为“形状”；❸设置边数为“35”；❹单击“设置”按钮；❺在打开的面板中单击选中“星形”复选框；❻设置缩进边依据为“20%”。

STEP 2 绘制形状

使用鼠标在图像右上角绘制形状，按【Ctrl+T】组合键，拖曳素材四角，以调整图像的大小。

STEP 3 输入文本

❶选择横排文字工具；❷在其工具属性栏中设置“字体、字号、颜色”分别为“汉仪醒示体简、72 点、白色”；❸输入“¥12.00”。

2. 创建变形文本

通过文字变形得到波浪、旗帜、上弧、扇形、挤压、凸起等变形效果，其具体操作步骤如下。

STEP 1 输入文本

选择横排文字工具，在工具属性栏中设置“字体、字体大小、颜色”分别为“Kristen ITC、28 点、黑色”，使用鼠标在图像上单击输入文字。

STEP 2 设置文字变形

❶在工具属性栏上单击“创建文字变形”按钮，打开“变形文字”对话框，在其中设置“样式、弯曲、水平扭曲、垂直扭曲”分别为“花冠、53、12、2”；❷单击“确定”按钮。

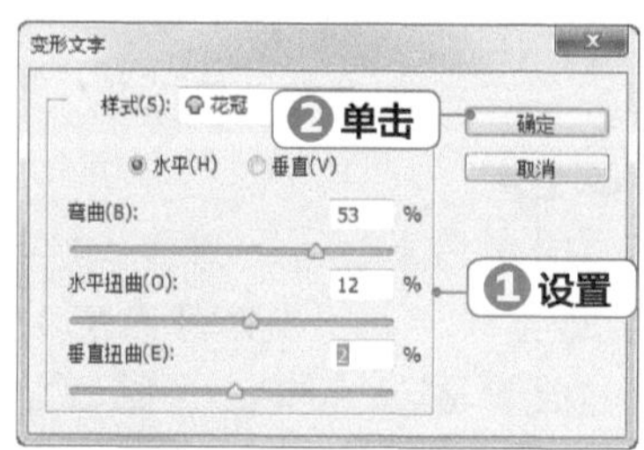

STEP 3 查看文字变形效果

返回工作区，查看文字变形效果，可发现文字更具有立体感。

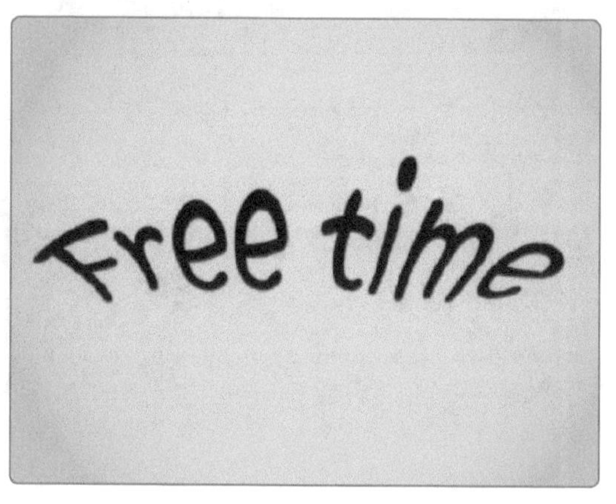

3. 创建路径文本

路径文本是指根据路径的形状来创建文字，因此需要先绘制出路径的轨迹，再在路径中输入需要的文本。在创建路径文字时，用户还可对路径的锚点进行编辑，使路径的轨迹更加符合要求，文字效果也更为丰富。下面为箭头创建变形文本，其具体操作步骤如下。

STEP 1 绘制路径

选择钢笔工具，在工具属性栏中设置绘图模式为“路径”，在图像的箭头上绘制路径。

STEP 2 添加文本插入点

选择横排文字工具，在工具属性栏中设置“字体、字体样式、字号、颜色”分别为“Comic Sans MS、Bold、30 点、#2e2d2d”，使用鼠标在路径上单击，添加文本插入点。

STEP 3 查看路径文字效果

输入文字，按【Ctrl+Enter】组合键确定输入。查看路径文本效果，在文字工具属性栏中设置“字体、字体大小、颜色”分别为“汉仪丫丫体简、30 点、白色”，使用鼠标在图像右侧单击，输入文字。

4. 创建段落文本

段落文本是指在定界框中输入的文字，通过段落文字可以很方便地进行自动换行、调整文字的行间距、调整段落文本的大小、显示位置等排版操作，因此段落文字广泛用于大段文字的输入。段落文字的创建方法与点文字的创建方法基本类似，不同的是，在创建段落文字前，用户需要先绘制定界框，以定义段落文字的边界，使输入的文字位于指定的区域内。下面为酒页面输入介绍文本，其具体操作步骤如下。

STEP 1 绘制文本框

选择直排文字工具，在工具属性栏中设置“字体、字号”分别为“幼圆、10号”，在图像中输入段落文本的位置拖动鼠标绘制定界框。

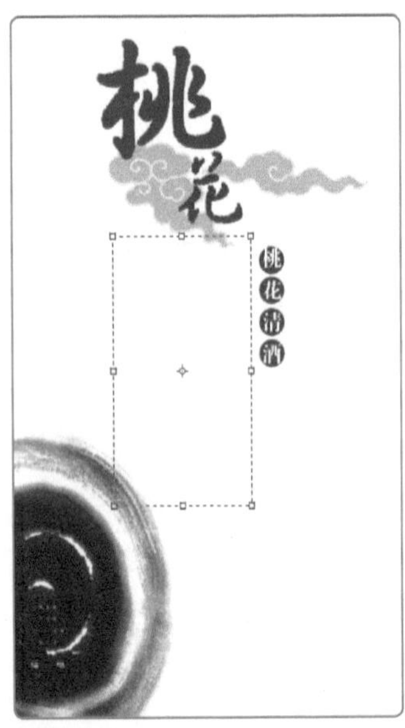

STEP 2 输入段落文本

绘制完成后会自动插入文本插入点，直接输入段落文本，当一段完成后，按【Enter】键换行，输入完成后按【Ctrl+Enter】组合键确定输入即可，拖动定界框四周的控制点可调整其大小，在“段落”面板中可设置段前段后间距和段落文本左右缩进值。

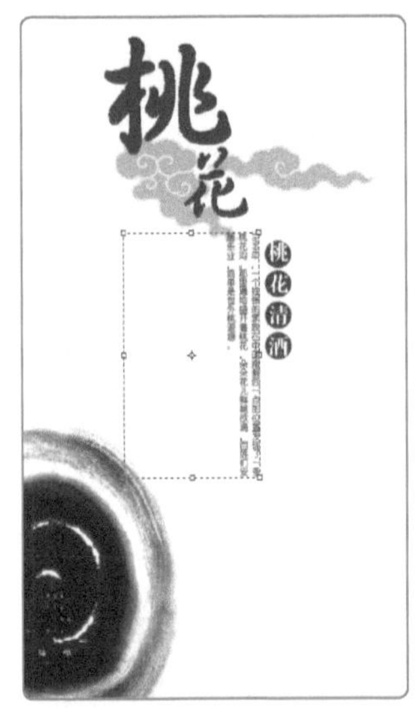

5. 创建蒙版文本

在 Photoshop CC 中可以直接通过文字蒙版工具创建文字选区，该选区主要包括横排文字选区和竖排文字选区。通过文字蒙版工具创建的文字选区与一般的文字选区相同，用户可以对其进行移动、复制、填充、描边等操作。下面将使用蒙版文字工具创建具有底纹的文本，并将文本添加到其他图像中，其具体操作步骤如下。

STEP 1 输入文本

打开需要输入文本的图像文件，选择横排文字蒙版工具，在其属性栏中设置“字体、字体大小”分别为“Stencil、100点”，使用鼠标在图像上单击，输入文字，可发现文字外的区域已创建蒙版。

STEP 2 生成文字选区

按【Ctrl+Enter】组合键，确定输入，生成文字选区，选择【选择】/【变换选区】命令，使用鼠标旋转并移动选区。

操作解谜

文字蒙版工具的本质

文字蒙版工具的本质就是为图层创建一个临时蒙版，当用户输入文字后，该临时蒙版会将文字转换为选区。

STEP 3 复制文字选区

按【Ctrl+J】组合键复制选区到新的图层上，拖动该图层到其他图像中，查看效果。

6.1.2 设置文本格式

微视频：设置文本格式

一般情况下，工具属性栏可满足一般文本格式设置的需要，如字体、字号、文本颜色。当需要设置文本加粗、倾斜、下划线、字间距、行间距、水平与垂直缩放时，就需要通过“字符”面板进行设置。下面继续对标价牌的文本格式进行设置，其具体操作步骤如下。

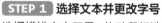

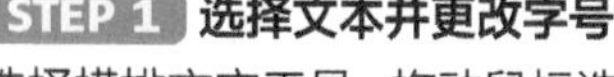

STEP 1 选择文本并更改字号

选择横排文字工具，拖动鼠标选择输入的“¥”，选择【窗口】/【字符】命令打开“字符”面板，在“字符”面板中设置“字体大小”为“42点”。

操作解谜

为价格设置不同的格式

为价格设置不同的格式，可以让浏览者第一时间注意到价格。这在制作特价商品的价格牌时经常被使用到。

STEP 2 设置上标与下划线

❶拖动鼠标，选择输入的“.00”；❷在“字符”面板中分别单击T'和T按钮。

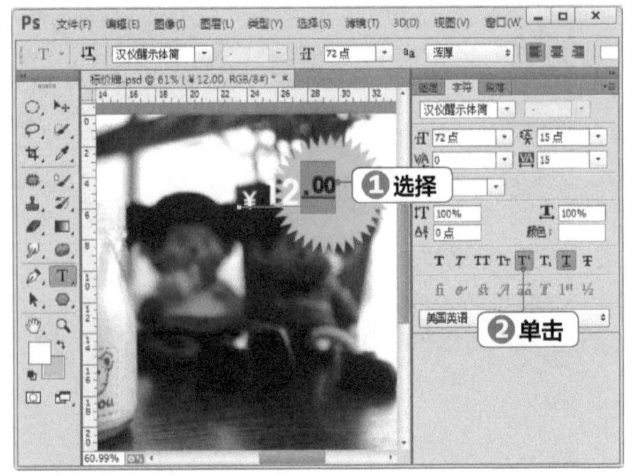

STEP 3 设置文本倾斜

❶使用移动工具将文本移动到绘制的形状中间，再使用横排文字工具在图像上拖动绘制文本框并输入文本；❷在“字符”面板中设置“字体大小、颜色”分别为“26 点、#25cbfb”；❸单击T按钮。

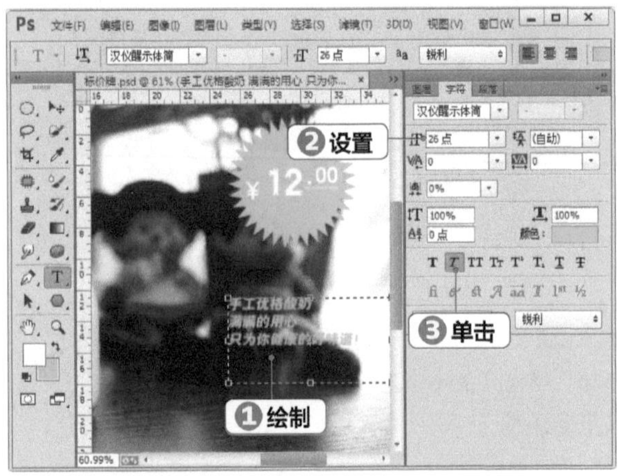

STEP 4 设置文本描边

❶选择【图层】/【图层样式】/【描边】命令，打开“图层样式”对话框，设置描边颜色为“白色”；❷设置描边大小为“4 像素”；❸单击“确定”按钮。

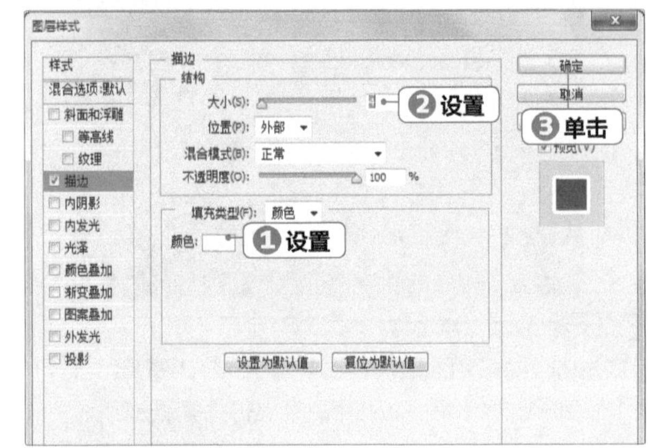

STEP 5 设置图层填充

选择多边形所在的图层，在“图层”面板中将填充设置为“55%”，降低图形的不透明度，保存文件，查看制作后的标价牌效果。

技巧秒杀

切换竖排文本或段落文本

单击工具属性栏中的“切换文本取向”按钮，将文本切换为直排或竖排文本。

6.2 制作甜品屋 DM 单

佳佳甜品屋是一家高档的甜品店铺，金秋在即，该店铺决定在店铺门口张贴一张广告单，以宣传店铺的甜品，并在其中推荐一些甜品搭配。在设计该广告单时，要求营造秋季唯美和浪漫的气息，用于激发人们的甜蜜情怀，提高甜品的销量。在文本设计方面，要求美观整洁，曲线优美。

 素材：素材 \ 第 6 章 \ 甜品屋 DM 单 \ | 效果：效果 \ 第 6 章 \ 甜品屋 DM 单 .psd

6.2.1 将文字转化为形状

微视频：将文字转化为形状

若应用字体后，文本的外观仍然不能满足需要，可先将文字转换为形状，再编辑文本中的笔画，以得到丰富多样的外观效果，从而增强文本的美观度，提高艺术性品位。本例将通过编辑“爱在金秋 享在多利”的笔画，营造浪漫的金秋气氛，其具体操作步骤如下。

STEP 1 新建文件并填充背景

❶新建一个尺寸为“21 厘米 ×29 厘米”，名称为“甜品屋 DM 单”，分辨率为“150 像素 / 英寸”的空白文件。在工具箱中选择渐变工具，在工具属性栏中设置渐变样式为“线性渐变”，然后设置“前景色”为“#ecdbbb”，“背景色”为“白色”；❷为图像从上到下应用线性渐变效果；❸打开“树林 .psd”素材图像，选择移动工具将其拖曳到当前编辑的图像中，适当调整图像大小，并放到画面下方，将其组合成林荫大道的效果。

STEP 2 添加礼盒

打开“礼盒 .psd”素材图像，选择移动工具将其拖曳到当前编辑的图像中，适当调整图像大小，将其放到画面下方的草地上。

STEP 3 绘制礼盒投影

❶设置“前景色”为“深灰色”，在工具箱中选择画笔工具，在工具属性栏中设置画笔大小为“30”；❷设置“不透明度”为“50%”；❸在礼盒底部绘制投影效果。

STEP 4 输入文本并设置文本格式

在工具箱中选择横排文字工具，在图像中间分别输入说明性文字，在工具属性栏中设置“字体”分别为“方正大黑简体、微软雅黑”，调整文字大小，分别设置文本颜色为“#8c181a”和“黑色”。

STEP 5 **添加装饰条**

新建一个图层，在工具箱中选择矩形选框工具，在文字上方绘制一个细长的矩形选区，并填充为“#a7866b”。

STEP 6 **涂抹并复制装饰条**

选择橡皮擦工具，在工具属性栏中设置其“不透明度”为“60%”，在细长矩形两侧进行涂抹，擦除图像，多次按【Ctrl+J】组合键，复制多个细长矩形图像，分别排列在文字中间，用来区别、装饰文本区域。

STEP 7 **输入文本**

在工具箱中选择横排文字工具，在工具属性栏中设置字体为“汉仪粗圆简”，颜色为“白色”，在图像中输入文字“爱在金秋 享在多利”，按【Ctrl+T】组合键进入变换状态，在文字上单击鼠标右键，在弹出的快捷菜单中选择“斜切”命令，向右拖曳右上角的控制点，适当倾斜文字，按【Enter】键确认变换。

STEP 8 **转换文本为形状并对文字设计造型**

选择【类型】/【转换为形状】命令，在工具箱中选择钢笔工具，单击选择文本曲线，配合【Alt】键通过添加、删除、拖曳锚点，对“爱在金秋”几个字进行造型设计。

操作解谜

文字转换为形状

将文字转换为形状后，文本图层就变为了形状图层，此时用户不能再使用文字工具对文字进行修改。

STEP 9 描边文本

①选择【图层】/【图层样式】/【描边】命令，打开“图层样式”对话框，设置“描边大小”为“7”；②设置“位置”为“外部”；③设置颜色为“#f8ecd1”。

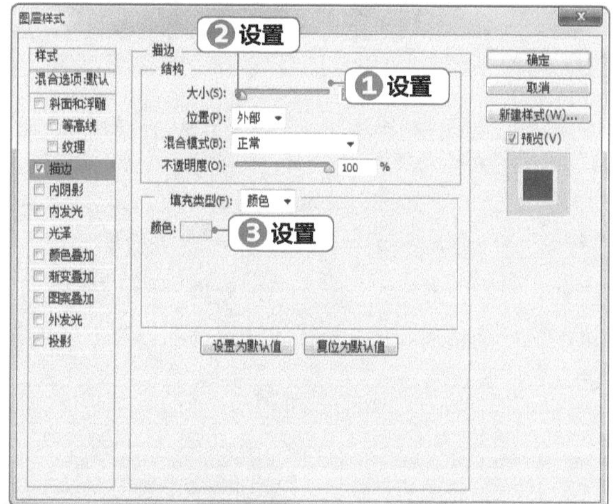

STEP 10 添加投影效果

①单击选中“投影”复选框；②设置“投影颜色”为“黑色”，“不透明度”为“75”，再设置“角度、距离、扩展、大小”分别为“120、14、17、6”；③单击“确定”按钮，得到添加投影样式后的效果。

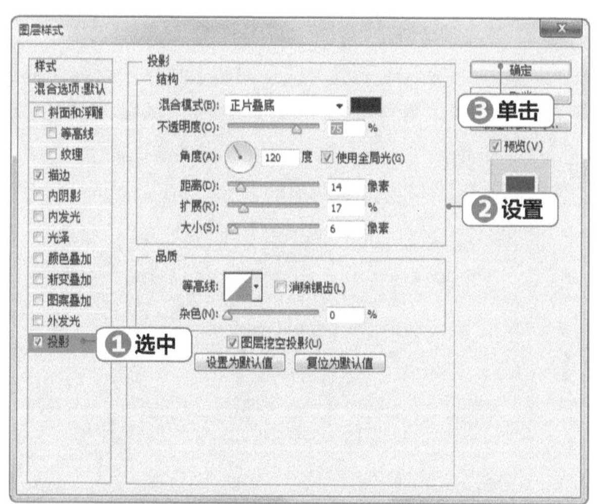

STEP 11 添加渐变叠加效果

①按【Ctrl+J】组合键复制文字图层，双击该图层，打开“图层样式”对话框，撤销选中“描边”复选框；②单击选中“渐变叠加”复选框；③设置渐变颜色为不同深浅的金黄色，再设置其他参数；④单击“确定”按钮，完成渐变设置。

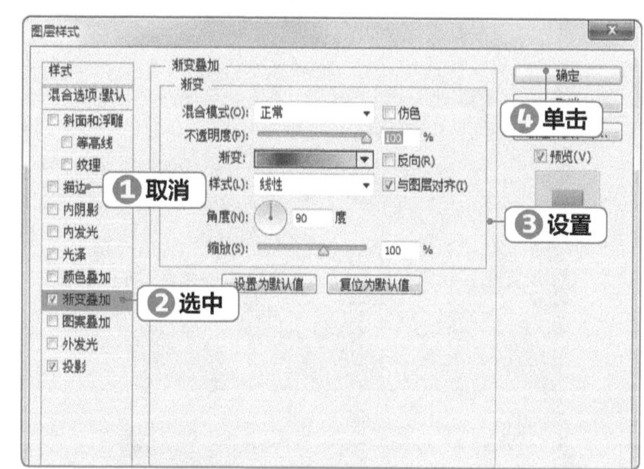

STEP 12 查看编辑后的文本效果

返回工作界面查看编辑文本后的效果。

6.2.2 栅格化文本

微视频：栅格化文本

使用横排文字工具或直排文字工具创建文字后，将会在“图层”面板上自动生成一个文字图层，该文字图层只能进行文字方面的设置。若要对文字进行更多的设置，可对文字进行栅格化操作。本例将栅格化文本图层，并为图层应用扩散的滤镜效果，其具体操作步骤如下。

STEP 1 输入文本

❶添加“心形.psd”素材图像；❷在工具箱中选择横排文字工具，在工具属性栏中设置字符格式为“LeviReBrushed、43点”，文字颜色为“#e9dec5”，在心形素材上输入文字“Love”。

STEP 2 栅格化文本图层

在“图层”面板中选择文本图层，在其上单击鼠标右键，在弹出的快捷菜单中选择“栅格化文字”命令，将文本图层转化为普通图层。

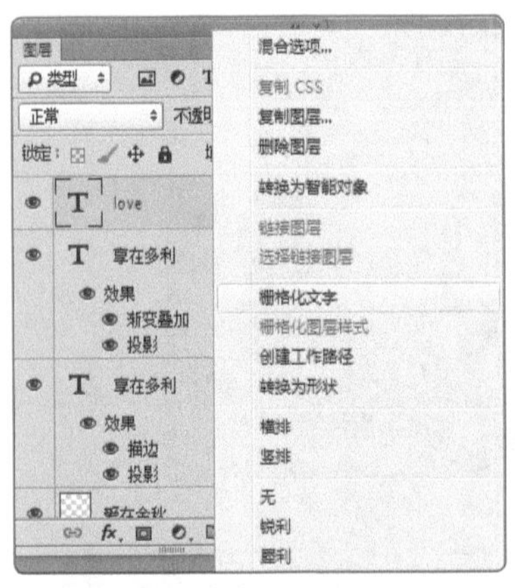

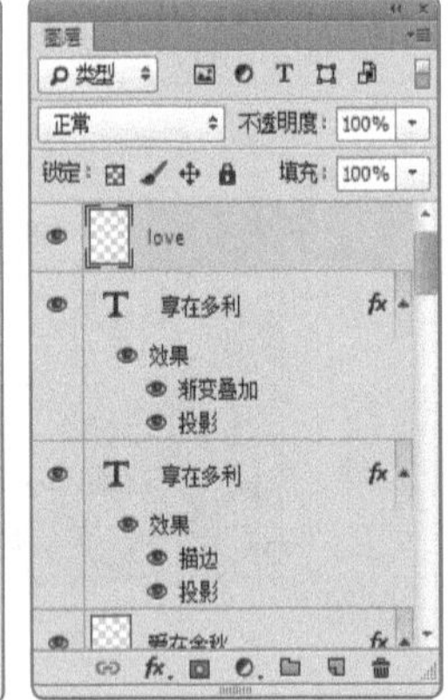

STEP 3 设置滤镜效果

❶选择【滤镜】/【风格化】/【扩散】命令；❷打开“扩散”对话框，单击选中“正常”单选项；❸单击“确定”按钮应用扩散效果。

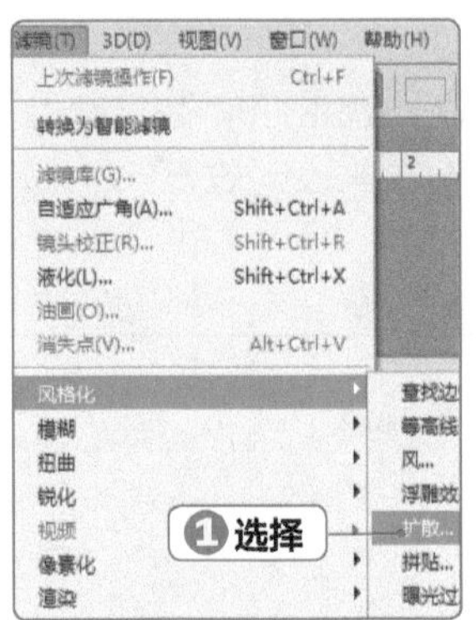

STEP 4 叠加滤镜效果

此时发现，文本边缘产生沙粒散开的效果，按【Ctrl+F】组合键继续执行该滤镜效果，使扩散效果得到加强，直到得到满意的文本扩散效果。

STEP 5 绘制形状并设置图层不透明度

❶在工具箱中选择钢笔工具，在工具属性栏中设置钢笔的绘图模式为“形状”，取消描边，设置填充颜色为“#603811”；❷在图像右上角绘制形状，装饰页面；❸选择该图层，在“图层”面板中设置图层的“不透明度”为“19%”。

6.2.3 将文字转化为路径

将文字转化为路径后，将在“路径”面板中创建一个“工作路径”图层，用户可以通过编辑路径的方法对文字的路径进行自定义设置。下面将先输入店名，为其创建路径，再使用钢笔工具编辑路径，并使用画笔工具对路径进行填充与描边操作，其具体操作步骤如下。

微视频：将文字转化为路径

STEP 1 输入文本

①在工具箱中选择横排文字工具，在工具属性栏中设置字体为“方正兰亭黑简体 ”，文字颜色为“#8c7d2f”；②在页面右上角输入“多利甜品屋 DUOLITIANPINWU”文本，调整文本的大小；③选择输入的文本，在“字符”面板中单击“仿斜体”按钮倾斜文本。

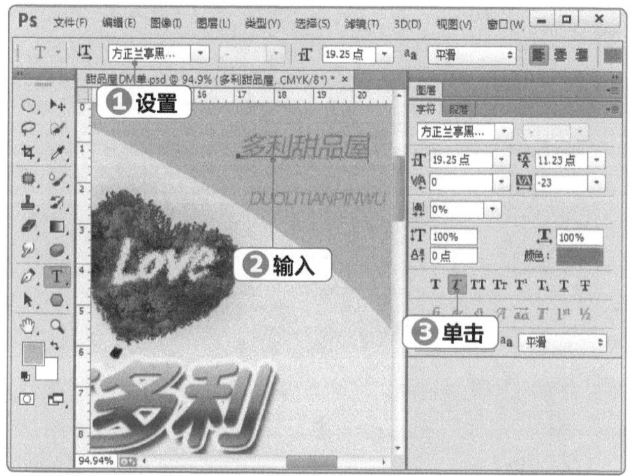

STEP 2 创建文字路径

①在“图层”面板中选择“多利甜品屋”图层，在其上单击鼠标右键，在弹出的快捷菜单中选择“创建工作路径”命令，将文本图层中的文本轮廓创建为路径；②创建工作路径后，文字图层将仍然保持原样，不会发生任何变化。

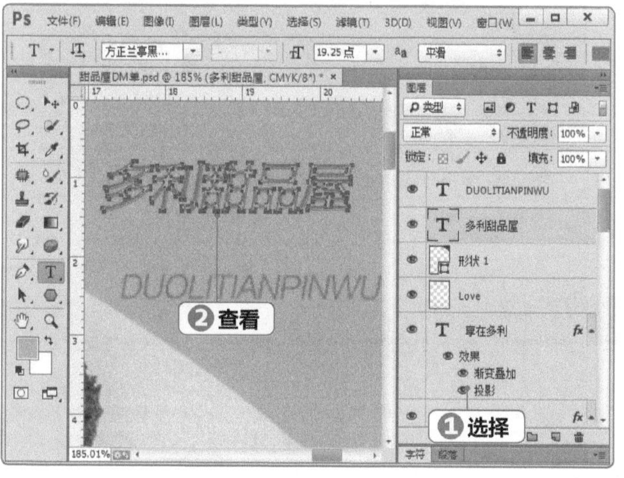

STEP 3 调整路径形状

①在“图层”面板中单击“多利甜品屋”图层中的图标，隐藏文本图层，在“路径”面板中选择创建的工作路径；②在工具箱中选择钢笔工具，按住【Ctrl】键在“多利甜品屋”路径上单击鼠标左键，显示路径中的锚点，然后使用编辑路径的方法，更改路径的形状。

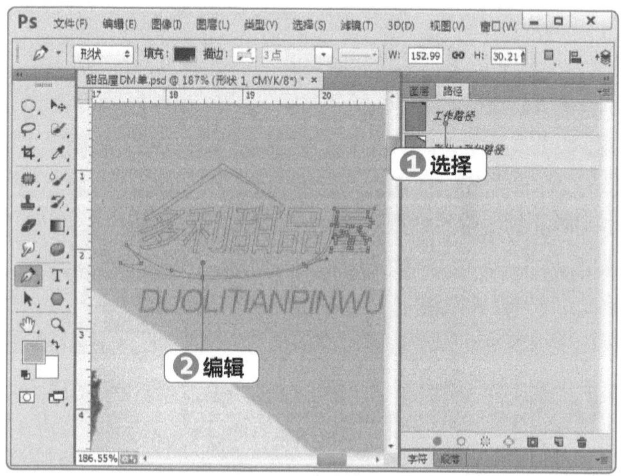

STEP 4 存储文字路径

①为避免丢失路径，此处在“路径”面板中选择创建的工作路径图层，单击右上角的按钮；②在打开的下拉列表中选择“存储路径”选项；③打开“存储路径”对话框，输入存储路径的名称“文字路径”；④单击“确定”按钮。

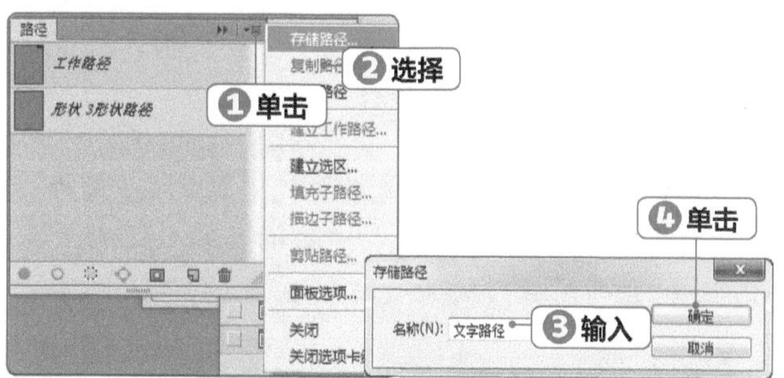

STEP 5 填充画笔路径

①新建图层，设置前景色为“#8c7d2f”，返回“路径”面板中选择“文字路径”图层；②单击“用前景色填充路径”按钮；③为编辑后的路径填充颜色。

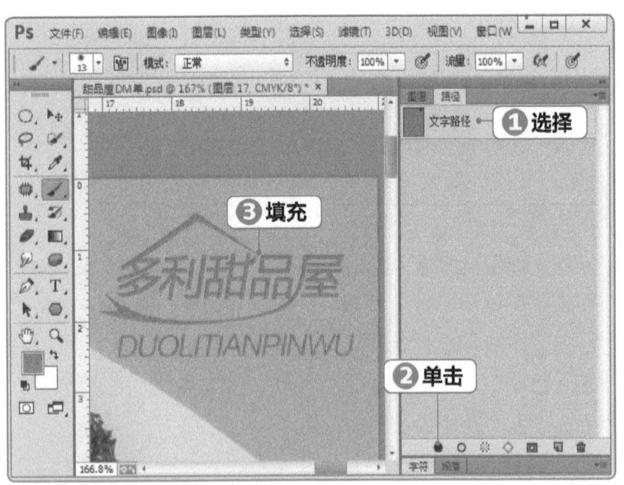

STEP 6 设置画笔样式与大小

❶在填充路径图层下方新建图层，设置前景色为“#f8ecd1”；❷在工具箱中选择画笔工具，在工具属性栏中单击画笔大小下拉列表框右侧的下拉按钮；❸在打开的面板中设置画笔的笔尖样式为“柔边圆压力大小”；❹设置大小为“5 像素”。

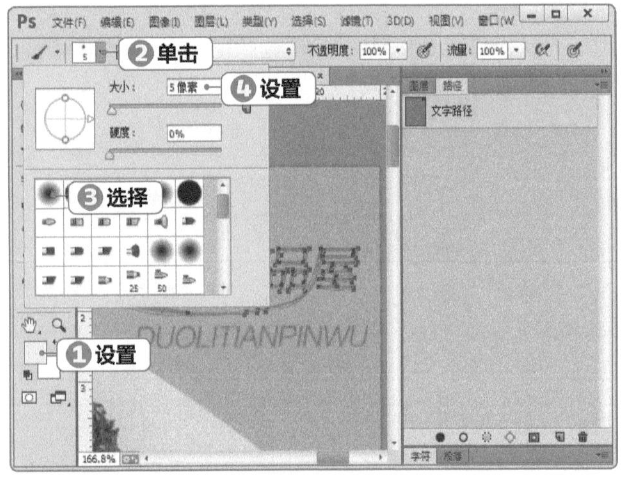

STEP 7 描边画笔路径

❶返回“路径”面板，选择“文本路径”图层；❷单击“用画笔描边路径”按钮，对路径进行描边；❸返回“路径”面板，单击面板的空白部分，取消路径的选择，此时在图像窗口中即可查看编辑并描边路径后的效果。

STEP 8 查看效果

完成本例的操作，保存文件，查看甜品屋 DM 单的最终效果。

新手加油站 ——添加并编辑文字技巧

1. 设置字体样式

在编辑文本时，用户可根据需要为字体添加合适的样式。Photoshop 提供了 Regular（规则的）、Italic（斜体）、Bold（粗体）、Bold Italic（粗斜体）和 Black（粗黑体）等字体样式，在工具属性栏的“字体”下拉列表中可设置这些字体样式，但并不是所有字体都可以设置字体样式，只有选择某些字体后才会激活该选项。若需要设置更多的字体样式，如添加下划线、删除线等，需在“字符”面板中单击对应的按钮。下图所示为文本设置加粗、倾斜和下划线前后的效果。

2. 编辑定界框

段落文字位于定界框之内，用户可以通过编辑定界框使段落文字的显示效果发生变化，主要包括调整定界框的大小、旋转文字和变形文字等，其具体操作步骤如下。

❶ 使用文字工具在段落文字中单击鼠标，此时定界框内将出现鼠标光标闪烁点，将鼠标放在定界框四周的控制点上，拖曳鼠标即可调整定界框的大小，此时文字将根据定界框的大小自动进行排列。当定界框较小，而不能完全显示段落文字时，定界框右下角将出现 ⊞ 图标。

❷ 将鼠标放在定界框的控制点附近，当鼠标光标变为↰、↱、↶或↷的弯曲双向箭头时，按住鼠标不放并拖曳鼠标可旋转定界框中的文字。

❸ 在拖曳定界框的过程中，按住【Ctrl】键不放，将鼠标光标移动到定界框边缘，当鼠标光标变为▹形状时，拖曳鼠标可使段落文字的形状发生变化。

3. 通过“段落”面板设置段落对齐与段落缩进

在编辑段落文本时，可通过“段落”面板设置文本在定界框中的对齐方式和缩进方式，使文字更加美观并便于阅读，其具体操作步骤如下。

❶ 选择【窗口】/【段落】命令，或单击工具属性栏中的▤按钮即可打开“段落”面板。

❷ 选择段落文本，通过单击第一排按钮可分别实现段落文本的顶对齐、居中对齐、底对齐、最后一行顶对齐、最后一行居中对齐、最后一行底对齐、全部对齐。

❸ 选择段落文本，通过输入相关数值可实现左缩进、右缩进、首行缩进、段前添加空格、段后添加空格等操作，下图所示为左缩进 10 点、首行缩进 17.5 点的效果。

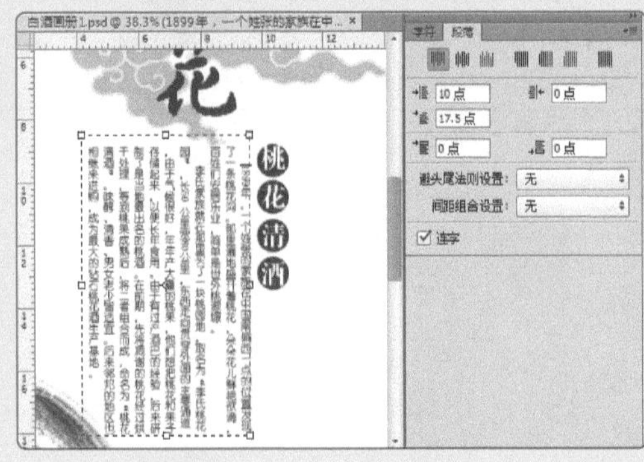

高手竞技场 ——添加并编辑文字练习

1. 制作“健身俱乐部”宣传单

本例将制作一份健身俱乐部宣传单，用于店铺推广，要求如下。

- 添加素材和图形，搭建宣传单的背景，再利用横排文字工具输入店铺的名称、位置与联系方式等信息。
- 依次创建变形文本、路径文本、段落文本与蒙版文本。
- 添加二维码等图标，完成制作。

2. 制作“城市阳光”名片

本例将打开提供的素材图片，制作“城市阳光”名片。本例主要练习文字的制作，包括文字的输入、文字格式的设置、图层样式以及图像的填充等操作。

07 Chapter 第 7 章

使用通道与蒙版

/ 本章导读

在 Photoshop 中，通道用来存储颜色信息和选区信息。通过编辑通道可改变图像中的颜色分量或创建特殊选区；蒙版通常用来控制图像的显示区域，以获得特殊的显示效果。本章将通过“使用通道调整数码照片”和“合成美妆海报”两个案例分别讲解通道和蒙版的使用方法。

7.1 使用通道调整数码照片

使用通道调整图片颜色也是 Photoshop 中常用的图像色调调整方法，常用于处理特殊的色调。除此之外，通道还具有对人物进行磨皮处理的功能。下面将先使用通道调整数码照片的颜色，并使用分离通道和合并通道的方法调整图像色调；再通过“计算”命令对人物进行磨皮处理，使皮肤光滑。

素材：素材 \ 第 7 章 \ 使用通道调整数码照片 \　　效果：效果 \ 第 7 章 \ 数码照片展示 .psd

7.1.1 创建与删除通道

在对数码照片进行处理前，需要先创建通道，在 Photoshop 中通道主要包含默认的 Alpha 通道和专色通道两种。其中专色通道主要用于制作印刷方面的图像；而 Alpha 通道主要用于保存图像的选区，下面将在“数码照片 .jpg”图像文件中新建专色通道。

1. 创建专色通道

专色通道可以使用除了 CMYK 以外的颜色来绘制图像，也就是能选择在印刷中替代油墨的颜色。下面打开“数码照片 .jpg”图像，创建一个“黄色”的专色通道，其具体操作步骤如下。

微视频：创建专色通道

STEP 1 打开“通道”面板

打开“数码照片 .jpg”图像，选择【窗口】/【通道】命令，打开“通道”面板。

STEP 2 选择“新建专色通道”选项

①单击“通道”面板右上角的按钮；②在打开的下拉列表中选择“新建专色通道”选项。

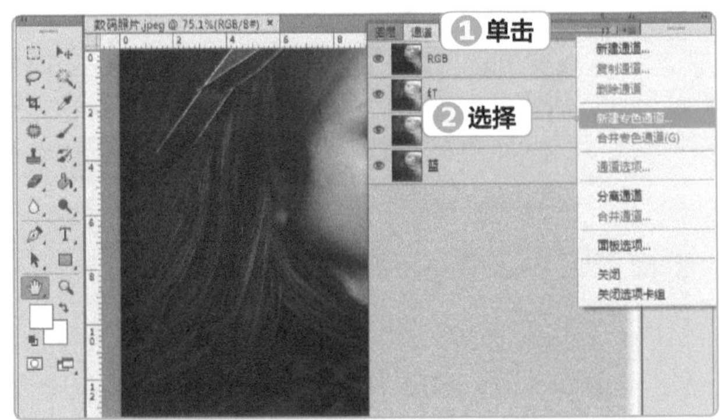

技巧秒杀

设置专色颜色值的方法

在设置专色颜色时，用户可以先查看CMYK模式中的颜色值，然后在“C”“M”“Y”和“K”数值框中进行设置。

STEP 3 设置专色通道属性

①在打开的“新建专色通道”对话框中单击“颜色”色块；②在打开的“拾色器（专色）”对话框最下方的“#”文本框中输入“ffde02”；③单击“确定”按钮。

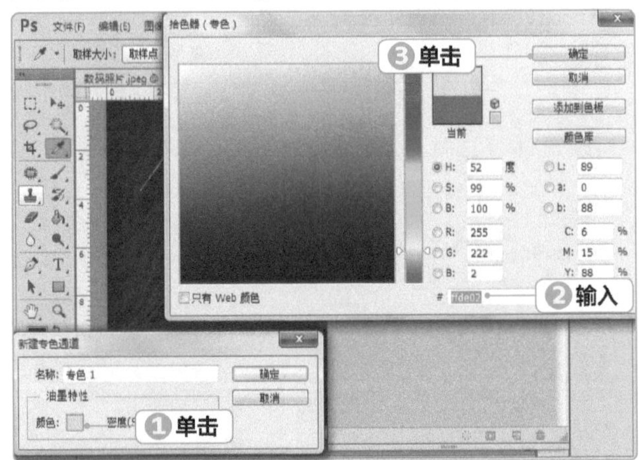

STEP 4 完成新建

①返回“新建专色通道”对话框，在“名称”文本框中输入“黄色”；②单击“确定”按钮完成设置；③此时“通道”面板的最下方将出现一个名为“黄色”的通道。

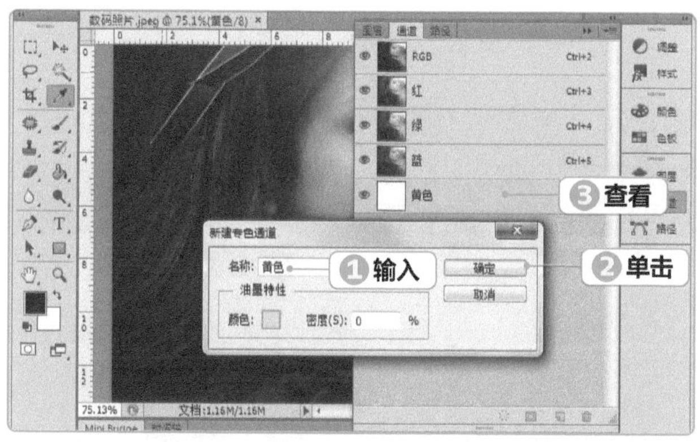

2. 创建 Alpha 通道

在默认情况下新创建的 Alpha 通道名称一般为 Alpha X（X 为按创建顺序依次排列的数字）通道。创建 Alpha 通道的方法很简单，其具体操作步骤如下。

STEP 1 打开“通道”面板

打开需要创建通道的图像，选择【窗口】/【通道】命令，打开“通道”面板。

技巧秒杀

创建Alpha通道的其他方法

单击“通道”面板右上角的按钮，在打开的下拉列表中选择“新建通道”选项，打开“新建通道”对话框，在其中进行设置后单击“确定”按钮，也可完成Alpha通道的新建。

STEP 2 创建新通道

①单击“通道”面板下方的“创建新通道”按钮，新建一个 Alpha 通道；②此时即可看到图像被黑色覆盖，通道信息栏中出现“Alpha1”通道。

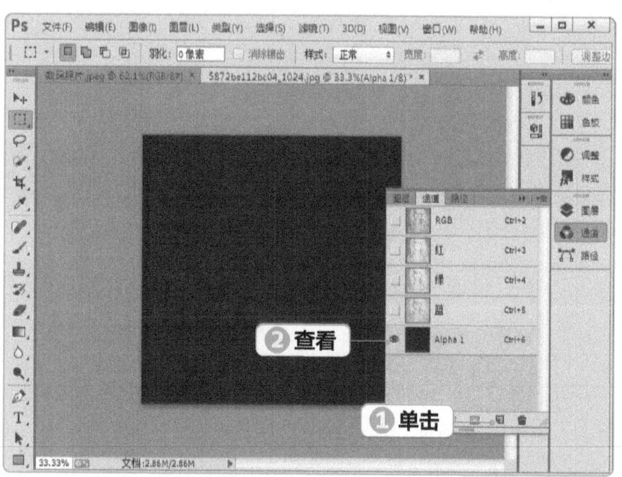

3. 删除通道

当图像中的通道过多时，会扩大图像的大小。此时可将通道删除，其具体操作步骤如下。

STEP 1 通过按钮删除通道

打开“通道”面板，在通道信息栏中选择需要删除的通道，按住鼠标左键不放，将其拖曳到“通道”面板下方的“删除当前通道”按钮上，释放鼠标完成删除操作。

技巧秒杀

删除通道的其他方法

在“通道”面板中选择需要删除的通道，单击右下角的“删除当前通道”按钮，将打开提示框，单击“是”按钮即可完成删除通道的操作。

STEP 2 通过右键菜单删除通道

再次选择需要删除的通道，在其名称上单击鼠标右键，在弹出的快捷菜单中选择“删除通道”命令，完成删除操作。

STEP 3 **查看删除通道后的效果**

当通道删除后，即可发现“通道”面板中只留下了青色通道，此时图像呈黑白显示。

7.1.2 分离通道

若只需在单个通道中处理某一个通道的图像，可将通道分离出来，在分离通道时图像的颜色模式直接影响通道分离出的文件个数，如 RGB 颜色模式的图像会分离成 3 个独立的灰度文件，CMYK 颜色模式的图像会分离出 4 个独立的文件。被分离出的文件分别保存了源文件各颜色通道的信息。下面将在“数码照片 .jpg”图像中分离通道，并使用“曲线”调整通道的颜色，其具体操作步骤如下。

微视频：分离通道

STEP 1 **选择“分离通道”选项**

❶打开“通道”面板，单击“通道”面板右上角的按钮；❷在打开的下拉列表中选择“分离通道”选项。

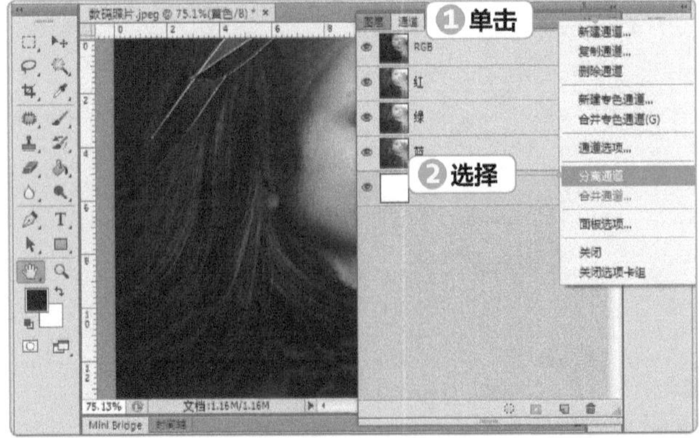

技巧秒杀

专色通道显示为白色的原因

由于专色通道是针对印刷使用的，所以在屏幕上显示时变化不大，但在实际印刷时则会产生差异。

STEP 2 **查看各个通道的显示效果**

此时图像将按每个颜色通道进行分离，且每个通道分别以单独的图像窗口显示。

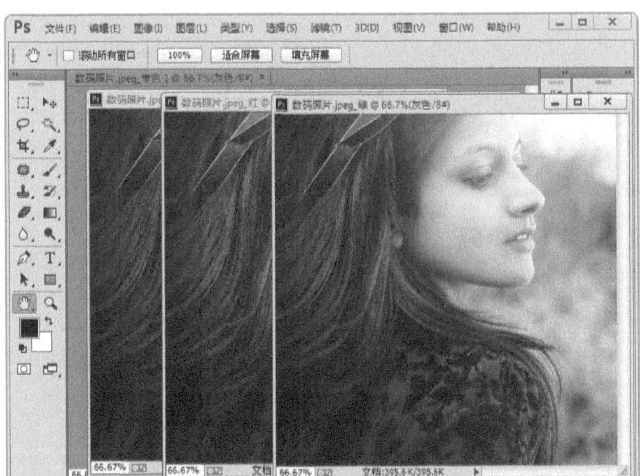

STEP 3 **打开“曲线”对话框**

切换到“数码照片 .jpeg- 红”图像窗口，选择【图像】/【调整】/【曲线】命令，打开“曲线”对话框。

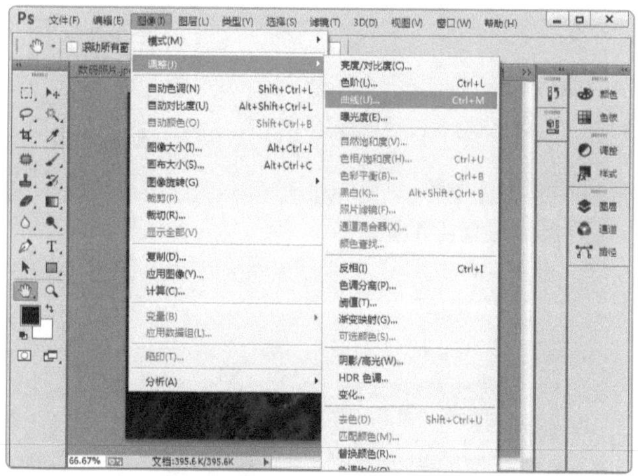

STEP 4 设置曲线参数

❶在曲线上单击添加控制点，拖曳曲线弧度调整曲线，这里直接在“输出”和“输入”数值框中分别输入“42”和“55”；❷单击“确定”按钮。

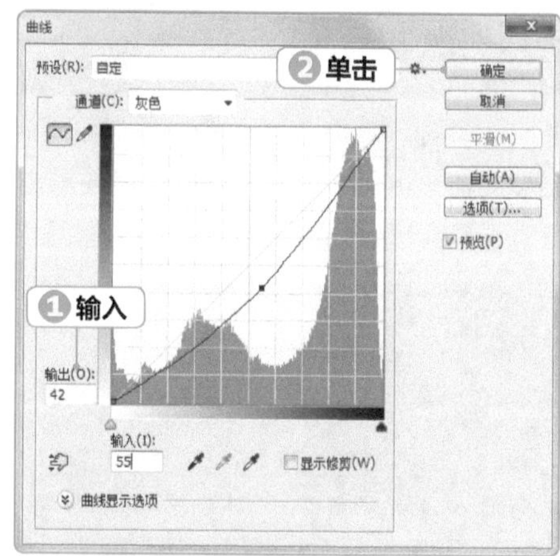

STEP 5 查看调整后的图像效果

此时可发现“数码照片 .jpeg- 红”图像窗口中的图像越发白皙。

STEP 6 设置色阶参数

❶将当前图像窗口切换到“数码照片 .jpeg- 绿”图像窗口，选择【图像】/【调整】/【色阶】命令，打开“色阶”对话框，在其中拖曳滑块调整颜色，或是在下方的数值框中分别输入“3”“1.06”和“222”；❷单击“确定”按钮。

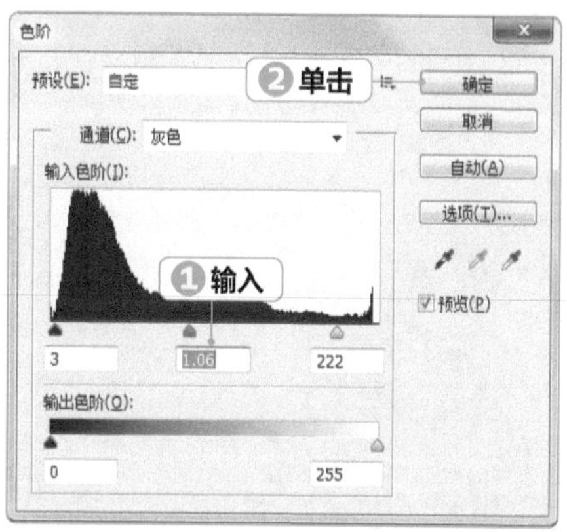

STEP 7 设置“数码照片 .jpeg- 蓝”的曲线参数

❶将当前图像窗口切换到“数码照片 .jpeg- 蓝”图像窗口，打开“曲线”对话框，在其中拖曳曲线调整颜色；❷单击“确定”按钮。

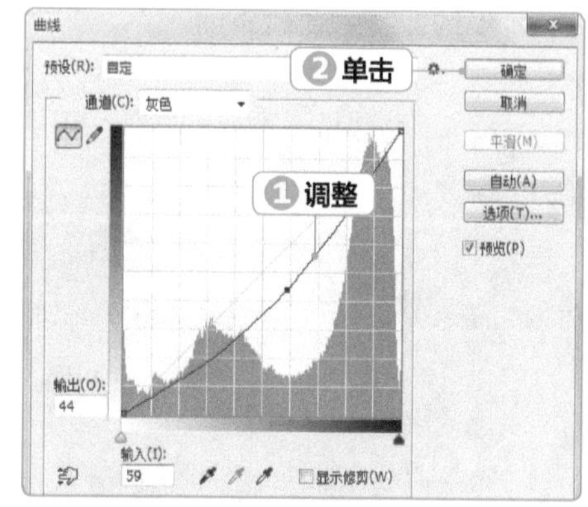

STEP 8 查看调整后的图像效果

此时可发现“数码照片 .jpeg- 蓝”和“数码照片 .jpeg- 绿”图像窗口中的图像已发生变化。

7.1.3 合并通道

微视频：合并通道

分离的通道是以灰度模式显示的，无法正常使用，当需使用时，可将分离的通道进行合并显示。下面将继续在“数码照片 .jpg”图像中对分离后调整颜色的通道进行合并操作，并查看合并后图像显示效果，其具体操作步骤如下。

STEP 1 选择“合并通道”选项

打开当前图像窗口中的“通道”面板，在右上角单击按钮，在打开的列表中选择“合并通道”选项。

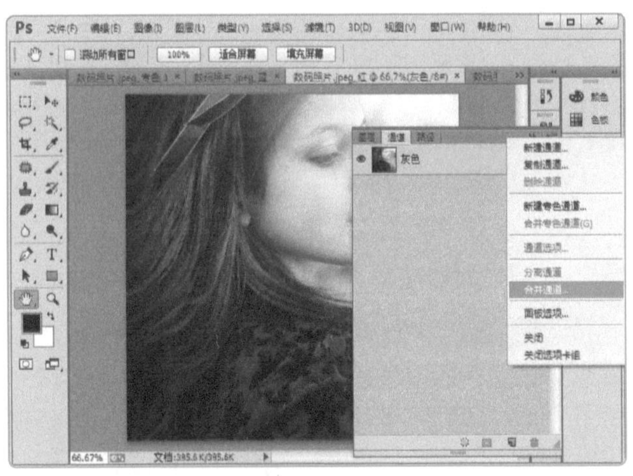

STEP 2 选择合并通道颜色模式

❶此时将打开“合并通道”对话框，在“模式”下拉列表框中选择“RGB 颜色”选项；❷单击“确定”按钮。

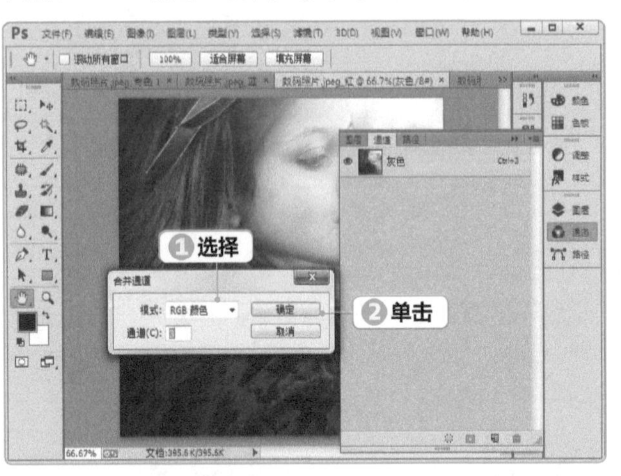

STEP 3 设置合并通道

打开“合并 RGB 通道”对话框，保持指定通道的默认设置，单击“确定”按钮。

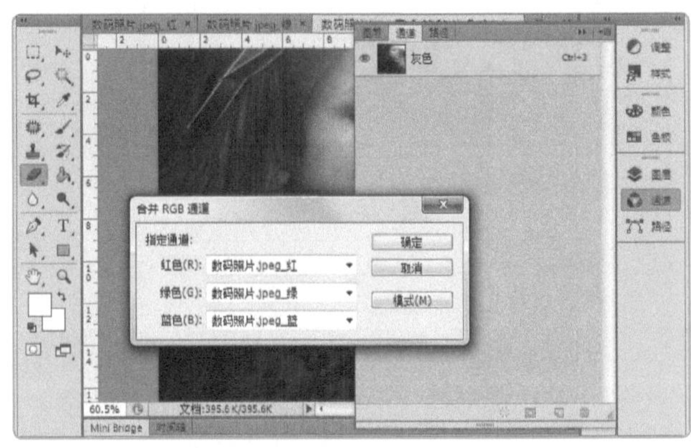

STEP 4 查看完成后的效果

返回图像编辑窗口即可发现合并通道后的图像效果已发生变化。

7.1.4 复制通道

微视频：复制通道

在对通道进行操作时，为了防止错误操作，可在对通道进行操作前复制通道，还可通过复制通道进行磨皮操作，让人物的皮肤更加光滑。下面将继续在“数码照片 .jpg”图像中使用复制通道的方法对图像的皮肤进行修整，使其更加光滑美观，其具体操作步骤如下。

STEP 1 复制“绿”通道

❶切换到“通道”面板，在其中选择“绿”通道；❷将其拖曳到面板底部的“创建新通道”按钮上，复制通道。

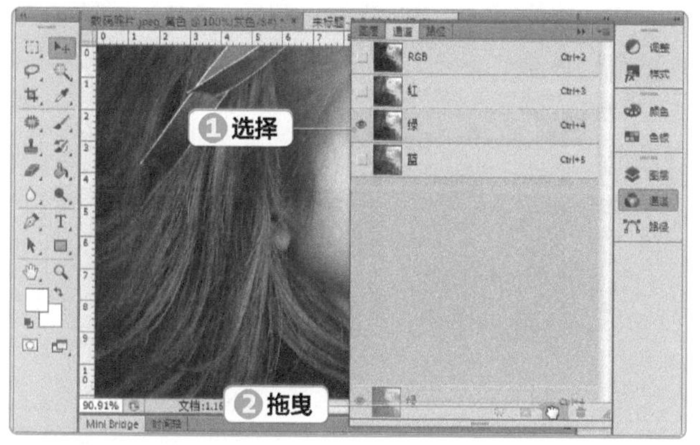

STEP 2 设置高反差保留

❶选择【滤镜】/【其他】/【高反差保留】命令，打开“高反差保留”对话框，在其中设置“半径”为“40”；❷单击“确定”按钮。

> **技巧秒杀**
>
> **通过右键菜单复制通道**
>
> 在需要复制的通道上单击鼠标右键，在弹出的快捷菜单中选择“复制通道”命令，也可完成复制通道的操作。

STEP 3 查看应用高反差保留后的效果

返回图像编辑窗口即可查看应用高反差保留滤镜后的效果。

7.1.5 计算通道

为了得到更加丰富的图像效果，可通过使用 Photoshop CC 中的计算功能对两个通道的图像进行运算。下面将继续在“数码照片.jpg”图像中使用“计算”命令强化图像中的色点，以达到美化人物皮肤的目的，其具体操作步骤如下。

微视频：计算通道

STEP 1 设置计算参数

❶选择【图像】/【计算】命令，打开“计算”对话框，在其中设置“混合”为“强光”；❷选择结果为“新建通道”；❸单击“确定”按钮，新建的通道将自动命名为“Alpha1”通道。

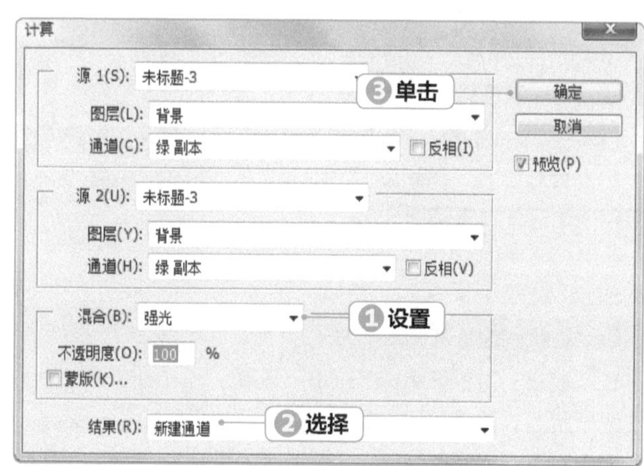

> **技巧秒杀**
>
> **结果下拉列表的作用**
>
> 在该下拉列表选项中可选择一种计算结果的生成方式。选择“新建文档”选项，可生成一个新的黑白图像；选择“新建通道”选项，可将计算结果应用到新的通道中；选择“选区”选项，可生成一个新的选区。

STEP 2 继续计算通道

利用相同的方法执行两次“计算”命令，强化色点，得到“Alpha3”通道，在强化过程中随着计算的次数增多，其对应的人物颜色也随之加深。

STEP 3 载入选区

❶单击“通道”面板底部的“将通道作为选区载入”按钮，载入选区；❷此时人物的画面中将出现蚂蚁状的选区。

STEP 4 观察图像变化效果

按【Ctrl+2】组合键返回彩色图像编辑状态，按【Ctrl+Shift+I】组合键反选选区，然后按【Ctrl+H】组合键快速隐藏选区，以便于更好地观察图像变化。

技巧秒杀

返回彩色图像状态的其他方法

在“通道”面板中单击“RGB”通道，可返回彩色图像编辑状态，若只单击“RGB”通道前的👁按钮，将显示彩色图像，但图像仍然处于单通道编辑状态。

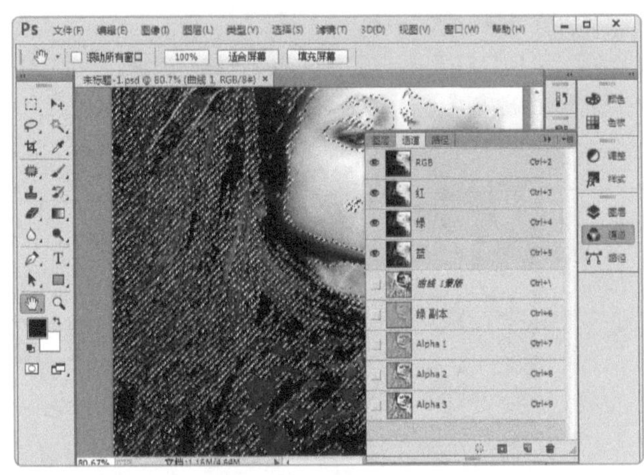

STEP 5 创建曲线调整图层

打开“调整”面板，在其上单击“创建新的曲线调整图层”按钮，创建曲线调整图层。

STEP 6 调整曲线

❶在打开的“曲线”面板中单击曲线，创建控制点，向上拖曳控制点调整亮度；❷在曲线下方单击插入控制点，向下拖曳控制点调整暗部。

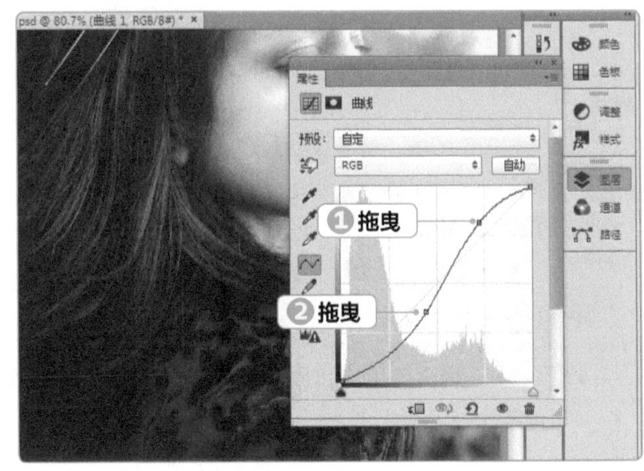

Chapter 07

STEP 7　盖印图层

❶选择"图层 1"图层，按【Ctrl+Shift+Alt+E】组合键盖印图层，设置图层混合模式为"滤色"；❷设置图层不透明度为"40%"，此时图像的亮度将提升，而且人物的肤色将更加光滑。

STEP 8　查看调整后的效果

返回图像编辑窗口，即可查看完成后的效果，并且发现人物的颜色过浅，头部颜色需要加深。

STEP 9　填充蒙版

❶在"图层"面板底部单击"添加图层蒙版"按钮，为图层添加一个图层蒙版；❷使用渐变工具对蒙版进行由白色到黑色的线性渐变填充。

技巧秒杀

通道调色的注意事项

在使用通道调整意境和皮肤时，要先确定主色调，不要只是单纯地对通道进行调整，而要注意哪种颜色需浅，哪种颜色需深，这样才能调整出完美的图像。

STEP 10　设置色阶参数

❶打开"调整"面板，在其上单击"创建新的色阶调整图层"按钮，打开"色阶"面板；❷设置色阶的参数为"27""0.94"和"255"。

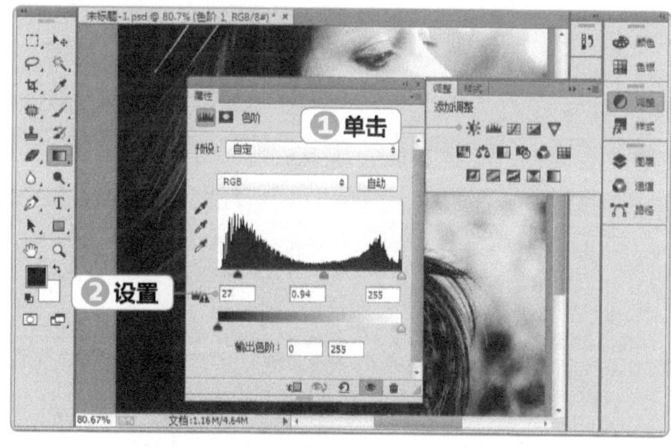

STEP 11　查看完成后的效果

返回图像编辑窗口，即可查看完成后的效果，完成后将其以"调整数码照片 .jpg"为名进行保存。

7.1.6 存储和载入通道

使用存储和载入通道选区功能可将多个选区存储在不同通道上，当需要对选区进行编辑时，载入存储的通道选区可以方便地对图像中的多个选区进行编辑操作。下面将打开“星光气泡 .psd”图像文件，将其存储到通道，并通过载入通道的方法在背景中进行使用。

微视频：存储和载入通道

1. 存储通道

在抠完图后，有时暂时不需要使用选区，而 Photoshop CC 不能自动存储选区，此时，用户就可以使用通道将选区先存储起来。下面打开“星光气泡 .psd”文件，并将其中的“星光”和“气泡”分别存储为通道，其具体操作步骤如下。

STEP 1 选取星光

❶打开“星光气泡 .psd”图像，在“图层”面板中选择“星光”图层；❷在工具箱中选择魔棒工具，单击空白处选择除星光外的其他区域，按【Ctrl+Shift+I】组合键反选图像，此时星光呈被选中状态。

STEP 2 存储通道

❶切换到“通道”选项卡，打开“通道”面板，单击“通道”面板下方的“将选区存储为通道”按钮，即可将星光图像存储为通道；❷此时存储的通道将以“Alpha 1”为名显示在“通道”面板中，在其上双击使其呈可编辑状态，并输入“星光”。

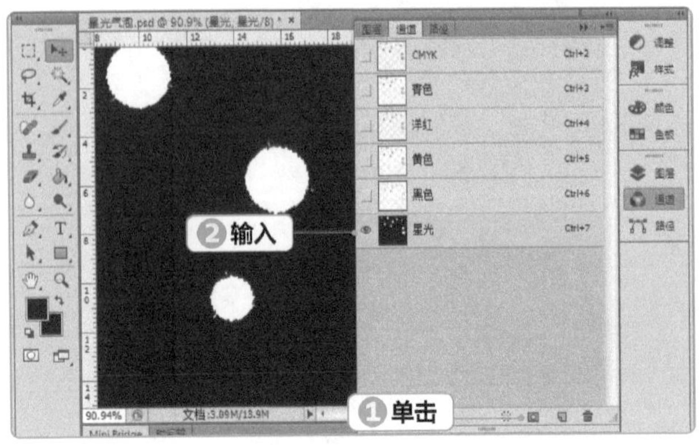

STEP 3 存储气泡通道

❶使用相同的方法，在“图层”面板中选择“气泡”图层，隐藏下方的星光图层，并使用魔棒工具抠取气泡选区；❷在“通道”面板下方单击“将选区存储为通道”按钮，即可将气泡图像存储为通道，并重命名为“气泡”。

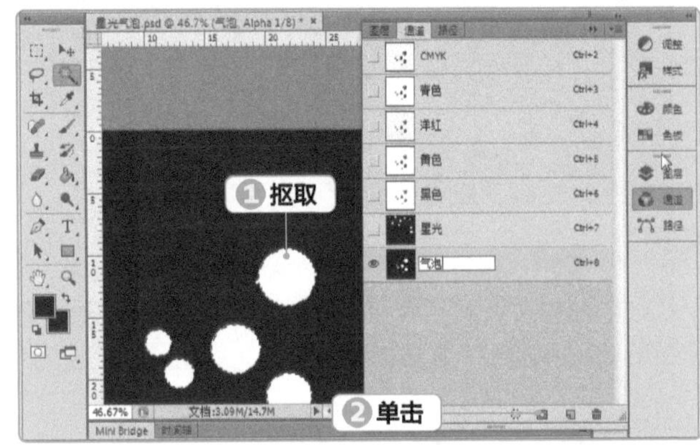

2. 载入通道

存储通道后，当需要时可将储存的通道载入到需要的图层中。下面打开“背景 .jpg”文件，先将前面保存的“调整数码照片 .jpg”图像拖曳到背景图层中，擦除照片的边缘，再载入通道，最后添加说明性文字，其具体操作步骤如下。

STEP 1 添加图像

❶打开“背景 .jpg”和“调整数码照片 .jpg”图像，将“调整数码照片 .jpg”图像拖曳到“背景 .jpg”图像左侧，调整大小位置，完成后在工具箱中选择橡皮擦工具；❷擦除照片与背景分割线的区域，使其自然过渡，完成后查看擦除后的效果。

STEP 2 载入选区

①将当前图像窗口切换到“星光气泡 .psd”图像窗口，打开“通道”面板，选择“星光”通道；②单击“将通道作为选区载入”按钮，此时对应的星光将以选区形式显示，拖曳选区到“背景 .jpg”图像中，并调整其位置。

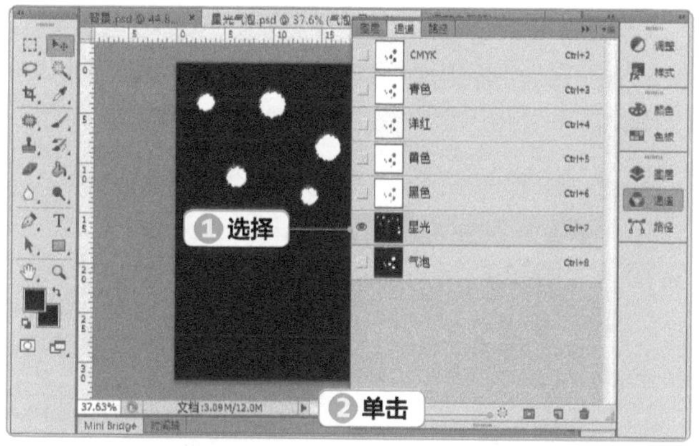

STEP 3 载入其他选区

①使用相同的方法，打开“通道”面板，选择“气泡”通道，载入选区，并将其拖曳到“背景 .jpg”图像中，调整大小；②设置载入选区图层的不透明度分别为“50%”和“80%”，查看完成后的效果。

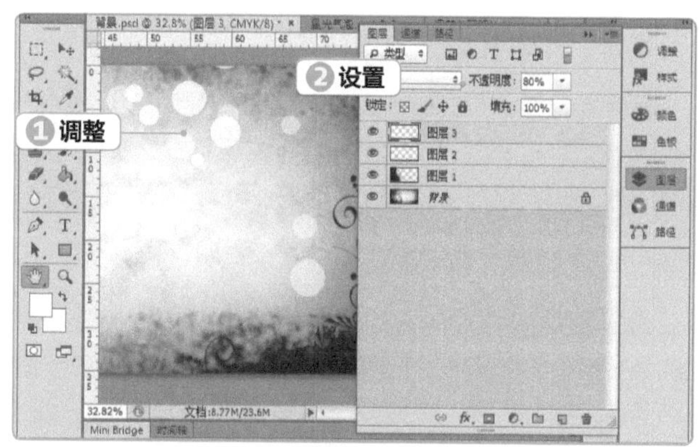

STEP 4 添加文字并查看完成后的效果

打开“文字 .psd”图像文件，将文字拖曳到“背景 .jpg”图像窗口中，调整文字大小和显示位置，并查看编辑后的效果，完成后将其以“数码照片展示 .psd”为名进行保存。

技巧秒杀

展示照片中文字的使用技巧

在展示照片中文字也是影响美观的重要部分，若是在制作过程中没有符合要求的文字样式，可通过下载样式并修改文字的方法解决问题。

7.2 合成美妆海报

在制作美妆海报时，单纯的调色已经不能满足日常的需要，但是若要突破现有的模式，展现新视觉感，则需要添加不同的炫彩效果。下面将对海报中的人物进行调整并添加产品和文字，在制作过程中应先创建矢量蒙版和快速蒙版，并对素材进行编辑，最后调整色调，使图像效果更丰富。

 素材：素材 \ 第 7 章 \ 美妆海报 \ | 效果：效果 \ 第 7 章 \ 美妆海报 .psd

7.2.1 创建蒙版

蒙版其实就像是在图层上贴了一张隐藏的纸，从而控制图像的显示内容，蒙版的图像区域不会被操作。下面将制作海报背景，并对“光斑.psd”图像文件添加图层蒙版，并调整颜色，完成后打开“美女.jpg”图像文件，对其添加图层蒙版，并将其移动到海报背景中，进行海报的制作。

微视频：创建蒙版

1. 创建矢量蒙版

矢量蒙版也是较为常用的一种蒙版，它可以将用户创建的路径转换为矢量蒙版。下面新建图像文件，并将背景色填充为黑色，完成后打开“光斑.psd”图像对其添加图层蒙版，其具体操作步骤如下。

STEP 1 新建图像文件

❶选择【文件】/【新建】命令，打开“新建”对话框，在“名称”文本框中输入“美妆海报”；❷设置“宽度、高度、分辨率”分别为“640 像素、1130 像素、72 像素/英寸”；❸单击“确定”按钮完成设置。

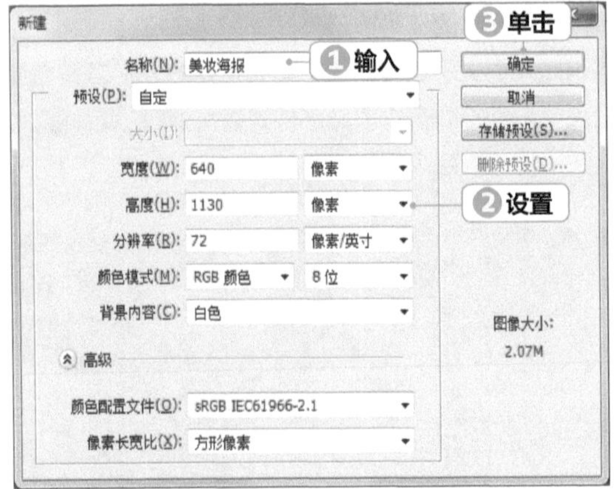

STEP 2 填充前景色

❶按【Alt+Delete】组合键，填充前景色；❷打开“光斑.psd”图像文件，将其拖曳到图像编辑区中。

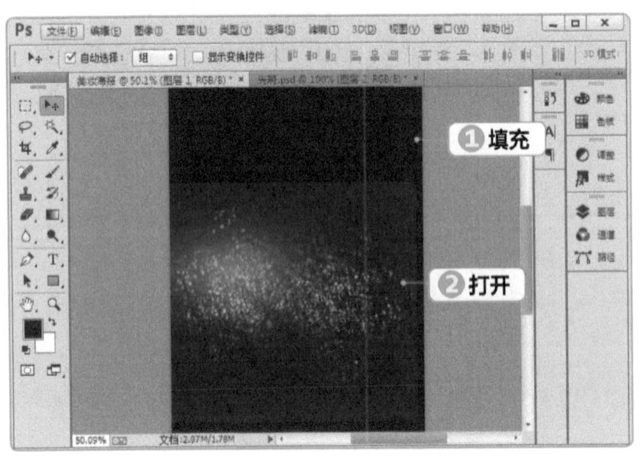

STEP 3 添加蒙版

❶在“图层”面板中选择“图层 1”图层；❷选择【图层】/【矢量蒙版】/【显示全部】命令，添加矢量蒙版。

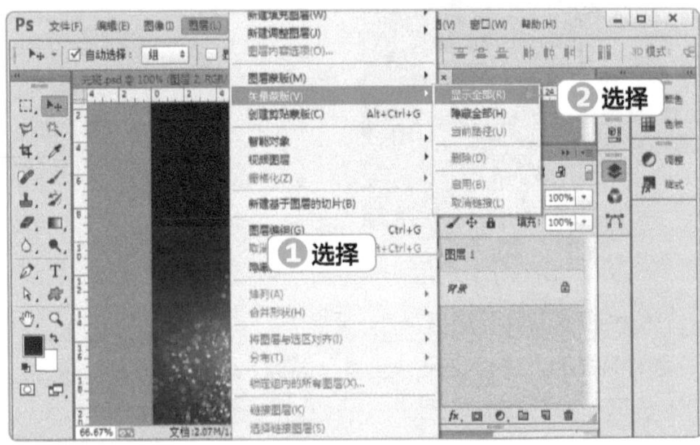

STEP 4 使用钢笔工具调整“光斑”样式

❶设置前景色为黑色；❷在工具箱中选择钢笔工具；❸对“光斑”绘制形状，使银河的流动状在绘制区域中展现，完成后按【Ctrl+Enter】组合键，将其装换为选区。

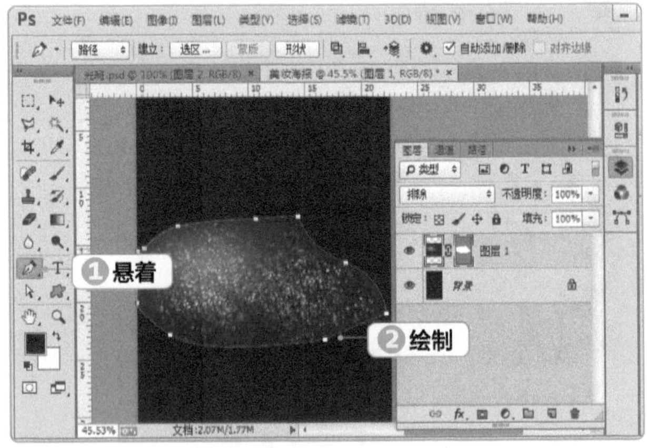

STEP 5 调整“光斑”的显示亮度

❶在“调整”面板中单击“曲线”按钮；❷打开“曲线”面板，在曲线的中间区域确定一点向下拖动，调整光斑的显示亮度，使其更具有银河的效果。

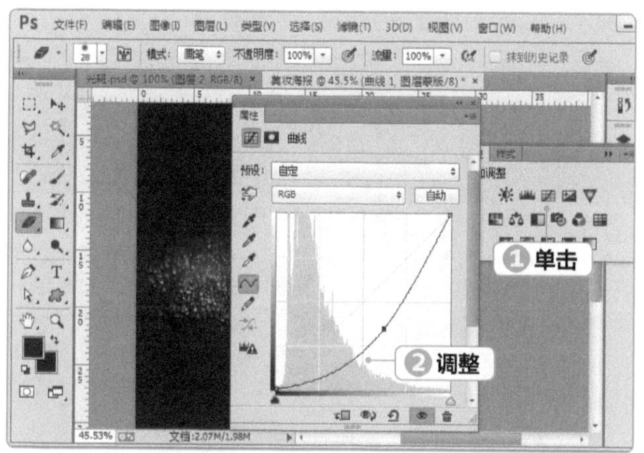

STEP 6　创建剪贴蒙版

①在“图层”面板中选择“曲线”图层，在其上单击鼠标右键，在弹出的快捷菜单中选择“创建剪贴蒙版”命令，将曲线效果置入到“光斑”图层中；②在左侧查看完成后的光斑效果。

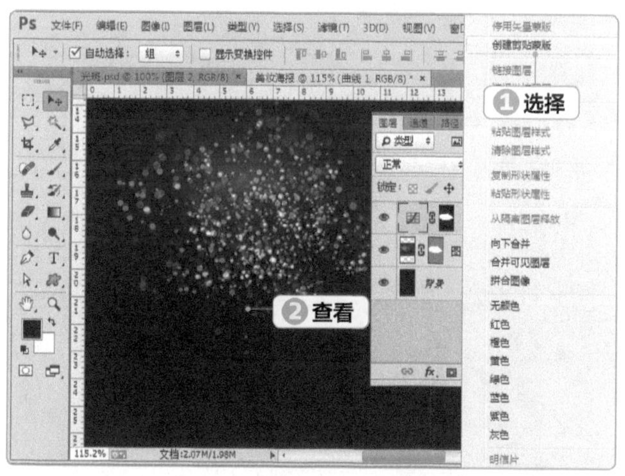

2. 创建剪贴蒙版

剪贴蒙版可以制作出相框效果，使用剪贴蒙版能将一幅图像置于所需的图像区域中，此时对图像进行编辑，图像的形状不会发生变化。下面就对剪贴蒙版的创建方法进行介绍，其具体操作步骤如下。

STEP 1　新建并填充图层

①打开图像文件，在“图层”面板中单击“图层 1”图层上的👁图标，隐藏该图层；②选择“背景”图层，单击“创建新图层”按钮，创建“图层 2”图层；③设置前景色为黑色，选择画笔工具；④使用鼠标在图像窗口中单击鼠标，绘制“图层 2”中的图形。

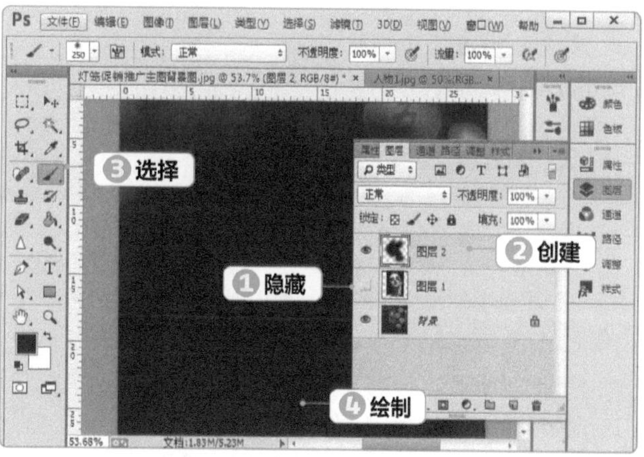

STEP 2　创建剪贴蒙版

①显示“图层 1”图层，并将“图层 2”图层移动到“图层 1”图层的下方；②选择【图层】/【创建剪贴蒙版】命令，此时“图层 1”图层缩览图中将出现↓图标，且“图层 2”图层的图层名称将添加下划线。

STEP 3　查看效果

返回图像窗口中即可看到创建剪贴蒙版后，“图层 1”图层中位于“图层 2”图层中形状以外的区域被隐藏了。

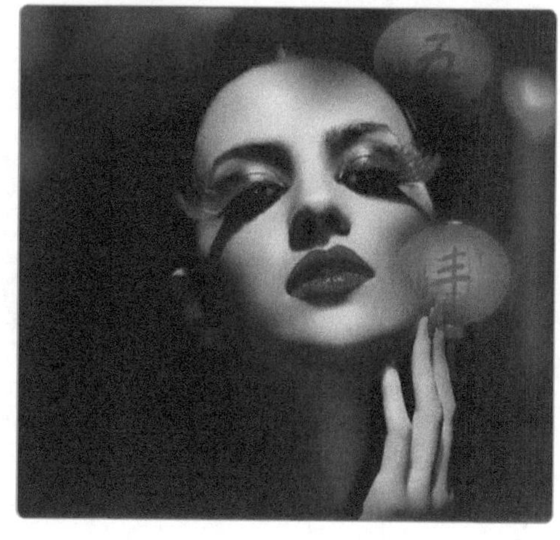

技巧秒杀

释放蒙版图层的方法

选择某个内容图层，选择【图层】/【释放剪贴蒙版】命令，可从已创建的剪贴蒙版中释放该图层。

3. 创建快速蒙版

在图像中创建快速蒙版，可以将图像中的某一部分创建为选区。需要注意的是，快速蒙版的作用范围是整个图像，而不是当前图层。下面打开“美女.jpg”素材文件，将背景区域创建为选区，其具体操作步骤如下。

STEP 1 调整图像亮度/对比度

①打开“美女.jpg”素材文件，选择【图像】/【调整】/【亮度/对比度】命令，打开“亮度/对比度”对话框，在“亮度”数值框中输入“30”；②在“对比度”文本框中输入“20”；③单击“确定”按钮完成设置。

STEP 2 创建蒙版区域

①单击工具箱底部的“以快速蒙版模式编辑”按钮，系统自动创建快速蒙版；②选择画笔工具；③在图像中对人物以外的区域进行涂抹，创建蒙版区域。

STEP 3 查看创建蒙版区域后的效果

继续对背景区域进行涂抹，并查看涂抹后的效果。

STEP 4 退出快速蒙版

①单击工具箱中的“以标准模式编辑”按钮，退出快速蒙版编辑状态，此时图像中的人物将被选区选中；②双击背景图层，打开“新建图层”对话框，单击“确定”按钮，将背景图层转换为普通图层。

技巧秒杀

创建快速蒙版的技巧

在快速蒙版模式下，选区呈可见状态，被隐藏的区域则是不需要编辑的部分。选择【选择】/【在快速蒙版模式下编辑】命令，也可切换到快速蒙版状态。

4. 创建图层蒙版

图层蒙版与快速蒙版不同，使用它可以控制图像在图层蒙版不同区域内隐藏或显示的状态。下面继续在“美女 .jpg”素材文件中创建图层蒙版，并在其上绘制路径，其具体操作步骤如下。

STEP 1 基于选区创建图层蒙版

将背景图层转换为普通图层后，按【Shift+Ctrl+I】组合键，反选选区，选择【图层】/【图层蒙版】/【隐藏选区】命令，基于当前选区创建图层蒙版。

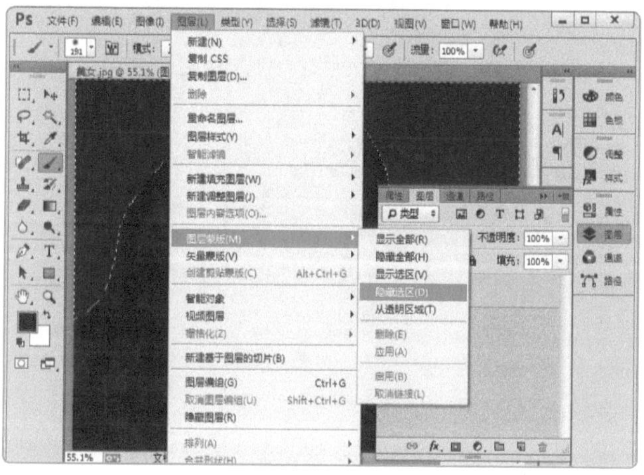

STEP 2 查看隐藏后的效果

隐藏选区后，在“图层”面板中图像图层右侧将创建图层蒙版，在图像编辑区中即可看到创建图层蒙版后的效果。

STEP 3 调整人物在图像中的位置

将“美女 .jpg”图像文件移动到“美妆海报 .psd”图像文件中，按【Ctrl+T】组合键，对人物进行变形，并在其上单击鼠标右键，在弹出的快捷菜单中选择“水平翻转”命令，将其水平翻转。

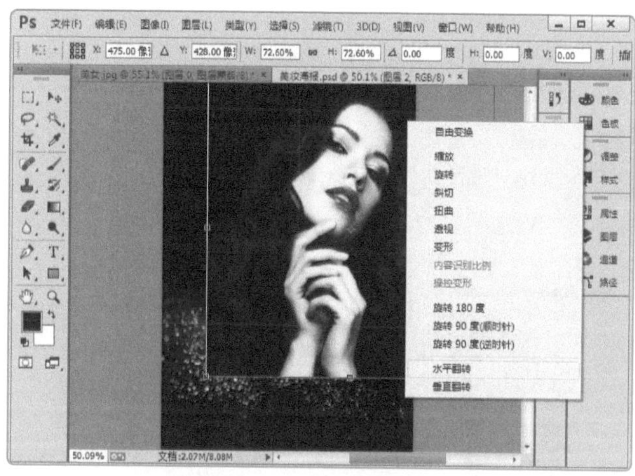

STEP 4 调整图层位置并设置不透明度

❶在“图层”面板中将图层 2 移动到图层 1 下方；❷设置不透明度为“80%”；❸在工具箱中选择画笔工具，在手的下方进行涂抹使其形成图案的过渡。

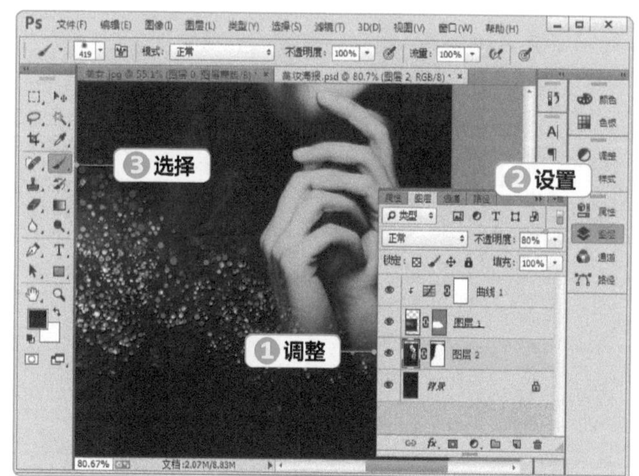

技巧秒杀

停用图层蒙版

若暂时将图层蒙版隐藏，以查看图层的颜色效果，可将图层蒙版停用。只需选择【图层】/【图层蒙版】/【停用】命令，即可将当前选中的图层蒙版停用。

7.2.2 编辑蒙版

编辑蒙版是创建蒙版后的常见操作，常用于蒙版的后期制作。下面在“美妆海报 .psd”图像文件中使用复制蒙版的方法将蒙版进行复制，使其运用到其他区域，完成后调整蒙版的位置，并添加海报文字，其具体操作步骤如下。

微视频：编辑蒙版

STEP 1 栅格化图层

❶在工具箱中选择椭圆工具；❷在工具属性栏中设置颜色为白色；❸在手的下方绘制白色椭圆；❹再在“图层”面板中选择“椭圆 1”图层，在其上单击鼠标右键，在弹出的快捷菜单中选择“栅格化图层”命令。

STEP 2 创建图层蒙版

选择【图层】/【图层蒙版】/【从透明区域】命令，基于当前图层创建图层蒙版。

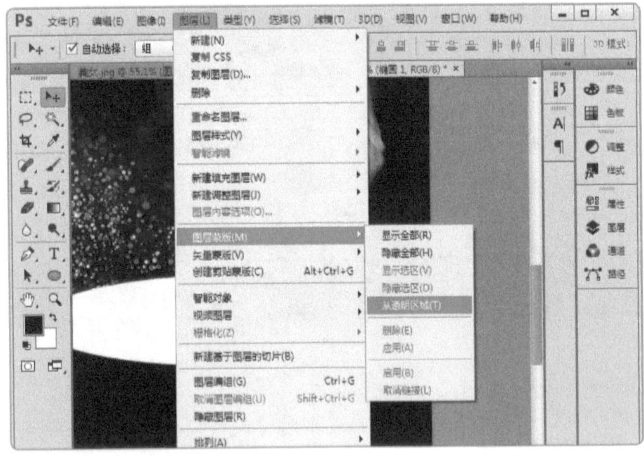

STEP 3 涂抹选区

❶在工具箱中选择画笔工具；❷调整画笔大小，并对椭圆的边缘区域进行涂抹，去除椭圆轮廓，使其呈渐变效果显示；❸在“图层”面板中单击“添加图层样式”按钮，在打开的下拉列表中选择“渐变叠加”选项。

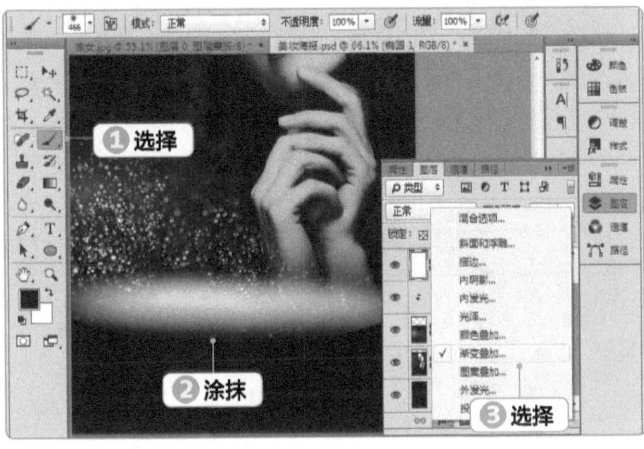

STEP 4 设置渐变叠加

❶打开“图层样式”对话框，在右侧列表中设置渐变为“白色~#70696d”；❷设置角度为“-30 度”；❸单击“确定”按钮。

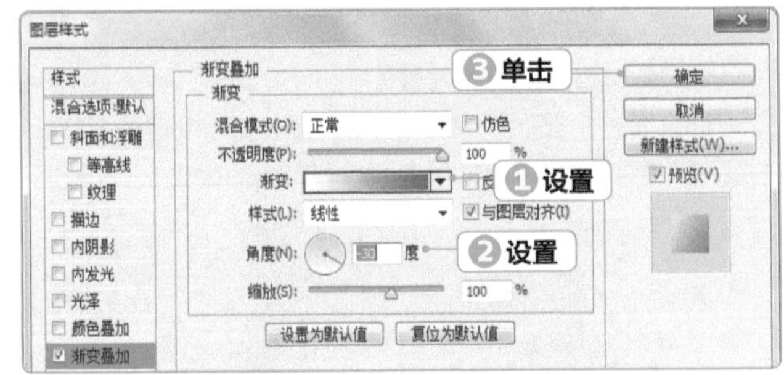

STEP 5 添加化妆盒

❶打开“彩妆盒 .psd”图像文件，将其中的彩妆盒移动到图像编辑区中，调整彩妆盒大小；❷选择矩形工具；❸在彩妆盒的下方绘制黑色的矩形，并与彩妆盒对齐。

STEP 6 复制图层蒙版

在“图层”面板中选择“椭圆 1”图层上的图层蒙版，按住【Alt】键，拖动鼠标将图层蒙版拖动到“矩形 1”图层上方，复制图层蒙版，并使用画笔工具将矩形两侧的样式去除。

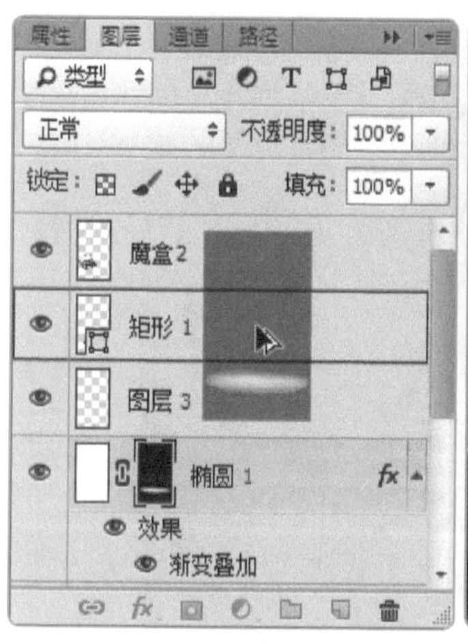

STEP 7 添加文字

再次打开“彩妆盒 .psd”“文字 .psd”图像文件，将彩妆盒和文字拖动到图像中，调整文字与图像位置，查看完成后的效果。

7.2.3 调整整体色调

当图像中的蒙版创建完成后，往往会出现颜色文字不够统一，图像过渡不够完整的情况，此时可调整图像的整体色调。下面将在“美妆海报 .psd”图像文件中通过“调整”面板对整体色调进行调整，使画面更加和谐，其具体操作步骤如下。

微视频：调整整体色调

STEP 1 调整色阶

①在“调整”面板中单击“创建新的色阶调整图层”按钮；②打开“色阶”面板，在其中设置色阶值分别为“0、1.44、230”，完成色阶值的调整。

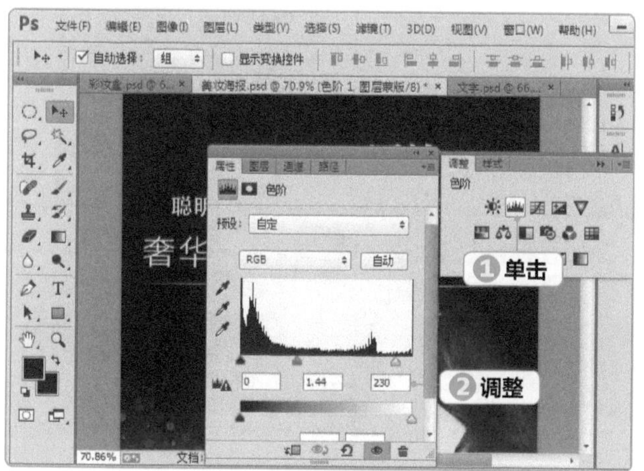

STEP 2 调整曲线

①在“调整”面板中单击“创建新的曲线调整图层”按钮；②打开“曲线”面板，在曲线的中间区域确定一点向下拖动，调整图像显示亮度，使其展现效果更加美观。

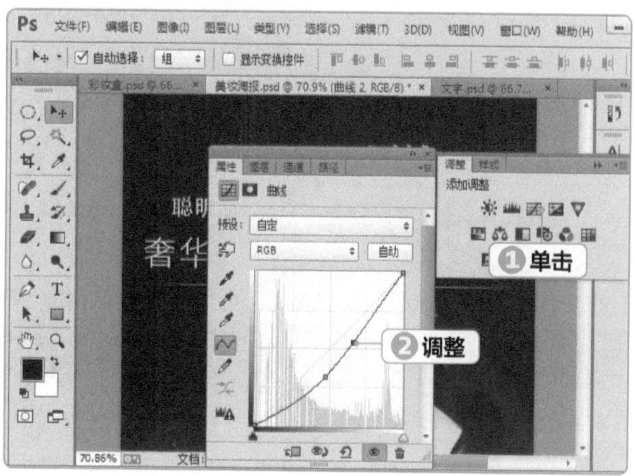

STEP 3 调整亮度 / 对比度

❶在“调整”面板中单击“创建新的亮度 / 对比度调整图层”按钮；❷打开“亮度 / 对比度”面板，设置“亮度和对比度”分别为“10、10”，调整图像的亮度和对比度。

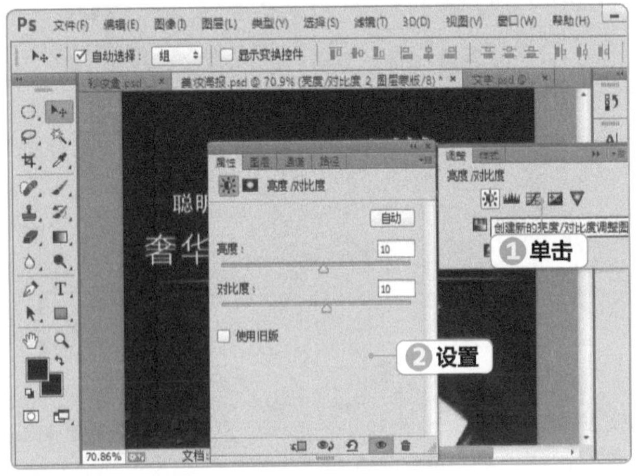

STEP 4 查看完成后的效果

返回图像编辑区，即可发现星光部分变得更加明亮，彩妆部分变得更加艳丽。保存图像文件，查看完成后的图像效果。

新手加油站 ——使用通道与蒙版技巧

1. 使用“应用图像”命令合成通道

为了得到更加丰富的图像效果，可通过使用 Photoshop CC 中的通道运算功能对 2 个通道图像进行运算。通道运算的方法为：打开两张需要进行通道运算的图像，切换到任意一个图像窗口，选择【图像】/【应用图像】命令，在打开的对话框中设置源、混合等选项，单击“确定”按钮。完成后，即可看到通道合成的效果。

另外，在“源”下拉列表框中默认为当前文件，但也可选择其他文件与当前图像混合，而此处所选择的图像文件必须打开，并且是与当前文件具有相同尺寸和分辨率的图像。

2. 从透明区域创建图层蒙版

从透明区域创建蒙版可以使图像有半透明的效果，其具体操作步骤如下。

❶ 打开素材文件，在“背景”图层上双击鼠标，将其转换为普通图层。选择【图层】/【图层蒙版】/【从透明区域】命令，创建图层蒙版。

❷ 设置前景色为“黑色”，在工具箱中选择渐变工具，在其工具属性栏中选择填充样式为“前景色到透明渐变”，渐变样式为“线性渐变”。将鼠标移动到图像窗口中，拖曳鼠标在蒙版中进行绘制，使图像右侧产生透明渐变效果。

❸ 打开需要添加的素材文件，将其拖曳到当前图像文件中，然后将“图层 1”置于“图层 0”图层的下方，适当调整其位置和大小，查看完成后的效果。

3. 图层蒙版与选区的运算

在使用蒙版时，用户也可以通过对选区的运算得到复杂的蒙版。在图层蒙版缩略图上单击鼠标右键，在弹出的快捷菜单中有 3 个关于蒙版与选区的命令，其作用如下。

- 添加蒙版到选区：若当前没有选区，在图层蒙版上单击鼠标右键，在弹出的快捷菜单中选择“添加蒙版”命令，将载入图层蒙版的选区。若当前有选区，选择该命令，可以将蒙版的选区添加到当前选区中。

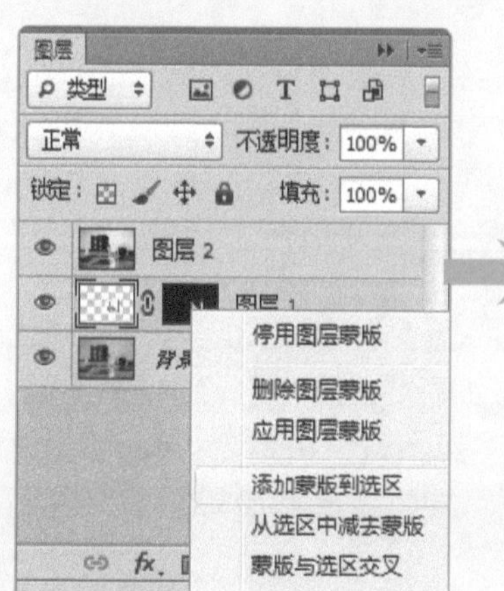

- 从选区中减去蒙版：若当前有选区，选择“从选区中减去蒙版”命令可以从当前选区中减去蒙版的选区。
- 蒙版与选区交叉：若当前有选区，选择“蒙版与选区交叉”命令可以得到当前选区与蒙版选区的交叉区域。

高手竞技场 ——使用通道与蒙版练习

1. 为头发挑染颜色

打开提供的素材文件“人物 .jpg”，对照片中的人物头发进行染色，要求如下。

- 单击工具箱底部的“以快速蒙版模式编辑”按钮，创建蒙版并进入编辑状态，选择画笔工具，在人物的头发区域进行涂抹，这时涂抹的颜色将呈现透明红色。
- 将头发图像区域，再次单击“以标准模式编辑”按钮退出编辑状态，得到人物头发的选区。
- 选择渐变工具，在工具属性栏中单击“线性渐变”按钮，在人物头发中斜拉鼠标创建渐变填充，并设置“图层 1”的图层混合模式为“柔光”。
- 按【Ctrl + Shift+I】组合键反选选区，选择橡皮擦工具，擦除头发周围溢出来的颜色，然后设置“图层 1”的图层不透明度为“50%”，按【Ctrl+D】组合键取消选区，得到最终的图像效果。

2. 制作金鱼灯

打开提供的素材文件“金鱼 .jpg”“灯 .jpg”，制作金鱼灯效果，要求如下。

- 打开“灯 .jpg”图像，编辑并复制通道。
- 打开“金鱼 .jpg”图像，使用移动工具将“金鱼 .jpg”图像移动到“灯 .jpg”图像上，创建图层蒙版。
- 调整金鱼在灯中的位置，使其充满整个灯。

08 Chapter 第 8 章

使用滤镜

/ 本章导读

滤镜是 Photoshop CC 中使用最频繁的功能之一，它可以帮助用户制作油画效果、扭曲效果、马赛克效果和浮雕效果等艺术性很强的专业图像效果。本章将对滤镜的常用操作进行介绍，读者通过本章的学习能够熟练掌握各种滤镜的使用方法，并能熟练结合多个滤镜制作出特效图像的效果。

8.1 制作融化水果

最近是草莓成熟的季节，本店铺为了做草莓推广，需要制作一张草莓海报，在制作时需要体现草莓的大小、多汁、味美。制作完成后添加文字，让本海报更具有视觉感。本例将使用渐变的背景并添加融化的草莓效果，让草莓变得更加可口，提升人们的购买欲望，最后调整图像的色彩，并添加文字。

素材：素材\第 8 章\草莓 .jpg　　效果：效果\第 8 章\草莓 .psd

8.1.1 使用液化滤镜

微视频：使用液化滤镜

液化滤镜可以对图像的任何部分进行各种各样类似液化效果的变形处理，如收缩、膨胀、旋转等，多用于人物修饰和一些特殊效果。在液化过程中，可对其各种效果程度进行随意控制，是修饰图像和创建艺术效果的有效方法。下面将使用液化滤镜对草莓进行处理，让草莓变得更加可口，其具体操作步骤如下。

STEP 1 填充前景色

❶新建大小为“1360 像素 ×1200 像素”的图像文件，将前景色设置为“#ffd200”，并按【Alt+Delete】组合键填充前景色。

STEP 2 绘制渐变

❶新建图层，并在工具箱中选择渐变工具；❷在工具属性栏中设置渐变方法为“中灰密度”，单击■按钮；❸在图像编辑区中绘制渐变，并设置图层混合模式为“颜色加深”。

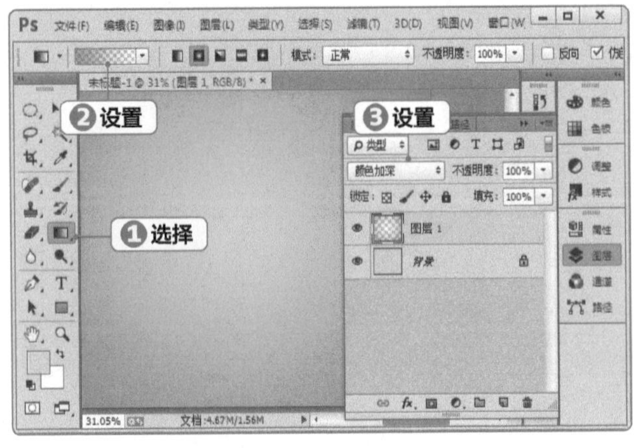

STEP 3 抠取图像

❶打开“草莓 .jpg”图像文件，在工具箱中选择魔棒工具；❷在图像编辑区的白色区域处单击，添加背景选区，按【Shift+Ctrl+I】组合键反选选区。

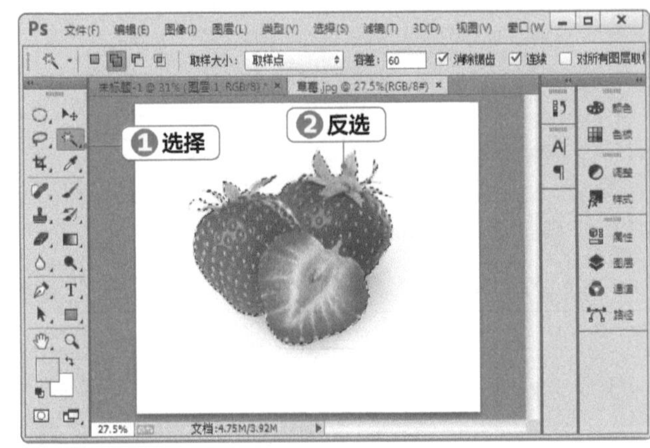

STEP 4 膨胀草莓

❶将选择的草莓拖动到图像中，按【Ctrl+J】组合键，复制草莓图层，选择【滤镜】/【液化】命令，打开“液化”对话框，选择膨胀工具；❷设置画笔大小为“350”；❸将鼠标放在草莓的顶端，单击鼠标放大该部分图像的显示，多单击几次，以达到膨胀的效果。

技巧秒杀

调整预览框中图像的显示比例

在变形过程中，可不断调整预览框中图像的显示比例，以便观察效果。按住鼠标左键的时间越长，收缩效果越明显。

Chapter 08

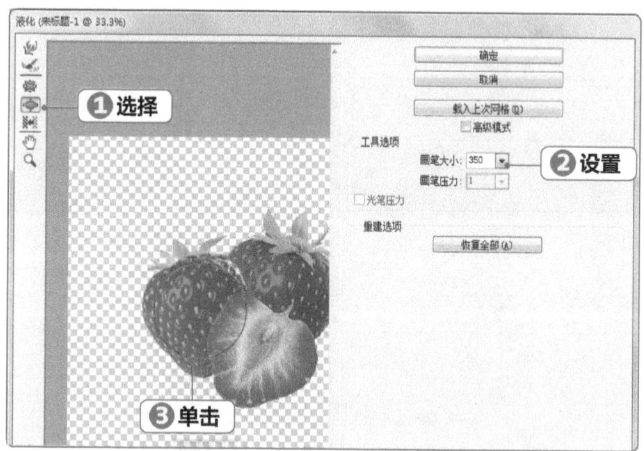

STEP 5 液化草莓

❶选择向前变形工具；❷单击选中“高级模式”复选框，设置“画笔大小、画笔密度、画笔压力、画笔速率”分别为“50、100、100、0”；❸使用鼠标在预览图上从上向下拖动，绘制草莓融化效果；❹单击“确定”按钮。

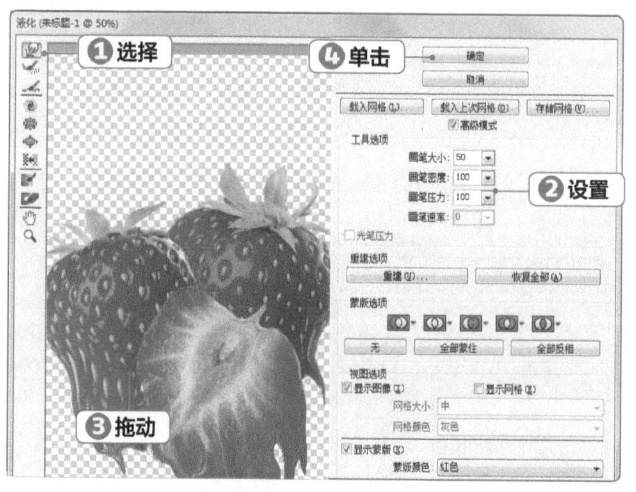

STEP 6 查看液化后的效果

返回图像编辑窗口，即可看到液化后的效果。

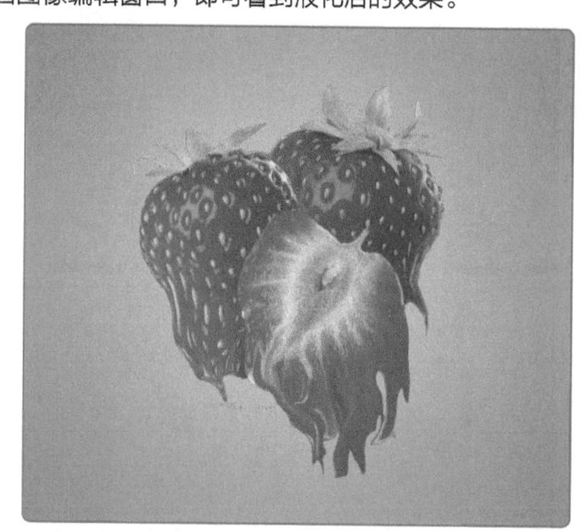

操作解谜

重建图像

在使用液化滤镜变形图像时，若不小心出现错误，如将手臂拖变形，可按【Ctrl+Z】组合键撤销操作。若不能撤销错误的操作，可在“液化”对话框中选择重建工具，单击需要恢复的图像区域，将其恢复到原样，再进行变形操作；也可单击“恢复全部”按钮，将图像恢复到原始效果，重新进行编辑。此外，在拖曳图像进行变形时，若掌握不好力度，可在右侧的面板中适当缩小压力值。

8.1.2 使用滤镜库

滤镜库简单来说就是存放常用滤镜的仓库，使用滤镜库能快速地找到相应的滤镜，并且进行快速设置和浏览。滤镜库中提供了“风格化”“画笔描边”“扭曲”“素描”“纹理”“艺术效果”6 个滤镜组。下面对其使用方法进行讲解，其具体操作步骤如下。

微视频：使用滤镜库

STEP 1 设置不透明度

选择图层 2，将图层不透明度设置为“70%”，并将其移动到“图层 2 拷贝”图层的上方，查看完成后的效果。

羽化选区

羽化选区可以柔化选区边缘，消除边缘的锯齿，是抠图的常用操作。

STEP 2 擦除多余部分

在工具箱中选择橡皮擦工具，擦除草莓的多余部分，预留草莓的轮廓，使其更具有立体感，完成后设置不透明度为“60%”。

STEP 3 应用滤镜库

❶选择所有图层，按【Ctrl+E】组合键合并图层，选择【滤镜】/【滤镜库】命令，在打开的对话框滤镜组中单击“艺术效果”选项前的▶按钮，在打开的列表框中选择“粗糙蜡笔”滤镜；❷设置“描边长度、描边细节、缩放、凸现”分别为“0、3、100%、15”；❸单击“确定”按钮。

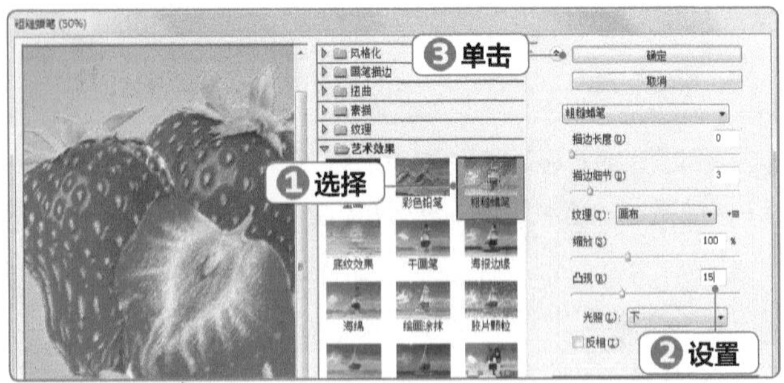

技巧秒杀

应用滤镜库

Photoshop中的滤镜都集成在“滤镜”菜单中，但在Photoshop CC中，部分效果较为特殊的滤镜都放置到了滤镜库中。

STEP 4 调整背景颜色

❶选择【图像】/【调整】/【色阶】命令，打开“色阶”对话框，在“输入色阶”下的数值框中分别输入“35”“1.09”和“250”；❷单击“确定”按钮。

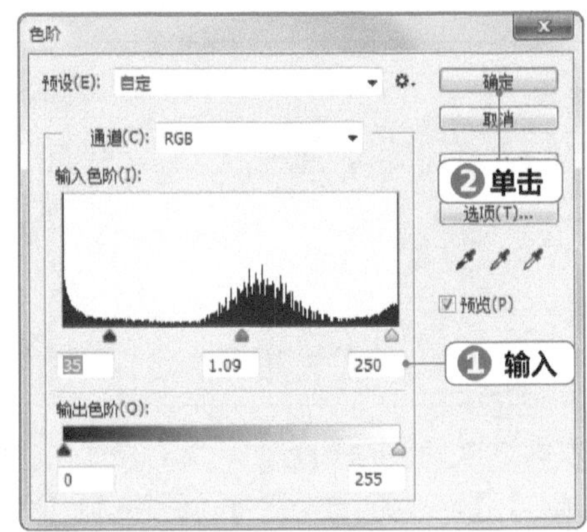

STEP 5 输入文字

选择横排文字工具，输入文字，并设置“文字样式、字号、颜色”分别为“Poplar Std、100 点、白色”，使用相同的方法再次输入文字，并设置颜色为“#9e9d9d”，完成后将其放于白色文字的下方，形成阴影效果。

STEP 6 查看完成后的效果

选择最上方的文字图层，栅格化图层，并在“滤镜库”的“纹理”选项列表框中单击“纹理化”缩览图，设置“凸现”为“3”，单击“确定”按钮，保存图像并查看完成后的效果。

8.2 制作“燃烧的星球”图像

火焰燃烧的效果能在视觉上给人强烈的冲击感，有时，设计师会采用为图像添加火焰效果的方法来增强图像的感染力和震撼力，这些效果都可以在 Photoshop 中通过滤镜来实现。下面将练习使用 Photoshop CC 的风格化滤镜组、扭曲滤镜组、模糊滤镜组中的相关滤镜制作“燃烧的星球”效果。

素材：素材 \ 第 8 章 \ 燃烧的星球 \　　效果：效果 \ 第 8 章 \ 燃烧的星球 .psd

8.2.1 使用扩散滤镜

微视频：使用扩散滤镜

扩散滤镜可以根据设置的扩散模式搅乱图像中的像素，使图像产生模糊的效果。本例将使用扩散滤镜制作火焰的范围，其具体操作步骤如下。

STEP 1 创建选区

❶打开“星球 .jpg”素材文件；❷在工具箱中选择魔棒工具，在图像的黑色区域单击创建选区，然后按【Ctrl+Shift+I】组合键反选选区。

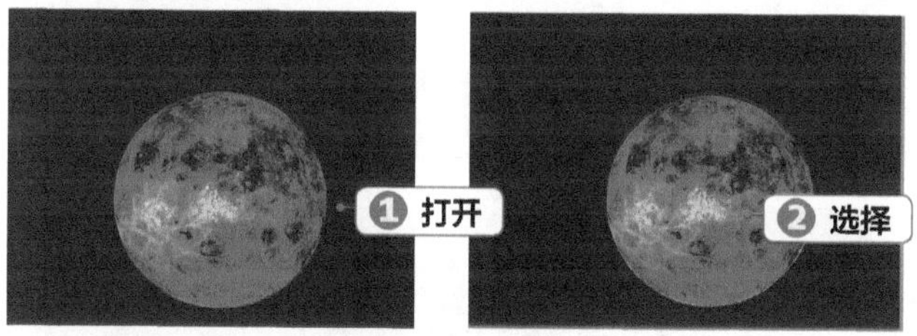

STEP 2 复制星球图像并载入选区

按【Ctrl+J】组合键，复制选区并创建图层，按住【Ctrl】键的同时单击“图层 1”图层缩略图载入选区。

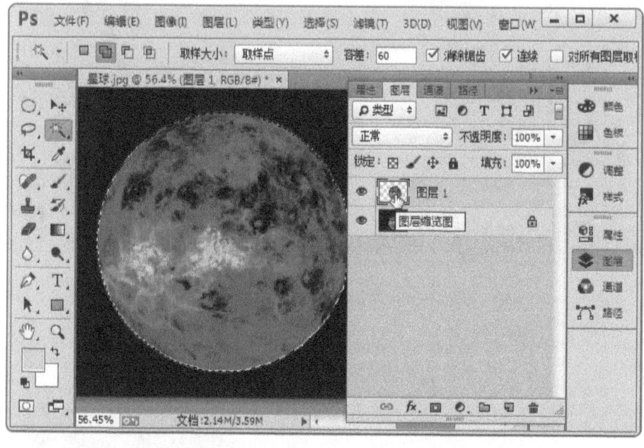

STEP 3 创建通道

❶切换到“通道”面板，单击“将选区存储为通道”按钮，得到“Alpha1”通道，按【Ctrl+D】组合键取消选区；❷显示并选择“Alpha1”通道，隐藏其他通道。

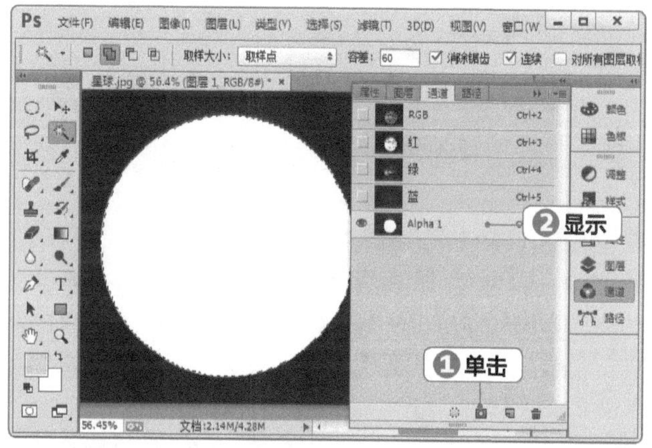

STEP 4 “扩散”对话框

❶选择【滤镜】/【风格化】/【扩散】命令；❷打开“扩散”对话框，在“模式”栏中单击选中“正常”单选项；❸单击“确定”按钮。

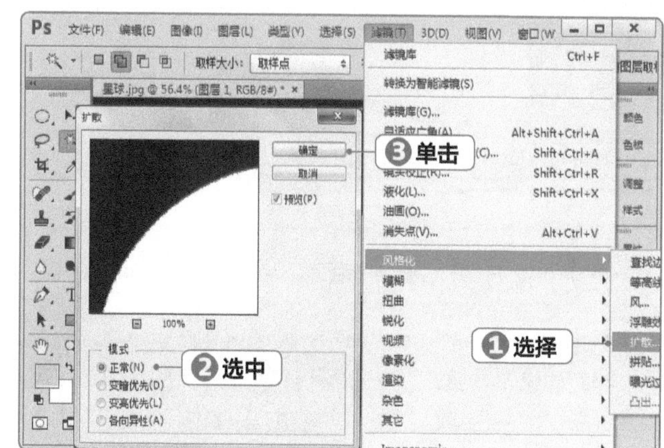

STEP 5 重复应用扩散滤镜

然后按两次【Ctrl+F】组合键，重复应用扩散滤镜。

第 8 章 使用滤镜

技巧秒杀

不同像素的滤镜效果

滤镜是以像素为单位对图像进行处理的。因此，在对不同像素的图像应用相同参数的滤镜时，所产生的效果也会不同。

技巧秒杀

加选载入的选区

如果在载入选区之前，画布中已有选区，可以使用相关的快捷键来载入。其中，按【Ctrl+Shift】组合键单击图层缩略图，可在已有的选区上加选图层载入的选区。

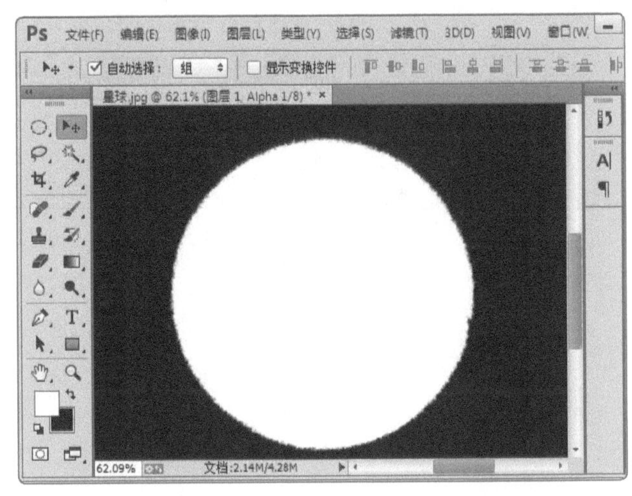

8.2.2 使用海洋波纹滤镜

海洋波纹滤镜可以扭曲图像表面，使图像产生海洋波纹的效果。下面使用海洋波纹滤镜制作火焰的燃烧颤抖效果，其具体操作步骤如下。

微视频：使用海洋波纹滤镜

STEP 1 设置海洋波纹滤镜参数

❶选择“Alpha1”通道，选择【滤镜】/【滤镜库】命令，打开“滤镜库”对话框，在“扭曲”滤镜组中选择“海洋波纹”滤镜；❷在右侧设置“波纹大小”为“5”；❸设置“波纹幅度”为“8”；❹单击“确定”按钮。

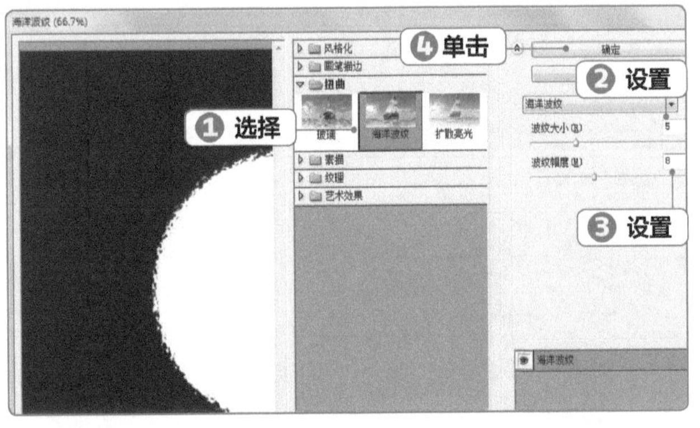

STEP 2 查看海洋波纹滤镜效果

返回图像编辑窗口，查看设置海洋波纹滤镜后的效果。

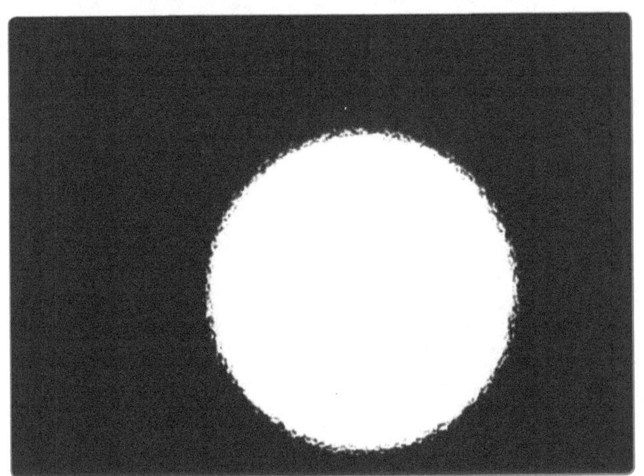

8.2.3 使用风格化滤镜组

风滤镜位于风格化滤镜组中，而风格化滤镜组能对图像的像素进行位移、拼贴及反色等操作。风格化滤镜组包括滤镜库中的“照亮边缘”效果，以及选择【滤镜】/【风格化】命令后，在打开的子列表中包括的 8 种滤镜，如风、查找边缘、等高线、浮雕效果、扩散、拼贴、曝光过度和凸出滤镜。相关的使用方法和作用介绍如下。

1. 使用风滤镜

风滤镜可在图像中添加短而细的水平线来模拟风吹效果。下面使用风滤镜制作火焰的外形，其具体操作步骤如下。

微视频：使用风滤镜

STEP 1 设置从右方向

❶选择【滤镜】/【风格化】/【风】命令，打开"风"对话框，在"方法"栏中单击选中"风"单选项；❷在"方向"栏中单击选中"从右"单选项；❸单击"确定"按钮。

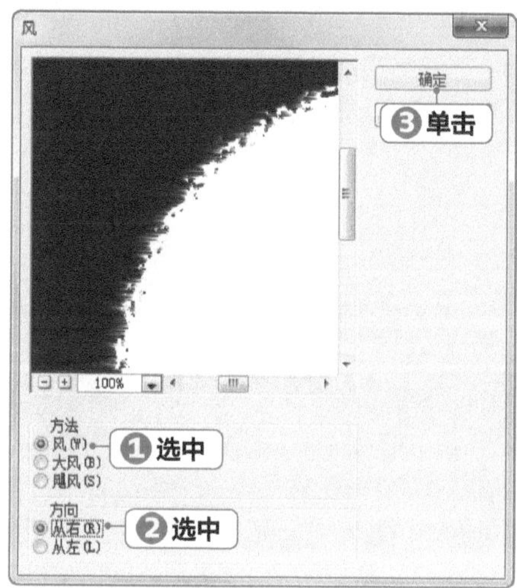

STEP 2 设置从左方向

❶选择【滤镜】/【风格化】/【风】命令，打开"风"对话框，在"方法"栏中单击选中"风"单选项；❷在"方向"栏中单击选中"从左"单选项；❸单击"确定"按钮。

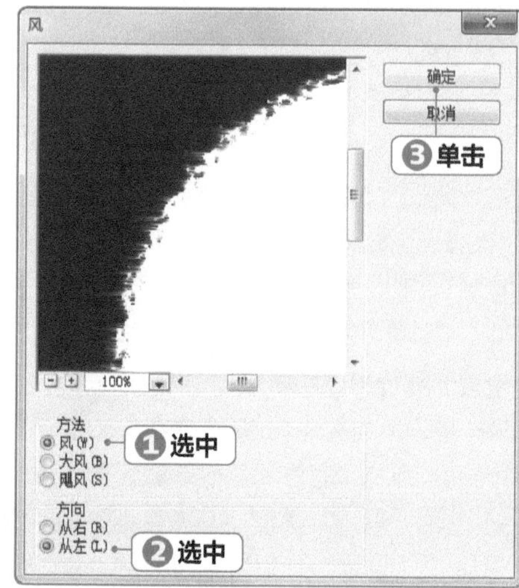

STEP 3 重复使用风滤镜

❶选择【图像】/【图像旋转】/【90度（顺时针）】命令，旋转画布；❷然后按两次【Ctrl+F】组合键，重复使用风滤镜。

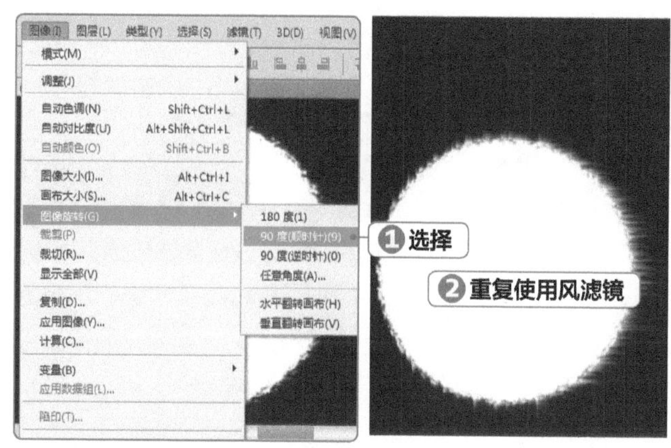

STEP 4 新建通道

❶将"Alpha1"通道拖曳到"通道"面板底部的"新建通道"按钮上；❷复制通道得到"Alpha1拷贝"通道，按【Ctrl+F】组合键重复应用风滤镜。

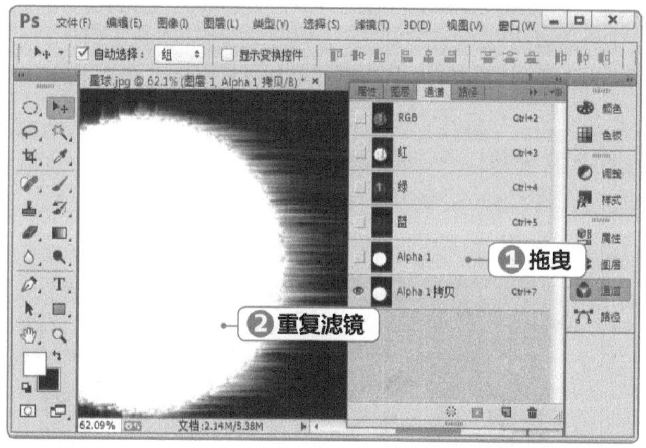

STEP 5 旋转图像

选择【图像】/【图像旋转】/【90度（逆时针）】命令，旋转画布。

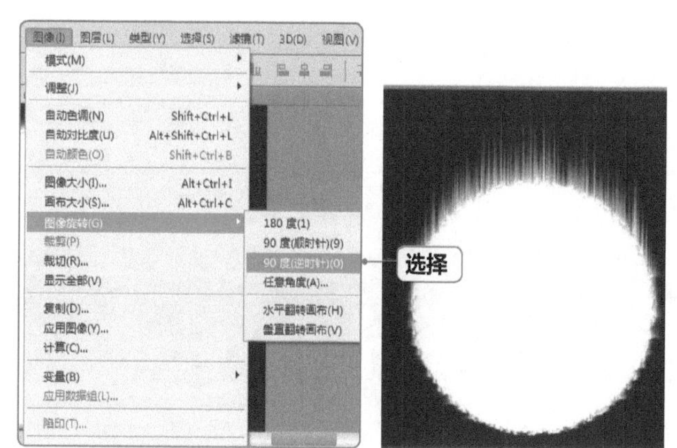

2. 使用照亮边缘滤镜

照亮边缘滤镜位于滤镜库中，可以照亮图像边缘轮廓。下面为素材应用照亮边缘滤镜，其具体操作步骤如下。

STEP 1 设置照亮边缘滤镜参数

❶选择【滤镜】/【滤镜库】命令，在打开的对话框中选择“风格化”/“照亮边缘”选项；❷在“边缘宽度”数值框中设置照亮边缘的宽度为“2”；❸在“边缘亮度”数值框中设置边缘的亮度为“6”；❹在“平滑度”数值框中设置边缘的光滑度为“5”；❺单击“确定”按钮。

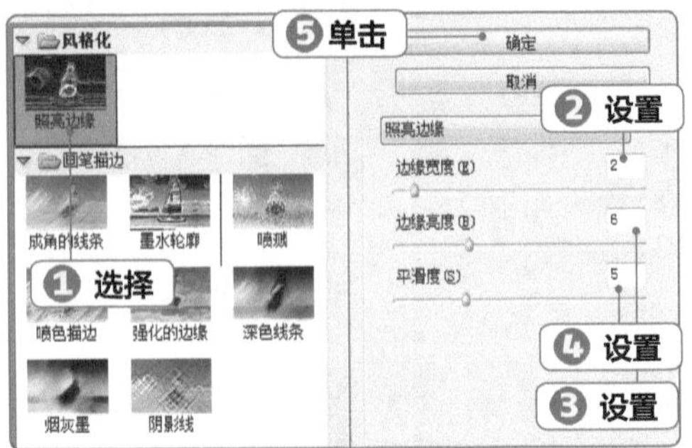

STEP 2 查看照亮边缘滤镜效果

返回图像编辑窗口，查看设置照亮边缘滤镜后的效果。

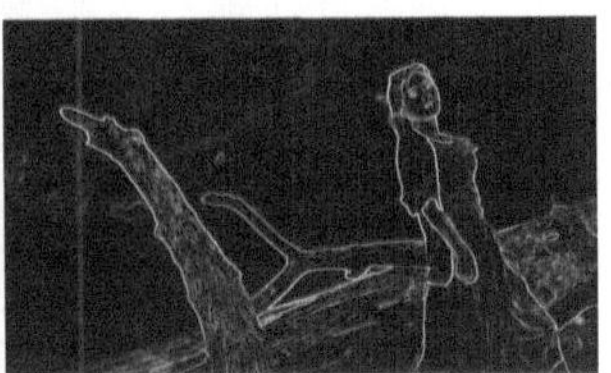

3. 使用查找边缘滤镜

查找边缘滤镜可查找图像中主色块颜色变化的区域，并将查找到的边缘轮廓进行描边，使图像看起来像用笔刷勾勒的轮廓一样。该滤镜无参数对话框，直接选择【滤镜】/【风格化】/【查找边缘】命令即可应用。

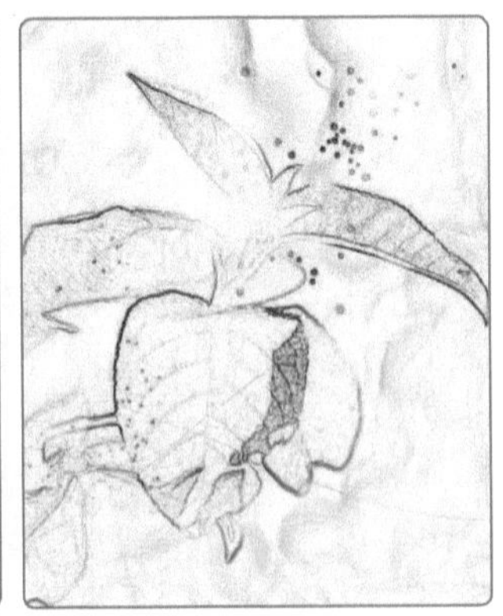

4. 使用等高线滤镜

等高线滤镜可沿图像的亮区和暗区的边界绘出线条比较细、颜色比较浅的轮廓效果。下面为素材应用等高线滤镜，其具体操作步骤如下。

STEP 1 设置等高线滤镜参数

❶选择【滤镜】/【风格化】/【等高线】命令，打开“等高线”对话框，设置色阶值为“149”；❷在“边缘”栏中选择描绘轮廓的区域，这里单击选中“较高”单选项；❸单击“确定”按钮。

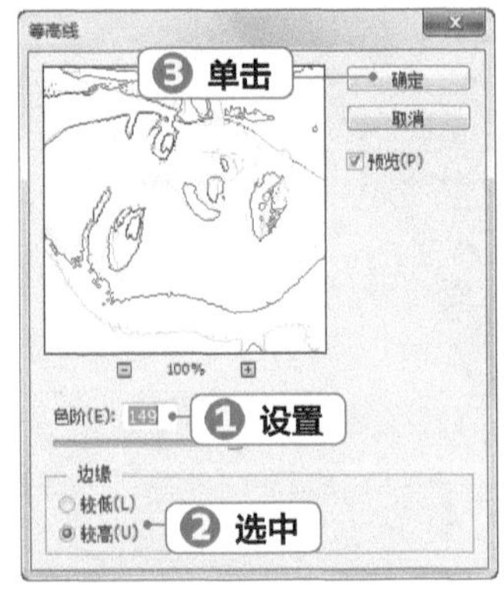

STEP 2 查看使用等高线滤镜效果

返回图像编辑窗口，查看应用等高线滤镜后的效果。

5. 使用浮雕效果滤镜

浮雕效果滤镜可将图像中颜色较亮的图像勾勒出边界并分离出其他颜色。下面为素材应用浮雕效果滤镜，其具体操作步骤如下。

STEP 1 设置浮雕效果滤镜参数

❶选择【滤镜】/【风格化】/【浮雕效果】命令，打开“浮雕效果”对话框，通过“角度”数值框设置浮雕效果光源的方向为“135 度”；❷在“高度”数值框中设置图像凸起的高度为“3 像素”；❸通过“数量”数值框设置源图像细节和颜色的保留范围为“176%”；❹单击“确定”按钮。

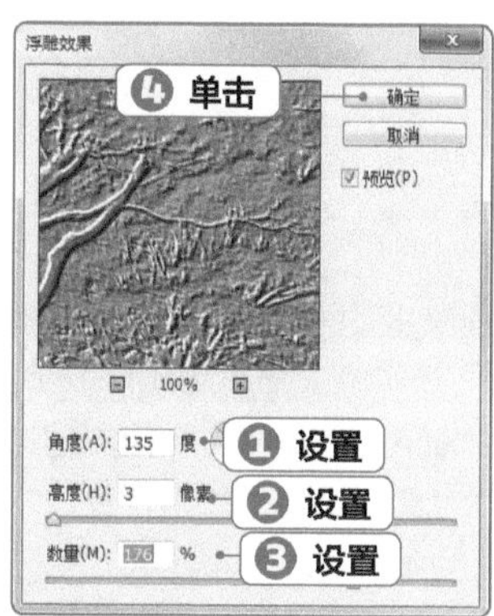

STEP 2 查看浮雕效果滤镜效果

返回图像编辑窗口，查看应用浮雕效果滤镜后的效果。

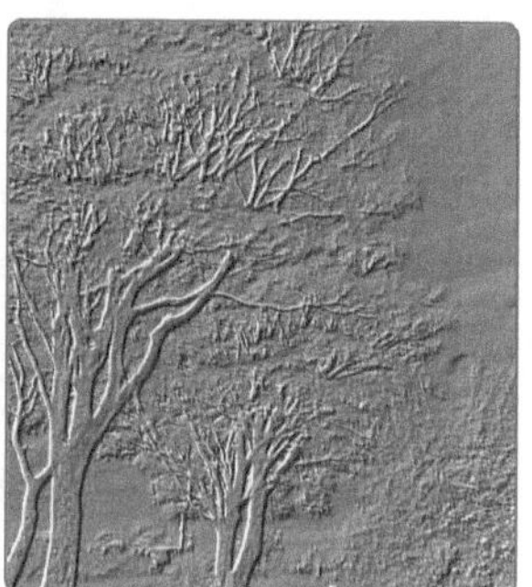

6. 使用拼贴滤镜

拼贴滤镜可将图像分割成若干小块并进行位移，以产生瓷砖拼贴的效果，看上去好像整幅图像是画在方块瓷砖上一样。下面为素材应用拼贴滤镜，其具体操作步骤如下。

STEP 1 设置拼贴滤镜参数

❶选择【滤镜】/【风格化】/【拼贴】命令，打开“拼贴”对话框，通过“拼贴数”数值框设置图像每行和每列中显示的贴块数为“10”；❷在“最大位移”数值框中设置拼贴块之间的间隙为“10%”；❸在“填充空白区域用”栏中设置贴块间空白区域的填充方式为“背景色”；❹单击“确定”按钮。

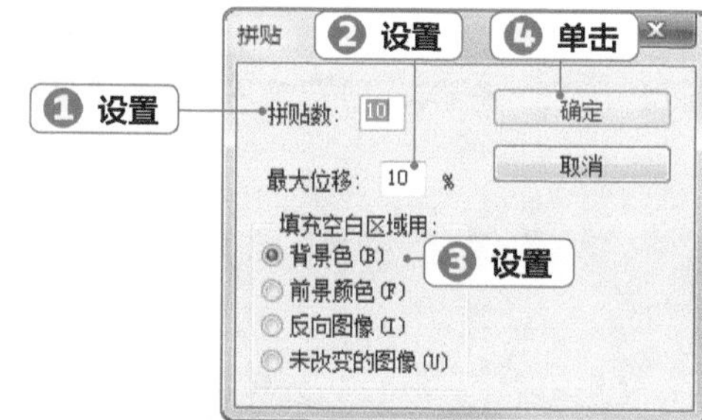

STEP 2 查看拼贴滤镜效果

返回图像编辑窗口，查看应用拼贴滤镜后的效果。

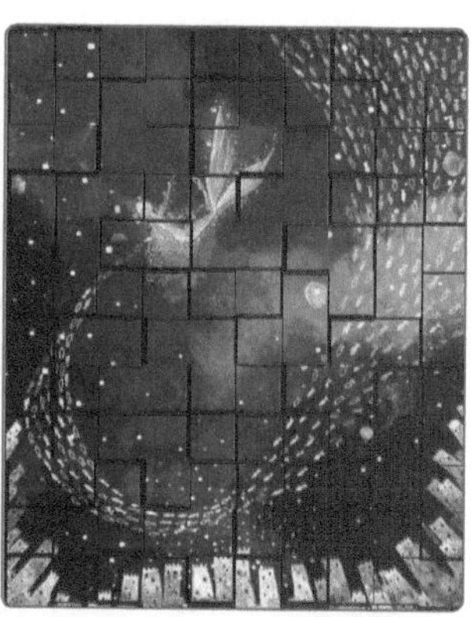

7. 使用曝光过度滤镜

曝光过度滤镜可使图像产生正片和负片混合的效果，类似于摄影中增加光线强度产生的过度曝光效果。该滤镜无参数对话框，选择【滤镜】/【风格化】/【曝光过度】命令即可应用该滤镜。

8. 使用凸出滤镜

凸出滤镜将图像分成一系列大小相同并有机叠放的三维块或立方体，从而扭曲图像并创建特殊的三维背景效果。下面为素材应用凸出滤镜，其具体操作步骤如下。

STEP 1 设置凸出滤镜参数

❶选择【滤镜】/【风格化】/【凸出】命令，打开“凸出”对话框，单击选中“块”单选项，设置三维块的形状；❷在“大小”数值框中设置三维块大小为“30 像素”；❸在“深度”数值框中设置深度值为“30”；❹单击“确定”按钮。

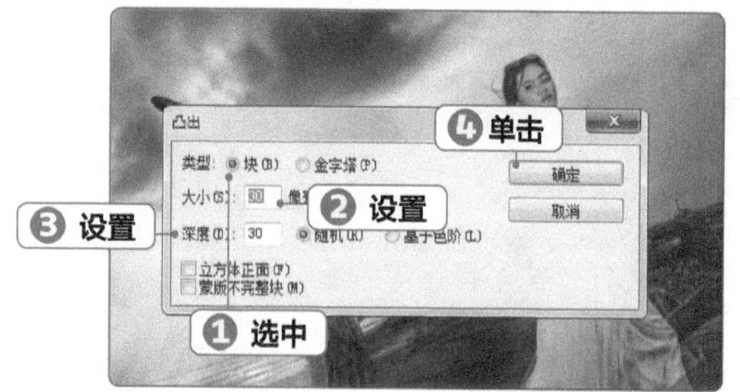

STEP 2 查看凸出滤镜效果

返回图像编辑窗口，查看应用凸出滤镜后的效果。

技巧秒杀

设置凸出范围

若在“凸出”对话框中单击选中“立方体正面”复选框，则只对立方体的表面填充物体的平均色，而不是对整个图案填充平均色。单击选中“蒙版不完整块”复选框，将使所有的图像都包括在凸出范围之内。

8.2.4 使用扭曲滤镜组

扭曲滤镜组主要用于对图像进行扭曲变形，该滤镜组提供了 12 种滤镜效果，其中玻璃、海洋波纹和扩散亮光滤镜位于滤镜库中，其他滤镜可以选择【滤镜】/【扭曲】命令，然后在弹出的子菜单中选择相应的命令。下面将分别对其进行讲解。

1. 使用玻璃滤镜

玻璃滤镜可以制造出不同的纹理，让图像产生隔着玻璃观看的效果。下面使用玻璃滤镜制作燃烧波纹效果，其具体操作步骤如下。

微视频：使用玻璃滤镜

STEP 1 设置玻璃滤镜参数

❶选择“Alpha1 拷贝”通道，选择【滤镜】/【滤镜库】命令，打开“滤镜库”对话框，打开“扭曲”滤镜组，选择“玻璃”滤镜；❷设置“扭曲度”为“20”，设置“平滑度”为“14”，设置“缩放”为“105%”；❸单击“确定”按钮。

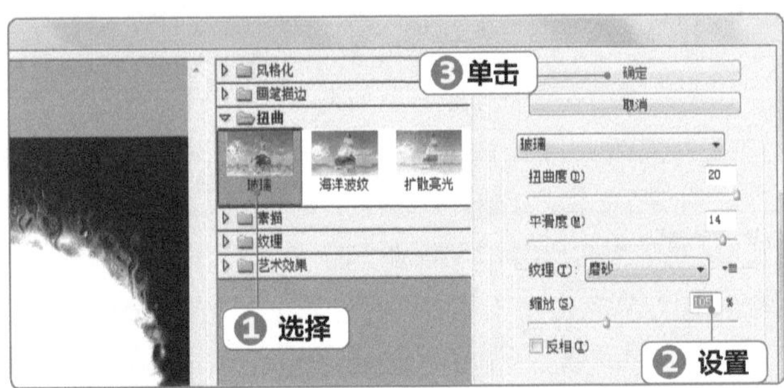

STEP 2 查看玻璃滤镜效果

返回图像编辑窗口，查看设置玻璃滤镜后的效果。

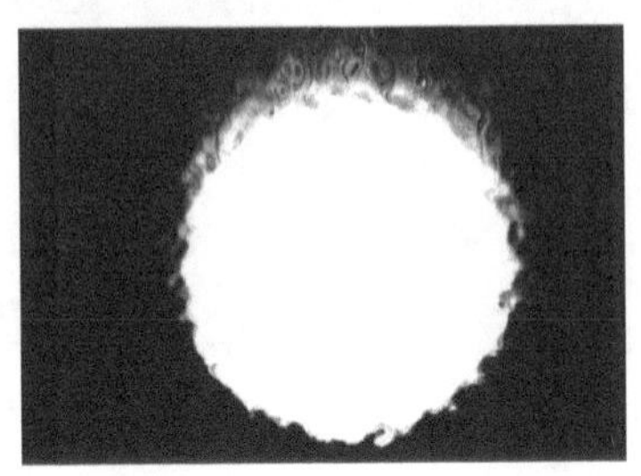

2. 使用扩散亮光滤镜

扩散亮光滤镜可产生一种扩散的光照效果。下面使用扩散亮光滤镜处理素材，其具体操作步骤如下。

STEP 1 设置扩散亮光滤镜参数

❶选择【滤镜】/【滤镜库】命令，打开“滤镜库”对话框，打开“扭曲”滤镜组，选择“扩散亮光”滤镜；❷在“颗粒”数值框中设置光线的颗粒数量为“6”；❸在“发光量”数值框中设置光线的强度为“10”；❹在“清除数量”数值框中设置图像中不受光线影响的范围为“15”；❺单击“确定”按钮。

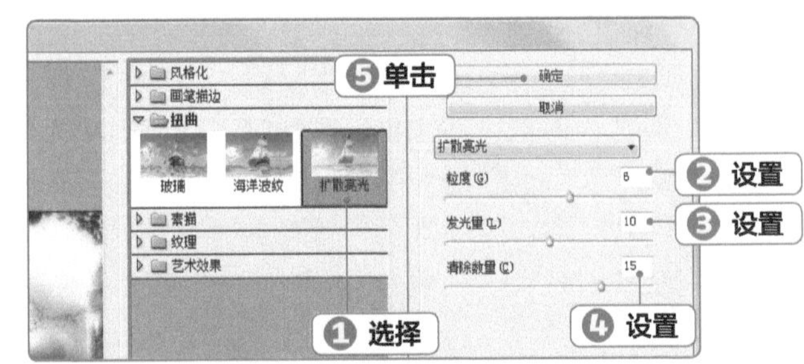

STEP 2 查看扩散亮光滤镜效果

返回图像编辑窗口，查看设置扩散亮光滤镜后的效果。

3. 使用波浪滤镜

波浪滤镜通过设置波长使图像产生波浪涌动效果。下面为素材添加波浪滤镜，其具体操作步骤如下。

STEP 1 设置波浪滤镜参数

❶选择【滤镜】/【扭曲】/【波浪】命令，打开“波浪”对话框，在“生成器数”数值框中设置产生波浪的数目为“5”；❷在“波长”栏中设置波峰距离为“10~120”；❸在“波幅”数值框中设置波动幅度为“5~35”；❹在“比例”数值框中设置水平和垂直方向的波动幅度均为“100%”；❺单击“确定”按钮。

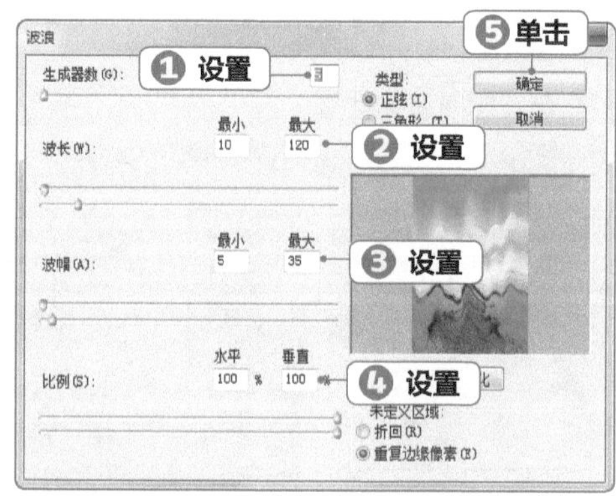

STEP 2 查看波浪滤镜效果

返回图像编辑窗口，查看设置波浪滤镜后的效果。

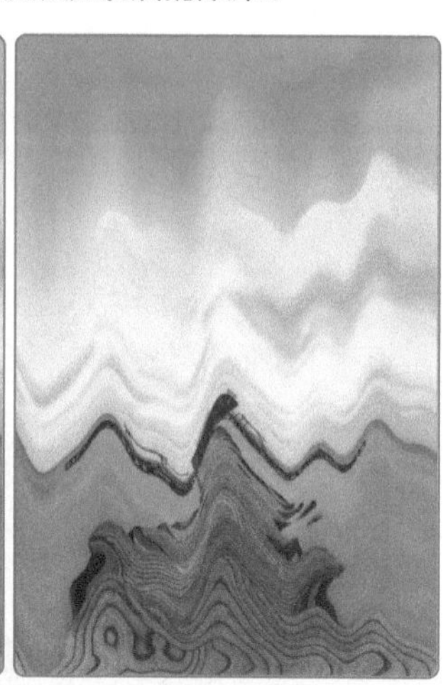

4. 使用波纹滤镜

波纹滤镜可以使图像产生水波荡漾的涟漪效果。下面为素材添加波纹滤镜，其具体操作步骤如下。

STEP 1 设置波纹滤镜参数

❶选择【滤镜】/【扭曲】/【波纹】命令，打开“波纹”对话框，在“数量”数值框中设置波纹的数量为“500%”；❷在“大小”数值框中设置波纹大小为“中”；❸单击“确定”按钮。

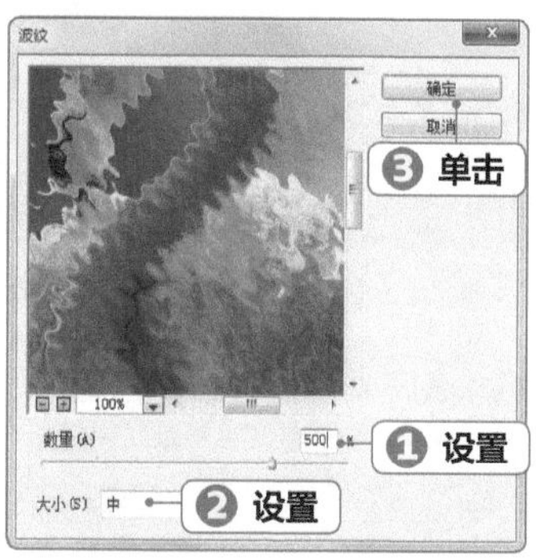

STEP 2 查看波纹滤镜效果

返回图像编辑窗口，查看设置波纹滤镜后的效果。

5. 使用极坐标滤镜

极坐标滤镜可以通过改变图像的坐标方式使图像产生极端变形效果。下面为素材添加极坐标滤镜，其具体操作步骤如下。

STEP 1 设置极坐标滤镜参数

❶选择【滤镜】/【扭曲】/【极坐标】命令，打开“极坐标”对话框，单击选中“平面坐标到极坐标”单选项；❷单击“确定”按钮。

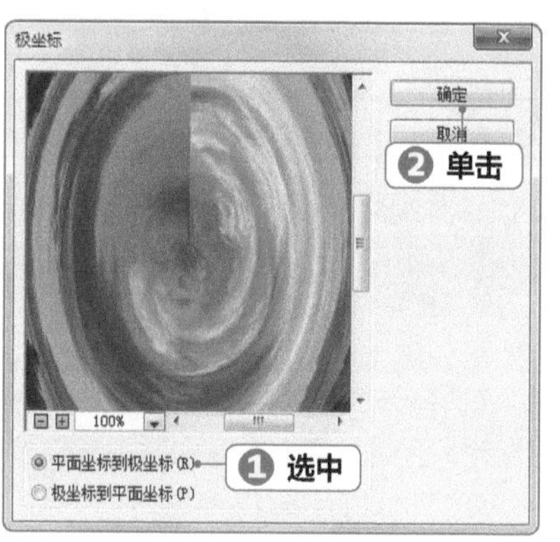

STEP 2 查看极坐标滤镜效果

返回图像编辑窗口，查看设置极坐标滤镜后的效果。

6. 使用挤压滤镜

挤压滤镜可以使全部图像或选定区域内的图像产生向内或向外挤压的变形效果。下面为素材添加挤压滤镜，其具体操作步骤如下。

STEP 1 设置挤压滤镜参数

❶选择【滤镜】/【扭曲】/【挤压】命令，打开“挤压”对话框，在“数量”数值框中设置挤压的力度为“81%”；❷单击“确定”按钮。

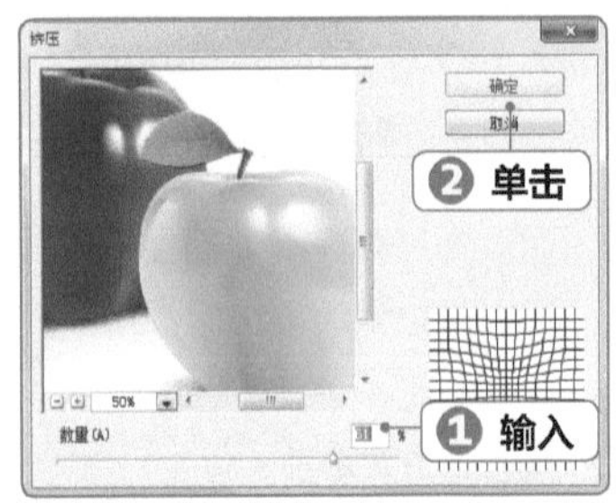

STEP 2 查看挤压滤镜效果

返回图像编辑窗口，查看设置挤压滤镜后的效果。

7. 使用切变滤镜

切变滤镜可以使图像在竖直方向产生弯曲效果。下面为素材添加切变滤镜，其具体操作步骤如下。

STEP 1 设置切变参数

❶选择【滤镜】/【扭曲】/【切变】命令，打开“切变”对话框，在其左上侧方格框的垂直线上单击可创建切变点，拖曳切变点可实现图像的切变变形；❷单击选中“折回”单选项，在图像区域中填充溢出图像之外的内容；❸单击“确定”按钮。

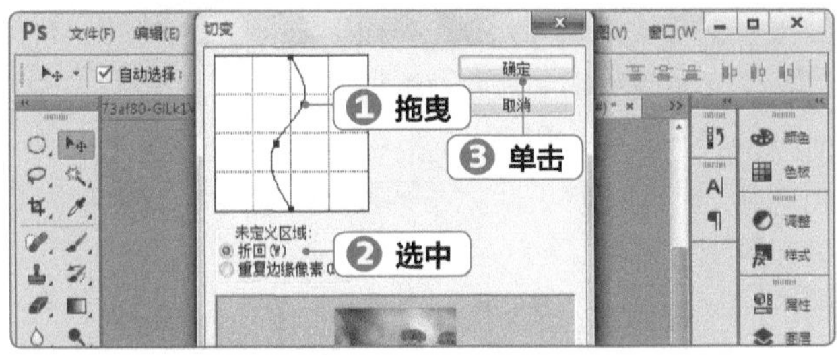

STEP 2 查看切变滤镜效果

返回图像编辑窗口，查看设置切变滤镜后的效果。

8. 使用球面化滤镜

球面化滤镜模拟将图像包在球上并伸展，来适合球面，从而产生球面化效果。下面为素材添加球面化滤镜，其具体操作步骤如下。

STEP 1 设置球面化滤镜参数

❶选择【滤镜】/【扭曲】/【球面化】命令，打开“球面化”对话框，在“数量”数值框中设置球面化的强度为“100%”；❷在“模式”下拉列表框中设置效果的混合模式为“正常”；❸单击“确定”按钮。

STEP 2 查看球面化滤镜效果

返回图像编辑窗口，查看设置球面化滤镜后的效果。

9. 使用水波滤镜

水波滤镜可使图像产生起伏状的水波纹和旋转效果。下面为素材添加水波滤镜，其具体操作步骤如下。

STEP 1 设置水波滤镜参数

❶选择【滤镜】/【扭曲】/【水波】命令，打开“水波”对话框，在“数量”数值框中设置水波的数量为“10”；❷在“起伏”数值框中设置水波大小为“5”；❸在“样式”下拉列表框中设置水波样式为“水池波纹”；❹单击“确定”按钮。

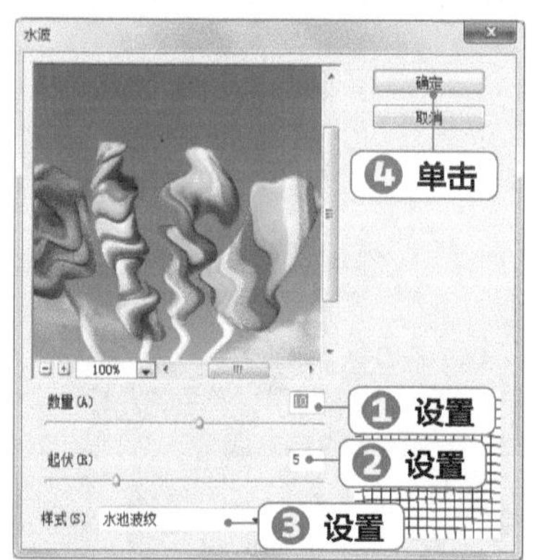

STEP 2 查看水波滤镜效果

返回图像编辑窗口，查看设置水波滤镜后的效果。

10. 使用旋转扭曲滤镜

旋转扭曲滤镜可以使图像沿中心产生顺时针或逆时针的旋转风轮效果。下面为素材添加旋转扭曲滤镜，其具体操作步骤如下。

STEP 1 设置旋转扭曲滤镜参数

❶选择【滤镜】/【扭曲】/【旋转扭曲】命令，打开“旋转扭曲”对话框，设置角度为“433”度，当“角度”值为正数时，图像沿顺时针方向扭曲，为负数时则沿逆时针方向扭曲；❷单击“确定”按钮。

STEP 2 查看旋转扭曲滤镜效果

返回图像编辑窗口，查看设置旋转扭曲滤镜后的效果。

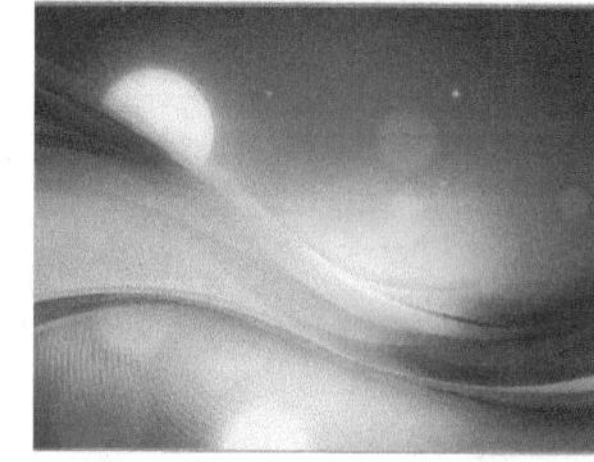

11. 使用置换滤镜

置换滤镜可以使图像产生移位效果，移位的方向不仅跟参数设置有关，还跟位移图有密切关系。使用该滤镜需要两个文件才能完成，一个是要编辑的图像文件；另一个是位移图文件，位移图文件充当移位模板，用于控制位移的方向。下面通过置换滤镜为图像中的帅哥换衣服，其具体操作步骤如下。

STEP 1 创建选区

❶打开“帅哥.jpg”图像，在工具箱中选择钢笔工具，沿衣服边缘勾绘出衣服的轮廓，再按【Ctrl+Enter】组合键将路径转换为选区；❷按【Ctrl+J】组合键复制选区图层。

STEP 2 添加衣服纹理

❶选择背景图层，打开“纹理.jpg”图像，使用移动工具将纹理拖动至“帅哥.jpg”图像中，自动生成图层2，按【Ctrl+T】组合键调整纹理大小，使其将人物衣服遮住；❷选择图层2，选择【滤镜】/【扭曲】/【置换】命令，打开“置换”对话框，在“水平比例”数值框中输入“5”；❸在“垂直比例“数值框中输入“5”；❹单击“确定”按钮。

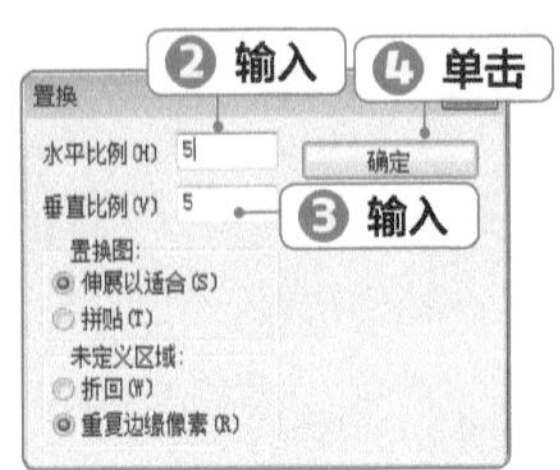

STEP 3 选取置换图

❶打开“选取一个置换图”对话框，在其中选择需要载入的置换图为“衣服.psd”文件；❷单击“打开”按钮。

STEP 4 删除多余部分

❶选择图层2，设置图像的混合模式为“正片叠底”；❷按住【Ctrl】键单击图层1前的缩略图标，载入衣服选区，再按【Ctrl+Shift+I】组合键反选，按【Delete】键删除多余区域。

STEP 5 查看置换效果

按【Ctrl+D】组合键取消选区，完成置换操作，此时可发现衬衫的颜色已经变为蓝色。打开“男装主图.psd”图像文件，将替换后的人物拖动到图像中，保存图像查看完成后的效果。

8.2.5 使用模糊滤镜组

模糊滤镜组通过削弱图像中相邻像素的对比度，使相邻的像素产生平滑过渡效果，从而产生柔和边缘的效果。“模糊”子菜单提供了“动感模糊”“径向模糊”“高斯模糊”等14种模糊命令，下面将分别进行讲解。

1. 使用高斯模糊滤镜

高斯模糊滤镜根据高斯曲线对图像进行选择性模糊，使用该模糊工具能产生强烈的模糊效果，是比较常用的模糊滤镜。下面主要使用高斯模糊制作燃烧时的模糊效果，其具体操作步骤如下。

微视频：使用高斯模糊滤镜

STEP 1 羽化选区

❶在工具箱中选择魔棒工具，在星球图像上单击，载入选区，按【Ctrl+Shift+I】组合键反选选区；❷选择【选择】/【修改】/【羽化】命令，打开“羽化选区”对话框，在其中设置羽化半径为“6”像素；❸单击“确定”按钮。

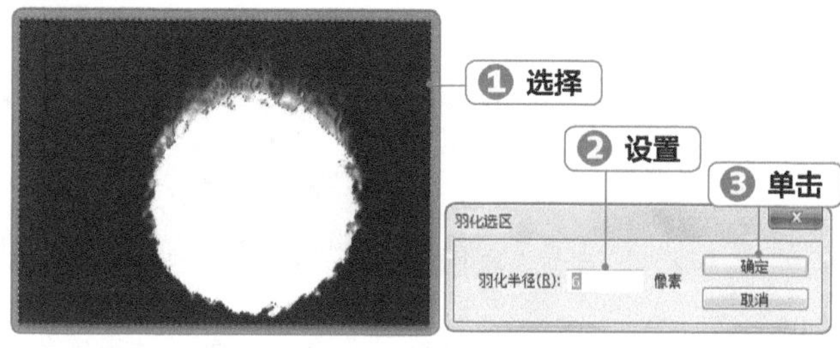

STEP 2 应用高斯模糊滤镜

❶选择【滤镜】/【模糊】/【高斯模糊】命令，打开"高斯模糊"对话框，设置半径为"1.0"；❷单击"确定"按钮。

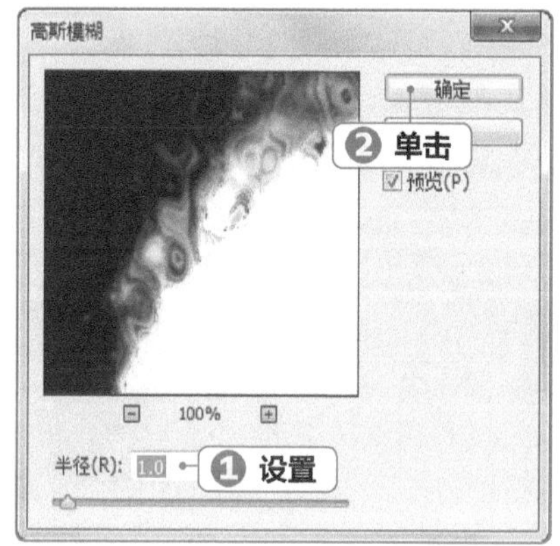

技巧秒杀

调整模糊效果

在"高斯模糊"对话框的"半径"数值框中可以调节图像的模糊程度，该值越大，模糊效果越明显。

STEP 3 载入并填充选区

❶取消选区，按【Ctrl】键单击"Alpha1 拷贝"通道缩略图，载入选区；❷切换到"图层"面板，新建一个图层，名称为"图层 2"按【D】键复位前景色和背景色，按【Ctrl+Delete】组合键填充选区为白色。

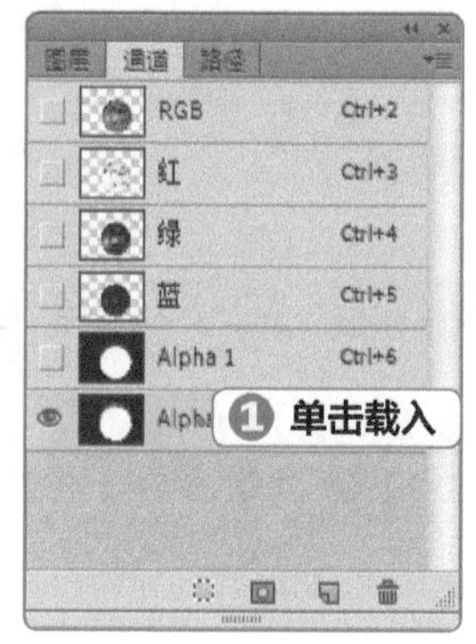

STEP 4 新建并填充图层

❶取消选区，再次新建一个图层，将其移动到"图层 2"图层下方；❷按【Alt+Delete】组合键填充图层为黑色。

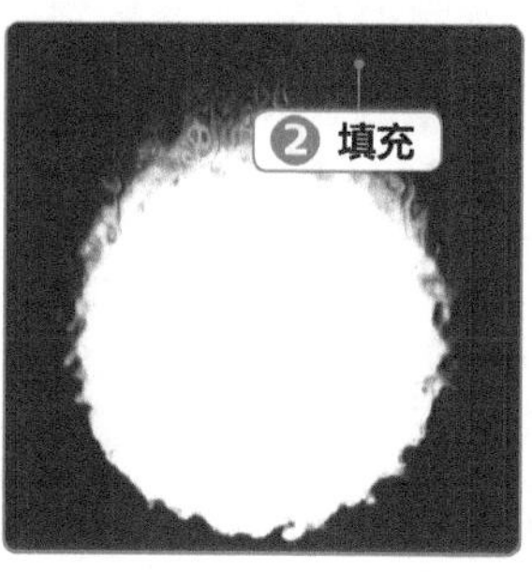

STEP 5 调整色相 / 饱和度

❶选择"图层 2"图层，在"调整"面板中单击"创建新的色相 / 饱和度"调整图层按钮；❷打开"色相 / 饱和度"面板，在其中设置色相为"40"；❸设置"饱和度"为"100"；❹单击选中"着色"复选框。

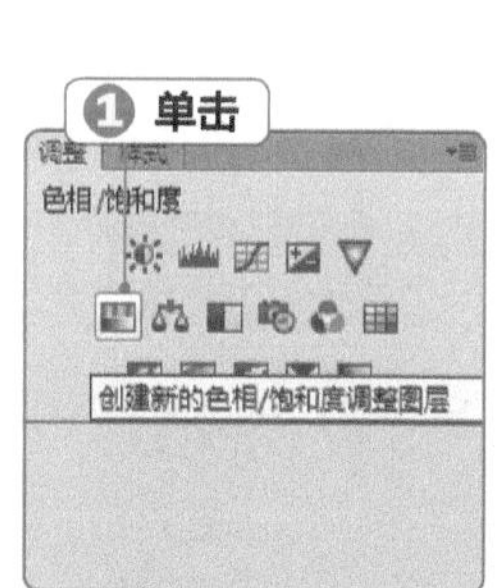

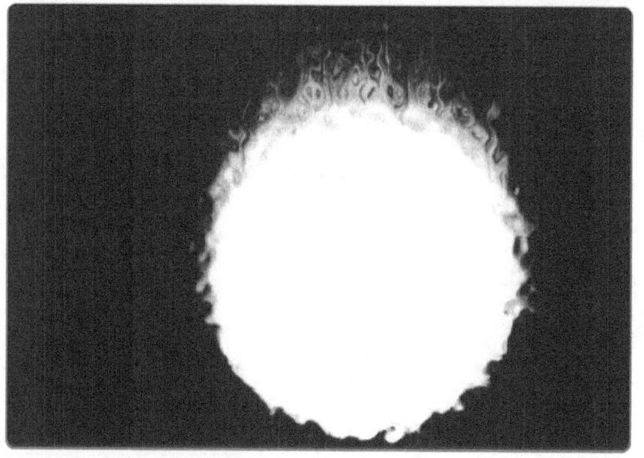

STEP 6 调整色彩平衡中间色调

❶在"调整"面板中单击"创建新的色彩平衡调整图层"按钮；❷打开"色彩平衡"面板，在"色调 "下拉列表中选择"中间调"选项；❸设置青色到红色为"+100"。

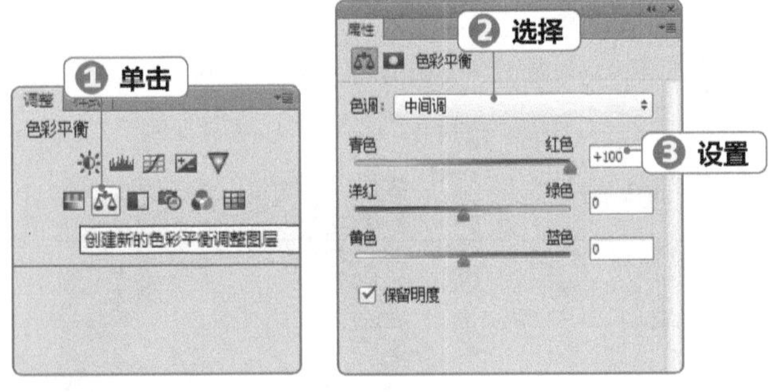

STEP 7 调整色彩平衡高光色调

❶在“色调 ”下拉列表中选择“高光”选项；❷设置青色到红色为“+100”。

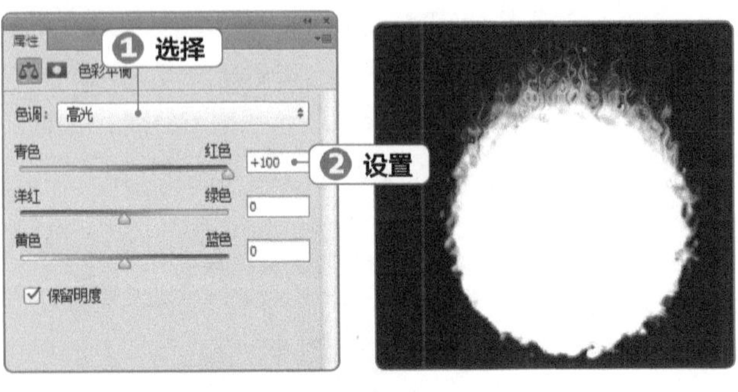

STEP 8 盖印图层并设置图层混合模式

❶按【Ctrl+Shift+Alt+E】组合键盖印图层，得到“图层 4”图层；❷将盖印图层的混合模式设置为“线性减淡（添加）”。

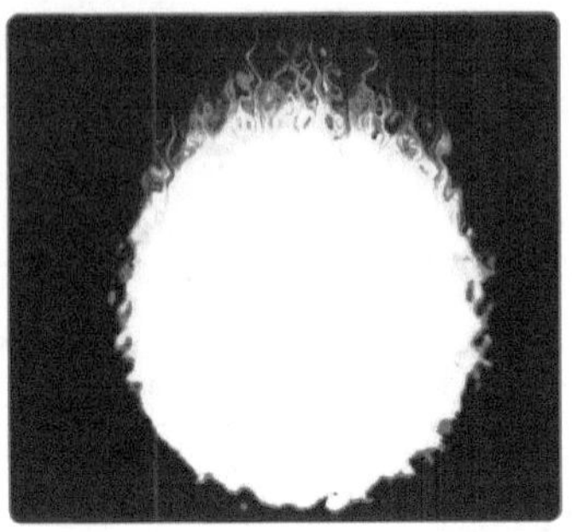

技巧秒杀

设置线性减淡

使用“线性减淡”混合模式时，一般会产生大量的色阶溢出，凸出火焰的色彩。

STEP 9 填充选区

❶使用魔棒工具选择星球图像，按【Alt+Delete】组合键为选区填充黑色，此时图像未发生变化；❷取消选区，删除“图层 2”图层，此时将显示出填充的黑色星球，可见它与黑色背景融为一体，只显示出火环。

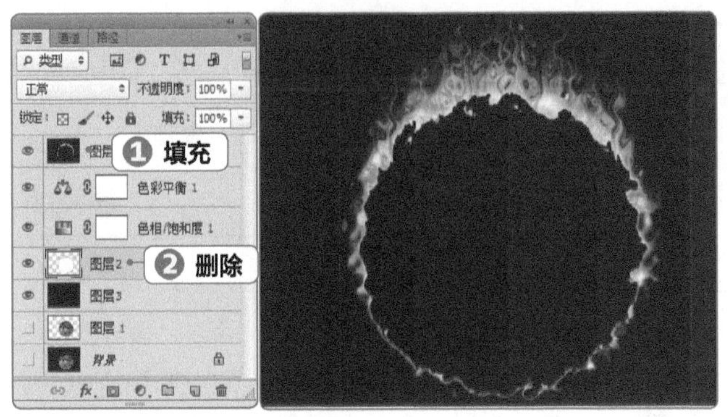

STEP 10 设置玻璃滤镜参数

❶切换到“通道”面板，选择“Alpha1 拷贝”通道，选择【滤镜】/【滤镜库】命令，打开“滤镜库”对话框，打开“扭曲”滤镜组，选择“玻璃”滤镜；❷设置扭曲度为“20”，设置“平滑度”为“15”，设置“缩放”为“52%”；❸单击“确定”按钮。

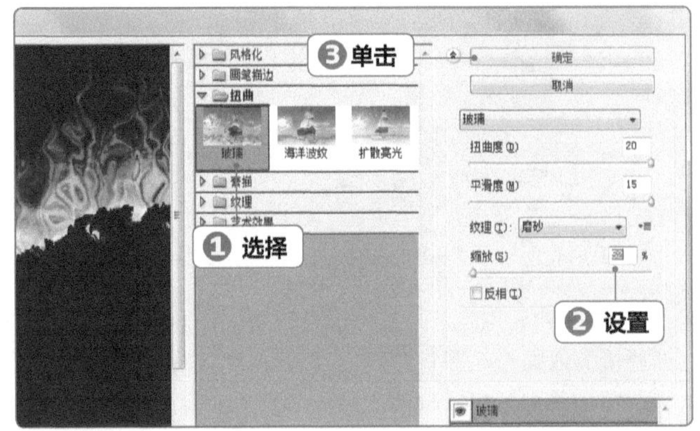

STEP 11 羽化选区

❶使用魔棒工具选择星球，按【Ctrl+Shift+I】组合键反选选区；❷按【Shift+F6】组合键打开“羽化选区”对话框，设置羽化半径为“6”像素；❸单击“确定”按钮。

STEP 12 应用高斯模糊滤镜

❶选择【滤镜】/【模糊】/【高斯模糊】命令，打开“高斯模糊”对话框，设置半径为“2 像素”；❷单击“确定”按钮，返回图像编辑窗口取消选区。

STEP 13 新建图层并填充选区

❶切换到“通道”面板，选择 Alpha1 通道；❷单击“将通道作为选区载入”按钮，将 Alpha1 通道中的图像载入选区；❸切换到“图层”面板，隐藏“图层 4”，然后新建一个图层5，用白色填充新建的图层，并将其移动到“色相/饱和度 1”图层的下方。

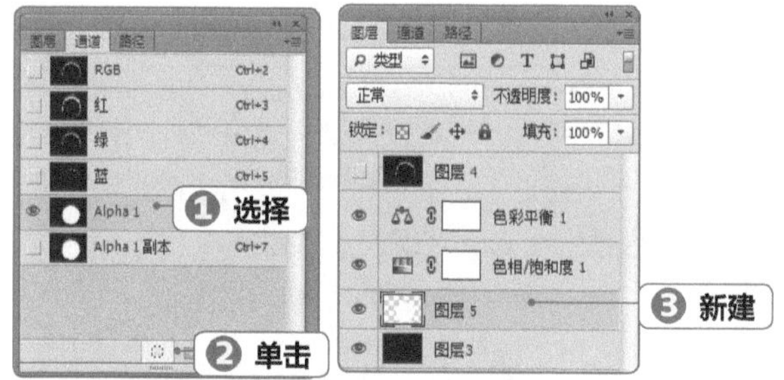

STEP 14 盖印图层并设置图层混合模式

❶按【Ctrl+Shift+Alt+E】组合键盖印图层，得到“图层 6”图层；❷将盖印图层的混合模式设置为“变亮”，并将其移动到最上方。

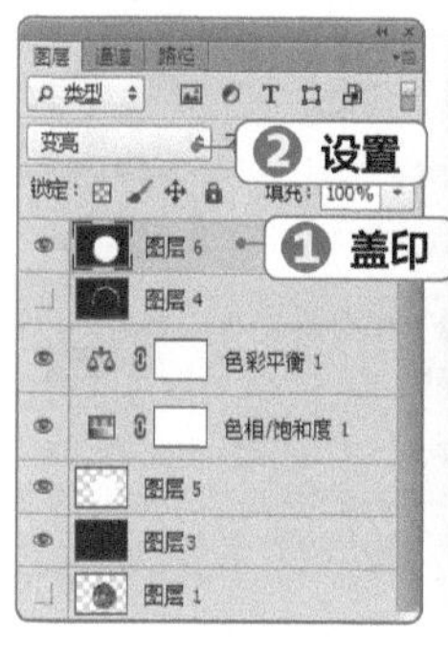

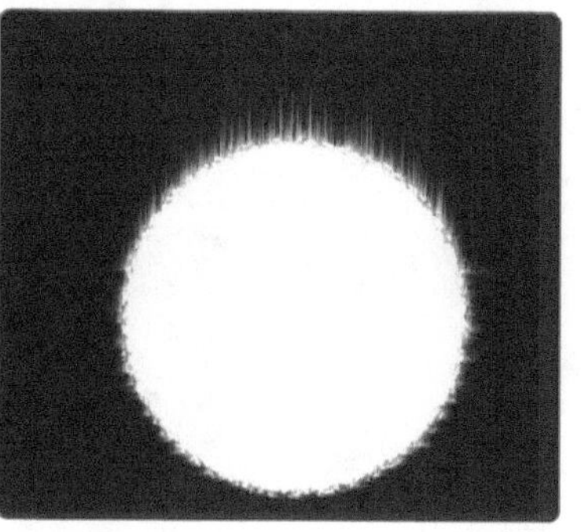

STEP 15 合并图像

❶显示“图层 4”图层；❷选择“图层 6”图层，按【Ctrl+E】组合键向下合并图像。

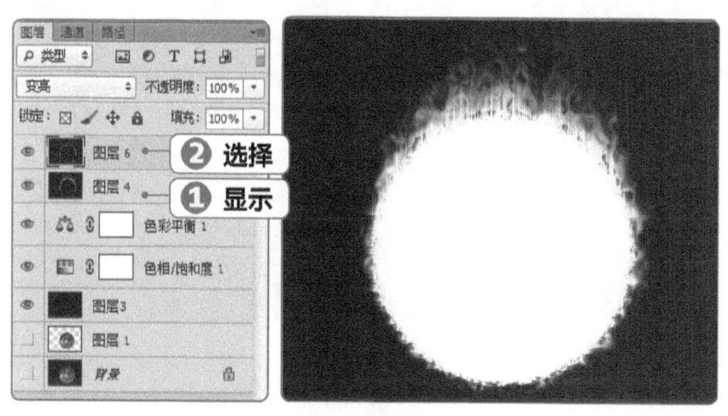

STEP 16 复制图层并设置图层混合模式

❶将“图层 1”图层拖曳到“图层 4”图层上方，然后复制图层；❷设置图层混合模式为“线性减淡（添加）”。

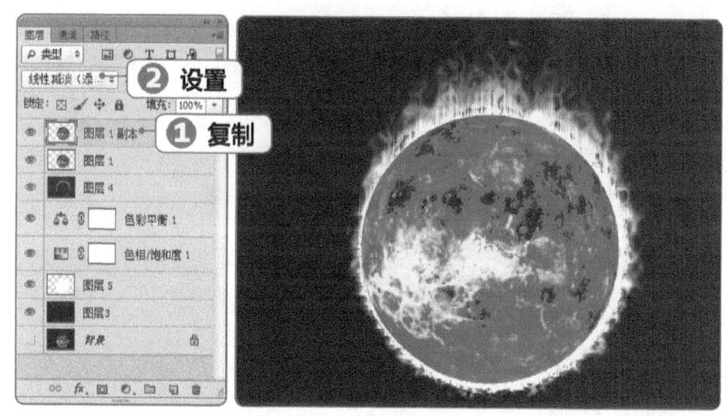

STEP 17 添加素材

打开“背景 .jpg”素材文件，使用移动工具将其拖曳到星球图像中，并将“图层 6”图层移动到“图层 4”图层下方。

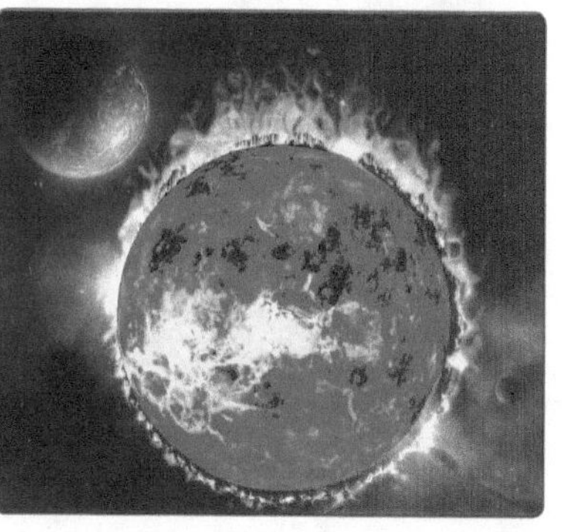

STEP 18 添加文本

打开“燃烧的地球文本 .psd”素材文件，将文本拖曳到星球图像文件中，为了加强文本效果，可复制“星火”文本图层，调整文本、星球的大小与位置，完成本例的操作。

2. 使用场景模糊滤镜

场景模糊滤镜可以使画面不同区域呈现不同程度的模糊效果。下面主要使用场景模糊滤镜为素材的不同区域添加不同的模糊效果，并设置散光效果，其具体操作步骤如下。

STEP 1 设置场景模糊滤镜参数

❶选择【滤镜】/【模糊】/【场景模糊】命令，在图像左上角单击鼠标，添加模糊的中心点，在"模糊工具"面板中的"模糊"数值框中设置模糊的强度为"0 像素"；❷在右下角添加中心点；❸设置"模糊"值为"15 像素"。

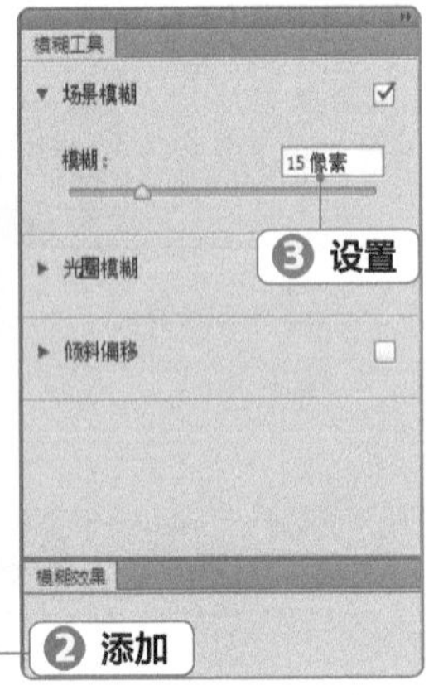

STEP 2 设置散景

❶切换到"模糊效果"面板；❷单击选中"散景"复选框；❸设置"光源散景"为"79%"；❹设置"散景颜色"为"67%"；❺设置"光照范围"为"159"~"160"；❻单击"确定"按钮。

技巧秒杀

设置散景

光源散景用于控制光照亮度，数值越大，高光区域的亮度就越高；散景颜色用于设置散景区域的颜色。

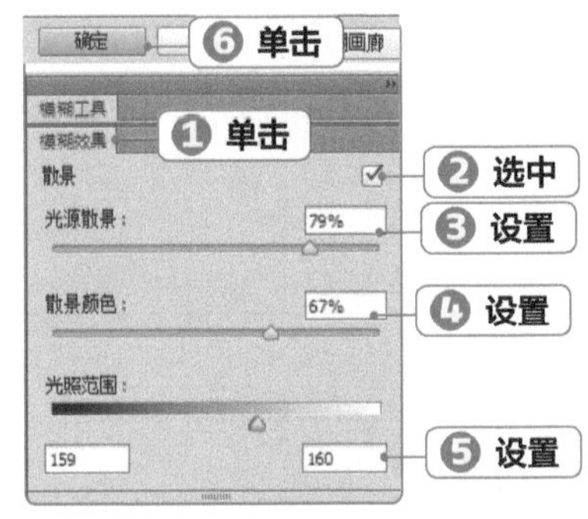

STEP 3 查看场景模糊滤镜效果

返回图像编辑窗口，查看设置场景模糊后的效果。

3. 使用光圈模糊滤镜

光圈模糊滤镜可以将一个或多个焦点添加到图像中，用户可以对焦点的大小、形状，以及焦点区域外的模糊数量和清晰度等进行设置。下面为素材添加光圈模糊滤镜，突出显示人物，模糊背景，其具体操作步骤如下。

STEP 1 设置光圈模糊滤镜的位置与强度

❶选择【滤镜】/【模糊】/【光圈模糊】命令，单击鼠标，添加模糊的中心点，拖曳光圈边缘可调整光圈大小；❷在"模糊工具"面板中的"模糊"数值框中设置模糊的强度为"15 像素"；❸单击"确定"按钮。

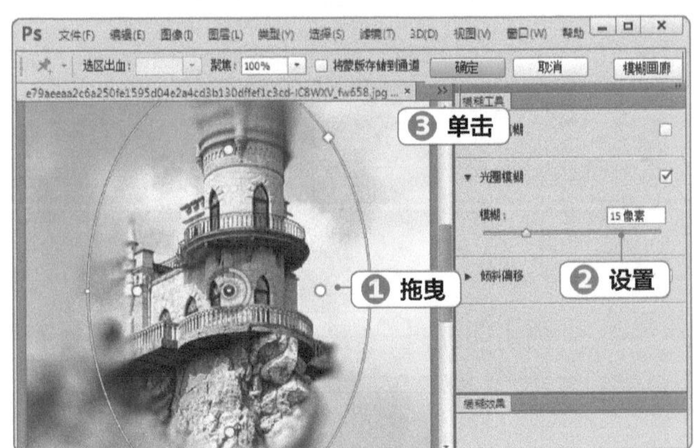

STEP 2 查看光圈模糊滤镜效果

返回图像编辑窗口，查看设置光圈模糊后的效果。

4. 使用移轴模糊滤镜

移轴模糊滤镜可用于模拟相机拍摄的移轴效果，其效果类似于微缩模型。下面为素材添加移轴模糊滤镜，其具体操作步骤如下。

STEP 1 设置移轴模糊滤镜参数

❶选择【滤镜】/【模糊】/【移轴模糊】命令，单击鼠标，添加模糊的中心点，拖曳白色点调整倾斜位置与倾斜角度；❷在“模糊工具”面板中的“模糊”数值框中设置模糊的强度为“15 像素”；❸单击“确定”按钮。

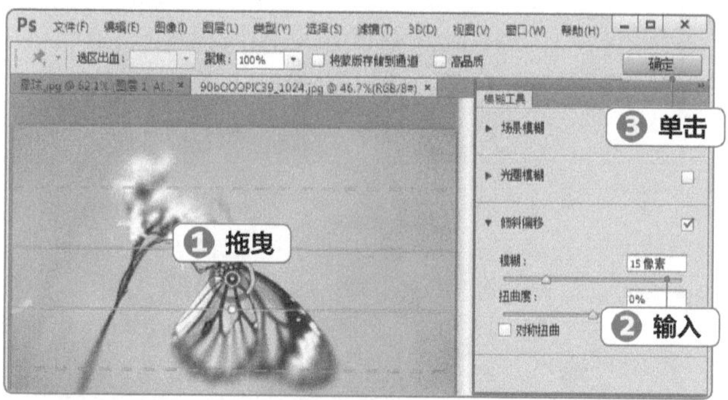

STEP 2 查看移轴模糊滤镜效果

返回图像编辑窗口，查看设置移轴模糊后的效果。

5. 使用表面模糊滤镜

表面模糊滤镜在模糊图像时可保留图像边缘，用于创建特殊效果以及去除杂点和颗粒。下面为素材添加表面模糊滤镜，其具体操作步骤如下。

STEP 1 设置表面模糊滤镜参数

❶选择【滤镜】/【模糊】/【表面模糊】命令，打开“表面模糊”对话框，在“半径”数值框中输入“38”，设置模糊的强度；❷在“阈值”数值框中输入“30”，其中当相邻像素色调值与中心像素色调值的差值小于阈值时，将不会进行模糊；❸单击“确定”按钮。

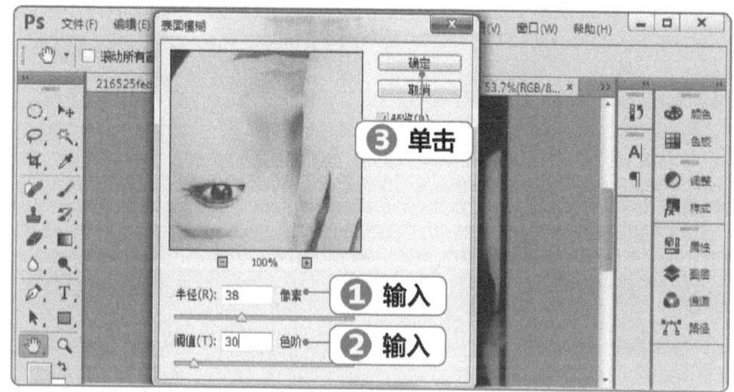

STEP 2 查看表面模糊滤镜效果

返回图像编辑窗口，查看设置表面模糊后的效果。

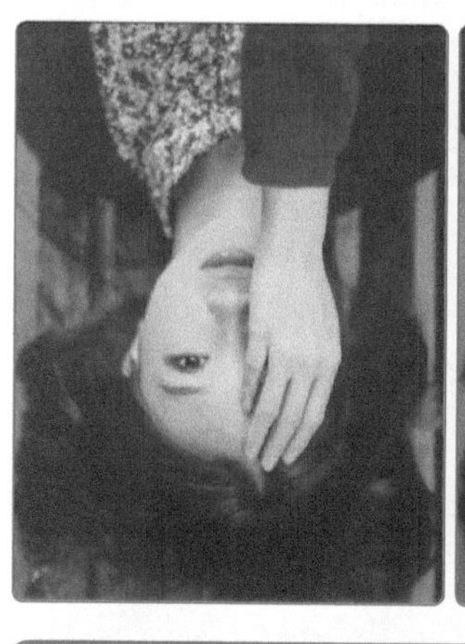

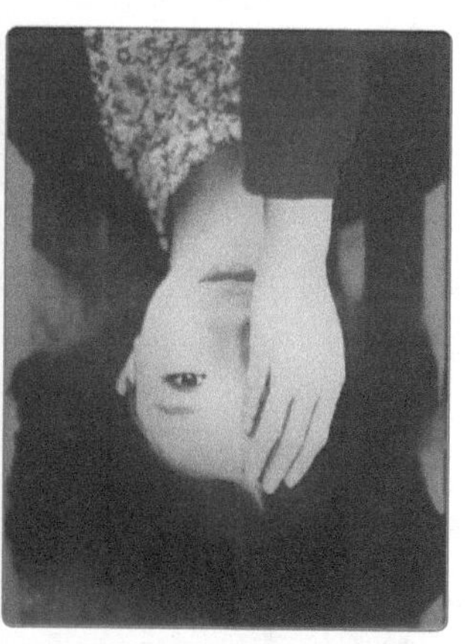

6. 使用动感模糊滤镜

动感模糊滤镜用于通过对图像中某一方向上的像素进行线性位移来产生运动的模糊效果。下面为素材添加动感模糊滤镜，其具体操作步骤如下。

STEP 1 设置动感模糊滤镜参数

❶选择背景图层，选择【滤镜】/【模糊】/【动感模糊】命令，打开“动感模糊”对话框，设置模糊“角度”为“30”度；❷设置模糊“距离”为“8”像素；❸单击“确定”按钮。

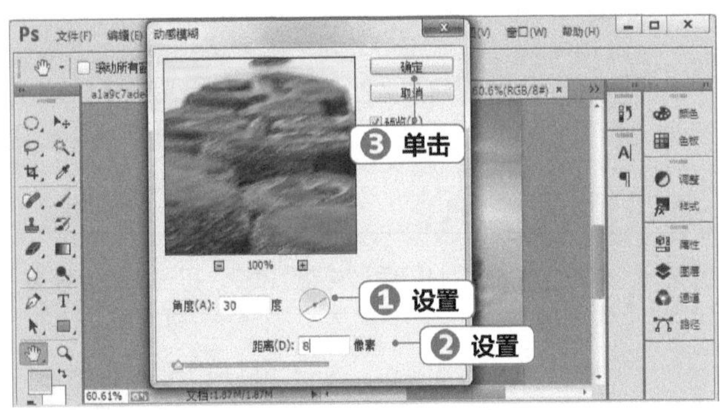

STEP 2 查看动感模糊滤镜效果

返回图像编辑窗口，查看设置动感模糊后的效果。

7. 使用方框模糊滤镜

方框模糊滤镜是以邻近像素颜色平均值为基准值模糊图像的滤镜。下面为素材添加方框模糊滤镜，其具体操作步骤如下。

STEP 1 设置方框模糊滤镜参数

❶选择【滤镜】/【模糊】/【方框模糊】命令，打开“方框模糊”对话框，在“半径”数值框中设置模糊的强度为“10 像素”；❷单击“确定”按钮。

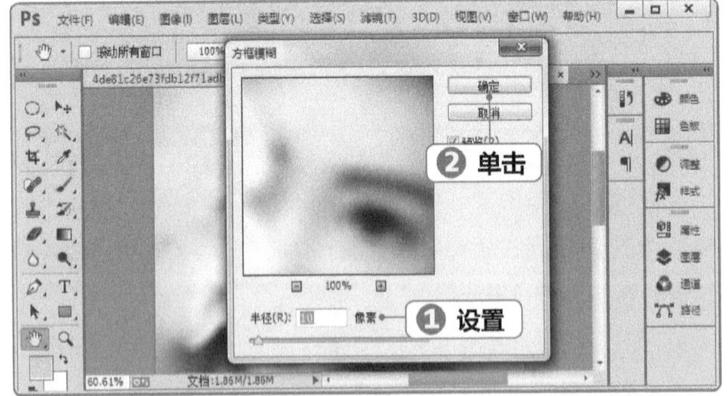

STEP 2 查看方框模糊滤镜效果

返回图像编辑窗口，查看设置方框模糊后的效果。

8. 使用进一步模糊 / 模糊滤镜

进一步模糊滤镜可以使图像产生一定程度的模糊效果；而模糊滤镜将对图像中边缘过于清晰的颜色进行模糊处理。这两个滤镜没有参数设置对话框，若要加强模糊效果，可多次执行对应滤镜命令。下面为素材添加进一步模糊/模糊滤镜，其具体操作步骤如下。

STEP 1 进一步模糊滤镜效果

选择素材，选择【滤镜】/【模糊】/【进一步模糊】命令应用该滤镜。

STEP 2 模糊滤镜效果

选择素材，选择【滤镜】/【模糊】/【模糊】命令，应用该模糊效果。

9. 使用径向模糊滤镜

径向模糊滤镜可以使图像产生旋转或放射状模糊效果。下面为素材添加径向模糊滤镜，其具体操作步骤如下。

STEP 1 设置径向模糊滤镜参数

❶选择【滤镜】/【模糊】/【径向模糊】命令，打开“径向模糊”对话框，在“数量”数值框中设置模糊的强度为“10”；

❷单击选中“旋转”单选项，设置模糊方法，单击选中“好”单选项，设置模糊品质；❸单击“确定”按钮。

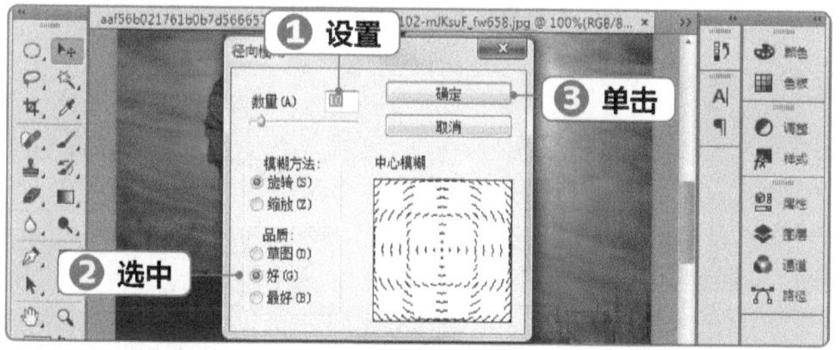

STEP 2 查看径向模糊滤镜效果

返回图像编辑窗口，查看设置径向模糊后的效果。

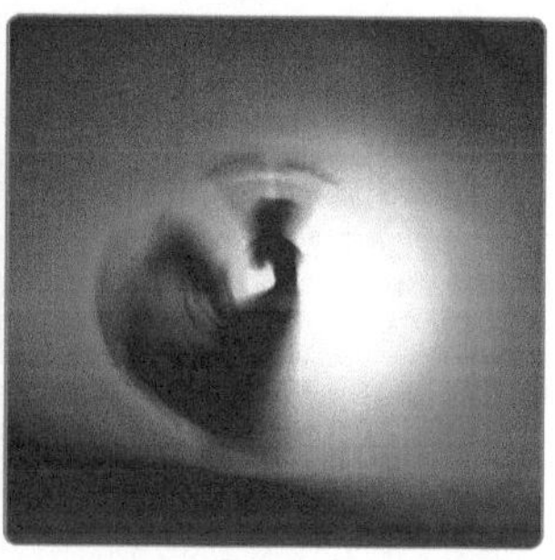

10. 使用镜头模糊滤镜

镜头模糊滤镜可以为图像模拟出摄像时镜头抖动产生的模糊效果。下面为素材添加镜头模糊滤镜，其具体操作步骤如下。

STEP 1 设置镜头模糊滤镜参数

❶选择【滤镜】/【模糊】/【镜头模糊】命令，打开“镜头模糊”对话框，设置光圈形状为“六边形”；❷设置“半径、叶片弯度、旋转、亮度、阈值、数量”分别为“28、84、139、45、249、4”，单击选中“平均”单选项，平均分布杂色；❸单击“确定”按钮。

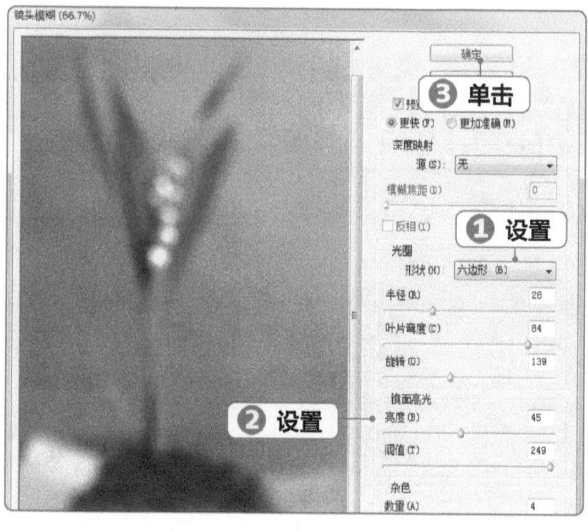

STEP 2 查看镜头模糊后的效果

返回图像编辑窗口，查看设置镜头模糊后的效果。

11. 使用平均与特殊模糊滤镜

平均滤镜通过对图像中的平均颜色值进行柔化处理，从而产生模糊效果；特殊模糊滤镜能对图像进行更为精确而且可控制的模糊处理，减少图像中的褶皱模糊或除去图像中多余的边缘部分。下面为不同的素材分别添加平均滤镜和特殊模糊滤镜，其具体操作步骤如下。

STEP 1 应用平均滤镜

打开素材，选择【滤镜】/【模糊】/【平均】命令即可应用该滤镜。

STEP 2 应用特殊模糊滤镜

❶打开素材，选择【滤镜】/【模糊】/【特殊模糊】命令，打开“特殊模糊”对话框，在“半径”数值框中输入“10.0”，在“阈值”数值框中输入“40.0”，在“品质”下拉列表框中选择“中”选项，在“模式”下拉列表框中选择“仅限边缘”选项；❷单击“确定”按钮。

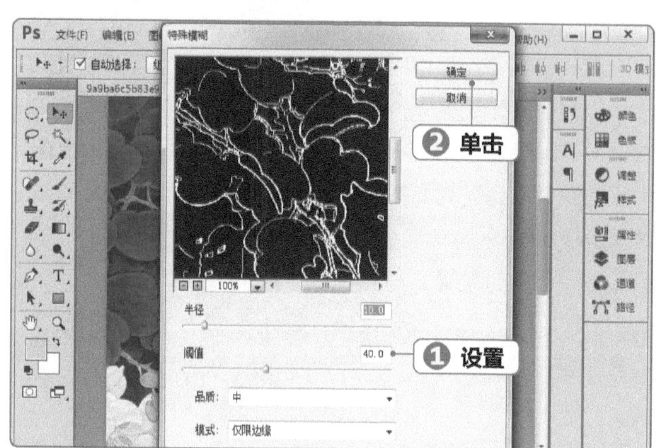

STEP 3 查看特殊模糊滤镜效果

返回图像编辑窗口，查看设置特殊模糊滤镜后的效果。

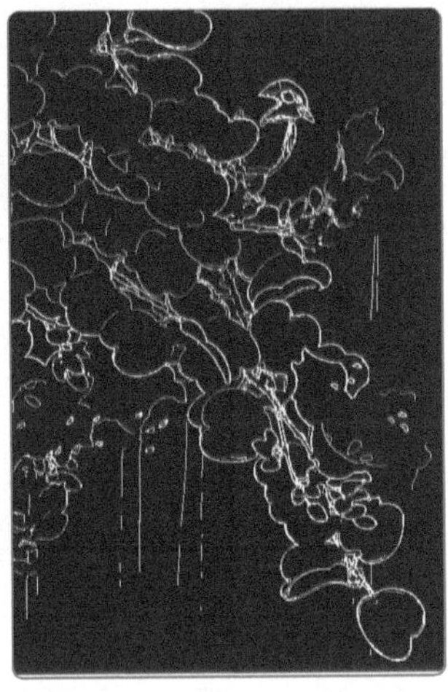

12. 使用形状模糊滤镜

形状模糊滤镜使图形按照某一指定的形状作为模糊中心来进行模糊。在“形状模糊”对话框下方选择一种形状，再在“半径”数值框中输入数值决定形状的大小，数值越大，模糊效果越强，完成后单击“确定”按钮，下图为使用“形状模糊”滤镜后图像的效果。

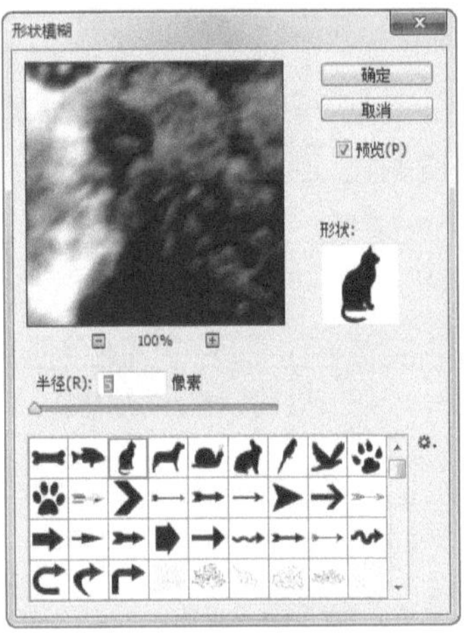

8.3 制作水墨荷花效果

“接天莲叶无穷碧，映日荷花别样红”，荷花具有濯清涟而不妖、亭亭玉立的特点，常用于象征洁身自爱、不同流合污的高洁追求，因此备受文人雅士的喜爱和追捧。水墨荷花更是雅居装饰不可缺少的画卷，下面将使用 Photoshop CC 中的其他滤镜组、纹理滤镜组、画笔描边滤镜组中的滤镜，将荷花照片处理成水墨荷花效果。

素材：素材 \ 第 8 章 \ 水墨荷花 \ | 效果：效果 \ 第 8 章 \ 水墨荷花 .psd

8.3.1 使用其他滤镜组

其他滤镜组主要用于处理图像中某些细节部分，也可自定义特殊效果滤镜。该滤镜组包括 5 种滤镜，分别为最小值、高反差保留、位移、自定和最大值滤镜，只需选择【滤镜】/【其他】命令，在弹出的子菜单中选择相应的滤镜命令即可。下面分别对其他滤镜组中的滤镜进行介绍。

1. 使用最小值滤镜

最小值滤镜可以将图像中的明亮区域缩小，将阴暗区域扩大，产生较阴暗的图像效果。下面对“荷花 .jpg”图像使用最小值滤镜，得到荷花图的线描手稿图，其具体操作步骤如下。

微视频：使用最小值滤镜

STEP 1 复制图层

❶打开“荷花 .jpg”图像文件；❷按【Ctrl+J】组合键复制背景图层。

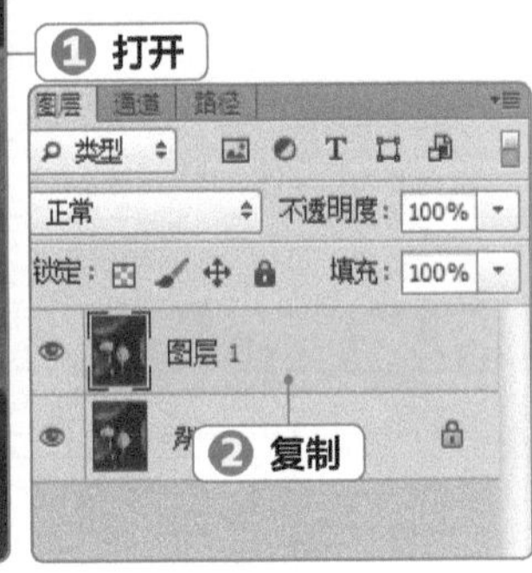

STEP 2 调整荷花图的阴影与高光

❶选择【图像】/【调整】/【阴影/高光】命令，打开“阴影/高光”对话框，设置阴影“数量”为“60%”；❷设置高光“数量”为“20%”；❸单击“确定”按钮。

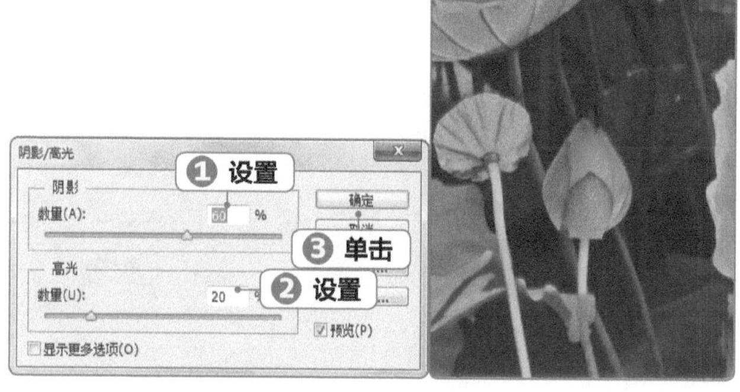

STEP 3 将荷花图处理成黑白照片

❶复制图层，选择【图像】/【调整】/【黑白】命令，打开“黑白”对话框，在预设下拉列表框中选择“中灰密度”选项；❷单击“确定”按钮，将图片处理成黑白照片。

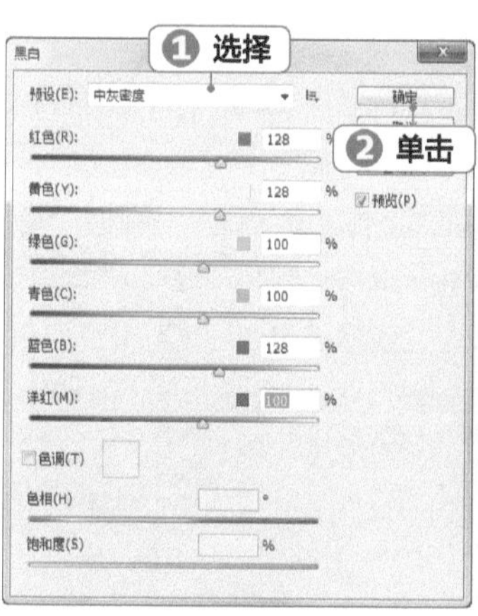

STEP 4 反相图像

返回图像编辑窗口，选择【图像】/【调整】/【反相】命令，把黑色背景转换为白色。

STEP 5 设置图层混合模式

❶把当前图层复制两层；❷将最上面的图层混合模式设置为“颜色减淡”。

STEP 6 设置最小值滤镜参数

❶按【Ctrl + I】组合键反相，画布变为白色，选择【滤镜】/【其他】/【最小值】命令，打开“最小值”对话框，设置“半径”为“2 像素”；❷单击“确定”按钮。

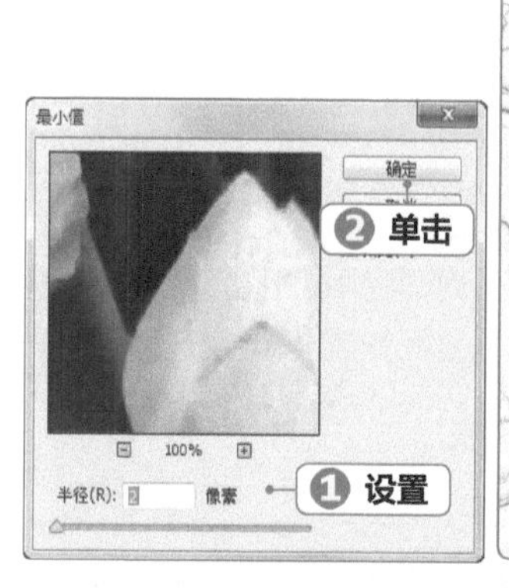

2. 使用高反差保留滤镜

高反差保留滤镜可以在图像中将有强烈颜色过渡的地方按指定的半径保留边缘细节，并且不显示图像其余部分。下面为素材添加高反差保留滤镜，并设置图层混合模式，提高图片品质，其具体操作步骤如下。

STEP 1 设置高反差保留滤镜参数

❶选择【滤镜】/【其他】/【高反差保留】命令，打开“高反差保留”对话框，在“半径”数值框中设置该滤镜分析处理的像素范围为“2 像素”；❷单击“确定”按钮。

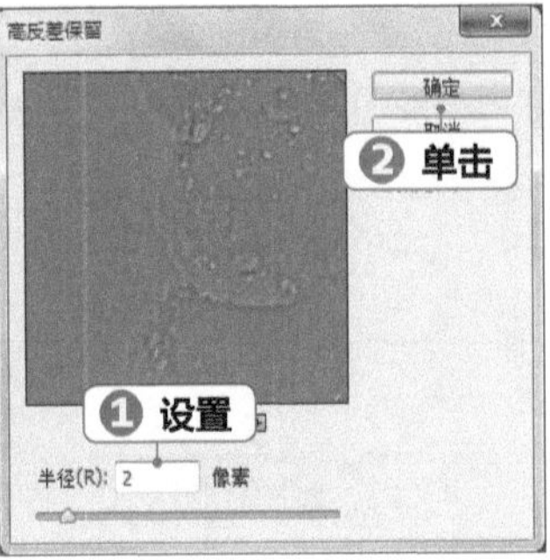

STEP 2 查看高反差保留滤镜效果

❶返回图像编辑窗口，查看应用高反差保留滤镜后的效果，选择高反差图层；❷将图层混合模式设置为“柔光”，可增强图片对比度，增强图片细节的显示效果。

3. 使用位移滤镜

位移滤镜可根据在“位移”对话框中设定的值来偏移图像，偏移后留下的空白可以用当前的背景色、重复边缘像素或折回边缘像素填充。下面为素材添加位移滤镜，其具体操作步骤如下。

STEP 1 设置位移滤镜参数

❶选择【滤镜】/【其他】/【位移】命令，打开“位移”对话框，设置图像在水平方向移动的距离为“-170 像素”；❷设置图像在垂直方向移动的距离为“-90 像素”；❸在“未定义区域”栏单击选中“折回”单选项，设置偏移后空白处的填充方式；❹单击“确定”按钮。

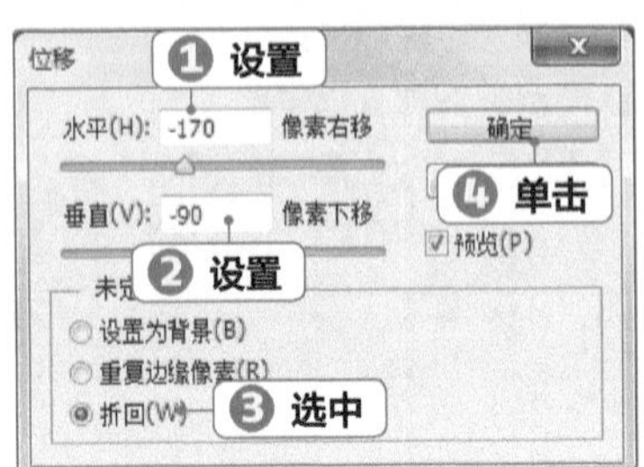

STEP 2 查看位移滤镜效果

返回图像编辑窗口，查看应用位移滤镜后的效果。

4. 使用自定滤镜

自定滤镜可以创建自定义的滤镜效果，如创建锐化、模糊和浮雕等滤镜效果。下面为素材添加自定滤镜，其具体操作步骤如下。

STEP 1 设置并储存自定滤镜参数

❶选择【滤镜】/【其他】/【自定】命令，打开“自定”对话框，在 5×5 的数值框中分别输入对应的像素；❷在“缩放”数值框输入“1”，去除计算中包含像素的亮度部分；❸在“位移”数值框中输入“5”；❹单击“确定”按钮，若单击“存储”按钮，即可将设置的滤镜参数存储到系统中，以便下次使用。

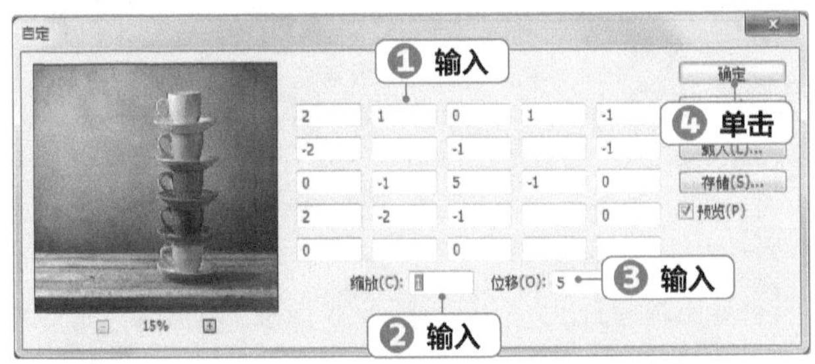

STEP 2 查看自定滤镜效果

返回图像编辑窗口，查看应用自定滤镜后的效果。

Chapter 08

5. 使用最大值滤镜

最大值滤镜可以将图像中的明亮区域扩大，将阴暗区域缩小，产生较明亮的图像效果，和最小值滤镜的作用相反。下图为同一图像分别应用最大值和最小值滤镜后的效果。

8.3.2 使用画笔描边滤镜组

画笔描边滤镜组用于模拟不同的画笔或油墨笔刷来勾画图像，从而产生绘画效果。该滤镜组中包含了 8 种滤镜，可在滤镜库中进行选择。下面分别对画笔描边滤镜组中的滤镜进行介绍。

1. 使用喷溅滤镜

喷溅滤镜可以在图像中模拟出笔墨喷溅效果。下面为荷花图添加喷溅滤镜，从而形成纸张渲染效果，其具体操作步骤如下。

微视频：使用喷溅滤镜

STEP 1 设置喷溅滤镜参数

❶合并图层 1 副本和图层 1 图层，选择【滤镜】/【滤镜库】命令，打开“滤镜库”对话框，展开“画笔描边”滤镜组，选择“喷溅”滤镜；❷设置“喷色半径”为“10”，设置“平滑度”为“4”；❸单击“确定”按钮。

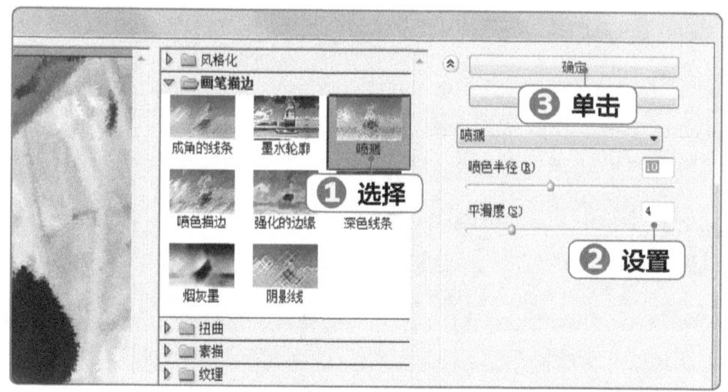

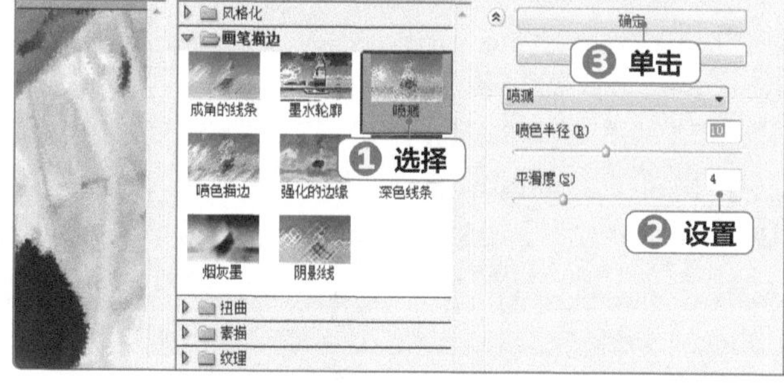

操作解谜

设置喷溅滤镜参数

“喷色半径”选项用于控制喷溅的范围，其值为 0~25；“平滑度”选项用于设置喷溅的平滑度。

STEP 2 查看喷溅滤镜效果

返回图像编辑窗口，查看应用喷溅滤镜后的效果，选择“图层 1 副本”图层，设置混合模式为“柔光”。

STEP 3 调整色阶

❶合并“图层 1”与“图层 1 副本”图层，选择【图像】/【调整】/【色阶】命令，打开“色阶”对话框，设置阴影值为“30”；❷单击“确定”按钮，返回图像编辑窗口，使用加深工具涂抹，以加深荷叶。

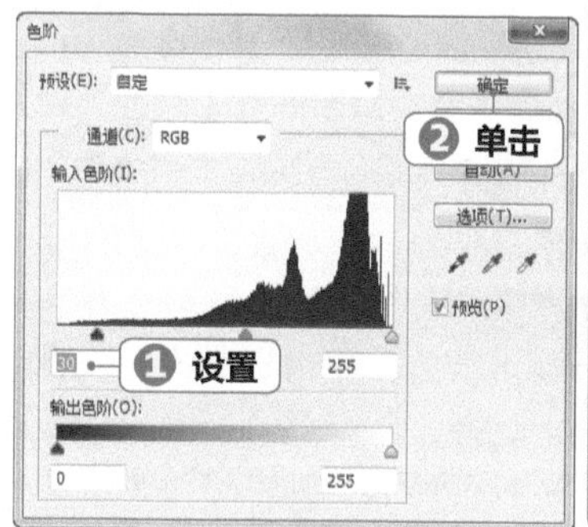

2. 使用成角的线条滤镜

成角的线条滤镜可以使图像中的颜色按一定的方向进行流动，从而产生类似倾斜划痕的效果。下面为素材添加成角的线条滤镜，其具体操作步骤如下。

STEP 1 设置成角的线条滤镜参数

❶选择【滤镜】/【滤镜库】命令，打开“滤镜库”对话框，展开“画笔描边”滤镜组，选择“成角的线条”滤镜；❷设置“方向平衡”为“70”，设置“描边长度”为“20”，设置“锐化程度”为“8”；❸单击“确定”按钮。

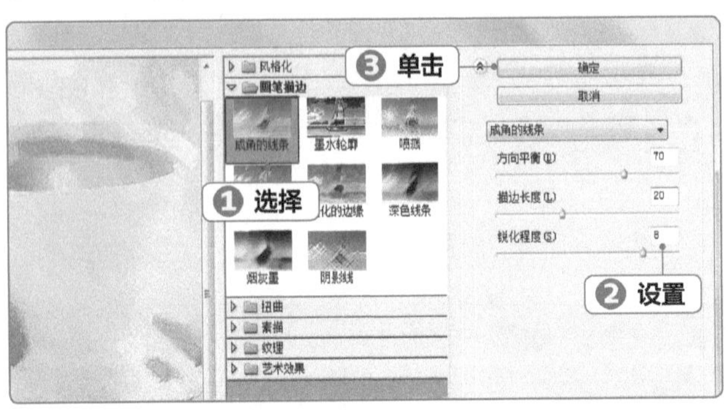

STEP 2 查看成角的线条滤镜效果

返回图像编辑窗口，查看应用成角的线条滤镜后的效果。

3. 使用墨水轮廓滤镜

墨水轮廓滤镜可在图像边缘模拟出油彩轮廓的绘制效果，从而生成钢笔画风格的图像效果。下面为素材添加墨水轮廓滤镜，其具体操作步骤如下。

STEP 1 设置墨水轮廓滤镜参数

❶选择【滤镜】/【滤镜库】命令，打开“滤镜库”对话框，展开“画笔描边”滤镜组，选择“墨水轮廓”滤镜；❷设置“描边长度”为“4”，设置“深色强度”为“20”，设置“光照强度”为“10”；❸单击“确定”按钮。

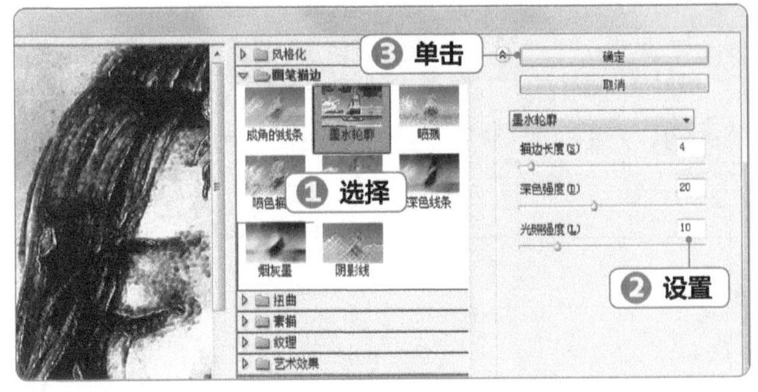

STEP 2 查看墨水轮廓滤镜效果

返回图像编辑窗口，查看应用墨水轮廓滤镜后的效果。

4. 使用喷色描边滤镜

喷色描边滤镜和喷溅滤镜效果类似，可以使图像产生斜纹飞溅的效果。下面为素材添加喷色描边滤镜，其具体操作步骤如下。

STEP 1 设置喷色描边滤镜参数

❶选择【滤镜】/【滤镜库】命令，打开“滤镜库”对话框，展开“画笔描边”滤镜组，选择“喷色描边”滤镜；❷设置“描边长度”为“10”，设置“喷色半径”为“10”，设置“描边方向”为“右对角线”；❸单击“确定”按钮。

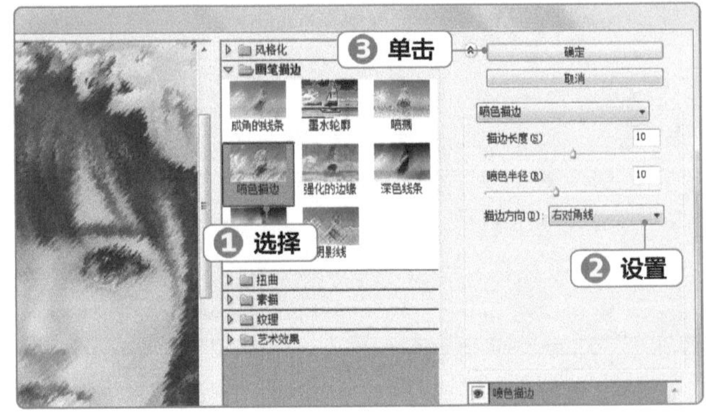

STEP 2 **查看喷色描边滤镜效果**

返回图像编辑窗口，查看应用喷色描边滤镜后的效果。

5. 使用强化的边缘滤镜

强化的边缘滤镜可以对图像的边缘进行强化处理，使图像边缘更加突出、明显。下面为素材添加强化的边缘滤镜，其具体操作步骤如下。

STEP 1 **设置强化的边缘滤镜参数**

❶选择【滤镜】/【滤镜库】命令，打开“滤镜库”对话框，展开“画笔描边”滤镜组，选择“强化的边缘”滤镜；❷设置“边缘宽度”为“5”，设置“边缘亮度”为“40”，若该值较大，则强化效果与白色粉笔相似，若该值较小，则强化效果与黑色油墨相似，设置平滑度为“4”；❸单击“确定”按钮。

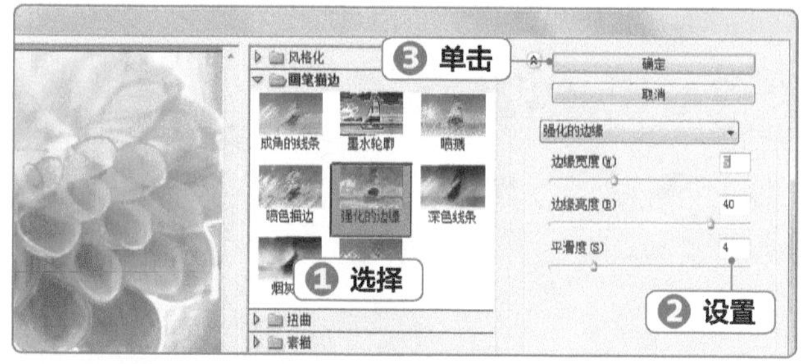

STEP 2 **查看强化的边缘滤镜效果**

返回图像编辑窗口，查看应用强化的边缘滤镜后的效果。

6. 使用深色线条滤镜

深色线条滤镜将使用短而密的线条来绘制图像中的深色区域，用长而白的线条来绘制图像中颜色较浅的区域。

7. 使用烟灰墨滤镜

烟灰墨滤镜可模拟使用蘸满黑色油墨的湿画笔在宣纸上绘画的效果。下面为素材添加烟灰墨滤镜，其具体操作步骤如下。

STEP 1 **设置烟灰墨滤镜参数**

❶选择【滤镜】/【滤镜库】命令，打开“滤镜库”对话框，展开“画笔描边”滤镜组，选择“烟灰墨”滤镜；❷设置“描边宽度”为“6”，设置“描边压力”为“3”，控制阴影区域强度，设置“对比度”为“24”，控制图像的整体对比度；❸单击“确定”按钮。

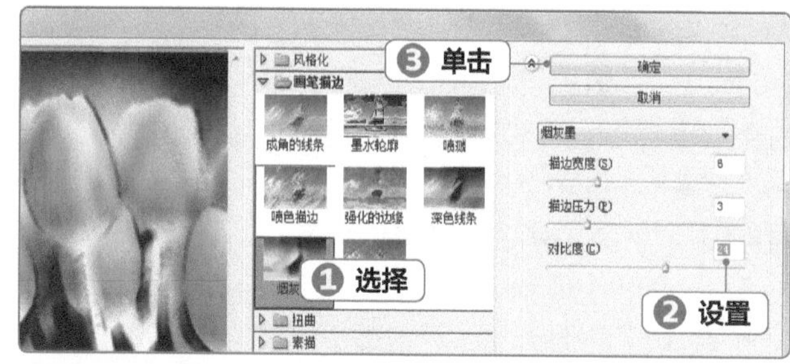

STEP 2 **查看烟灰墨滤镜效果**

返回图像编辑窗口，查看应用烟灰墨滤镜后的效果。

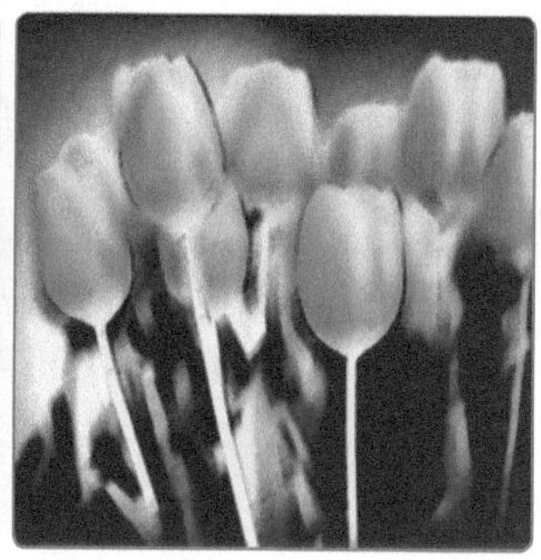

8. 使用阴影线滤镜

阴影线滤镜可以使图像表面生成交叉状倾斜划痕的笔触效果。下面为素材添加阴影线滤镜，其具体操作步骤如下。

STEP 1 设置阴影线滤镜参数

❶选择【滤镜】/【滤镜库】命令，打开“滤镜库”对话框，展开“画笔描边”滤镜组，选择“阴影线”滤镜；❷设置“描边长度”为“15”，设置“锐化程度”为“15”，设置“强度”为“2”；❸单击“确定”按钮。

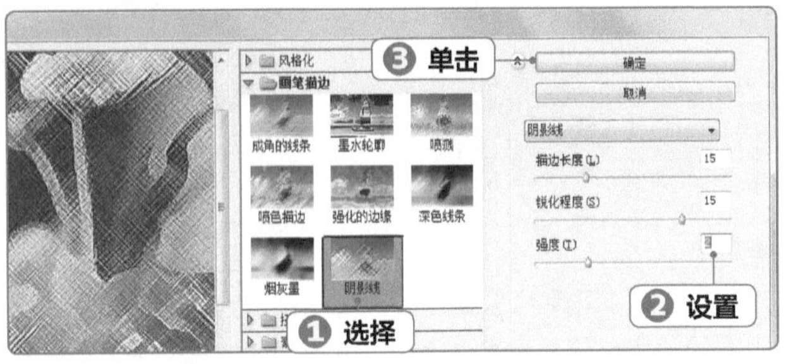

STEP 2 查看阴影线滤镜效果

返回图像编辑窗口，查看应用阴影线滤镜后的效果。

8.3.3 使用纹理滤镜组

纹理滤镜组是向图像中添加一种深度或物质纹理的外观，使图像从感观上更有质感。纹理滤镜组包括纹理化、龟裂缝、颗粒、马赛克拼贴、拼缀图和染色玻璃 6 种滤镜。下面分别对纹理滤镜组中的滤镜进行介绍。

1. 使用纹理化滤镜

微视频：使用纹理化滤镜

纹理化滤镜可以在图像中添加纹理质感，从而产生不同的纹理效果，如添加“砖形”“粗麻布”“画布”“砂岩”等纹理，也可单击右侧的▪≡按钮，载入计算机中保存的纹理。下面对荷花素材添加“画布”纹理滤镜，形成宣纸的效果，其具体操作步骤如下。

STEP 1 设置纹理化滤镜参数

❶选择【滤镜】/【滤镜库】命令，打开“滤镜库”对话框，展开“纹理”滤镜组，选择“纹理化”滤镜；❷设置“纹理”为“画布”，设置“缩放”为“50%”，设置“凸现”为“2”，控制纹理效果的强弱；❸单击“确定”按钮。

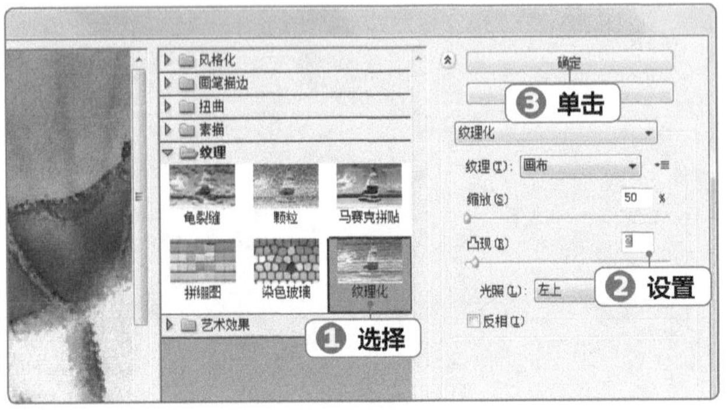

STEP 2 使用照片滤镜

❶合并“图层 1”与“图层 1 副本”图层，选择【图像】/【调整】/【照片滤镜】命令，打开“照片滤镜”对话框，选择滤镜为“加温滤镜（85）”；❷设置“浓度”为“12”；❸单击“确定”按钮。

STEP 3 添加文本与边框

选择矩形工具，在工具属性栏中设置“描边颜色、描边粗细、描边样式”分别为“黑色、19.4 点、实线”，沿着页面边框绘制矩形，为荷花图添加边框效果。打开“水墨画文本.psd”文件，将其中的文本与印章添加到当前编辑窗口中，即可完成水墨荷花的制作。

2. 使用龟裂缝滤镜

龟裂缝滤镜可以在图像中随机生成龟裂纹理和浮雕效果，若配合图像混合模式使用，可增加物体的质感和细腻度。下面为素材添加龟裂缝滤镜，其具体操作步骤如下。

STEP 1 设置龟裂缝滤镜参数

❶选择【滤镜】/【滤镜库】命令，打开“滤镜库”对话框，展开“纹理”滤镜组，选择“龟裂缝”滤镜；❷设置“裂缝间距”为“15”，设置“裂缝深度”为“6”，设置“裂缝亮度”为“9”；❸单击“确定”按钮。

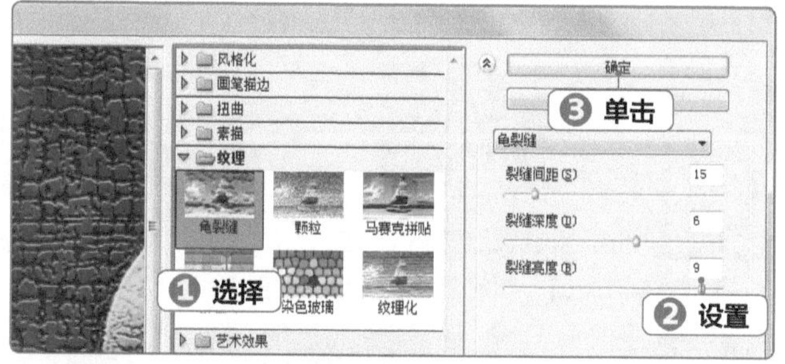

STEP 2 查看龟裂缝滤镜效果

返回图像编辑窗口，查看应用龟裂缝滤镜后的效果。

3. 使用颗粒滤镜

颗粒滤镜可以在图像中随机加入不同类型的、不规则的颗粒，以使图像产生颗粒纹理效果。下面为素材添加颗粒滤镜，其具体操作步骤如下。

STEP 1 设置颗粒滤镜参数

❶选择【滤镜】/【滤镜库】命令，打开“滤镜库”对话框，展开“纹理”滤镜组，选择“颗粒”滤镜；❷设置“强度”为“45”，控制颗粒密度，设置颗粒的明暗“对比度”为“50”，在“颗粒类型”下拉列表框中选择“常规”选项；❸单击“确定”按钮。

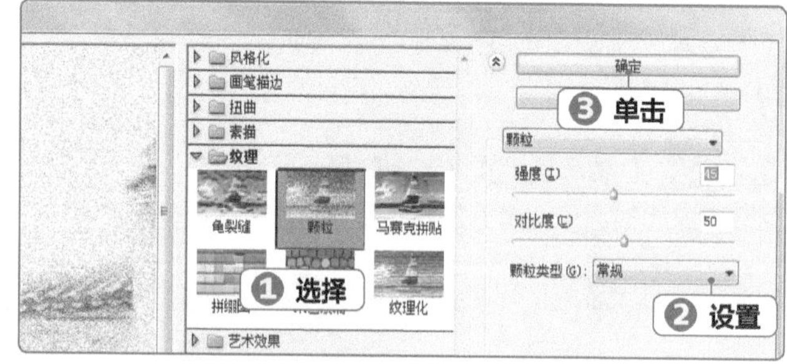

STEP 2 查看颗粒滤镜效果

返回图像编辑窗口，查看应用颗粒滤镜后的效果。

4. 使用马赛克拼贴滤镜

马赛克拼贴滤镜可以使图像产生马赛克网格的效果，并且可调整网格的大小以及缝隙的宽度和深度。下面为素材添加马赛克拼贴滤镜，其具体操作步骤如下。

STEP 1 设置马赛克拼贴滤镜参数

❶选择【滤镜】/【滤镜库】命令，打开“滤镜库”对话框，展开“纹理”滤镜组，选择“马赛克拼贴”滤镜；❷设置“拼贴大小”为“15”，设置“缝隙宽度”为“2”，设置“加亮缝隙”为“10”；❸单击“确定”按钮。

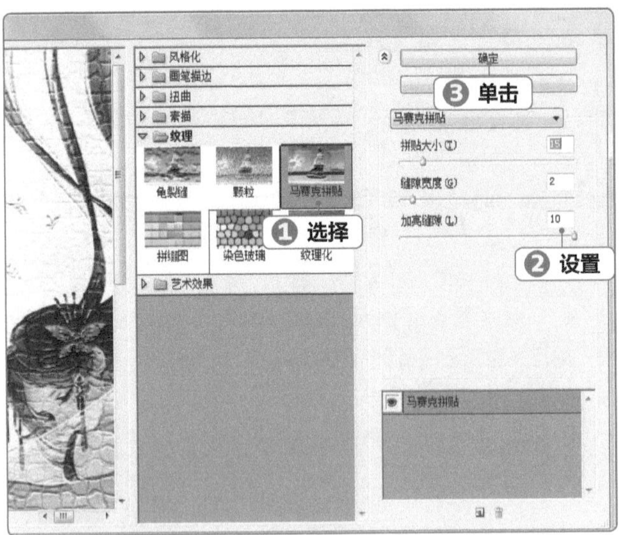

STEP 2 查看马赛克拼贴滤镜效果

返回图像编辑窗口，查看应用马赛克拼贴滤镜后的效果。

5. 使用拼缀图滤镜

拼缀图滤镜可以将图像分割成数量不等的小方块，用每个方块内的像素平均颜色作为该方块的颜色，模拟一种建筑拼贴瓷砖的效果，类似生活中的拼图效果，下图为使用拼缀图滤镜前后图像的效果。

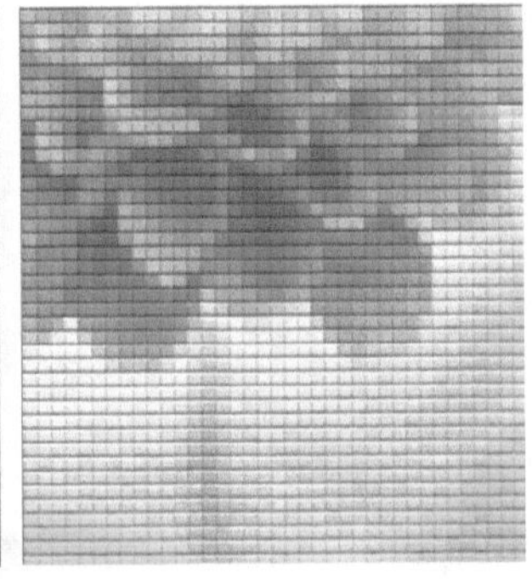

6. 使用染色玻璃滤镜

染色玻璃滤镜可以将图像分成不规则的彩色玻璃格子，格子之间的缝隙用前景色填充，以产生彩色玻璃效果。下面为素材添加染色玻璃滤镜，其具体操作步骤如下。

STEP 1 设置染色玻璃滤镜参数

❶选择【滤镜】/【滤镜库】命令，打开“滤镜库”对话框，展开“纹理”滤镜组，选择“染色玻璃”滤镜；❷设置“单元格大小”为“8”，设置“边框粗细”为“4”，设置“光照强度”为“3”；❸单击“确定”按钮。

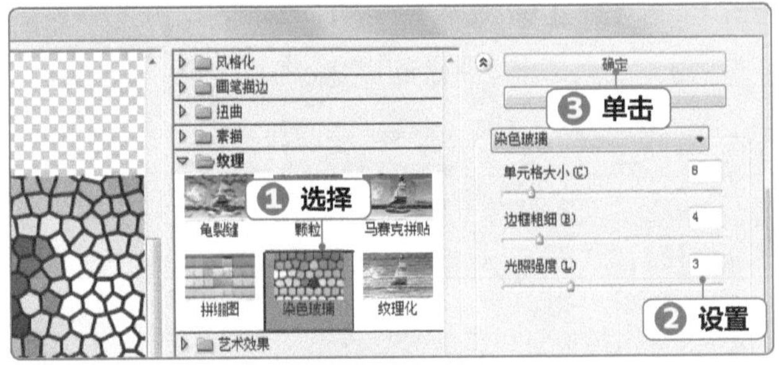

STEP 2 查看染色玻璃滤镜效果

返回图像编辑窗口，查看应用染色玻璃滤镜后的效果。

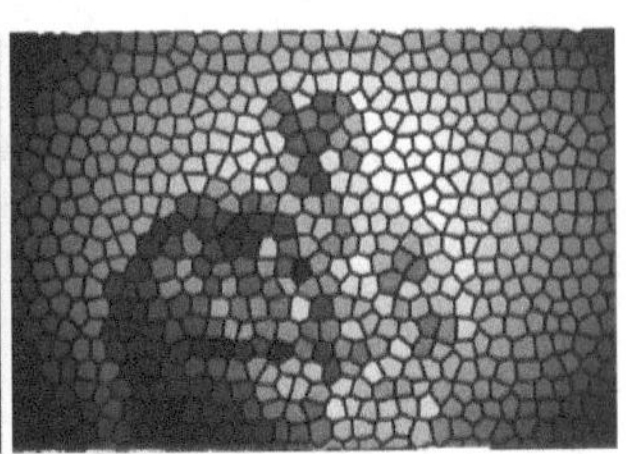

新手加油站——使用滤镜技巧

1. 使用自适应广角滤镜

自适应广角滤镜能对图像的范围进行调整，使图像得到类似使用不同镜头拍摄的视觉效果。Photoshop 中的自适应广角滤镜能对图像的透视、完整球面和鱼眼等进行调整。

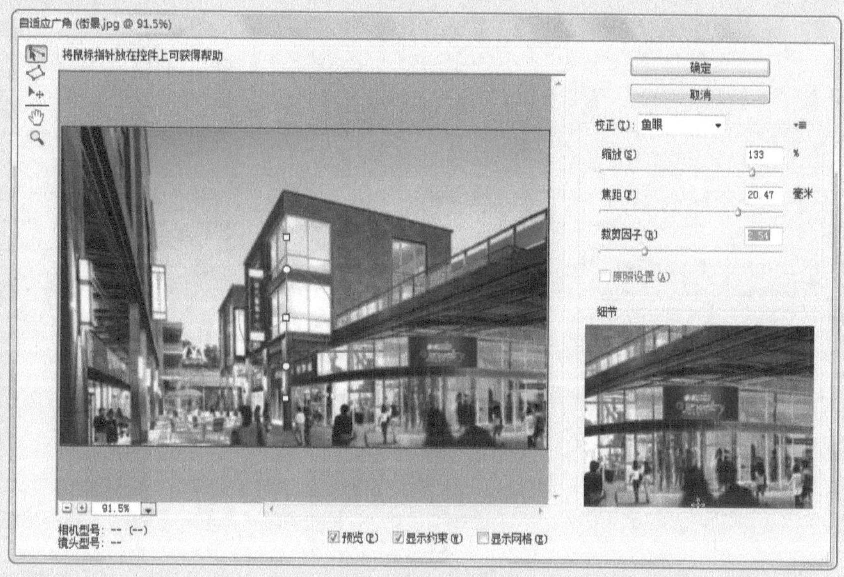

2. 使用镜头校正滤镜

镜头校正滤镜主要用于修复因拍摄不当或相机自身问题，而出现的图像扭曲等现象。在 Photoshop CC 中选择【滤镜】/【镜头校正】命令，打开“镜头校正”对话框，在“自动校正”选项卡中进行设置或单击“自定”选项卡进行自定义校正设置。其中，几何扭曲用于校正镜头的失真；色差用于校正红、绿、蓝颜色差值；晕影用于校正由于镜头缺陷而造成的图像边缘较暗的现象；变换用于校正图像在水平或垂直方向上的偏移。

3. 使用油画滤镜

油画滤镜可以将普通的图像效果转换为手绘油画效果，通常用于制作风格画。其使用方法为选择【滤镜】/【油画】命令，打开“油画”对话框，在其中对“画笔”和“光照”参数进行设置即可。

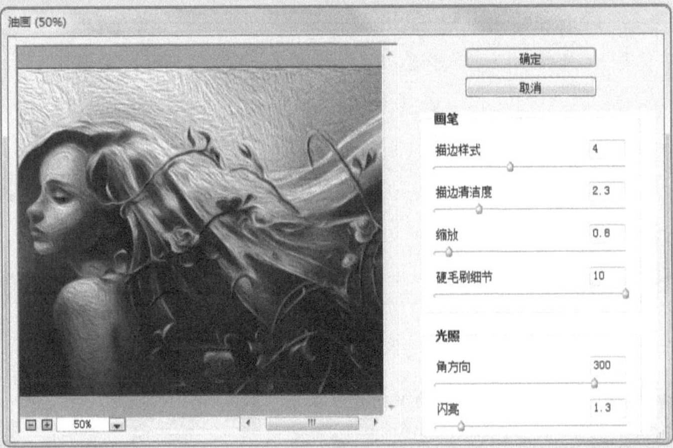

4. 使用消失点滤镜

消失点滤镜是允许在包含透视平面的图像中进行透视校正编辑，实现图像的各种特殊效果的一种滤镜。下面以在“照片.jpg”素材文件中透视“老虎.jpg”素材为例，讲解使用消失点滤镜处理图像的方法，其具体操作步骤如下。

❶ 打开“老虎.jpg”素材，按【Ctrl+A】组合键将全部图像作为选区载入，然后选择【编辑】/【拷贝】命令复制图像。

❷ 打开“照片.jpg”素材，选择【滤镜】/【消失点】命令，在打开的“消失点”对话框中单击按钮。

❸ 在预览图中用鼠标单击照片的四个角，从而生成网格。

❹ 按【Ctrl+V】组合键粘贴之前复制的图像，按【Ctrl+T】组合键调整图像大小，使用鼠标将粘贴的图像拖曳到网格中。

❺ 单击“确定”按钮，完成后即可查看效果。

5. 使用智能滤镜

智能滤镜能够对画面中的滤镜效果进行调整，如对参数、滤镜的移除或隐藏等进行编辑，方便用户对滤镜的反复操作，以达到更为协调的效果。使用智能滤镜前，需要将普通图层转换为智能对象，只要在图层上单击鼠标右键，在弹出的快捷菜单中选择“转换为智能对象”命令，即可将图层转换为智能对象，然后选择【滤镜】/【转换为智能滤镜】命令，此后，用户使用过的任何滤镜都会被存放在该智能滤镜中。此时在“图层”面板中的“智能滤镜”图层下方的滤镜效果上单击鼠标右键，在弹出的快捷菜单中选择“编辑智能滤镜混合选项”命令，在打开的“混合选项”对话框中即可对滤镜效果进行编辑。

6. 使用视频滤镜组

视频滤镜组包含 NTSC 颜色和逐行两种滤镜，用户通过它们能够处理隔行扫描方式设备中的图像。NTSC 颜色滤镜可以将色域限制在电视机重现可接受的范围内，以防止过饱和颜色渗到电视扫描中；逐行滤镜用于移去视频图像中的奇数或偶数隔行线，使视频上捕捉的运动图像变得平衡。选择【滤镜】/【视频】/【逐行】命令，将打开“逐行”对话框，在“消除”栏可设置消除逐行的方式，包括奇数行和偶数行两种；在“创建新场方式”栏可设置消除后用何种方式来填充空白区域，“复制”选项可以通过复制被删除部分周围的像素来填充空白区域，“插值”选项可以利用被删除部分周围的像素，通过插值的方法进行填充。

高手竞技场 ——使用滤镜练习

1. 制作水墨画风格照片

本例将打开“古镇 .jpg”图像，使用喷溅滤镜和表面模糊滤镜制作水墨画整体效果，要求如下。

- 使用喷溅滤镜和表面模糊滤镜制作水墨画整体效果。
- 通过涂抹等工具对照片进行精修处理。
- 进行色彩的调整，让风格更加突出，查看完成后的效果。

2. 制作晶体纹理

本例将新建文档，制作晶体纹理效果，要求如下。

- 新建文档，再使用渐变工具以及壁画滤镜制作背景。
- 使用凸出滤镜，制作晶体纹理效果。
- 最后添加文字完成晶体纹理的制作。

09 Chapter

第 9 章

使用矢量工具和路径

/ 本章导读

在图形图像处理中，若只有文本，会使画面显得单调，使读者丧失阅读的兴趣。若在文本下方或画面其他位置添加一些形状，不仅能够丰富图像内容，起到强化主题、明确主旨的作用，还能美化图像，使效果更加美观。本章将通过制作淑女装店招与企业标志两个案例对矢量工具和路径的使用方法进行介绍。

9.1 制作淑女装店招

店招就是商店的招牌，在淘宝中店招往往是店铺的门面，好的店招不但能提升店铺的形象还能提高买家的好感度。本店铺主要出售淑女型的女装，为了体现本店铺的淑女风格，不但需要从服装上进行体现，还要从装修风格中进行体现，而店招就是装修中的一部分。本例将先制作导航栏和收藏模块，再制作店标，最后输入文字，完成店招的制作。

素材：素材\第 9 章\铁艺线条 .psd　　效果：效果\第 9 章\淑女装店招 .psd

9.1.1 使用矩形工具

微视频：使用矩形工具

矩形工具分为直角矩形工具和圆角矩形工具。使用直角矩形工具可以绘制任意方形或具有固定长宽的矩形形状路径；而圆角矩形工具则可绘制具有圆角半径的矩形路径，如生活中常见的包装、手机等。下面分别进行介绍。

1. 矩形工具

下面使用矩形工具绘制收藏模块，并为形状填充颜色，其具体操作步骤如下。

STEP 1 填充颜色并添加参考线

新建大小为“1920 像素 ×150 像素”，分辨率为“72 像素 / 英寸”，名为“淑女装店招”的文件，并将背景填充为“#dcede5”，选择矩形选框工具，绘制“485×150”像素的矩形选区，并沿着矩形添加参考线，使用相同的方法，在右侧添加矩形框并添加对应的参考线。

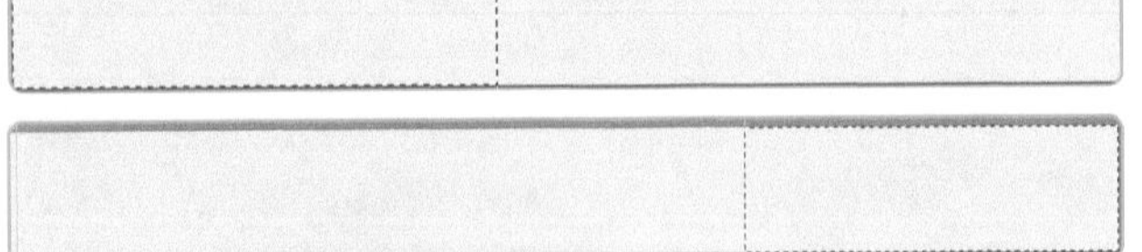

STEP 2 设置矩形的填充颜色

①在工具箱中选择矩形工具，在工具属性栏中选择“形状”选项；②单击填充色块，在打开的面板中选择白色色块；③单击描边色块，在打开的面板中单击“无描边”按钮取消描边。

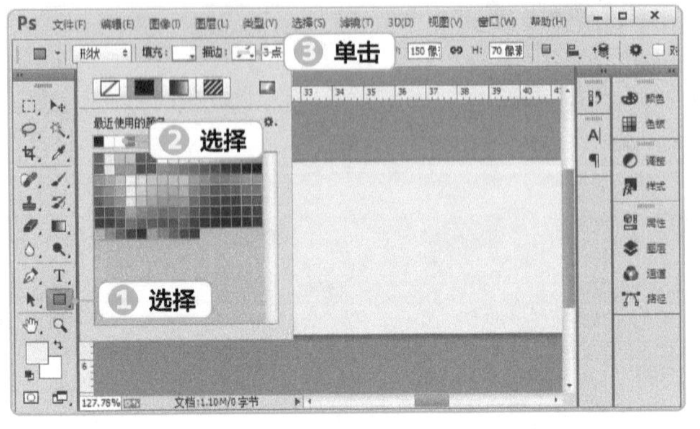

STEP 3 绘制矩形

设置后拖曳鼠标，在参考线的中间绘制大小为“150×70”像素的矩形，设置填充颜色为“#497961”，在白色矩形的右下角绘制其他矩形，并使其重叠。

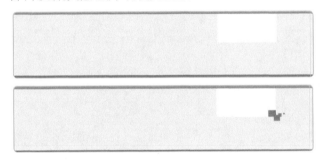

STEP 4 制作收藏模块

打开“铁艺线条 .psd”图像，将其中的“藏”和“收”字拖动到绘制的白色矩形中，完成收藏模块的制作。

2. 圆角矩形工具

圆角矩形工具的使用方法与矩形工具相同，不同的是，圆角矩形工具的工具属性栏中增加了一个“半径”数值框，半径值越大，角越平滑。

技巧秒杀

设置半径的注意事项

设置半径应该在绘图前进行，并统一对矩形的四个角进行调整，若要单独调整每个角的弧度，可选择直接选择工具，通过拖曳矩形上的锚点进行调整。

9.1.2 使用椭圆工具

微视频：使用椭圆工具

使用椭圆工具可以绘制正圆或椭圆形状路径，其使用及设置方法与矩形工具相同。下面使用椭圆工具绘制店招的装饰圆，并为其填充颜色，其具体操作步骤如下。

STEP 1 设置形状描边与填充

❶在工具箱中选择椭圆工具，在工具属性栏中选择“形状”选项；❷设置填充色为“#497961”；❸单击描边色块，在打开的面板中设置描边颜色为“白色”，设置描边粗细为“3 点”，设置描边样式为“实线”；❹按【Shift】键在矩形左侧绘制正圆，若不按【Shift】键可绘制椭圆。

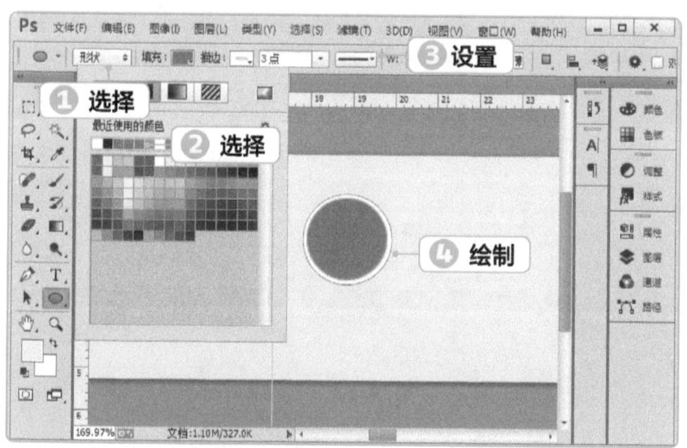

STEP 2 绘制其他圆和矩形

继续绘制圆，在工具属性栏中取消描边，调整绘制的圆形的大小与位置，并分别填充为“#9ac83b”“#42a037”和“#d4e384”。再使用矩形工具在圆图层的下方绘制白色矩形。

STEP 3 液化矩形

❶选择矩形图层，选择【滤镜】/【液化】命令，打开“液化”对话框，设置画笔大小为“50 像素”；❷在矩形的右侧边部进行涂抹，使矩形具有波浪效果；❸单击“确定”按钮。

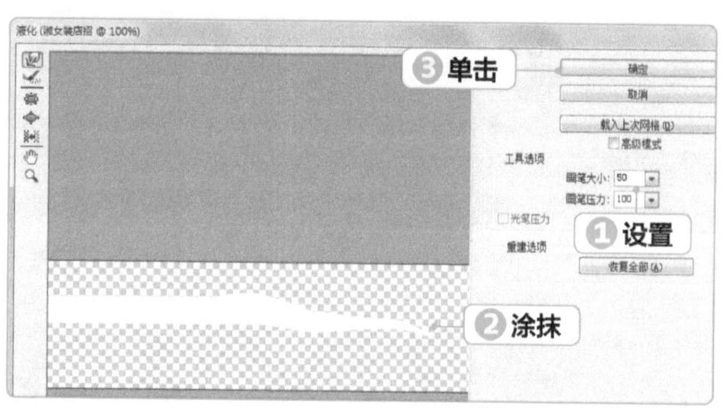

技巧秒杀

路径的运算

如需在已有的形状上继续绘制图形，在工具属性栏中单击“路径操作”按钮，在打开的下拉列表中选择不同的选项，可实现路径的新建、合并、相减、交叉和叠加等。

STEP 4 输入店铺名称

选择横排文字工具，输入文字“Blue sailing”，设置字体为“Action Jackson”，字号为“48 点”，加粗显示文本。使用相同的方法输入文字“时尚女装 我的时尚向导”，字号为“18 点”。

9.1.3 使用直线工具

使用直线工具可以绘制具有不同线宽的直线，用户还可以根据需要为直线增加单向或双向箭头。直线工具属性栏与多边形工具属性栏相似，只是“边”数值框变成了“粗细”数值框。下面将分别对直线工具和多边形工具进行介绍。

微视频：使用直线工具

1. 直线工具

直线工具常用于分隔图像或文字，本例将在英文文字和中文文字的中间区域绘制直线，使其起到分隔的作用，其具体操作步骤如下。

STEP 1 绘制直线

❶在工具箱中选择直线工具；❷在工具属性栏中设置填充颜色为“#497961”，❸设置粗细为“3 点”；❹完成后在“Blue Sailing”文字的下侧绘制直线。

STEP 2 选择画笔

❶在工具箱中选择画笔工具，在右侧的列表中打开“画笔”面板，单击选中“平滑”复选框；❷在右侧画笔中选择“25”号画笔；❸设置大小为“25 像素”，在画布中绘制一条长条直线，完成导航条的绘制。

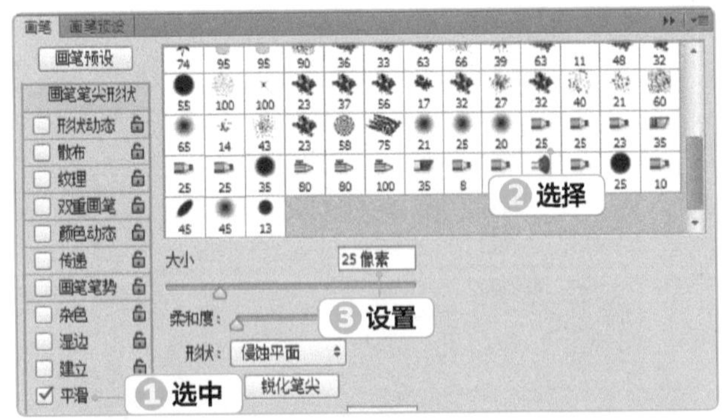

STEP 3 添加铁艺线头

再次打开“铁艺线条 .psd”素材，将其拖动到绘制的画笔线条的左侧，调整位置。复制铁艺线条，并按【Ctrl+T】组合键，调整铁艺位置，并在其上单击鼠标右键，在弹出的快捷菜单中选择“水平翻转”命令，将其移动到适当位置。

STEP 4 输入导航文字

使用横排文字工具在绘制的线条上输入不同的文字，并设置字体颜色为“白色”，字体为“黑体”，大小为“14 点”。再次使用直线工具，在文字的中间部分绘制直线，使其起到分隔的效果。

2. 多边形工具

多边形工具可以创建正多边形和星形。使用时只需在工具箱中选择多边形工具，在其工具属性栏中单击⚙按钮，在打开的面板中可设置多边形工具的参数。下图所示为在图像中添加多边形并填充不同颜色后的效果。

9.1.4 使用自定形状工具

微视频：使用自定形状工具

使用自定形状工具可以绘制系统自带的不同形状，例如箭头、人物、花卉和动物等，大大简化了用户绘制复杂形状的难度。下面将使用自定形状工具为店招的热门区域添加红色箭头形状，其具体操作步骤如下。

STEP 1 绘制地址图标

①选择自定义形状工具，在工具属性栏中将填充颜色设置为"红色"，单击"形状"栏右侧的下拉按钮，打开"形状"下拉列表框；②在右上角单击"设置"按钮；③在打开的下拉列表中选择"全部"选项；④在打开的提示对话框中单击"确定"按钮，替换当前列表框中的形状；⑤在"形状"下拉列表框选择"箭头"图形。

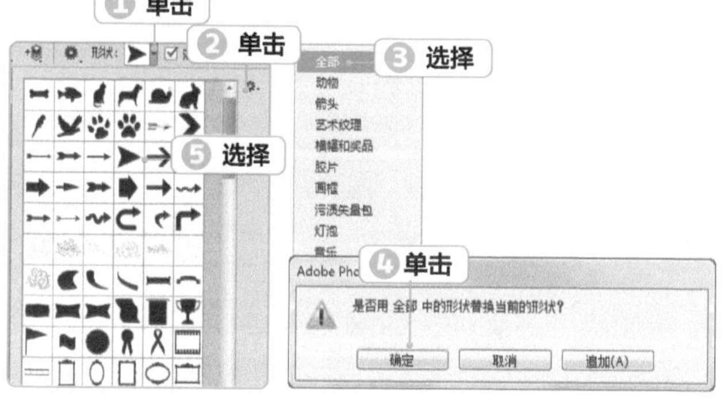

STEP 2 绘制箭头

在"首页"文字的右侧绘制红色箭头，表示该区域为重点，使用相同的方法，在"所有宝贝""新品上市"文字的右侧绘制红色箭头。

技巧秒杀

将路径定义为形状

使用钢笔工具绘制精美的图形后，可将其保存到自定义形状列表框中，方便下次直接调用。其方法为：选择绘制的路径，选择【编辑】/【定义自定形状】命令，在打开的对话框中为形状重命名，单击"确定"按钮，在自定义形状列表框中即可看见自定的形状位于末尾。

STEP 3 查看完成后的效果

保存文件，完成店招的制作，并查看完成后的效果。

9.2 绘制企业标志

企业标志是企业视觉识别系统中的核心部分，该标志是将企业的文化经过抽象和具象的结合，最后创造出简洁的图形符号，要求既能展示企业的经营理念，又能在实际应用中保持一致。下面将绘制方凌集团的企业标志，由于该公司属于科技类公司，因此制作标志时，使用了深蓝色，并且对拼音的首字母"F"进行造型设计。

 效果：效果 \ 第 9 章 \ 企业标志 .psd

9.2.1 创建路径

微视频：创建路径

路径常用于创建不规则的、复杂的图像区域。路径一般可分为 3 大类，其中有起点和终点的路径被称为开放式路径；没有起点和终点的路径被称为闭合路径；由多个独立路径组成的可称为多条路径或子路径。下面输入公司名称拼音的首字母"F"，将文本创建为路径，其具体操作步骤如下。

STEP 1 输入文本

①新建宽度为 8.5 厘米，高度为 7.5 厘米，分辨率为 250 像素 / 英寸，名称为“企业标志”的文件。在工具箱中选择横排文字工具，在图像中单击鼠标并输入文字“F”；②在工具属性栏中设置字体为“方正超粗黑简体”，并适当调整文字大小；③设置填充颜色为“#0064a0”。

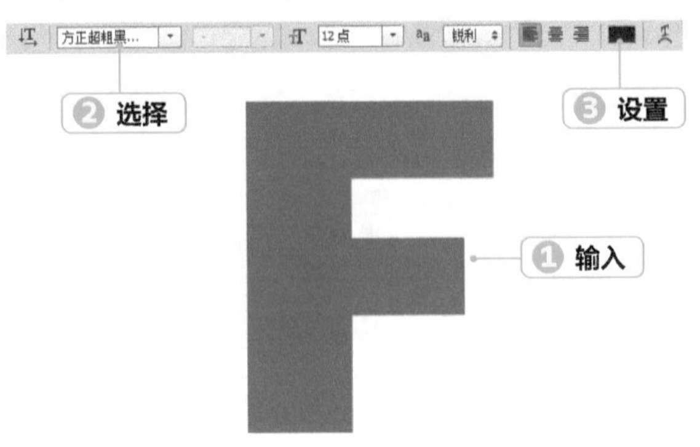

STEP 2 创建文字路径

①按住【Ctrl】键单击“文字”图层前的缩略图，载入图像选区；②切换到“路径”面板，单击面板底部的“从选区生成工作路径”按钮，得到文字路径。

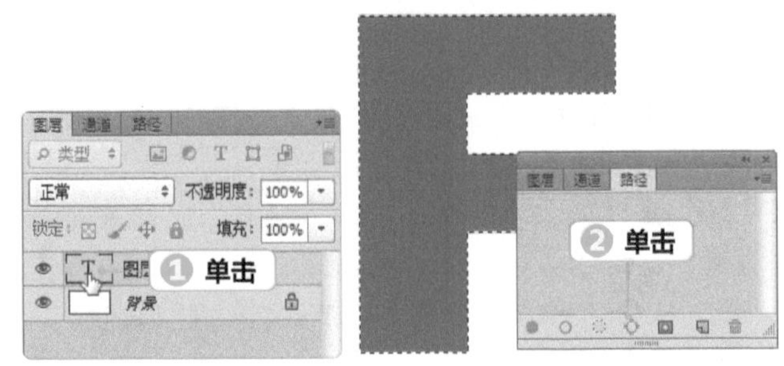

> **技巧秒杀**
>
> **更改绘制模式为路径**
>
> 在使用形状工具或钢笔工具绘图之前，可在工具属性栏中将绘图模式更改为路径。

9.2.2 编辑路径

绘制路径时，用户初次绘制的路径往往不够精确，需对该路径进行修改和调整。下面对修改和调整路径的常见操作进行介绍。

1. 编辑路径并转换为选区

在处理图像时，用户可以将路径转换为选区，对选区进行编辑。下面编辑企业标志中路径的外观，对文字“F”进行创意造型，然后将其转换为选区，其具体操作步骤如下。

微视频：编辑路径并转换为选区

STEP 1 编辑文字路径

①在“图层”面板中单击文字图层左侧的眼睛图标，隐藏文字图层；②选择钢笔工具，按住【Ctrl】键调整路径，绘制得到一个变形的 F 造型，再继续编辑路径，在外面添加圆圈，得到一个圆形与 F 字形结合的路径效果。

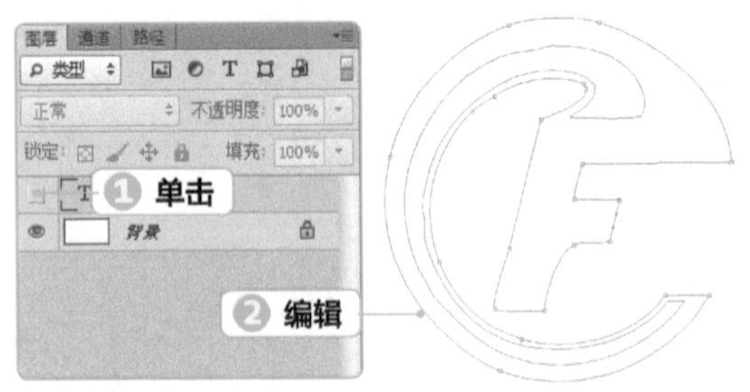

STEP 2 将路径转换为选区

单击“图层”面板底部的“创建新图层”按钮，得到“图层 1”图层；按【Ctrl+Enter】组合键将路径转换为选区。

> **技巧秒杀**
>
> **将选区转换成路径**
>
> 在处理图像时，若是选区形状需要调整，还可以将选区转换为路径进行编辑。其方法为：单击“路径”面板下方的“从选区生成工作路径”按钮，可将选区转换为路径。

2. 选择路径

要对路径进行调整，首先要学会如何选择和移动路径。使用工具箱中的路径选择工具和直接选择工具可实现路径的选择。其方法为：使用路径选择工具在路径上单击，即可选择所有路径和路径上的所有锚点。使用直接选择工具单击一个路径段时，可选择该路径段；单击路径中的一个锚点则可选择该描点，且选中的锚点为实心。

3. 移动路径

移动路径主要用于调整路径的位置或路径的形状，当选择了路径、路径段或锚点后，按住鼠标左键不放并拖曳，即可移动路径。

4. 添加与删除锚点

路径是通过锚点连接直线路径段或曲线路径段的，使用添加锚点工具可以在路径上添加新的锚点，从而可对路径的细节进行调整。而删除锚点工具则与添加锚点工具相反，主要用于删除不需要的锚点。下面将介绍添加与删除锚点的方法，其具体操作步骤如下。

STEP 1 添加锚点

❶在工具箱中选择添加锚点工具；❷将鼠标光标移到要添加锚点的路径上，当其变为形状时，单击鼠标左键即可添加一个锚点，添加的锚点呈实心状。

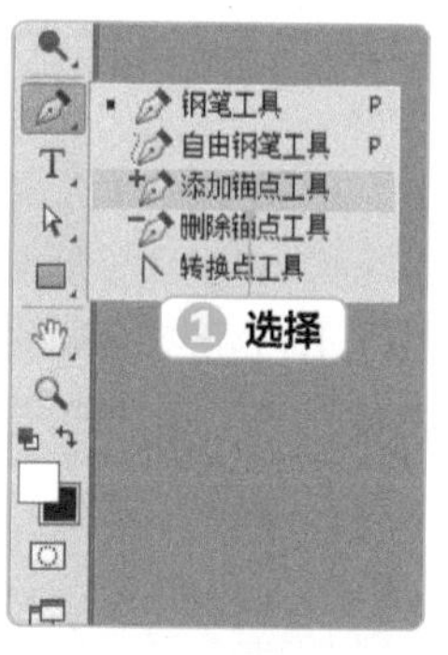

STEP 2 调整路径形状

此时拖曳添加的锚点，可以改变路径的形状；拖曳锚点两边出现的控制柄，则可调整曲线的弧度和平滑度。

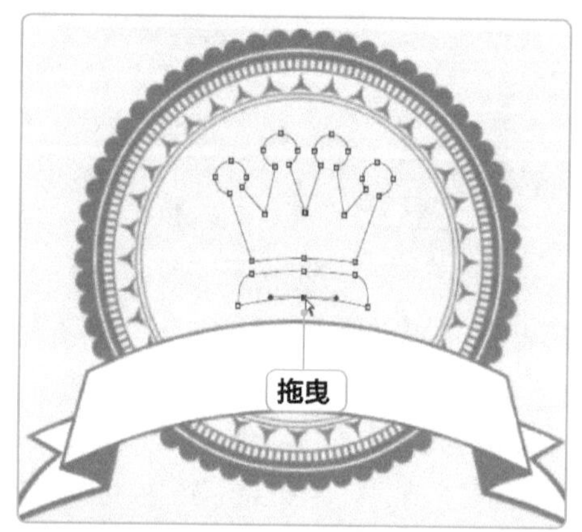

STEP 3 删除锚点

❶在工具箱中选择删除锚点工具；❷将鼠标光标移到要删除的锚点上，当其变为形状时，单击鼠标左键即可删除该锚点，同时对应的路径形状也会发生相应的变化。

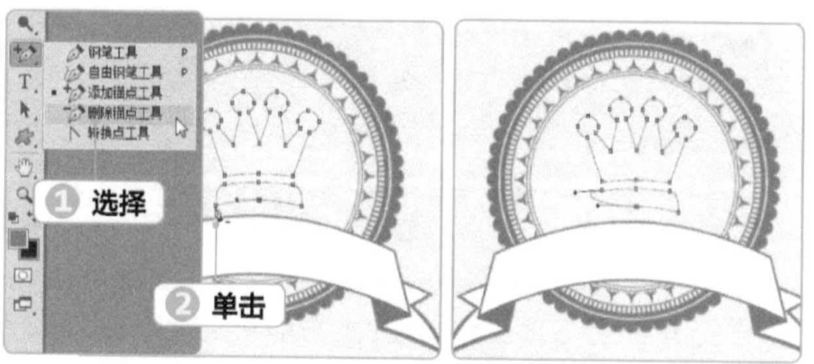

技巧秒杀

使用鼠标右键单击添加与删除锚点

使用直接选择工具，在需要删除或添加的锚点处单击鼠标右键，也可实现锚点的添加与删除。

5. 平滑与尖突锚点

路径线段上的锚点有方向线，通过调整方向线上的方向点可调整线段的形状。而锚点也可分为两类，一类是平滑点，通过平滑点连接的线段可以形成平滑的曲线；另一类是尖突点，通过尖突点连接的线段通常为直线或转角曲线。使用转换点工具可以转换路径上锚点的类型，可使路径在平滑曲线和直线之间相互转换。下面将介绍转换平滑锚点与尖突锚点的方法，其具体操作步骤如下。

STEP 1 转换为尖突锚点

①在工具箱中选择转换点工具；②将鼠标光标移动至需要转换的锚点上，若当前锚点为平滑点，单击可将其转换为尖突点。

STEP 2 转换为平滑锚点

查看转换为尖突点的效果，若当前锚点为尖突点，单击并按住鼠标左键进行拖曳，将会出现锚点的控制柄，该锚点两侧的曲线在拖曳的同时也会发生相应的变化。

6. 显示与隐藏路径

绘制完成的路径会显示在图像窗口中，即便使用其他工具进行操作也是如此，这样有时会影响后面的操作，用户可以根据情况对路径进行隐藏。其方法为：按住【Shift】键，单击“路径”控制面板中的路径缩览图或按【Ctrl+H】组合键，即可将画面中的路径隐藏，再次单击路径缩览图或按【Ctrl+H】组合键则可重新显示路径。

7. 复制与删除路径

绘制路径后，若用户还需要绘制相同的路径，此时就可以将绘制的路径进行复制操作；若用户已不需要路径，则可将路径删除。复制与删除路径的具体操作步骤如下。

STEP 1 复制路径

在工具箱中选择转换点工具，在“路径”面板中将路径拖曳至“创建新路径”按钮上，即可复制路径。复制路径后，使用直接选择工具选择路径，可将其拖曳到其他图像中。

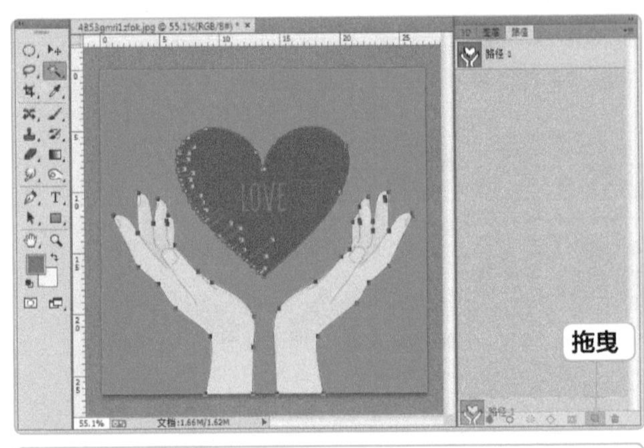

技巧秒杀

使用鼠标右键菜单复制路径

在“路径”面板中选择需要复制的路径，在其上单击鼠标右键，在弹出的快捷菜单中选择“复制路径”命令，打开“复制路径”对话框，在“名称”文本框中输入复制后的路径名称，单击“确定”按钮，即可得到复制的路径。

STEP 2 删除路径

①在“路径”面板中选择要删除的路径；②单击控制面板底部的“删除当前路径”按钮；③在打开的提示对话框中单击“是”按钮即可将其删除，或将其拖曳至删除当前路径按钮上直接删除。

8. 变换路径

路径也可像选区和图形一样进行自由变换，它们的操作方法也相似。其方法为：先选择路径，选择【编辑】/【自由变换路径】命令或按【Ctrl+T】组合键，此时路径周围会显示变换框，再拖曳变换框上的控制点，即可实现路径的变换。

9. 保存路径

新建路径将以“工作路径”为名显示在“路径”面板中，若没有描边或填充路径，当继续绘制其他路径时，原有的路径将丢失，此时可保存路径。其方法为：选择“工作路径”，在“路径”面板右上角单击按钮，在打开的下拉列表中选择“存储路径”选项，打开“存储路径”对话框，输入路径的名称，单击“确定”按钮，即可完成路径的保存。

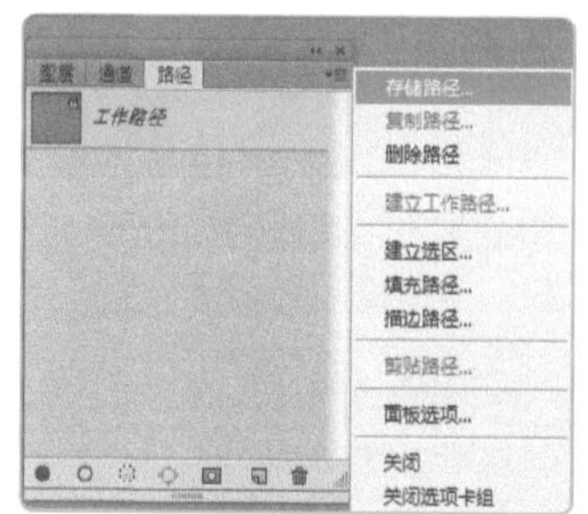

9.2.3 填充与描边路径

填充路径是指用指定的颜色或图案填充路径包围的区域，用户可以使用颜色、渐变颜色和图案填充选择的路径。描边路径是指使用一种图像绘制工具或修饰工具沿着路径绘制图像或修饰图像。下面对填充路径与描边路径的方法进行具体介绍。

1. 渐变填充路径

渐变填充路径，需要先将路径转换为选区，再进行填充。下面为企业标志填充渐变蓝色，增强标志的科技感，其具体操作步骤如下。

微视频：渐变填充路径

STEP 1 设置渐变填充

①将路径转换为选区后，选择渐变工具，在工具属性栏中单击“渐变编辑性”按钮，打开“渐变编辑器”对话框，单击选择第一个滑块，并在下方的“色标”栏中设置颜色为“#005499”；②选择第二个滑块，设置颜色为“#00135e”；③单击“确定”按钮；④在工具属性栏中单击“径向渐变”按钮。

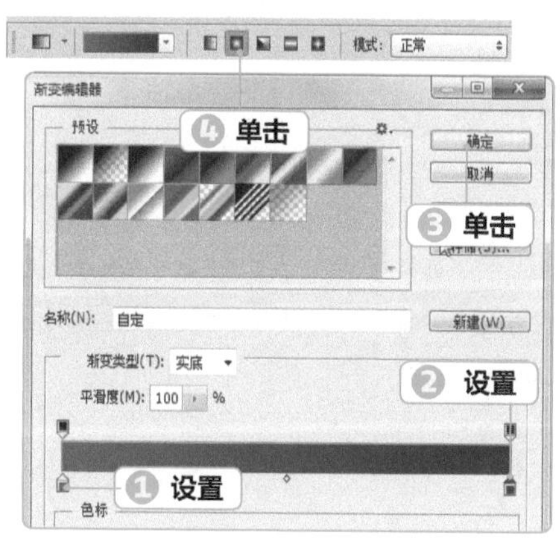

STEP 2 填充路径

从文字的中心位置向外拖曳鼠标，为路径创建渐变填充效果。

2. 使用图案填充路径

Photoshop 内置了一些丰富的图案，用户可直接将图案填充到路径中，增加图像的美观性。下面为兔子的头巾填充图案，其具体操作步骤如下。

STEP 1 选择“填充路径”选项

①在图像中绘制需要的路径，此处选择头部；②打开“路径”面板，单击“设置”按钮；③在打开的下拉列表中选择“填充路径”选项。

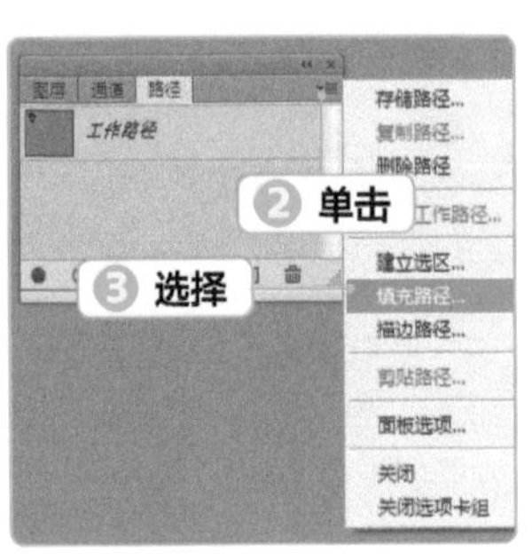

STEP 2 选择填充路径的图案

①打开“填充路径”对话框，在“使用”下拉列表框中选择“图案”选项；②在“自定图案”下拉列表框中选择填充的图案；③单击“确定”按钮，返回图像窗口，查看图案填充路径效果。

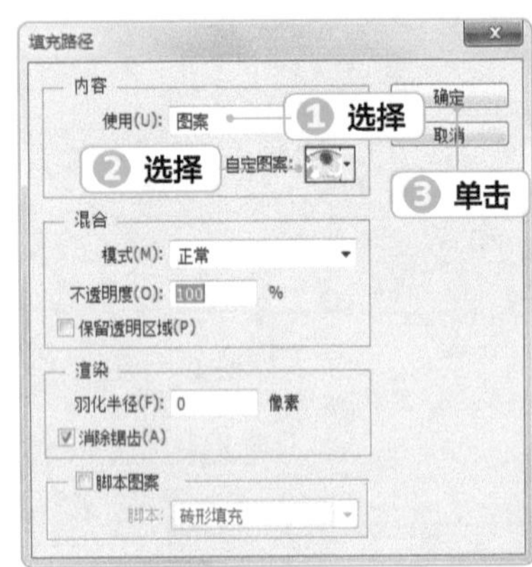

技巧秒杀

使用“填充”对话框填充路径

使用钢笔工具绘制完路径后，选择【编辑】/【填充】命令，打开“填充”对话框，在其中也可进行颜色和图案的填充。

3. 使用纯色填充路径

使用纯色填充路径的方法有很多，除了使用“填充”对话框和“填充路径”对话框进行填充，用户还可绘制好路径后，直接按【Ctrl+Enter】组合键将路径转换为选区，设置前景色，新建或选择需要填充路径的图层，按【Alt+Delete】组合键进行颜色的填充。

4. 使用“描边”对话框描边路径

使用“描边”对话框可以利用硬线条对路径描边，并且可以设置描边的颜色、粗细、位置及图层混合模式等。使用“描边”对话框描边路径前需要按【Ctrl+Enter】组合键将路径转换为选区；然后选择【编辑】/【描边】命令，打开“描边”对话框，设置描边宽度、颜色等参数，单击“确定”按钮，即可完成描边操作。

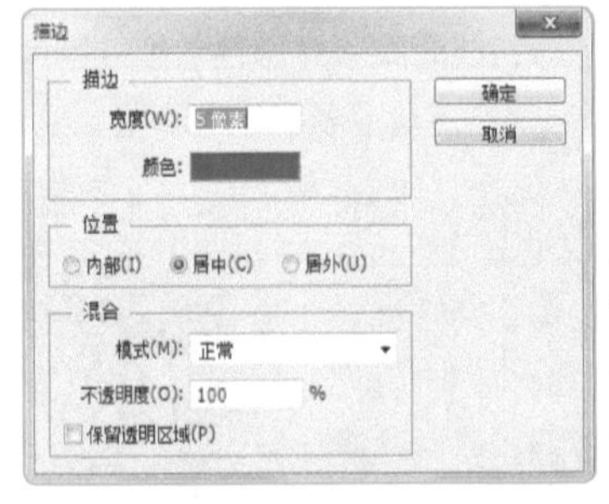

5. 使用画笔描边路径

用户可以使用纯色描边，也可以使用画笔对路径进行描边操作。下面使用画笔描边路径，其具体操作步骤如下。

STEP 1 描边路径

①打开图像，新建图层，选择画笔工具，在工具属性栏中设置笔尖样式为“柔边圆压力大小”；②设置笔尖大小为“5

像素”；③设置前景色为“白色”；④在“路径”面板中选择“路径 1”路径；⑤在“路径”面板底部单击“用画笔描边路径”按钮，即可为路径描边。

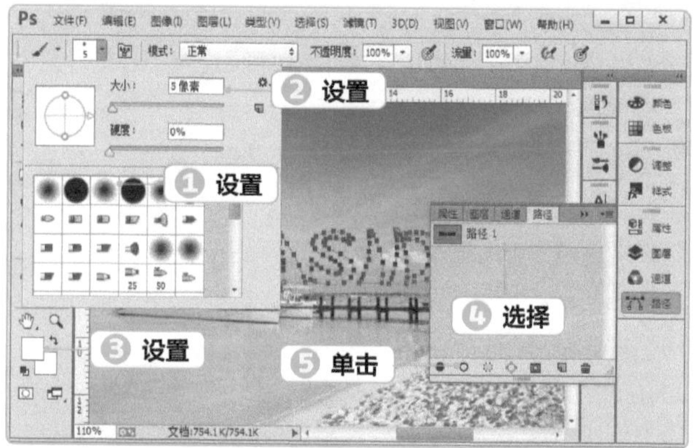

STEP 2 查看描边路径效果

返回“路径”面板单击面板的空白部分，取消路径的选择，此时在图像窗口中即可看到描边路径后的效果。

6. 使用“描边路径”对话框描边路径

使用“描边路径”对话框可以为图像添加丰富的描边效果。其方法为：在图像中绘制需要的路径，打开“路径”面板，单击按钮，在打开的下拉列表中选择“描边路径”选项，将打开“描边路径”对话框，在该对话框中可选择使用铅笔、画笔、橡皮擦、涂抹、仿制图章等多种工具描边路径，需要注意的是在选择使用某种工具描边路径前，需要对工具的参数进行设置，以便得到最佳的描边效果，设置后单击“确定”按钮即可。

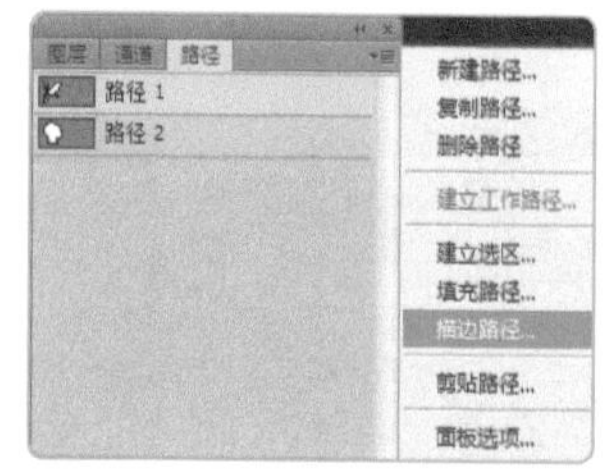

9.2.4 使用钢笔工具组绘制路径

使用钢笔工具可以很方便地绘制出需要的路径，并且在绘制路径的过程中可以随时编辑锚点；而使用自由钢笔工具无需创建每个锚点，直接拖曳鼠标即可绘制包含多个锚点的曲线。下面对钢笔工具和自由钢笔工具的使用方法分别进行介绍。

1. 使用钢笔工具创建路径

使用钢笔工具可以创建直线路径和曲线路径。下面对标志绘制路径，并转换为选区，完成后查看转换后的效果，其具体操作步骤如下。

微视频：使用钢笔工具创建路径

STEP 1 绘制路径

①选择钢笔工具，在渐变图像下半部分绘制一个不规则图形；②按【Ctrl+Enter】组合键将路径转换为选区，选择“图层 1”图层，再按【Ctrl+J】组合键复制选区中的图像，得到新的“图层 2”图层，即得到绘制图形与图层 1 相交的部分。

操作解谜

在使用钢笔工具绘图过程中编辑曲线

选择工具箱中的钢笔工具，单击鼠标左键创建第一个锚点，释放鼠标，将光标移动至其他位置处单击，可创建直线段。在绘制直线路径时，若按住【Shift】键可限制生成的路径线呈水平、垂直或与前一条路径线保持45度夹角；在路径线条上单击可添加锚点；单击已有的锚点可将其删除；按住【Alt】键单击锚点可转换平滑点和尖突点；按住【Ctrl】键单击锚点，拖曳锚点可调整其位置，拖曳控制柄可调整曲线的平滑度。

STEP 2 设置渐变填充

①按住【Ctrl】键单击“图层 2”图层的缩略图，载入选区，选择渐变工具，在工具属性栏中单击“渐变编辑器”按钮，打开“渐变编辑器”对话框，选择第一个滑块，设置颜色为“#00639f”；②选择第二个滑块，设置颜色为“#00135e”；③单击“确定”按钮；④在工具属性栏中单击“线性渐变”按钮。

STEP 3 填充路径

从文字的中心位置向外拖曳鼠标，为路径创建渐变填充效果。

STEP 4 合并图层

①选择“图层 1”图层，按【Ctrl+J】组合键复制所选择的图层，将其命名为“阴影”；②按【Ctrl + T】组合键，调整图形的高度与倾斜度，将其压缩成投影的形状。

STEP 5 羽化图像

①按住【Ctrl】键单击“阴影”图层的缩略图，载入选区，并将其填充为“浅灰色（#cecece）”，将“阴影”图层拖曳到背景图层上方。选择【滤镜】/【模糊】/【高斯模糊】命令，打开“高斯模糊”对话框，设置“半径”为“5”；②单击“确定”按钮，打开“图层”面板，设置“不透明度”为“40%”，查看设置后的效果。

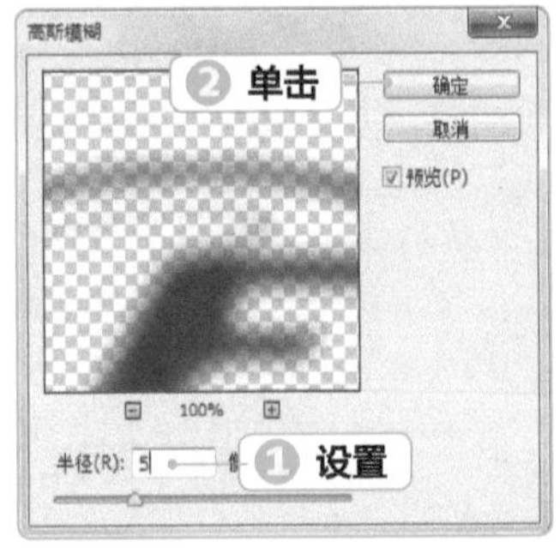

2. 使用自由钢笔工具创建路径

自由钢笔工具与钢笔工具的使用方法相似，常用于绘制较随意的对象。其方法为：在工具箱中选择自由钢笔工具，在图像中沿需创建路径的对象边缘拖曳鼠标绘制路径，在绘制过程中会自动生成一系列具有磁性的锚点，当鼠标光标移动至创建的第一个锚点上时，单击此锚点可封闭路径。

9.2.5 添加文字

微视频：添加文字

标志分为三类，分别为纯文本、图形、图文结合型，大部分企业选择图文结合型的标志，这类标志不仅美观，而且能更加直观地显示公司名称。下面为标志添加文本，并设置文本字体与颜色，与图形组合成企业的标志，其具体操作步骤如下。

STEP 1 输入企业名称

①在工具箱中选择横排文字工具，在标志下方输入一行中文文字；②在工具属性栏中设置“字体”为“方正正粗黑简体”，字号为“22.77 点”；③设置字体颜色为“#0064a0”。

STEP 2 输入企业名称英文

①选择横排文字工具，再次输入一行英文文字；②在工具属性栏中设置字体为“方正粗活意简体”；③设置字体颜色为“#0064a0”，适当调整文字大小，即可完成企业标志的制作。

新手加油站——使用矢量工具和路径技巧

1. 使用快捷键快速设置前景色和背景色

在设置颜色时，用户可通过按【D】键将前景色和背景色恢复到默认状态，按【X】键快速切换前景色和背景色。

2. 改变“路径”面板视图大小

创建路径后，在“路径”面板中可看到路径图层，若是觉得路径缩览图太小，用户可根据需要将其调大，其具体操作步骤如下。

①打开“路径”面板，单击右上方的按钮。

②在打开的下拉列表中选择“面板选项”选项，打开“路径面板选项”对话框，在其中可设置路径缩览图的大小，设置完成后单击“确定”按钮即可。

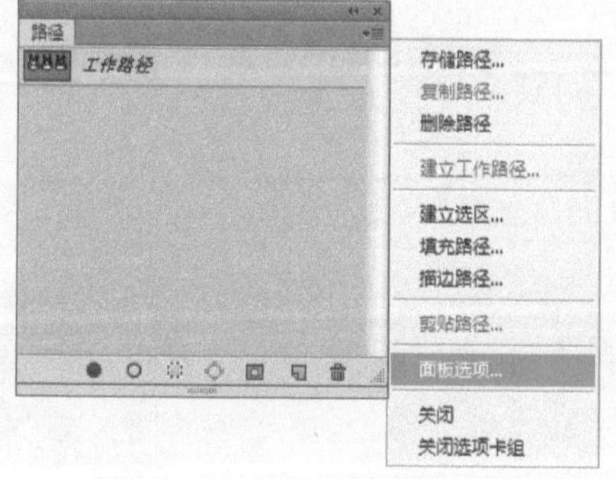

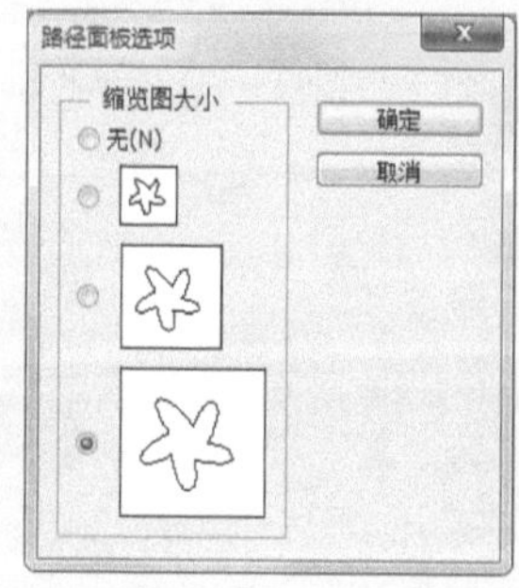

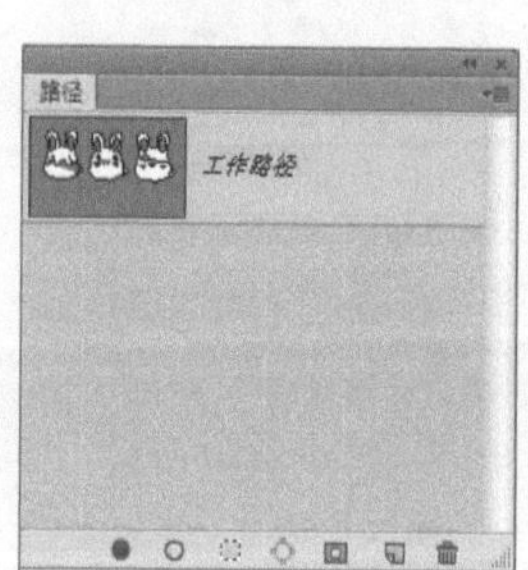

Chapter 09

3. 使用钢笔工具的技巧

使用钢笔工具时，光标在路径与锚点上会根据不同的情况进行变化，这时就需要用户判断钢笔工具此时处于什么功能，通过对光标的观察能够更加熟练地应用钢笔工具。在绘制路径过程中，当光标变为✎₊形状时，在路径上单击可添加锚点；当光标在锚点上变为✎₋形状时，单击可删除锚点；当光标变为✎形状时，单击并拖曳可创建一个平滑点，只单击则可创建一个尖突点；将光标移动至路径起始点上，当光标变为✎。形状时，单击可闭合路径；若当前路径是一个开放式路径，将光标移动至该路径的一个端点上，当光标变为✎。形状时，在该端点上单击，可继续绘制该路径。

4. 合并路径

在使用 Photoshop 绘图时，可能经常会用到形状工具，而且绘制的某个形状路径可能需要由多个单独的形状组合而成，此时就需要涉及路径的合并操作。其操作方法为：同时绘制需要合并的多个单独路径，按【Ctrl+E】组合键，在工具属性栏中单击“路径操作”按钮，在打开的下拉列表中选择“合并形状”选项，即可将多个路径合并为一个路径。

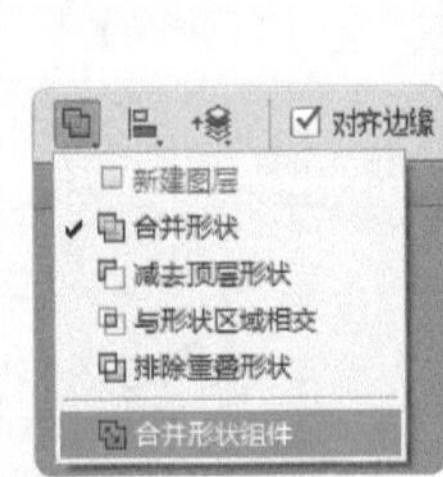

5. 减去顶层形状

减去顶层形状是指用上层的形状去裁剪下层的形状，从而实现形状镂空或边缘的造型。其操作方法为：同时绘制多个重叠的单独路径，按【Ctrl+E】组合键，在工具属性栏中单击“路径操作”按钮，在打开的下拉列表中选择“减去顶层形状”选项，即可将该路径从下层的路径中减去，得到新的形状。

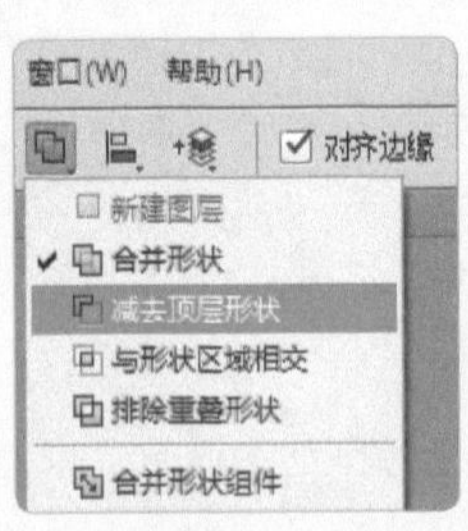

6. 与形状区域相交

与形状区域相交是指将多个形状相交的区域创建为图形。其操作方法为：同时绘制多个重叠的单独路径，按【Ctrl+E】组合键，在工具属性栏中单击“路径操作”按钮，在打开的下拉列表中选择“与形状区域相交”选项，创建相交区域为图形。

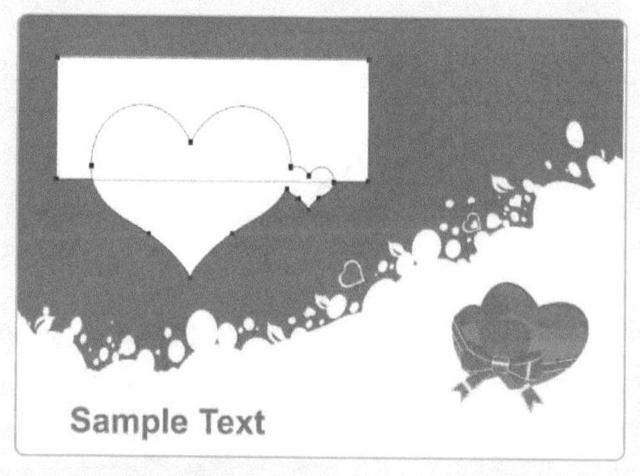

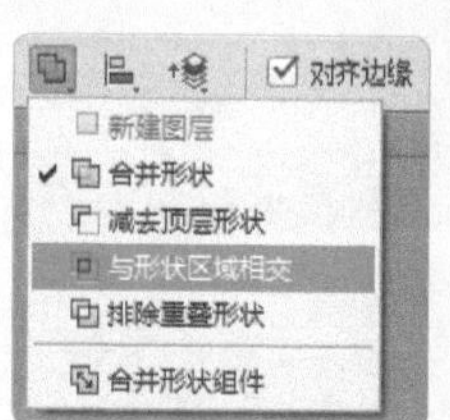

7. 排除重叠形状

排除重叠形状是指将多个形状相交的区域排除，将剩余区域创建为图形。其操作方法为：同时绘制多个重叠的单独路径，按【Ctrl+E】组合键，在工具属性栏中单击“路径操作”按钮，在打开的下拉列表中选择“排除重叠形状”选项即可。

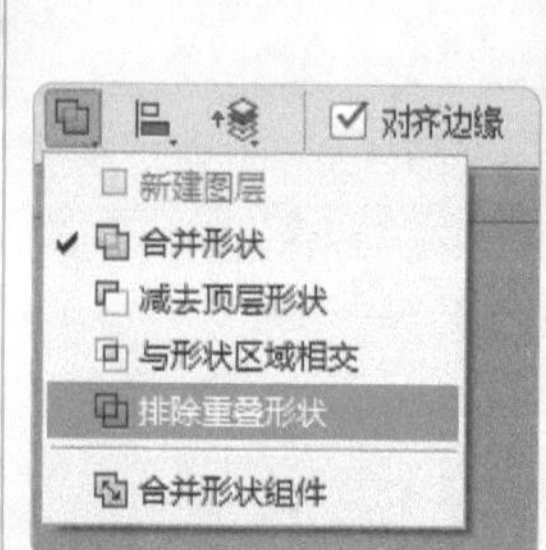

高手竞技场——使用矢量工具和路径练习

1. 制作纸条画效果

打开提供的素材文件“纸条画.jpg”，对其进行编辑，要求如下。

- 使用直线工具在图像中绘制直线。
- 对绘制的直线进行变形操作使其出现撕扯样式，并使用画笔工具让撕扯的效果变得逼真。
- 在图片右侧绘制浅灰色矩形条，并设置不透明度，完成后输入文字。

2. 绘制彩妆标志

绘制彩妆标志的要求如下。

- 新建大小为“7.5 厘米 ×8 厘米”，文件名称为“商品标志”的图像文件。
- 选择钢笔工具，在图像中绘制一个类似人物的有弧度的路径，填充为“#ffb200”。
- 在人形图像下方再绘制一个抽象人物路径，转换为曲线，填充为“#ff00b2”。

- 使用同样的方法，再绘制 3 个抽象人物造型，分别填充为“#047fb8”“#1c9432”和“#fa0003”，绘制完成后将所有图像组合成一个圆形花瓣造型，并在下方输入文字。

3. 制作企业名片

制作企业名片的要求如下。

- 制作企业名片背景，并通过绘制矩形和线条来组合图像。
- 适当调整文字大小和字体等属性。

10 Chapter 第 10 章

自动化与输出

/ 本章导读

在 Photoshop CC 中，自动化是指使用动作或批处理功能快速为图像执行重复的操作，可提高处理图像的效率。用户可以使用内置的动作，也可录入并保存新动作。完成图像的处理与编辑后，若计算机连接了打印机，用户还可按照需求将图层、选区或文件输出到纸张上，便于传阅、装订成册或张贴。

CRYSTAL BALL TOLD ME
THEY ARE THE BEST TEAM

10.1 录制、保存并载入"梦幻粉色"的动作

动作就是将不同的操作、命令及命令参数记录下来，并以一个可执行文件保存，使用时 Photoshop CC 会对图像执行相同的操作。下面将先使用"动作"面板录制"梦幻粉色"的动作，再将其保存起来，最后载入保存的动作，并应用到其他图像中。

素材：素材 \ 第 10 章 \ 梦幻粉色 \ | 效果：效果 \ 第 10 章 \ 粉色调 .psd

10.1.1 应用与录制动作

Photoshop 的"动作"面板中预置了命令、图像效果和处理等若干动作和动作组，用户可直接使用，也可根据需要创建新的动作。下面分别对其进行介绍。

微视频：应用与录制动作

1. 录制新动作

虽然系统自带了大量动作，但在实际工作中却很少用到它们，这时就需要用户录制新的动作，以满足图像处理的需要。下面将先录制一个"梦幻粉色"的动作，并通过新建调整图层来对图像的色彩进行调整，再通过图层样式的叠加改变局部的色调，从而打造温馨的粉色调图像，其具体操作步骤如下。

STEP 1 新建动作组

❶打开"粉色调 .jpg"素材文件，选择【窗口】/【动作】命令，在打开的"动作"面板中单击底部的"新建动作组"按钮；❷在打开的"新建组"对话框中输入名称为"梦幻粉色"；❸单击"确定"按钮新建动作组，新建动作组是为了将接下来要创建的动作放置在该组内，便于管理。

STEP 2 新建动作

❶在"动作"面板中单击底部的"新建动作组"按钮；❷在打开的"新建动作"对话框中设置名称为"粉色调"；❸设置"组"为"梦幻粉色"；❹设置"功能键"为"F11"；❺设置"颜色"为"红色"；❻单击"记录"按钮。

STEP 3 调整曲线

❶在"调整"面板中，单击"创建新的曲线调整图层"按钮，新建一个"曲线"图层，在"属性"面板中调整图像的曲线，将高光部分调暗；❷在"图层"面板中单击"创建新的填充或调整图层"按钮，在打开的下拉列表中选择"纯色"选项新建一个颜色填充图层，设置颜色为"#ca9e9e"。

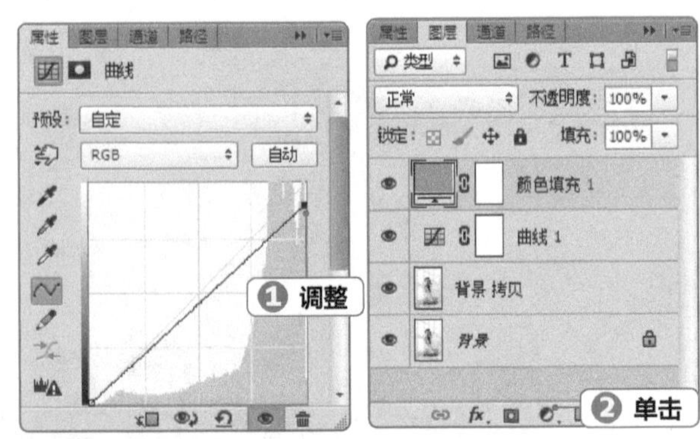

STEP 4 设置图层混合模式

在"图层"面板中设置"图层混合模式、不透明度"分别为"颜

色、55%”。

STEP 5 调亮图像和暗部

❶新建一个“曲线”图层，在“属性”面板中调整图像曲线，将图像的整体颜色调亮；❷再新建一个“曲线”图层，在“属性”面板中调整图像曲线，将图像的整体颜色调暗，增强人物的立体感觉。

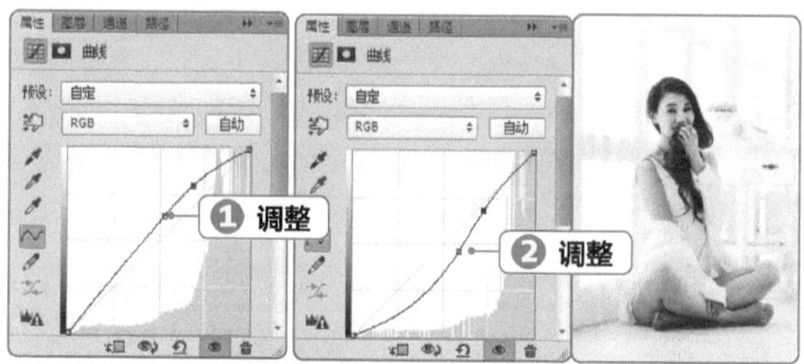

STEP 6 设置高斯模糊

❶按【Ctrl+Shift+Alt+E】组合键，盖印图层，选择【滤镜】/【模糊】/【高斯模糊】命令，打开“高斯模糊”对话框，设置“半径”为“1”；❷单击“确定”按钮；❸在“图层”面板中单击“添加图层蒙版”按钮，为图层新建图层蒙版，使用黑色的画笔工具对人物进行涂抹，制作背景模糊的效果。

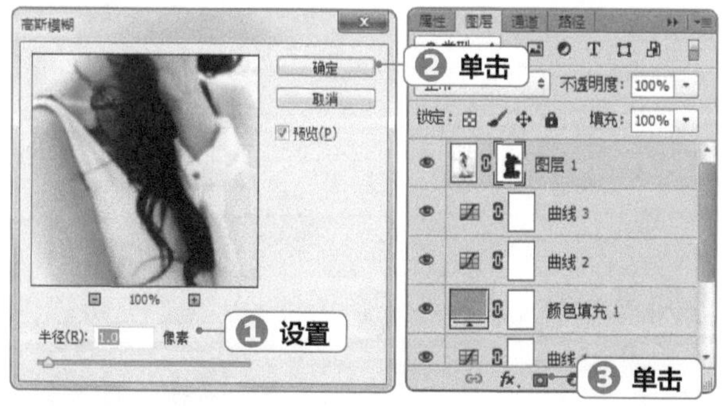

STEP 7 填充高光部分

❶打开“通道”面板，按【Ctrl】键的同时单击“红”通道的缩略图，将通道载入选区；❷打开“图层”面板，新建图层，将前景色设置为白色，按【Alt+Delete】组合键填充选区，增强高光部分的亮度。

STEP 8 调整不透明度和图层混合模式

❶取消选区，设置“图层混合模式、不透明度”分别为“变亮、18%”；❷单击“添加图层蒙版”按钮，为图层创建图层蒙版，使用黑色的画笔工具对图像上方和下方进行涂抹。

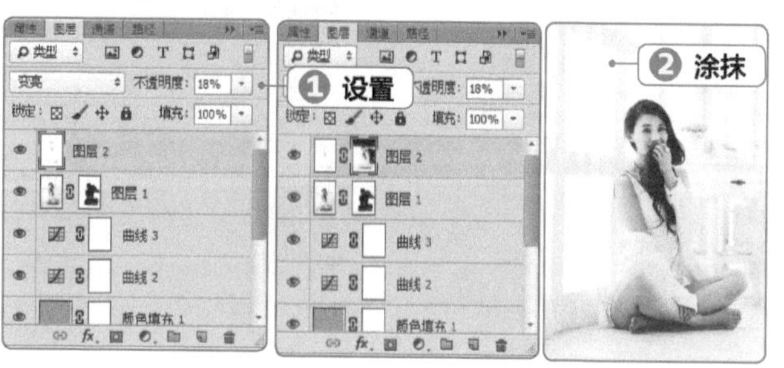

STEP 9 锐化图像

❶按【Ctrl+Shift+Alt+E】组合键，盖印图层，选择【滤镜】/【锐化】/【USM锐化】命令，打开“USM锐化”对话框，设置数量为“20%”；❷单击“确定”按钮。

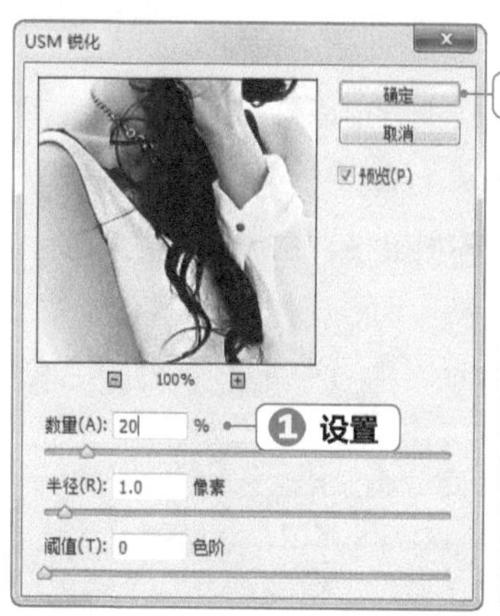

STEP 10 添加光晕

❶新建图层，使用黑色填充图层，选择【滤镜】/【渲染】/【镜头光晕】命令，打开“镜头光晕”对话框，单击选中“电影镜头”单选项；❷设置“亮度”为“240”；❸使用鼠标调整光晕位置；❹单击“确定”按钮；❺在“图层”面板中设置“图层混合模式”为“滤色”，按【Ctrl+J】组合键，复制图层。

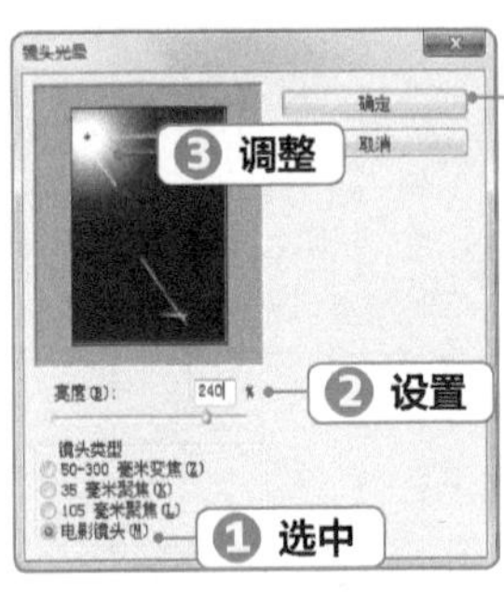

STEP 11 停止录制

在“动作”面板中，单击面板底部的“停止播放/记录”按钮，按【Ctrl+Shift+Alt+E】组合键，盖印图层，完成后保存文件即可。

2. 使用内置动作

Photoshop 的“动作”面板中预置了命令、图像效果、处理等若干动作和动作组，要将动作包含的图像处理操作应用图像中，也要通过“动作”面板完成，其具体操作步骤如下。

STEP 1 选择“图像效果”选择

❶选择【窗口】/【动作】命令，打开“动作”面板，在“动作”列表框中单击右上角的按钮；❷在打开的下拉列表中选择“图像效果”选项。

STEP 2 选择并使用四分颜色动作

❶单击“图像效果”动作组前面的展开按钮，展开“图像效果”动作组，选择“四分颜色”选项，展开该动作选项，可发现该动作组由多个动作组成；❷单击“动作”面板下方的“播放选定的动作”按钮，Photoshop CC 将执行该动作。

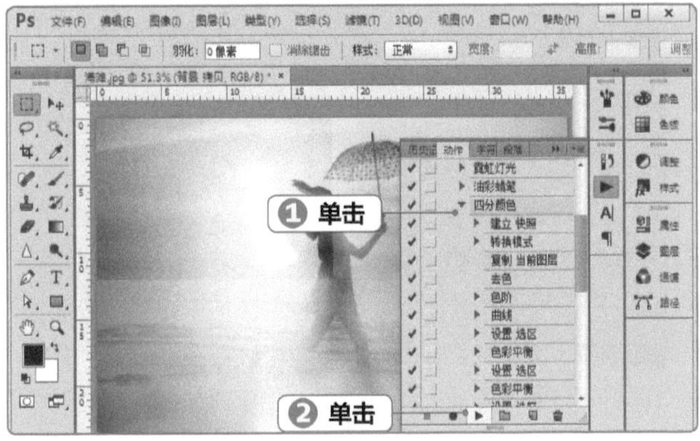

STEP 3 选择并使用画框动作

❶使用相同的方法，载入画框动作，单击“画框”动作组前面的展开按钮，展开“画框”动作组；❷选择“浪花形画框”选项；❸单击“动作”面板下方的“播放选定的动作”按钮，Photoshop CC 将执行该动作。

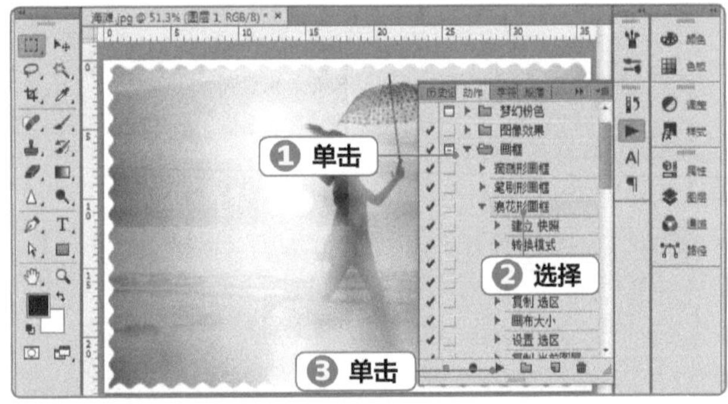

STEP 4 查看完成后的效果

此时返回图像编辑区，查看完成后的效果，即可发现图像的效果已经发生变化。

10.1.2 存储与载入动作组

当创建了某个动作后，用户可以将其保存下来，便于以后使用。如果觉得动作不够丰富，用户还可以载入外部的动作，以便快速制作需要的图像效果。下面对存储与载入动作组的方法进行具体介绍。

微视频：存储与载入动作组

1. 存储动作

若“动作”面板中的动作过多，可能造成 Photoshop CC 运行速度下降，用户可将动作定时保存为文件，需要时再调用，以提高工作效率。下面将前面录制的“粉色调动作”保存到计算机中，其具体操作步骤如下。

STEP 1 选择储存的动作组

❶在“动作”面板中选择要存储的动作组；❷单击右上角的按钮；❸在打开的下拉列表中选择“存储动作”选项。

STEP 2 设置存储名称与路径

❶打开“另存为”对话框，在其中选择存放动作文件的目标文件夹；❷输入要保存的动作名称；❸单击“保存”按钮。

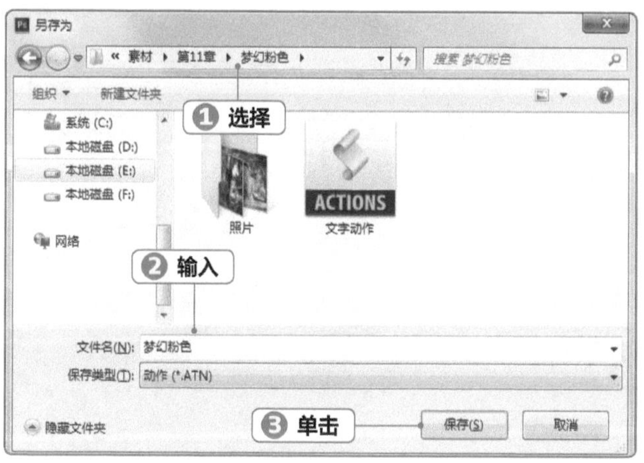

2. 载入动作

默认情况下，“动作”面板中只有“默认动作”动作组，用户可以载入外部的画框、纹理、图像和文字等动作。下面为普通文字应用载入的外部动作，将其制作成特殊效果的文字，其具体操作步骤如下。

STEP 1 输入文本

❶新建一个透明背景的图像文件，并在工具箱中选择横排文字工具，设置字体为“Algerian”，字号为“120 点”；❷在下方图像编辑窗口中输入文本“SUMMER”。

STEP 2 载入动作

单击右上角的按钮，在打开的下拉列表中选择“载入动作”选项。

STEP 3 选择载入的动作

❶打开“载入”对话框，在其中选择要载入的动作文件“文字动作.atn”；❷单击“载入”按钮。

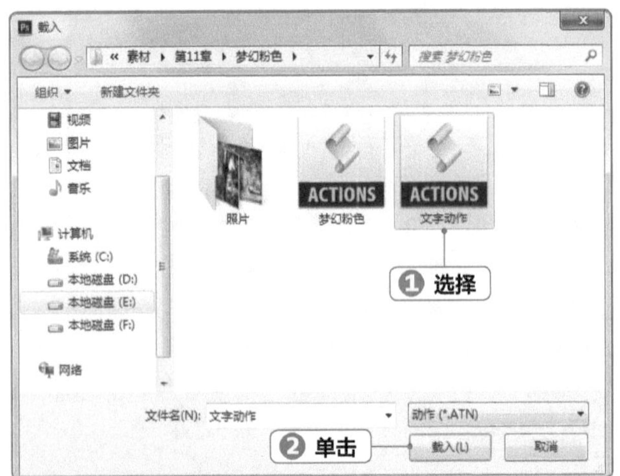

STEP 4 播放载入的动作

❶在“动作”面板中选择刚载入的动作；❷单击“播放选定的动作”按钮，此时将自动新建一个图像文件，且系统将自动将该动作应用到图像中，在应用过程中可单击“继续”按钮继续执行动作。

技巧秒杀

回到播放动作前的图像效果

当执行了很多动作后，在“历史记录”面板中将生成“快照”，单击快照名称可回到播放前的图像效果。

STEP 5 查看载入动作的效果

执行完动作后，将自动新建一个图像文件，查看应用载入的动作效果。

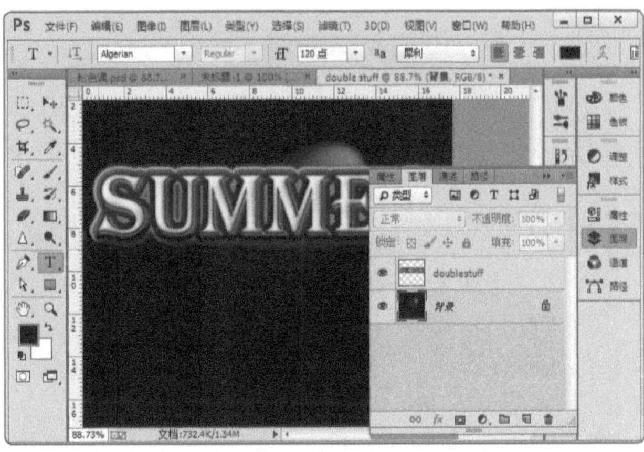

STEP 6 调整可选颜色

❶选择文字所在的图层；❷选择【图像】/【调整】/【可选颜色】命令，在打开的对话框中设置调整的“颜色”为“蓝色”；❸设置“黄色”值为“+100%”；❹单击“确定”按钮。

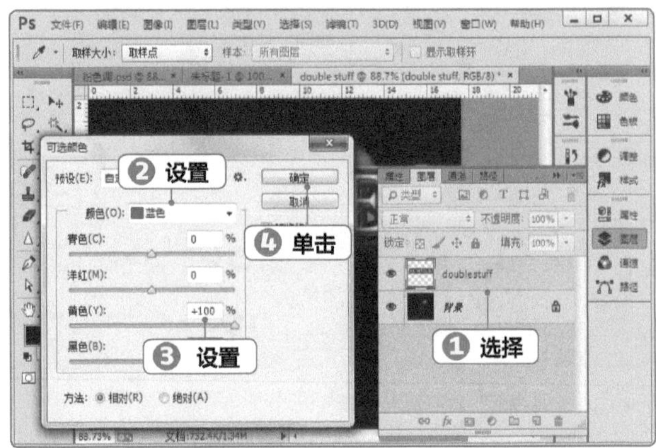

STEP 7 设置图层混合模式

❶将文字图层添加到“粉色调.psd”文件中；❷设置图层混合模式为“点光”，设置不透明度为“20%”。

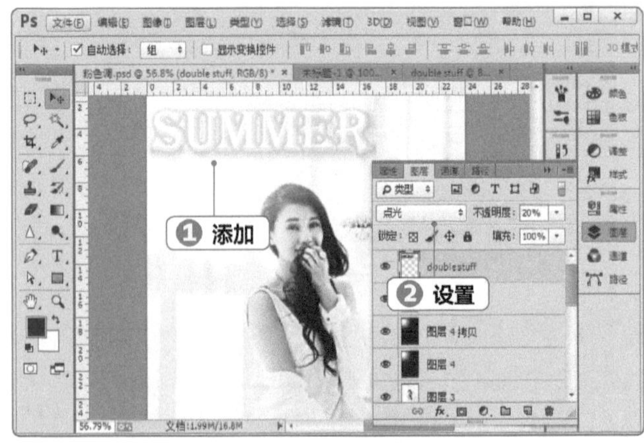

Chapter 10

STEP 8 绘制形状并输入文本

❶选择【图像】/【调整】/【去色】命令，对文字去色，使用矩形工具绘制矩形，并设置颜色分别为“白色、#e6ddct”；❷在矩形上输入文本“温暖午后”，设置字体格式为“楷体、40 点”。

> **技巧秒杀**
>
> **快速显示或隐藏“动作”面板**
>
> 系统默认“动作”面板位于工作界面的右侧，按【Alt+F9】组合键可快速显示或隐藏该面板。

> **技巧秒杀**
>
> **编辑应用的动作**
>
> 在执行动作过程中，用户可在打开的对话框中设置参数，执行完动作后，双击需要更改的动作项也可更改动作的效果。执行很多动作后，在“历史记录”面板中将生成“快照”，单击快照名称可回到播放前的图像效果。

10.1.3 批处理图像

在“动作”面板中，一次只能对一个图像执行动作，如果用户想对一批图像同时应用某动作，可通过“批处理”命令完成对图像的处理。下面使用“批处理”命令将一个文件夹中的所有照片都转换为紫色调，其具体操作步骤如下。

微视频：批处理图像

STEP 1 选择要处理的文件

将需要批处理的所有图像移动到一个文件夹中，选择【文件】/【自动】/【批处理】命令，打开“批处理”对话框。

STEP 2 选择批处理的图像与动作

❶在“组”下拉列表中选择“梦幻粉色”选项；❷在“动作”下拉列表中选择“粉色调”选项；❸在“源”下拉列表框中选择“文件夹”选项；❹单击“选择”按钮；❺在打开的“浏览文件夹”对话框中将“照片”文件夹作为当前要处理的文件夹；❻单击“确定”按钮。

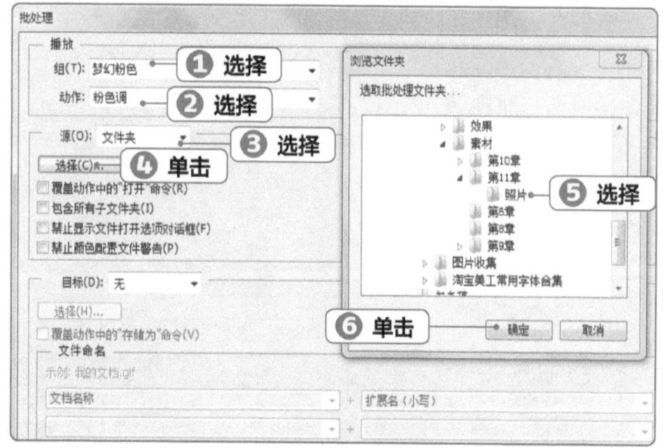

STEP 3 设置处理文件后的保存位置

❶在“目标”下拉列表框中选择“文件夹”选项；❷单击“选择”按钮；❸在“浏览文件夹”对话框中选择“照片”文件夹，将处理后的图像保存到该文件夹中；❹单击“确定”按钮，返回“批处理”对话框，继续单击“确定”按钮。

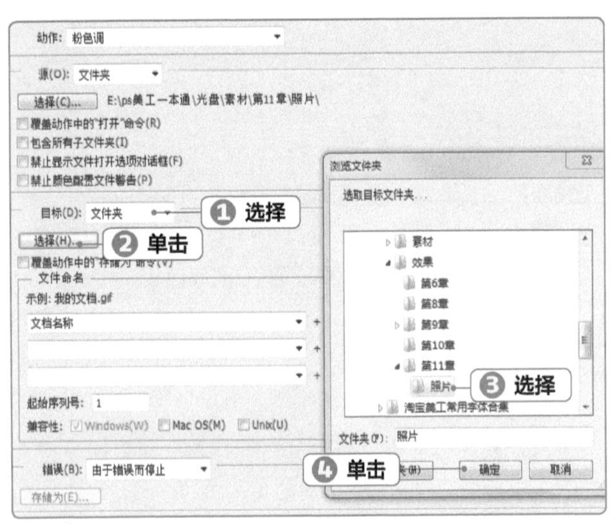

STEP 4 查看批处理效果

Photoshop CC 将会对图像进行处理并存储，完成后可打开“照片”文件夹查看效果。

10.2 印刷和打印输出图像

通常设计完成的作品还需从计算机中输出，如印刷输出或打印输出等，然后将输出的作品作为小样进行审查。下面将学习 Photoshop CC 的图像印刷输出和打印输出功能，通过学习用户可以掌握印刷输出图像和打印输出图像的基本操作。

素材：素材 \ 第 10 章 \ 摄像包焦点图 .psd

Chapter 10

10.2.1 转换为 CMYK 模式

CMYK 模式是印刷的默认模式，为了能够预览印刷出的效果，减少计算机上的图像与印刷出的图像产生色差，用户可先将图像转换为 CMYK 格式，出片中心将以 CMYK 模式对图像进行四色分色，即将图像中的颜色分解为 C（青色）、M（洋红）、Y（黄色）、K（黑色）4 种颜色。下面将需要印刷的图像转换为 CMYK 颜色模式，其具体操作步骤如下。

微视频：转换为 CMYK 模式

STEP 1 转换为 CMYK 模式

打开“摄像包焦点图 .psd”素材文件，选择【图像】/【模式】/【CMYK 颜色】命令。

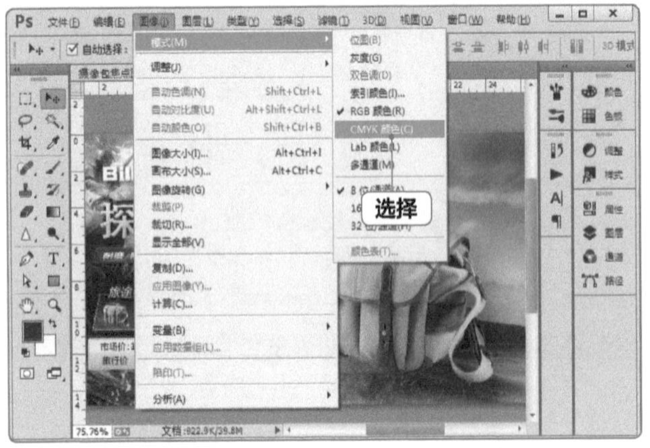

STEP 2 确认拼合图层

在打开的对话框中单击“拼合”按钮，保留图层设置的效果。

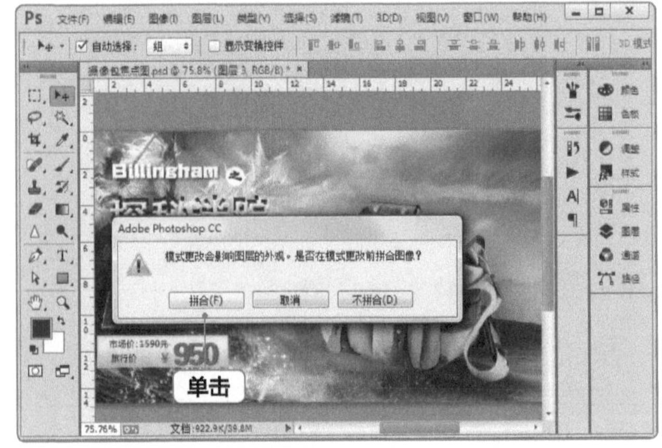

STEP 3 查看转换为 CMYK 模式的效果

转化为 CMYK 模式后，可发现图像的色彩没有 RGB 模式图像的色彩亮丽。

操作解谜

图像的颜色模式

用户在设计作品的过程中要考虑作品的用途和其主要的输出设备，输出设备不同，图像的颜色模式也会根据不同的输出路径而有所差异。如要输出到电视设备，必须经过NTSC颜色滤镜等颜色校正工具进行校正；如要输出到网页，则可以选择RGB颜色模式；如作品需要印刷，则必须使用CMYK颜色模式。

10.2.2 打印选项设置

微视频：打印选项设置

打印的常规设置包括选择打印机的名称，设置“打印范围”“份数”“纸张尺寸大小”“送纸方向”等参数，设置完成后即可进行打印，其具体操作步骤如下。

STEP 1 设置打印机、打印份数与纸张方向

❶选择【文件】/【打印】命令，打开“Photoshop 打印设置”对话框，选择与计算机连接的打印机；❷在“份数”数值框中输入打印的份数为“1”；❸单击“横向打印纸张”按钮；❹单击“打印设置”按钮。

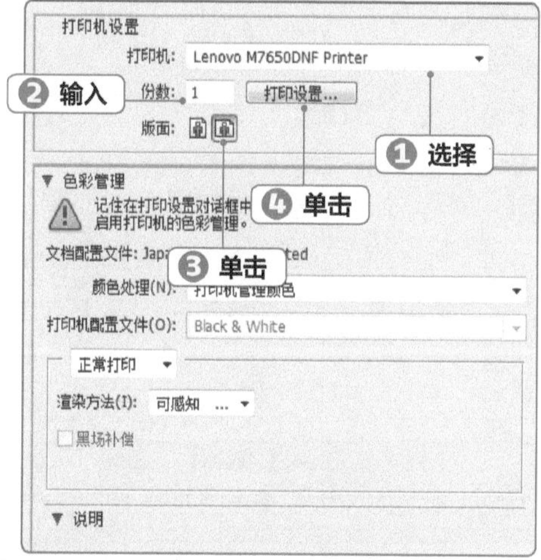

STEP 2 选择纸张规格与图像压缩质量

❶打开“属性”对话框，单击“高级“选项卡；❷单击选中“调整至纸张大小”单选项；❸单击“确定”按钮，返回“Photoshop 打印设置”对话框。

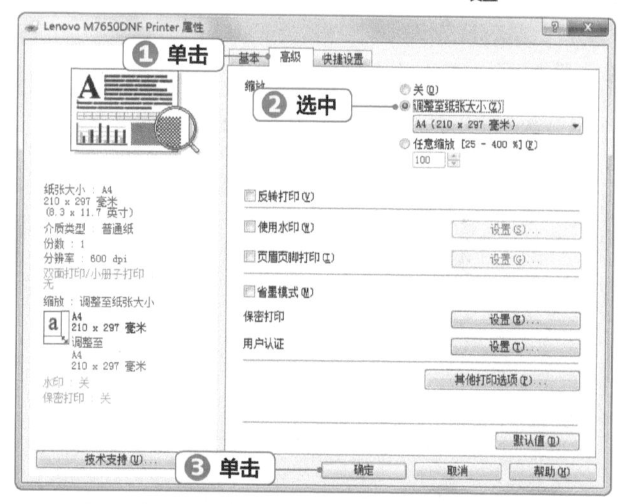

STEP 3 设置图像在页面中的位置

在“位置与大小”栏中单击选中“居中”复选框，图像在页面中居中摆放，撤销选中该复选框，可设置图像距离顶部与左部的距离。

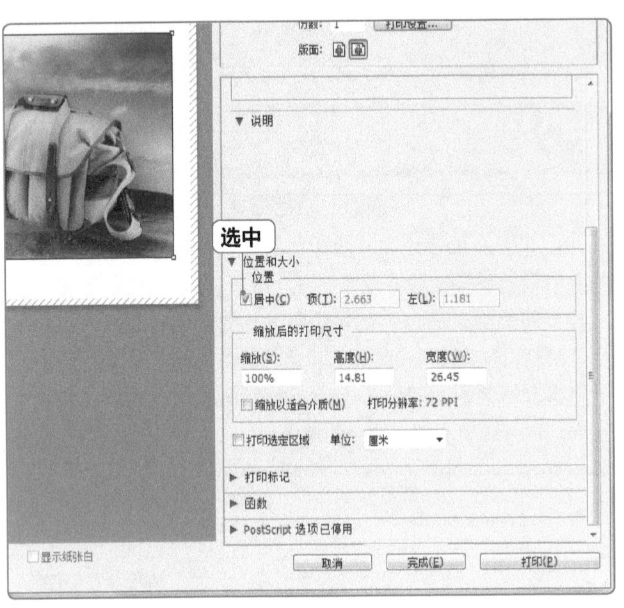

STEP 4 缩放图像至页面大小

❶在“缩放后的打印尺寸”栏中单击选中“缩放以适合介质”复选框；❷单击“完成”按钮即可完成打印设置，返回图像编辑窗口。

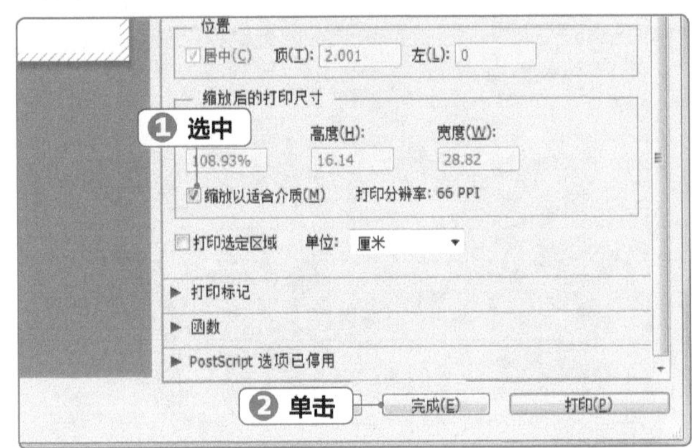

10.2.3 预览并打印图层

微视频：预览并打印图层

在打印图像文件前，为防止打印出错，一般会通过打印预览功能来预览打印效果，以便能发现问题并及时改正，其具体操作步骤如下。

1. 打印并预览可见图层中的图像

当图像绘制完成后，用户可预览绘制的效果，并对图层中的图像进行打印操作，其具体操作步骤如下。

STEP 1 预览打印的图像页面

在“Photoshop 打印设置”对话框的左侧预览框中可预览打印图像的效果，若发现有问题应及时纠正。

STEP 2 打印可见图层中的图像

在图像编辑窗口中隐藏不需要打印的图层，在“Photoshop 打印设置”对话框预览打印无误后，单击“打印”按钮即可打印图像。

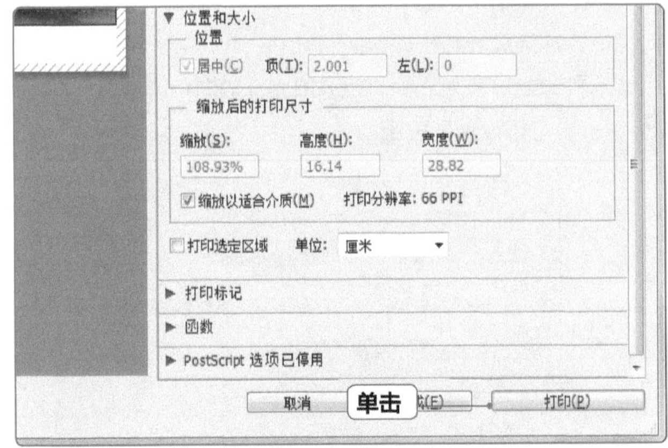

操作解谜

打印的图像区域超出页边距

当打印的图像区域超出了页边距时，执行打印操作后，将打开一个提示对话框，提示用户图像超出边界，如果要继续，则需要进行裁切操作。此时需要单击“取消”按钮取消打印，并重新设置打印图像的大小和位置。另外，对于不能在同一纸张上完成的较大图像的打印，可使用打印拼接功能，将图形平铺打印到几张纸上，再将其拼贴起来，形成完整的图像。

2. 打印选区

在 Photoshop CC 中，用户不仅可以打印单独的图层，还可以创建并打印图像选区，其具体操作步骤如下。

STEP 1 为打印范围创建选区

使用工具箱中的选区工具在图像中为右侧人物创建选区。

STEP 2 打印选区

❶打开“Photoshop 打印设置”对话框，设置打印参数，单击选中“打印选定区域”复选框，若选区不合适，可拖曳预览框左侧和上面的三角形滑块调整打印区域；❷单击“打印”按钮即可打印选区。

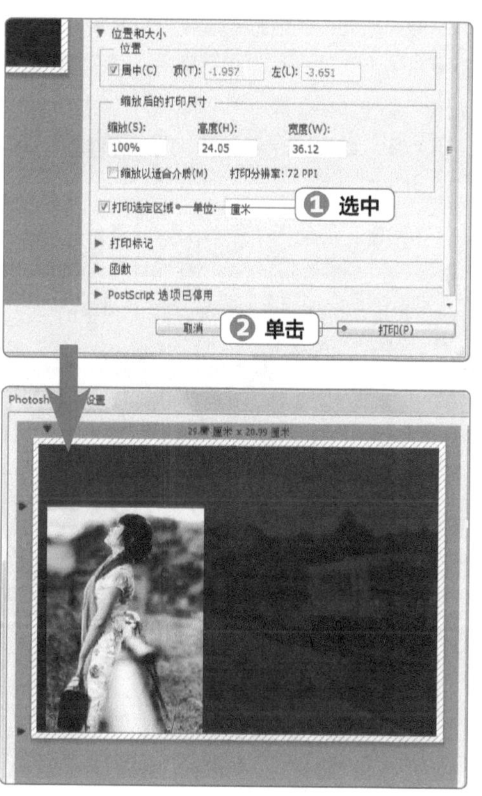

新手加油站——自动化与输出技巧

1. 印前设计的工作流程

一幅图像作品从开始制作到印刷输出的过程中，其印前处理工作流程的基本操作步骤如下。

❶ 理解用户的要求，收集图像素材，开始构思、创作。

❷ 对图像作品进行色彩校对、打印图像和校稿。

❸ 再次打印校稿后的样稿，修改并定稿。

❹ 将无误的正稿送到输出中心，进行出片和打样。

❺ 校正打样稿，若颜色、文字都正确，再送到印刷厂进行制版和印刷。

2. 色彩校准

如果显示器显示的颜色有偏差或者打印机在打印图像时造成图像颜色有偏差，将导致印刷后的图像色彩与在显示器中所看到的颜色不一致。因此，图像的色彩校准是印刷前处理工作中不可缺少的一步，色彩校准主要包括以下 3 种。

- 显示器色彩校准：如果同一个图像文件的颜色在不同的显示器，或不同时间在同一显示器上的显示效果不一致，就需要对显示器进行色彩校准。有些显示器自带色彩校准软件，如果没有，用户可以手动调节显示器的色彩。
- 打印机色彩校准：在计算机显示屏幕上看到的颜色和用打印机打印到纸张上的颜色一般不能完全匹配，这主要是因为计算机产生颜色的方式和打印机在纸上产生颜色的方式不同。要让打印机输出的颜色和显示器上的颜色接近，设置好打印机的色彩管理参数和调整彩色打印机的偏色规律是一个重要途径。

- 图像色彩校准：图像色彩校准主要是指图像设计人员在制作过程中或制作完成后对图像的颜色进行校准。当用户指定某种颜色后进行某些操作，可能导致颜色发生变化，这时需要检查图像的颜色和最初设置的 CMYK 颜色值是否相同，如果不同，可以通过“拾色器”对话框调整图像颜色。

3. 打样

打样就是将分色后的图片印刷成青色、洋红、黄色和黑色 4 色胶片，从而检查图像的分色是否正确。打样的另外一个重要目的就是检验制版阶调与色调能否取得良好的合成，并将复制再现的误差及应达到的数据标准提供给制版部门，作为修正或再次制版的依据，在打样校正无误后交付印刷中心进行制版、印刷。

高手竞技场——自动化与输出练习

1. 打印代金券图像

打开提供的素材文件“代金券 .jpg”，编辑画布与图层并打印文件，要求如下。

- 新建图层、调整画布大小、复制和移动图层，使页面更加美观。
- 对图像进行打印操作，并设置打印参数。

2. 打印招聘海报

招聘海报是用来公布招聘信息的海报，属于广告中的一种。本例将打印 2 份招聘海报，要求如下。

- 打开“招聘海报 .psd”图像，将图像转换为 CMYK 模式。
- 打开“Photoshop 打印设置”对话框，设置打印参数。
- 选择打印机打印图像。

11 Chapter 第 11 章

Photoshop 综合应用

/ 本章导读

学习了本书前面章节所介绍的内容后，读者还应该加强知识点的综合应用，提高实际处理图像的能力，最终能够熟练掌握 Photoshop CC。本章将通过设计手机界面、美食 App 页面、商品详情页页面这 3 个实例，进一步巩固所学知识，以便读者能够举一反三，彻底掌握 Photoshop 的使用方法。

11.1 设计手机 UI 界面

手机 UI 视觉设计是对手机界面的整体设计。视觉效果良好，且具有良好体验的手机界面，无疑更能赢得消费者的青睐。手机 UI 设计包括字体、颜色、布局、形状、动画等元素的设计与组合。下面以锁屏界面、应用界面与音乐播放界面的设计为例对手机 UI 视觉设计的方法进行介绍。

素材：素材 \ 第 11 章 \ 手机 UI\ | 效果：效果 \ 第 11 章 \ 手机 UI 界面设计 .psd

11.1.1 设计手机锁屏界面

微视频：设计手机锁屏界面

锁屏界面是为了防止在不知情的情况下触摸手机，出现误操作而设计的，常为配合指纹解锁、手势或密码解锁界面而存在。下面将设计苹果手机的锁屏界面，其具体操作步骤如下。

STEP 1 打开素材并添加背景

①新建“手机 UI 界面设计 .psd”图像文件，新建背景图层，填充颜色为“#373a4a”；②创建“手机”图层组，将“手机 .psd”文件中的手机相关图层拖入该文件夹内。

STEP 2 添加手机壁纸

①打开“手机壁纸 1.jpg”素材文件，将其拖入到“手机 UI 界面设计 .psd”图像中；②按【Ctrl+T】组合键调整壁纸大小，使其覆盖手机屏幕。

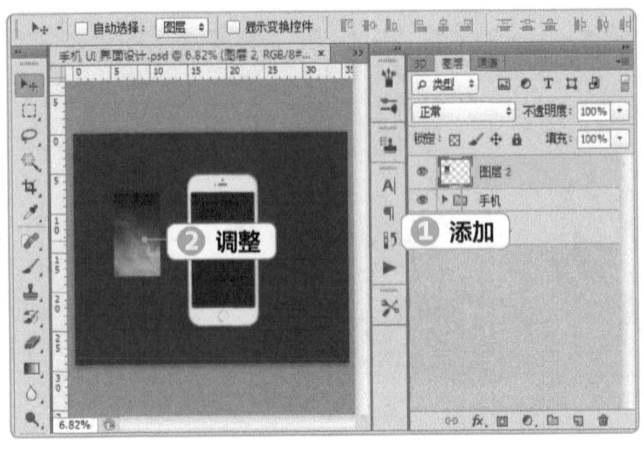

STEP 3 描边屏幕

①在工具箱中选择矩形工具，设置前景色为黑色，沿着手机屏幕绘制矩形，双击“矩形”图层，在打开的对话框中单击选中“描边”复选框；②设置“大小”为“9”像素；③设置“位置”为“外部”；④设置“颜色”为“黑色”；⑤单击“确定”按钮。

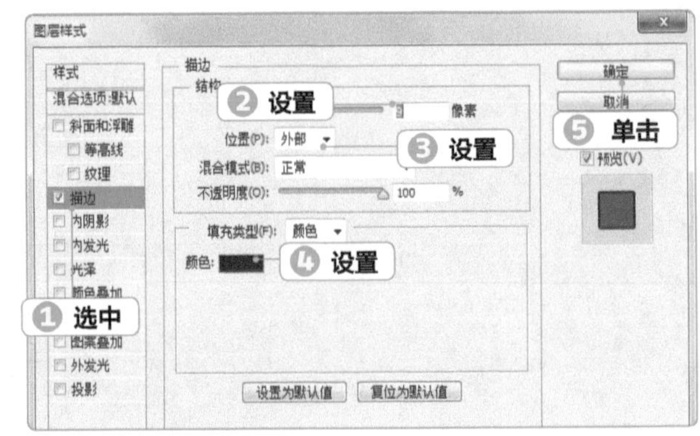

STEP 4 创建剪贴蒙版

①在壁纸图层上单击鼠标右键，在弹出的快捷菜单中选择“创建剪贴蒙版”命令，将壁纸裁剪到屏幕中；②使用矩形工具在屏幕顶端绘制黑色矩形，并使用相同的方法将其裁剪到屏幕矩形中。

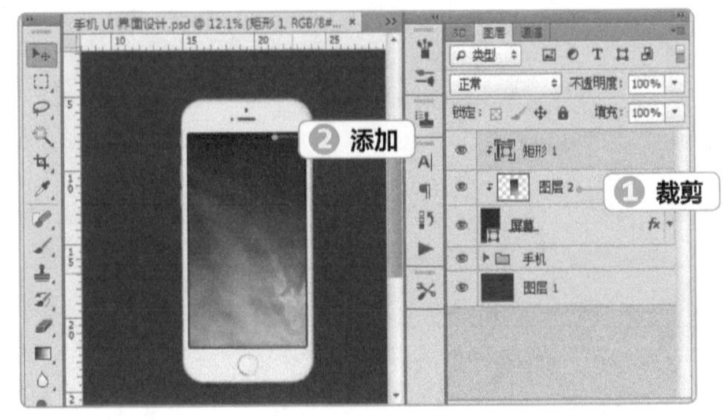

STEP 5 绘制信号图标

❶设置前景色为“白色”，选择椭圆工具，按【Shift】键在屏幕左上角绘制白色圆；❷按住【Alt】键向右拖曳圆，直接复制圆到目标位置，继续复制 3 个圆，制作信号图标，注意圆的间距要一致。

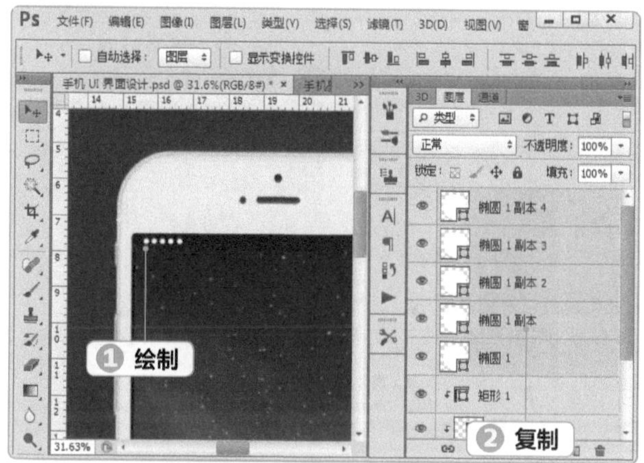

STEP 6 绘制螺纹圆形

❶在工具箱中选择自定形状工具，在“形状”下拉列表框右上角单击⚙.按钮；❷在打开的下拉列表中选择“符号”选项；❸在打开的列表框中选择螺纹圆形；❹按【Shift】键绘制螺纹圆形。

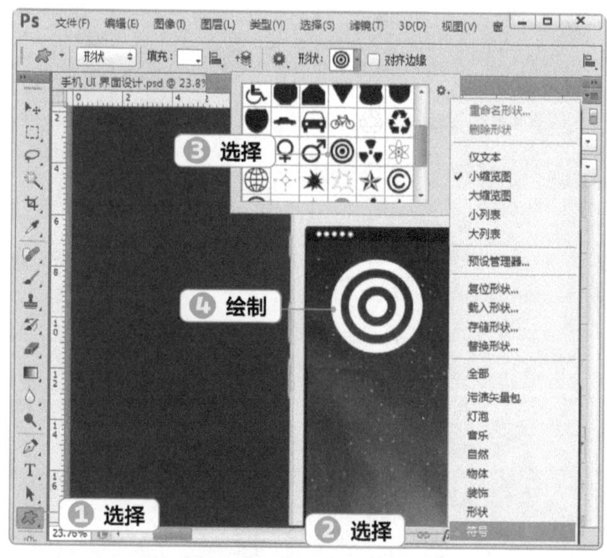

STEP 7 制作无线网图标

❶在螺纹图层上单击鼠标右键，在弹出的快捷菜单中选择“栅格化图层”命令，将图形栅格化；❷在螺纹图像中心创建十字交叉的辅助线，再使用矩形选框工具框选中多余的四分之三图形，按【Delete】键将其删除。

STEP 8 旋转并缩放无线网图标

❶选择“图层 3”图层，按【Ctrl+T】组合键进入变换状态；❷在工具属性栏中设置旋转角度为“45.00”；❸缩小图形，并拖曳到信号图标右侧。

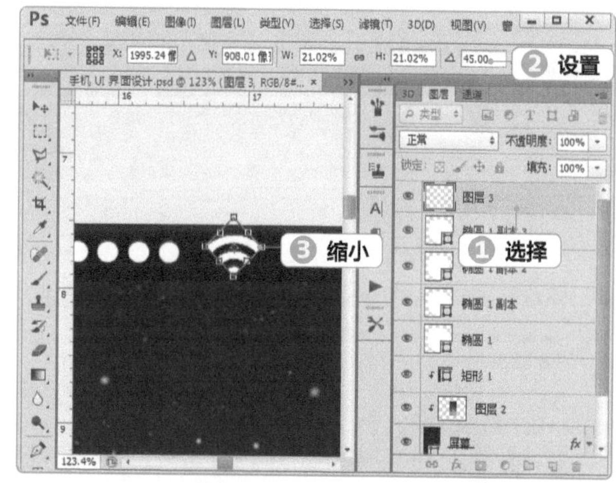

STEP 9 制作电池图标

❶选择横排文字工具，设置文本字体为“微软雅黑 9 点”，在黑色条中间输入时间文本“14:20 ”，在右侧输入电量文本“58%”；❷选择矩形工具绘制 3 个矩形，并将其组合成电池图标，设置最大矩形的描边为“1 点”。

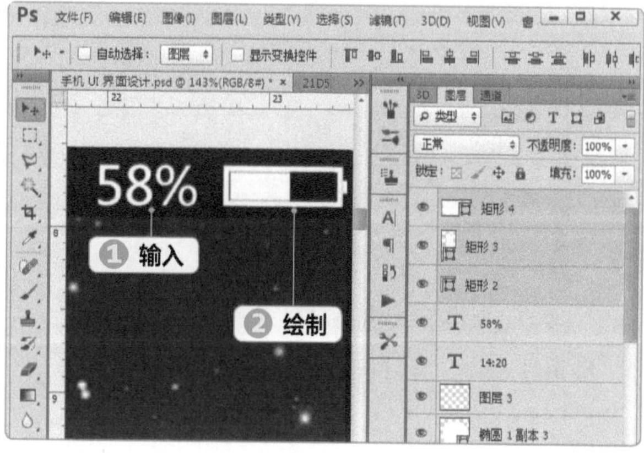

STEP 10 添加高光

①选择钢笔工具，在工具属性栏中设置绘图模式为“形状”；②设置“填充”为“白色”；③在手机右侧绘制白色三角形；④设置该图层的“不透明度”为“28%”。

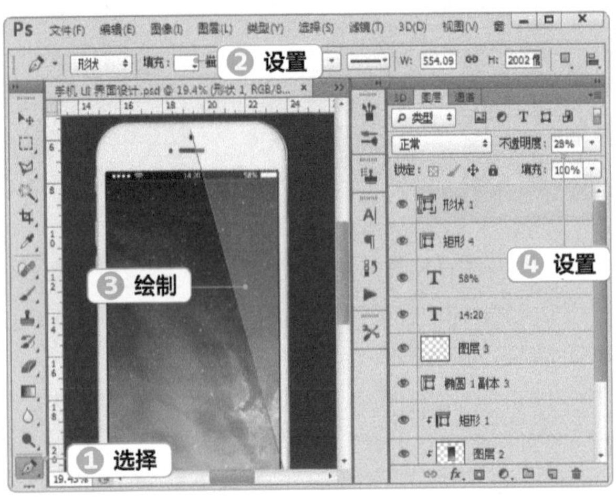

技巧秒杀

添加高光的常用方法

除了设置图形的不透明度，形成反光效果外，对于颜色较深的手机，用户还可在手机边缘绘制高斯模糊增加手机质感。

STEP 11 输入文本

①选择横排文字工具，设置前景色为“白色”，设置字体为“方正兰亭细刊”；②设置字形为“浑厚”；③在图像编辑区中输入时间、年月日、星期与天气等用户重点关注的信息；④调整文本的字号，完成后在“字符”面板中将“14:20”文本的文字间距设置为“50”。

STEP 12 绘制解锁图标

选择钢笔工具，拖曳鼠标绘制解锁图标，并将其填充为白色。

STEP 13 绘制圆并输入文本

①将解锁图标移至屏幕左下角，调整大小，并绘制一个将解锁图标包围的圆，设置圆的描边为“1 点”，描边颜色为“白色”；②在右侧输入文本“滑动解锁 »”，设置字体为“方正兰亭细刊”。

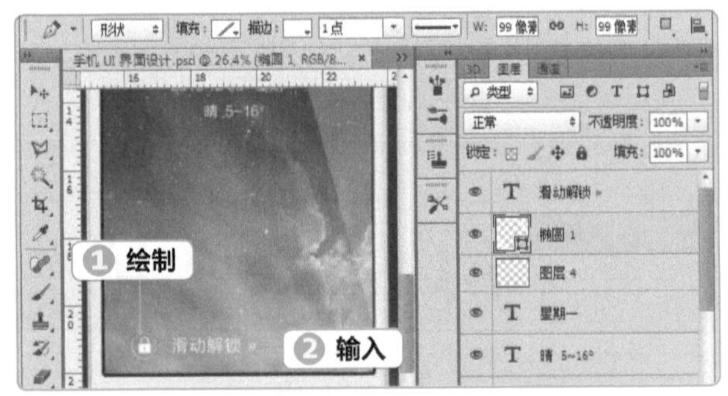

STEP 14 新建图层组管理图层

①在“图层”面板中单击“新建图层组”按钮新建图层组；②双击图层名称，将其重命名为“锁屏界面”，将相关图层都拖曳到该组中。

11.1.2 设计手机应用界面

手机应用界面集合了各种系统与软件 App，主要涉及应用图标的设计与排版。本例为了突出应用，使界面简洁，需要将背景进行虚化处理。下面对制作背景和绘制应用图标的方法分别进行介绍。

微视频：设计手机应用界面

1. 制作梦幻背景

下面将先对背景进行高斯模糊，再使用画笔工具绘制不同大小的圆形光斑，最后对光斑进行模糊处理，设置不透明度，使其形成若有若无的梦幻壁纸，并且不影响应用图标的显示，其具体操作步骤如下。

STEP 1 复制与修改图层组

①按【Ctrl+J】组合键复制“锁屏界面”图层组，更改复制图层组的名称为“应用界面”，展开图层组，删除多余的图层内容，只保留手机、壁纸与壁纸顶端的图层与文本；②移动“应用界面”图层组到右侧。

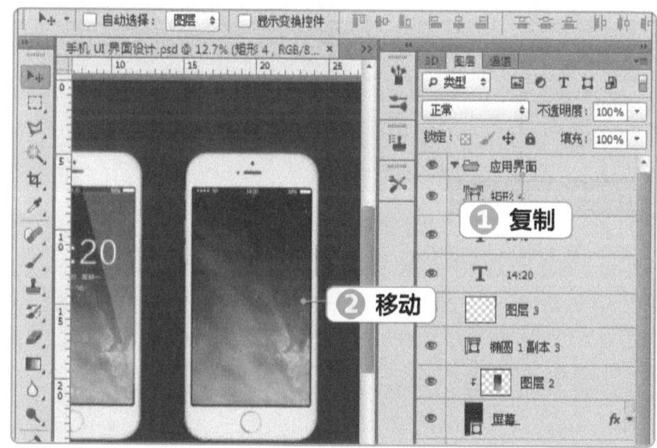

STEP 2 为背景添加模糊效果

①选择壁纸所在图层，选择【滤镜】/【模糊】/【高斯模糊】命令，打开“高斯模糊”对话框，设置模糊“半径”为“75”；②单击“确定”按钮。

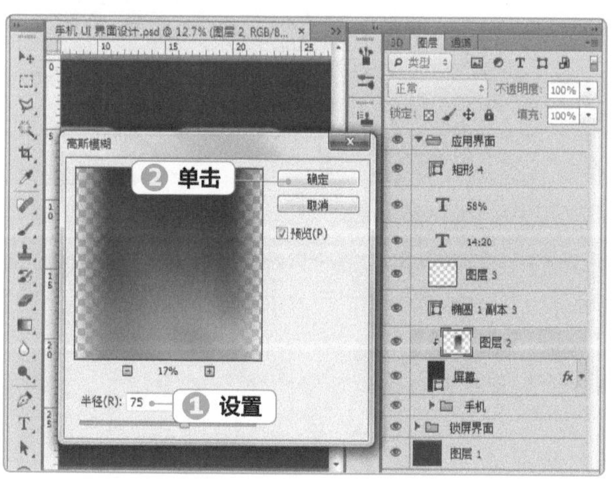

STEP 3 使用画笔添加光斑

①选择画笔工具，设置画笔硬度为“100%”，设置不透明度为“50%”，设置画笔大小为“200”；②打开“画笔”面板，单击选中“形状动态”复选框；③设置“大小抖动”为“100%”，在面板底部查看设置的画笔效果；④将前景色设置为“白色”，新建图层，在壁纸上单击绘制光斑，在绘制过程中可在画笔工具属性栏中更改透明度，绘制不同透明度的光斑。

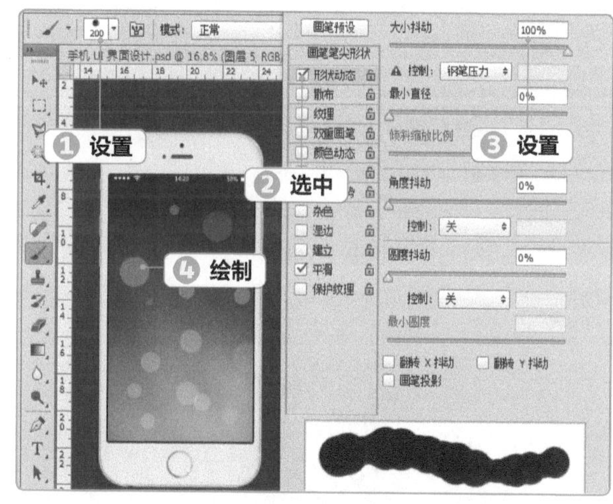

STEP 4 为光斑添加模糊效果

①选择光斑所在图层；②设置混合模式为“柔光”；③选择【滤镜】/【模糊】/【高斯模糊】命令，打开“高斯模糊”对话框，设置模糊“半径”为“8”；④单击“确定”按钮。

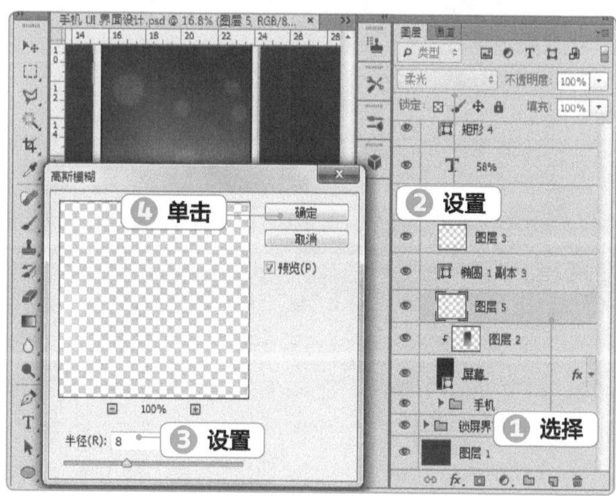

STEP 5 渐变填充选区

❶在壁纸图层上方新建图层；❷使用矩形选框工具绘制矩形选区，完成后在工具箱中选择渐变工具；❸在工具属性栏中单击渐变条，设置渐变颜色为“白色”到“#236b92”；❹单击“线性渐变”按钮；❺在矩形选区内垂直拖曳鼠标创建线性渐变填充效果；❻设置图层的不透明度为“50%”。

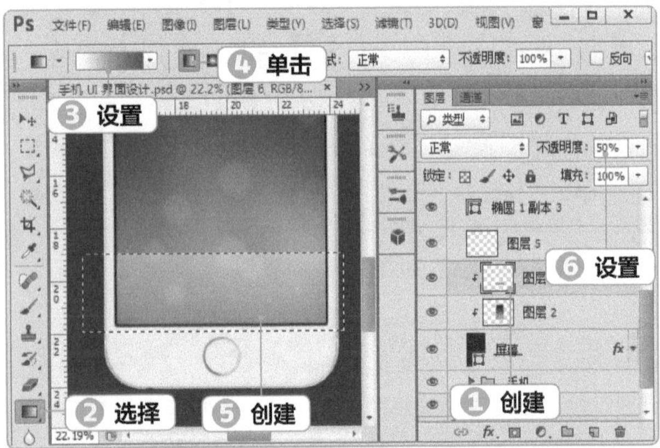

STEP 6 绘制应用页面按钮

❶选择椭圆工具，在渐变条上方绘制白色圆；❷在“图层”面板中将“不透明度”设置为“80%”；❸按住【Alt】键不放拖曳圆到右侧，复制两个圆，设置复制圆的“不透明度”为“30%”。

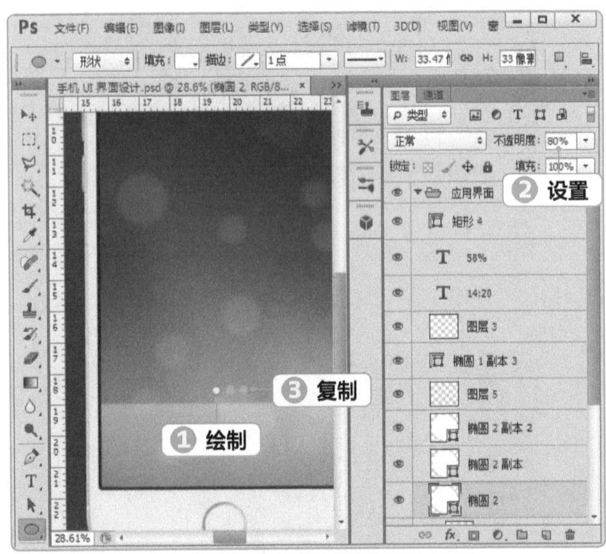

2. 绘制应用图标

在绘制应用图标过程中，同一界面中应用图标的风格应尽量统一并保持排列有序，这样才能给用户带来良好的视觉体验，提高使用的舒适度。下面将通过绘制相同大小与相同角度的圆角矩形，统一界面中的图标风格，并用不同的图标颜色，提高界面色彩的丰富性，增强界面的美感，其具体操作步骤如下。

STEP 1 绘制圆角矩形

❶选择圆角矩形工具，设置填充颜色为“白色”，无描边；❷在画布中单击鼠标，打开“创建圆角矩形”对话框，设置圆角矩形的“宽度”为“200 像素”；❸设置“高度”为“200 像素”；❹设置圆角“半径”为“40 像素”；❺单击“确定”按钮，返回图像编辑区，使用鼠标单击，在手机界面中创建固定大小的圆角矩形。

STEP 2 添加渐变叠加效果

❶双击图层面板缩略图，打开“图层样式”对话框，单击选中“渐变叠加”复选框；❷单击渐变条，在打开的对话框中设置渐变颜色分别为“#b11df6”“#000390”“#02fcff”，完成后查看渐变叠加效果。

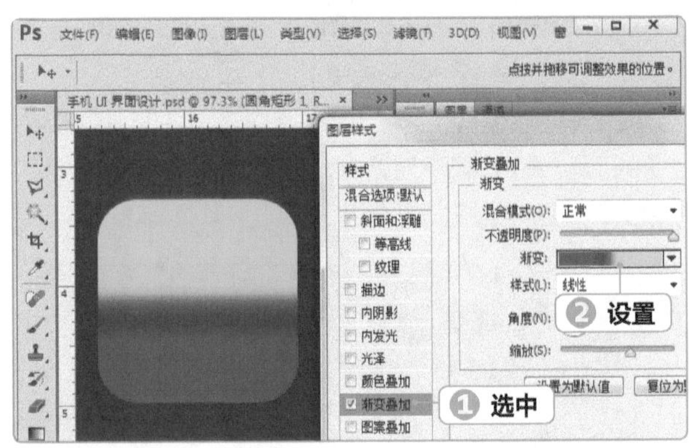

STEP 3 设置内发光效果

❶在“图层样式”对话框中单击选中“内发光”复选框；❷设置“混合模式”为“正常”；❸设置“不透明度”为“100%”；❹单击渐变条；❺在打开的对话框中设置颜色滑块的位置和颜色值分别为“28%、#b11df6”“33%、#000390”“38%、#02fcff”；❻设置不透明度滑块的位置为“35%”，单击“确定”按钮。

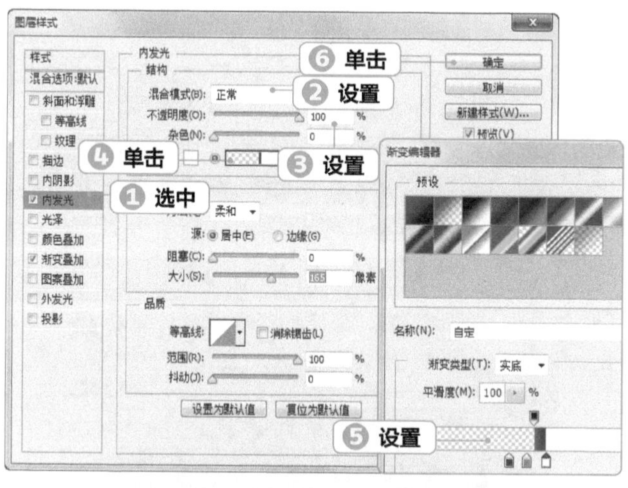

STEP 4 添加斜面和浮雕效果

①在“图层样式”对话框中单击选中“斜面和浮雕”复选框；②设置“深度”为“100%”；③设置“大小”为“157 像素”；④设置角度为“90 度”；⑤设置高度为“80 度”；⑥单击光泽等高线的等高线缩略图；⑦打开“等高线编辑器”对话框，单击曲线添加控制点；⑧设置“输入”为“53%”；⑨单击“确定”按钮。

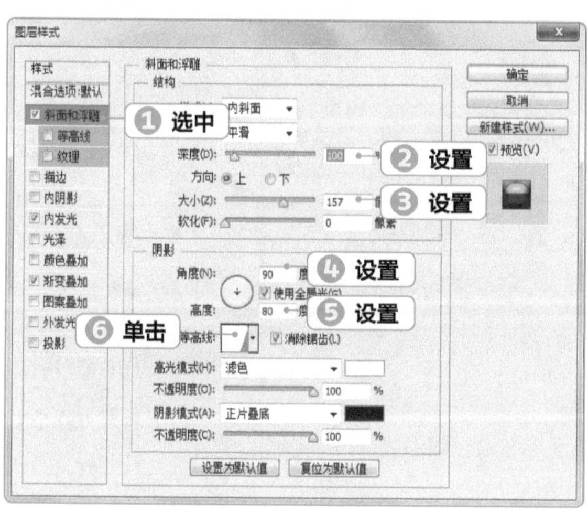

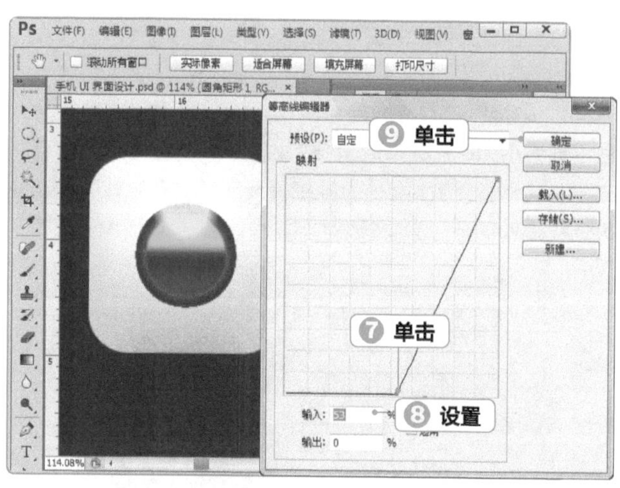

STEP 5 调整等高线效果

①返回“图层样式”对话框，单击选中“等高线”复选框；②单击等高线列表框中等高线缩略图；③在打开的“等高线编辑器”对话框中调整等高线的形状；④单击“确定”按钮返回“图层样式”对话框；⑤设置“范围”为“44”；⑥单击“确定”按钮，完成相机图标的制作。

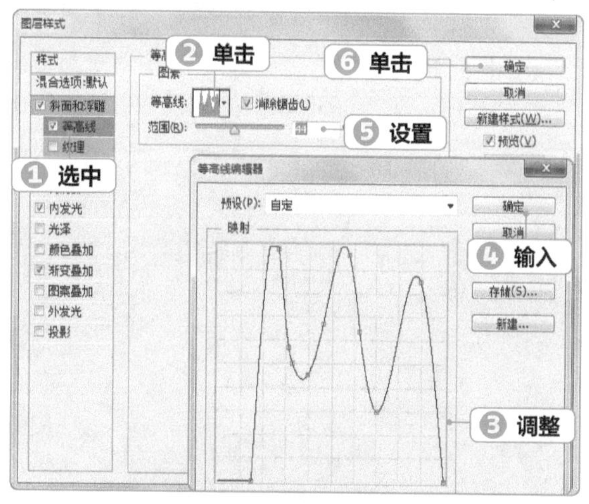

STEP 6 使用辅助线对齐图标

❶将相机图标移动到屏幕左下角；❷在右侧创建 3 个大小为“200×200”像素、圆角半径为“40”像素的圆角矩形；❸创建大小为“36×36”像素的选区，将选区移动到屏幕左右两端以及渐变条的上方，拖曳标尺创建对应的辅助线，使图标左右两端与上端辅助线对齐。

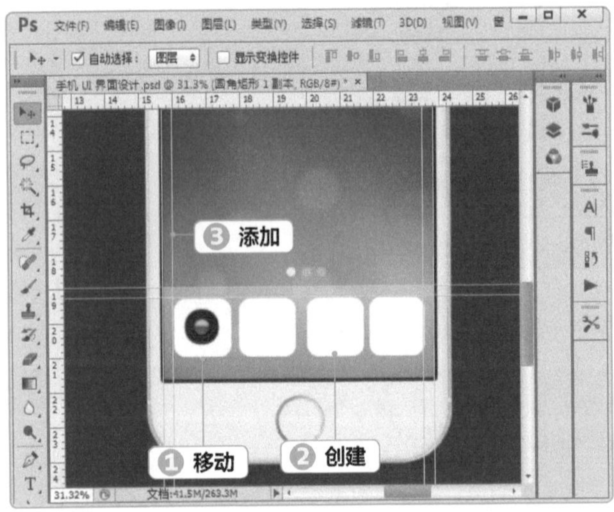

STEP 7 水平居中分布

选择所有应用图标，选择【图层】/【分布】/【水平居中】命令，使一排中的图标均匀分布。

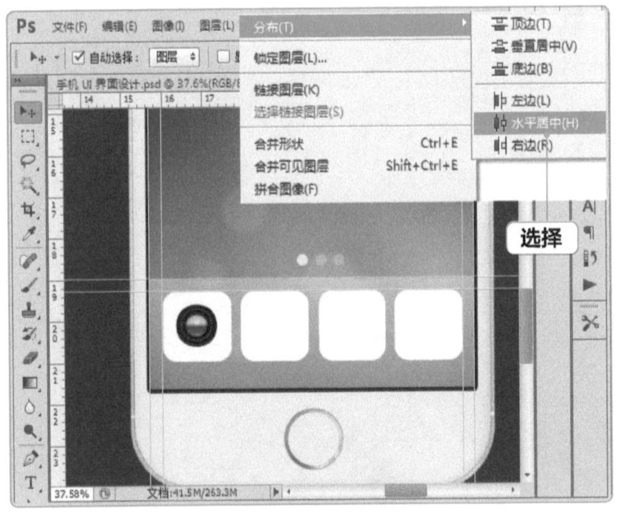

STEP 8 绘制并排列其他图标

❶编辑白色的圆角矩形，更改其颜色，在其上方绘制应用图标按钮，制作应用图标，使用相同的方法制作其他应用图标按钮，并使用辅助线、分布与对齐功能排列应用图标；❷在“图层”面板底部单击“创建新组”按钮，新建名为“应用图标”的图层组，将相关图层拖入该组中。

STEP 9 添加文本

❶选择横排文字工具，设置文本字体为“方正兰亭刊黑-GBK”；❷设置字号为“9 点”；❸设置字形为“浑厚”；❹在应用图标正下方输入应用的名称，并使用辅助线以辅助对齐的方式排列每排文字。

11.1.3 设计手机音乐播放界面

下面将先调整图片颜色，并在其上添加模糊效果，再制作色调、风格与前面一致的音乐播放界面，其具体操作步骤如下。

微视频：设计手机音乐播放界面

STEP 1 添加壁纸

①继续复制"锁屏界面"图层组，更改组名为"音乐播放界面"，删除"音乐播放界面"图层组中多余的图层，将"音乐播放界面"组移动到画布右侧的空白处，将"手机壁纸 2.jpg"素材文件添加到图像中，将图层移动到手机屏幕上方，调整大小，使其覆盖手机屏幕；②在壁纸图层上单击鼠标右键，在弹出的快捷菜单中选择"创建剪贴蒙版"命令，裁剪手机壁纸。

STEP 2 调整色阶

①选择壁纸图层，按【Ctrl+L】组合键打开"色阶"对话框，将输出色阶起点值设置为"35"；②单击"确定"按钮，将壁纸暗部提亮。

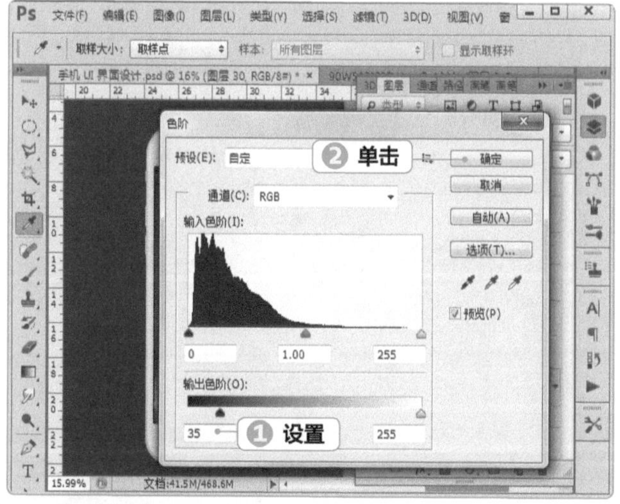

STEP 3 模糊背景

①选择素材"手机壁纸 2.jpg"所在图层，选择【滤镜】/【模糊】/【高斯模糊】命令，打开"高斯模糊"对话框，设置模糊"半径"为"30"；②单击"确定"按钮。

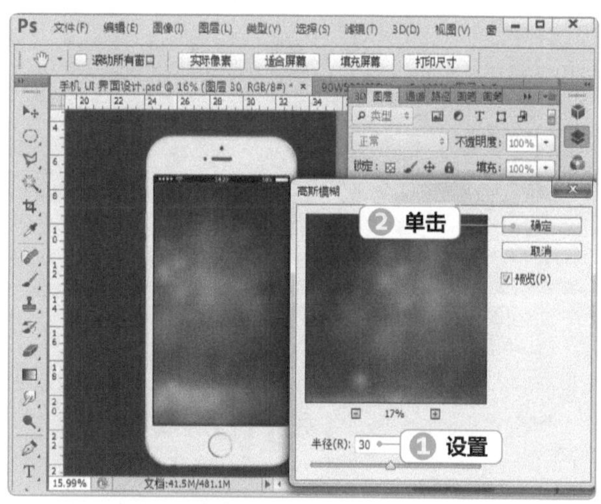

STEP 4 添加冷却滤镜

①复制背景图层，选择复制的图层，选择【图像】/【调整】【照片滤镜】命令，打开"照片滤镜"对话框，选择滤镜为"冷却滤镜（80）"；②单击"确定"按钮。

操作解谜

蓝色调图像制作

添加冷却滤镜的目的在于为图像蒙上一层蓝色，将图像处理成蓝色调图像，使之与前面的锁屏界面、应用界面的风格及颜色统一。

STEP 5 添加装饰底纹

①将"手机壁纸 3.jpg"素材文件添加到图像中，移动图层到手机屏幕图层的上方，调整大小，将壁纸移至手机屏幕下方，在壁纸图层上单击鼠标右键，在弹出的快捷菜单中选择"创建剪贴蒙版"命令，裁剪壁纸；②在其下方绘制黑色矩形。

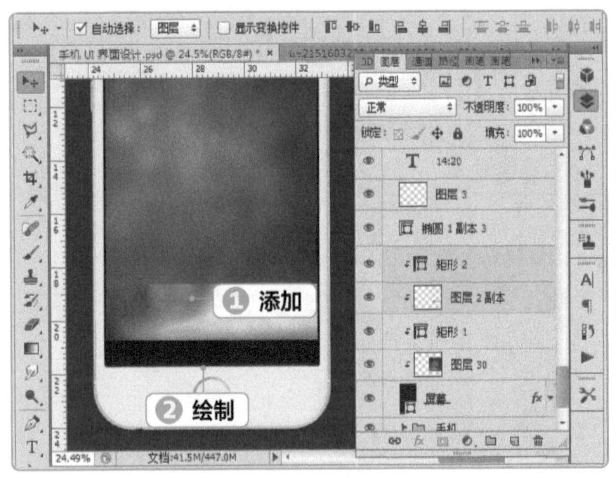

STEP 6 绘制主页形状

❶选择自定形状工具，设置填充颜色为"白色"；❷在"形状"下拉列表框中选择"主页"形状；❸在画布中的黑色矩形左侧绘制主页图标。

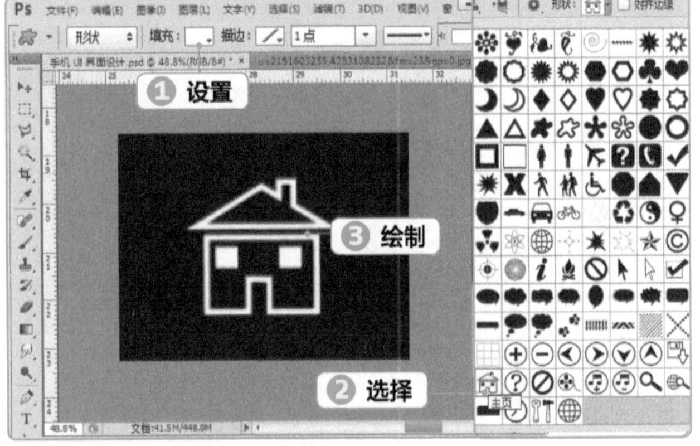

STEP 7 绘制其他形状

❶使用相同的方法继续绘制其他工具图标，注意心形需要取消填充，设置描边为"白色、1 点"；❷选择横排文字工具，在中间的标注图形上输入文本"词"，设置文本的格式为"方正兰亭刊黑 -GBK、14.5 点、浑厚、黑色"。

STEP 8 绘制播放按钮

❶新建"播放条"图层；❷选择多边形工具，设置边数为"3"，绘制 5 个三角形，分别调整其大小、角度与位置，将两侧的前进与后退按钮填充为白色，将播放按钮填充为"#e7564b"。

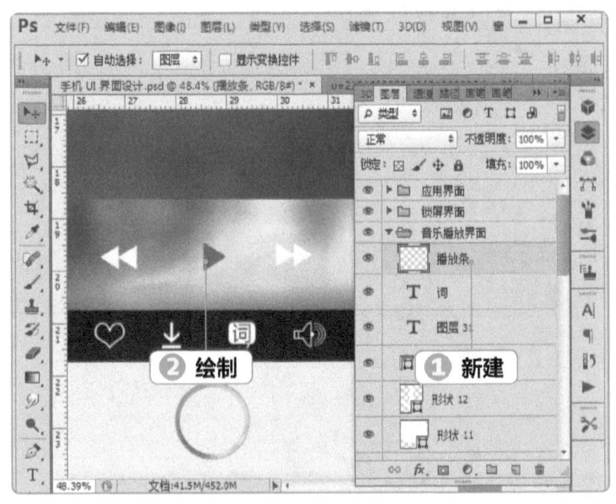

STEP 9 输入文本并添加图片

❶添加"行者 .jpg"素材文件，按【Ctrl+J】组合键复制素材图层，调整其大小与位置，双击素材"行者 .jpg"所在图层，在打开的对话框中为其添加默认投影样式；❷选择横排文字工具，设置文本字体为"方正兰亭刊黑 -GBK"；❸设置第一排文本的字号为"14 点"，第二排文本的字号为"9 点"；❹设置字形为"浑厚"；❺在小图右侧输入歌名等信息。

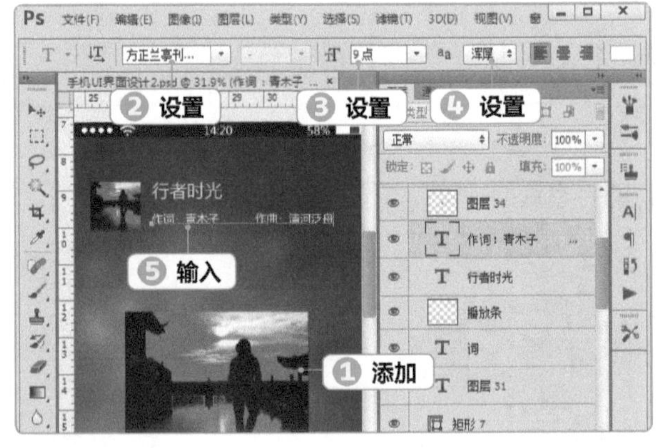

技巧秒杀

修改文字格式

若输入文字后需要更改字体格式，在文字的输入状态下，单击3次鼠标左键可选择一行文字，单击4次鼠标左键可选择整段文字。选择文本后，再在工具属性栏中设置字体格式。

STEP 10 绘制进度条

①选择圆角矩形工具，绘制圆角半径为“10像素”的矩形条，将其转换为普通图层；②按【Ctrl】键单击图层缩略图载入选区，选择渐变工具；③设置渐变颜色为“黑色”到“浅灰色（#d1d1d1）”；④设置渐变方式为“线性渐变”；⑤在矩形条选区中拖曳鼠标创建渐变填充；⑥选择左侧部分矩形条，将其填充为白色，并在两侧输入文本。

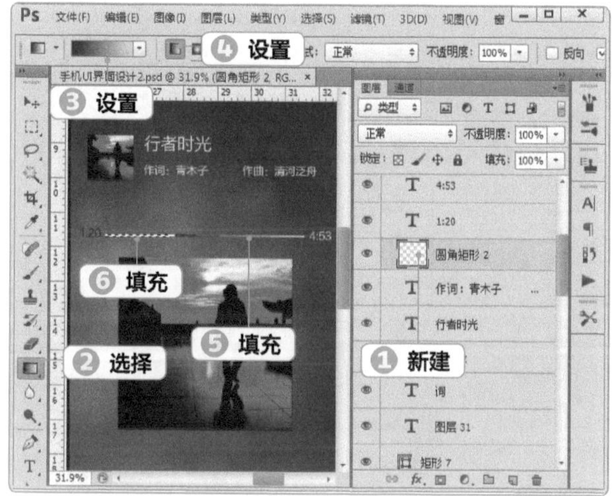

技巧秒杀

渐变填充的注意事项

形状工具绘制的图形需要先栅格化，再进行渐变填充。此外，只有创建选区后，才能对选区中的图形进行渐变填充，否则将填充整个图层。

STEP 11 绘制圆

①选择椭圆工具，在工具属性栏中设置填充颜色为“白色”；②按【Shift】键绘制圆。

STEP 12 输入文本

①选择横排文字工具，设置字体为“方正兰亭刊黑-GBK”；②设置字号为“14点”；③设置字形为“浑厚”；④在大图下方输入歌词。

STEP 13 设置渐变叠加效果

①在“图层”面板中双击输入歌词的文本图层，打开“图层样式”对话框，单击选中“渐变叠加”复选框；②单击渐变条，在打开的对话框中设置渐变颜色为“#939393”到“白色”；③单击“确定”按钮，返回工作界面，保存文件，完成音乐播放界面的制作。

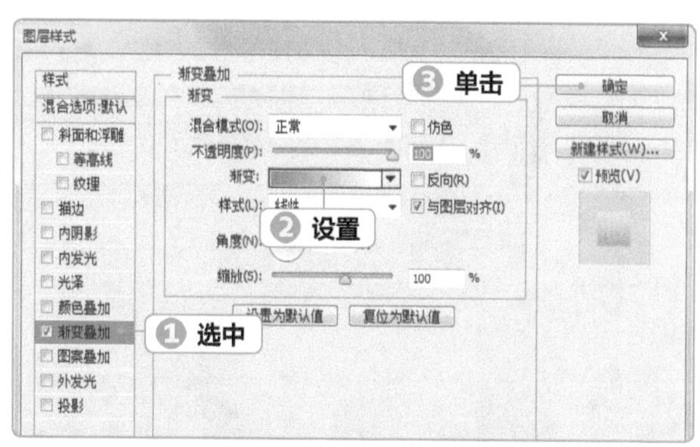

第11章 Photoshop 综合应用

11.2 设计美食 App 页面

在移动应用中，美食 App 占有非常重要的地位。设计精美的美食 App 更能吸引用户的关注，提高用户的页面体验舒适度，勾起其食欲，进而促成订单的生成。下面将制作美食 App 的引导页、首页、个人中心与登录页，以此介绍美食 App 页面的制作方法。

素材：素材 \ 第 11 章 \ 美食 App 页面 \　　效果：效果 \ 第 11 章 \ 美食 App 页面 \

11.2.1 设计美食引导页

打开美食应用软件后，将进入引导页。引导页放置了精美诱人的食物图片，并在其中搭配了强有力的文案，其目的是让用户喜欢该美食，继而促成下单。下面制作美食引导页，要求美食诱人、图片颜色明快亮丽，文字简洁美观。

微视频：设计美食引导页

1. 制作标志

标志是传达 App 形象的视觉符号，因此要求标志要具有易识别的特点。下面将以杯子为原型，将图案与美食 App 的名称添加到杯子上，形成美食 App 的标志，其具体操作步骤如下。

STEP 1 新建文件并绘制圆角矩形

①新建大小为“1080 像素 ×1920 像素”，名称为“美食引导页”的图像文件，选择圆角矩形工具，将前景色设置为“#343843”，单击图像编辑区，在打开的“创建圆角矩形”对话框中设置图形的“宽度”为“80 像素”；②设置“高度”为“120 像素”；③设置圆角“半径”为“25 像素”；④单击“确定”按钮，创建固定大小的圆角矩形。

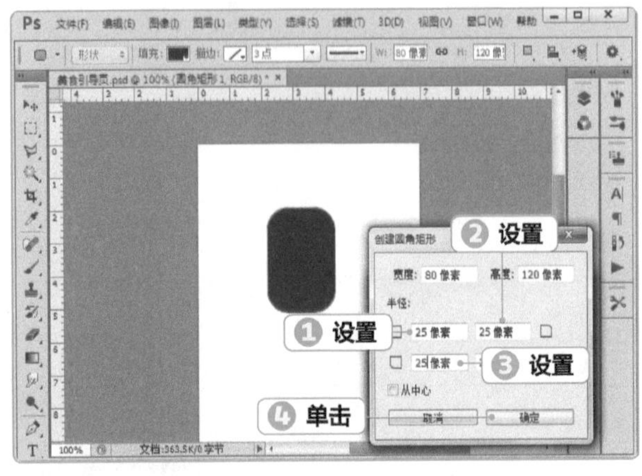

STEP 2 栅格化并编辑形状

①在绘制的矩形图层上单击鼠标右键，在弹出的快捷菜单中选择“栅格化图层”命令，将形状图层转化为普通图层；②选择矩形选框工具，框选矩形的上半部分，按【Delete】键删除图形。

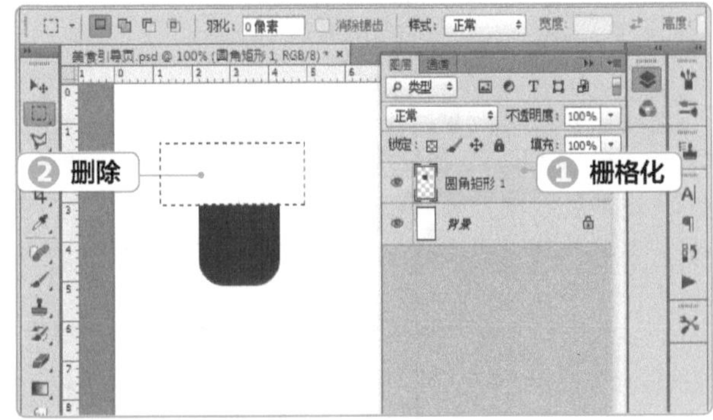

STEP 3 绘制圆角矩形

①选择圆角矩形工具，设置填充颜色为“#f44041”；②设置圆角“半径”为“8 像素”；③拖曳鼠标，在图形内部绘制红色圆角矩形。

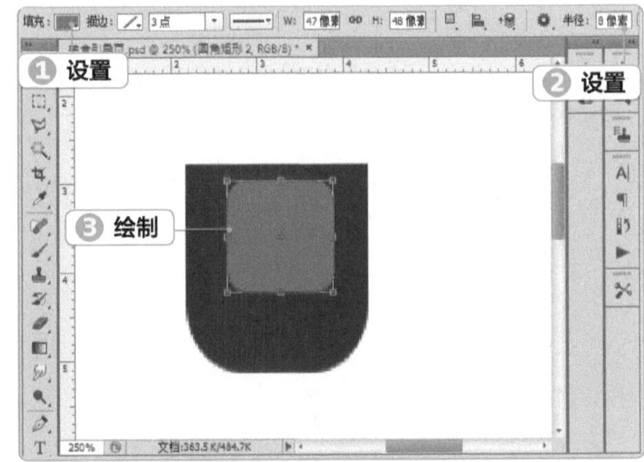

STEP 4 绘制图案

①选择自定形状工具，设置填充颜色为“#343843”；②在“形状”下拉列表框中选择“装饰”组中的“装饰 1”形状；③在红色矩形上绘制图案。

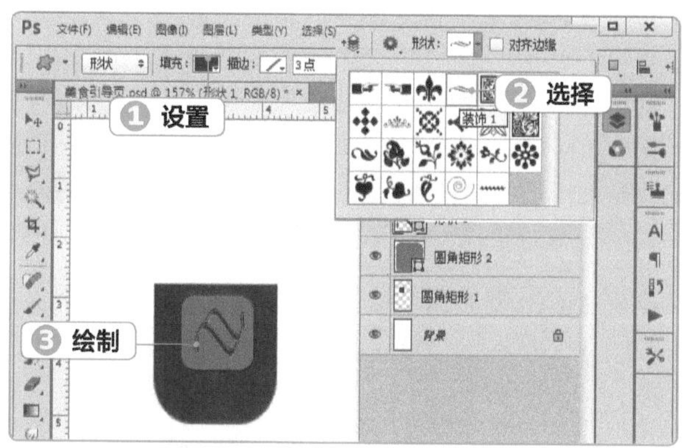

STEP 5 绘制图案

①选择钢笔工具，设置绘图模式为“形状”；②设置填充颜色为“#343843”；③新建图层，拖曳鼠标绘制烟雾袅袅的形状。

STEP 6 输入文本

①设置前景色为“白色”，选择横排文字工具，设置字体为“方正兰亭细黑_GBK”；②设置字号为“12 点”；③设置字形为“浑厚”；④在红色矩形下方输入“食孜源”。

STEP 7 加深图标

①选择红色矩形所在图层，栅格化图层，按住【Ctrl】键单击图层缩略图载入选区；②选择加深工具；③设置画笔大小，涂抹形状底部，加深图形颜色，形成更加立体化的效果，新建“标志”图层组，将相关图层移至该组中。

2. 添加图片与文本

图片能勾起用户的食欲，文本都够引导或说明需要传递的信息。下面为引导页添加图片与文本，其具体操作步骤如下。

STEP 1 添加并编辑素材

添加“美食素材 1.jpg”素材文件，调整其大小，使其宽度与页面一致。

STEP 2 绘制矩形并设置图层不透明度

①选择矩形工具，将前景色设置为“#343843”，绘制矩形，覆盖美食图片；②在“图层”面板中设置矩形图层的“不透明度”为“49%”。

STEP 3 添加素材并绘制形状

①选择椭圆工具，按【Shift】键绘制圆；②添加“美食素材 2.jpg”素材文件。

STEP 4 创建剪贴蒙版

①在“美食素材 2.jpg”素材图层上单击鼠标右键，在弹出的快捷菜单中选择“创建剪贴蒙版”命令；②将美食图片移动到圆的下方，按【Ctrl+T】组合键调整图片的大小与位置。

STEP 5 绘制矩形与圆形

①选择矩形工具，在页面下方绘制白色矩形，遮挡圆凸出图片的部分；②选择椭圆工具，在圆左侧绘制正圆，在工具属性栏中设置填充颜色为“#f28214”；③按【Alt】键将圆拖曳到右侧，复制两个圆，更改圆的填充颜色为“白色”；④选择 3 个圆图层，单击“链接图层”按钮，链接 3 个图层，便于一起移动。

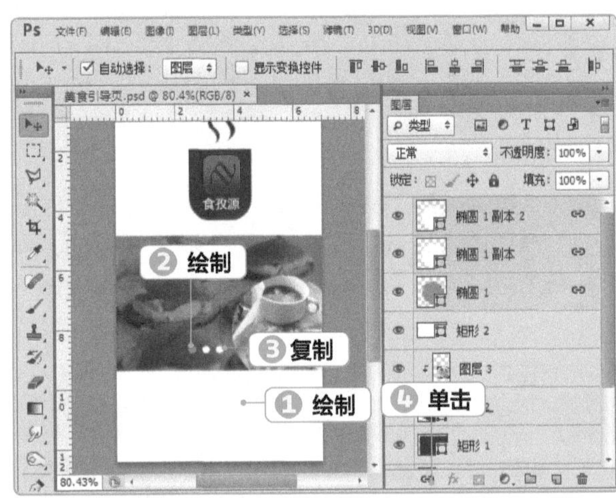

STEP 6 描边文本

①选择横排文字工具，设置字体格式为“方正剪纸简体、55.33 点、#f28214”，在其中输入文本“为爱吃的你寻找美食”；②双击文本图层，打开“图层样式”对话框，单击选中“描边”复选框；③设置描边“大小”为“4 像素”；④设置“填充类型”为“颜色”，单击“确定”按钮。

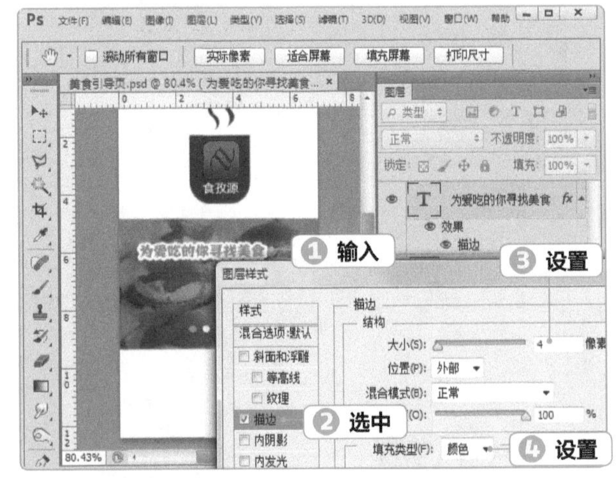

STEP 7 绘制圆角矩形

①选择圆角矩形工具，设置填充颜色为“#f28214”，设置圆角半径值为“8 像素”；②在页面底部拖曳鼠标，绘制黄色圆角矩形。

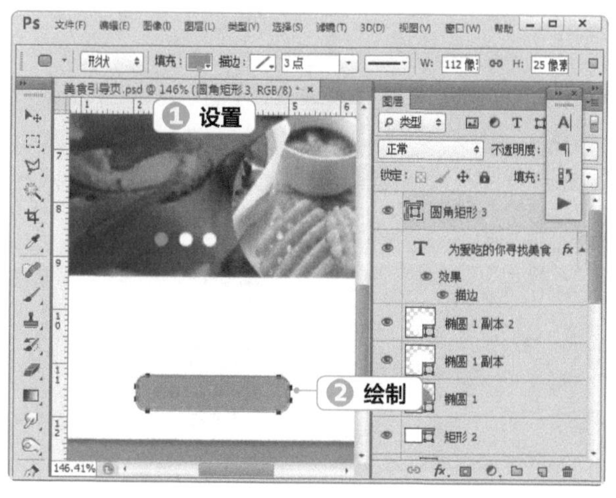

STEP 8 添加文本

①选择横排文字工具，设置文本字体为“方正兰亭细黑_GBK”；②输入相关文本，调整文本大小与颜色，完成引导页的制作。

11.2.2 设计美食首页

手机 App 首页一般包括页头、页中与页尾 3 部分。页头一般包括 App 名称以及常用的功能按钮；页中用于存放美食广告、美食产品等信息；页尾用于放置页面切换按钮。下面制作美食首页两屏效果，要求美食诱人、分类明确、图片颜色明快亮丽，文字简洁美观。

微视频：设计美食首页

1. 制作首页 1

下面主要使用红色、白色与橙色作为主色调，对首页的第一屏进行整体设计，并利用圆、圆角矩形、线条来装饰页面，其具体操作步骤如下。

STEP 1 绘制菜单按钮

①新建大小为“1080 像素 ×1920 像素”，名称为“美食首页 1”的图像文件，在距边 36 像素的位置处添加辅助线；②选择直线工具，按【Shift】键绘制三条呈梯形分布的粗细为 3 像素的直线；③选择椭圆工具，设置填充颜色为“#ff0000”，在线条右上角按【Shift】键绘制圆。

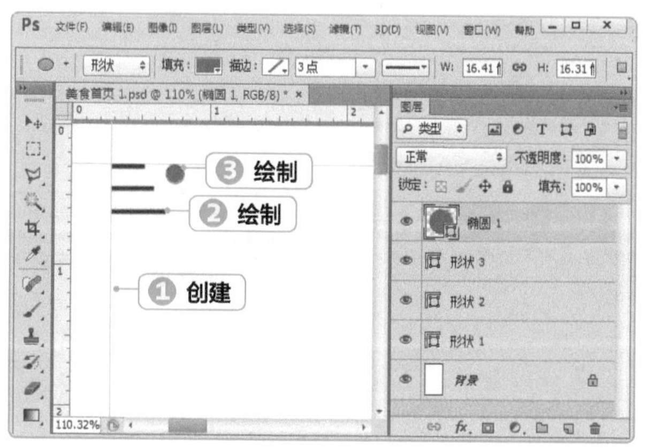

STEP 2 输入文本并设置字间距

①选择横排文字工具，设置字体格式为“方正兰亭细黑_GBK、14.71 点、#ff0000”，输入文本“食孜源”；②打开“字符”面板，设置文字间距为“50”。

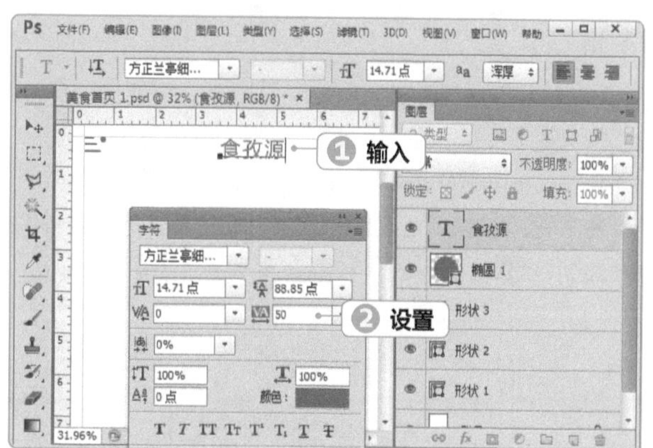

STEP 3 绘制搜索按钮与添加按钮

①选择椭圆工具绘制圆，选择直线工具绘制线条，设置线条粗细为“3 像素”，圆的描边为“0.8 点”；②选择相关图层，单击“链接图层”按钮，为搜索按钮与添加按钮的相关图形创建链接。

STEP 4 添加图片并绘制圆

①添加“美食素材 3.jpg”图片；②选择椭圆工具绘制圆，设置填充颜色为“#ff0000”，按【Alt】键将圆拖曳到右侧，复制 3 个圆，更改圆的填充颜色为“白色”；③选择 4 个圆图层，单击“链接图层”按钮，链接 4 个图层。

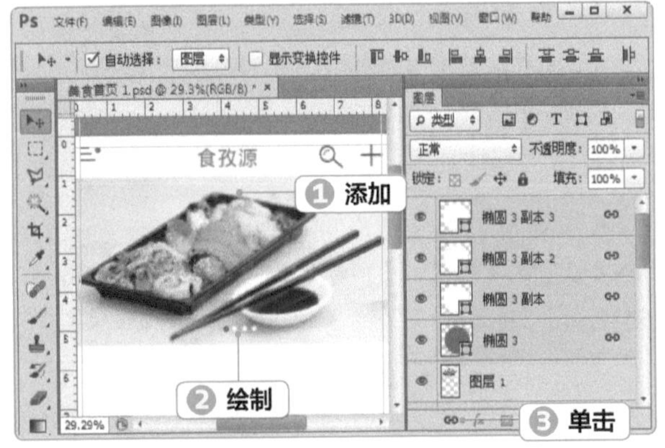

STEP 5 制作分类图标

①选择椭圆工具绘制圆，设置填充与描边颜色为“#f28214”，设置描边粗细为“0.7 点”，按【Alt】键将圆拖曳到右侧，复制 3 个圆；②将两边圆移动到合适的位置，选择当前的 4 个圆图层，选择【图层】/【分布】/【水平居中】命令。

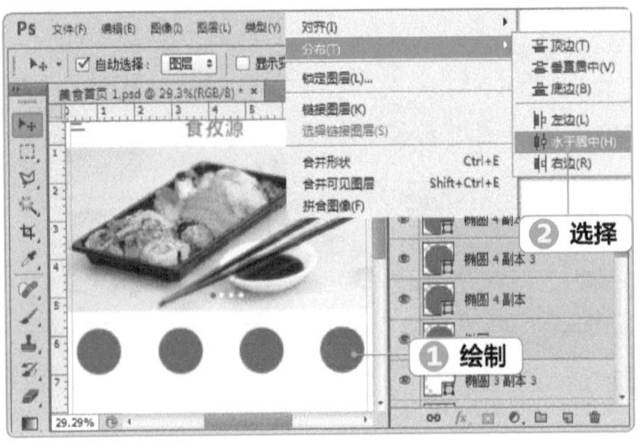

STEP 6 裁剪图片到图标中

①添加“美食素材 4.jpg”~“美食素材 7.jpg”图片，调整图片大小，并分别将其移动到对应的圆图层上方；②在素材图片上单击鼠标右键，在弹出的快捷菜单中选择“创建剪贴蒙版”命令。

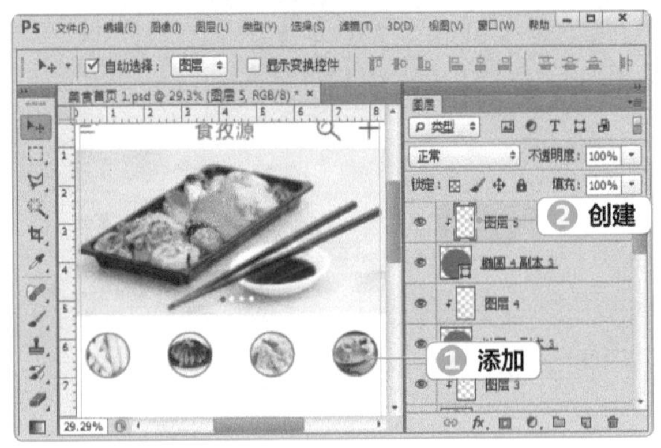

STEP 7 输入文本

①选择横排文字工具，设置字体格式为“方正兰亭细黑 _GBK、9.81 点、黑色”；②完成后在圆的下方输入美食分类名称。

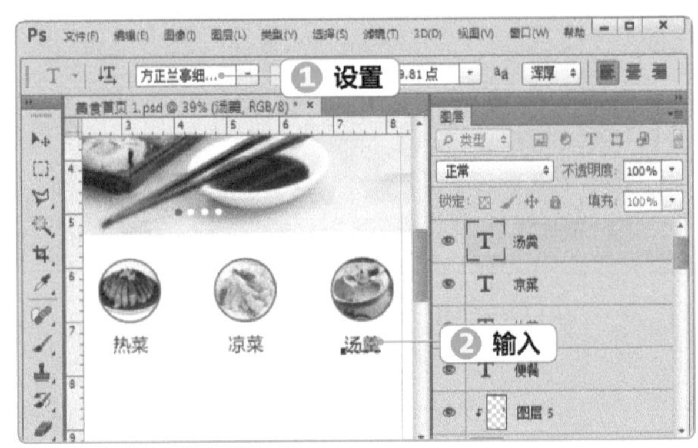

STEP 8 绘制分类图案

①选择椭圆工具，在文字下方绘制颜色为“#bfbfbf”的圆，选择钢笔工具绘制手形状，并填充为“白色”；②链接圆与手形状所在的图层。

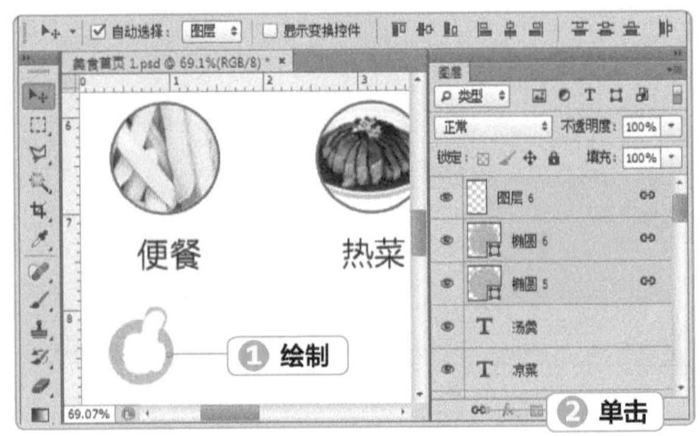

Chapter 11

STEP 9 制作分类条

①选择横排文字工具，设置字体格式为“方正兰亭细黑_GBK、11点、#f28214”，输入文本“美食推荐”；②使用直线工具绘制直线，设置填充颜色为“#f7f6f6”；③使用椭圆工具绘制圆，设置填充颜色为“#646464”。

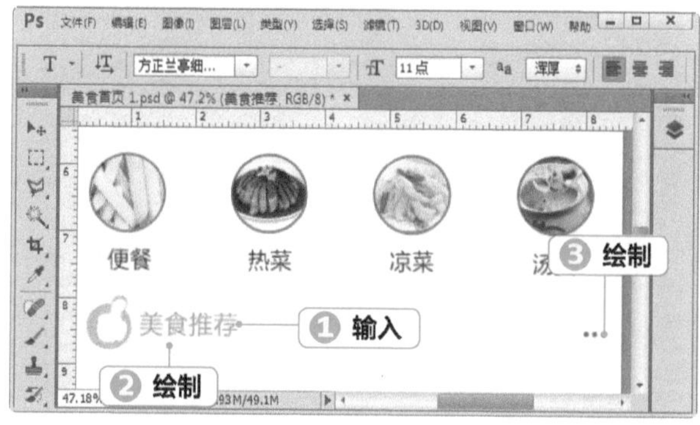

STEP 10 绘制矩形

①选择矩形工具，绘制矩形，设置填充颜色为“#eeeeee”；②选择圆角矩形工具，在工具属性栏中设置圆角半径为“45像素”，在灰色矩形左侧绘制圆角矩形。

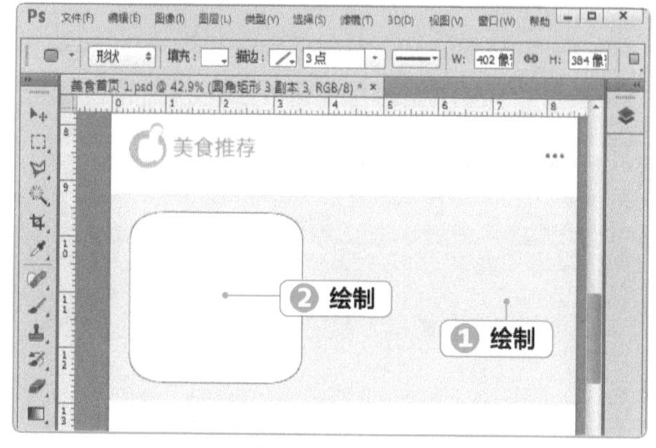

STEP 11 添加并裁剪图片

①添加“美食素材8.jpg”图片，调整图片大小，并将其移动到圆角矩形上，再将图片素材图层移动到对应的圆图层上方；②为图片素材图层创建剪贴蒙版。

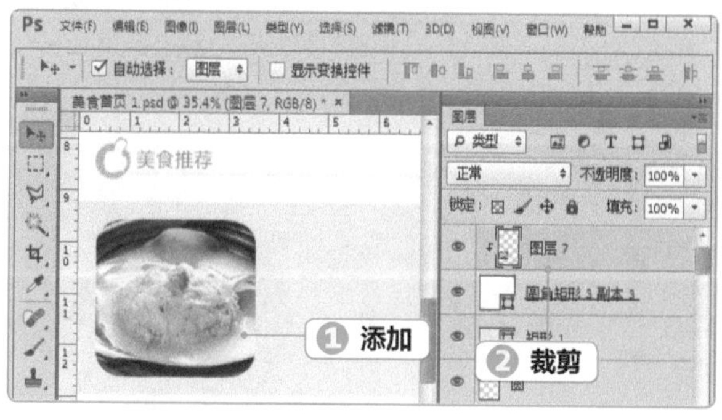

STEP 12 制作标签

①选择钢笔工具，将填充颜色设置为“红色”，绘制标签形状；②选择横排文字工具，输入文本，调整文本大小，按【Ctrl+T】组合键，拖曳右上角的旋转图标，旋转文本，使其适应标签形状。

STEP 13 输入段落文本

①选择横排文字工具，输入文本，设置“蟹黄狮子头”文本字体格式为“方正兰亭细黑_GBK、8.58点、加粗、黑色”，设置“扬州特产五亭桥牌”文本格式为“方正兰亭细黑_GBK、7.36点、#343843”；②拖曳鼠标绘制文本框，输入配料信息，设置字体格式为“方正兰亭细黑_GBK、6.13点、#797878”；③设置行高为“8点”。

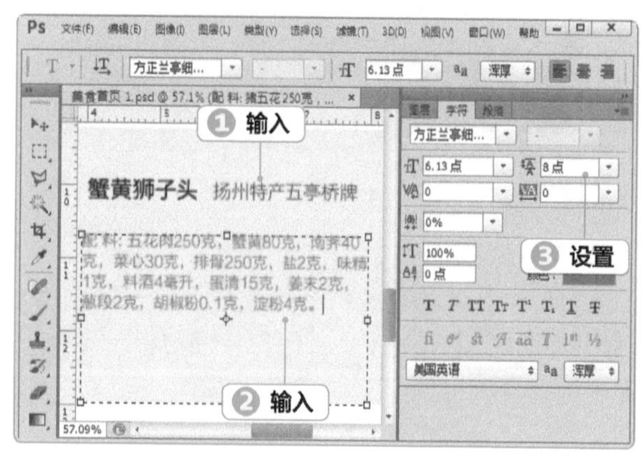

STEP 14 绘制自定图标

①选择自定形状工具，设置填充颜色为“#c9c9c9”，在“形状”下拉列表框中选择需要的自定形状，在段落文本下方绘制“喜欢”“收藏”和“评论”图标；②选择横排文字工具，在相应图标右侧输入数据，设置字体格式为“方正兰亭细黑_GBK、6点、#c9c9c9”。

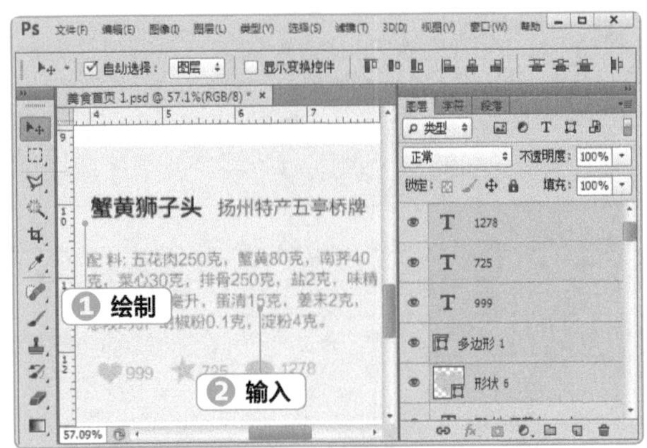

STEP 15 绘制图标

①选择矩形工具，在页面底端绘制矩形，设置填充颜色为“#f28214”；②选择钢笔工具，设置填充颜色为“白色”，设置绘图模式为“形状”，绘制“首页”“菜单”“发现”“分享”“我的”图标；③选择横排文字工具，输入文本，设置字体格式为“方正兰亭细黑 _GBK、8.58 点、白色”。

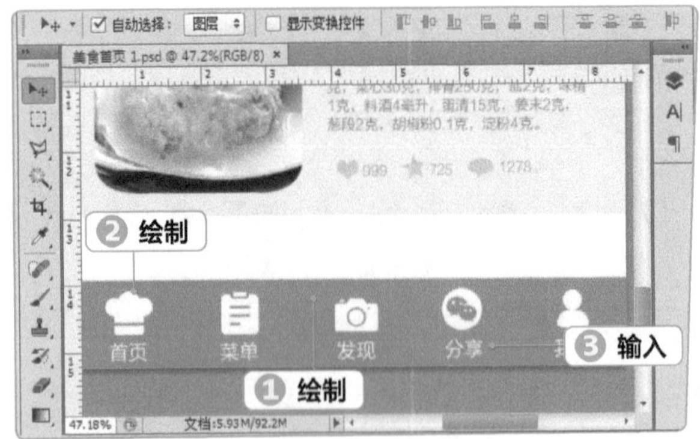

技巧秒杀

图标绘制技巧

在绘制图标时，单击“操作路径”按钮，在打开的下拉列表中可选择合并形状、减去上层形状等选项，从而实现图标的快速造型。

2. 制作首页 2

下面将沿用首页 1 中的页头与页尾部分，制作“热销榜”和“今日特惠”栏。在制作时主要涉及分栏图标的制作，以及图片的分栏排版，其具体操作步骤如下。

STEP 1 新建文件

①新建大小为“1080 像素 ×1920 像素”，名称为“美食首页 2”的图像文件，复制“美食首页 1”图像文件中的页头与页尾；②选择矩形工具，绘制页头与页中的分割区域，设置填充颜色为“#eeeeee”。

STEP 2 制作分类条

①复制“美食首页 1”图像文件中的分类条，修改文本为“热销榜”，选择钢笔工具，绘制白色火焰形状，编辑圆，链接圆与火焰形状；②复制“美食首页 1”图像文件中的分类条，修改文本为“今日特惠”，选择钢笔工具绘制箭头形状，编辑圆，链接圆与箭头形状。

STEP 3 绘制圆角矩形

选择圆角矩形工具，设置圆角半径值为“45 像素”，拖曳鼠标，绘制圆角矩形，按住【Alt】键不放将圆角矩形拖曳到右侧，复制两个圆角矩形，水平居中分布 3 个圆角矩形。

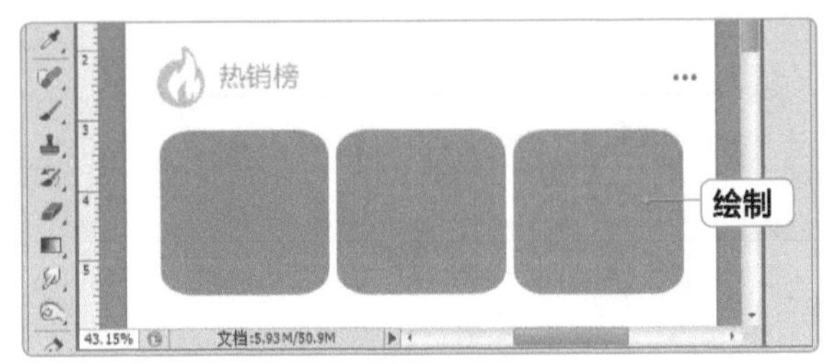

Chapter 11

STEP 4 将素材添加到圆角矩形中

❶添加"美食素材 9.jpg"~"美食素材 11.jpg"图片，调整图片大小，分别将其移动到圆角矩形上；❷将图片对应的图层移动到对应的圆角矩形图层上方，在素材图片上单击鼠标右键，在弹出的快捷菜单中选择"创建剪贴蒙版"命令。

STEP 5 添加文字与素材

❶在"热销榜"栏中的图片上输入文本，设置字体格式为"方正兰亭细黑_GBK、8.58 点、白色"；在"今日特惠"栏中添加"美食素材 12.jpg"~"美食素材 14.jpg"图片，调整图片大小，将其排成两列；❷在左边图片的下方绘制矩形，设置填充颜色为"#eeeeee"，输入文本，设置字体格式为"方正兰亭细黑_GBK"，加粗名称与价格文本，调整文本颜色与字号，完成首页 2 的制作。

11.2.3 设计个人中心页面

个人中心页面可以用于放置收藏的美食、评论、优惠券、红包等信息，方便用户进行美食的管理。下面设计个人中心页面的个人信息、收藏、消息和评论，其具体操作步骤如下。

微视频：设计个人中心页面

STEP 1 绘制矩形并输入文本

❶新建大小为"1080 像素 ×1920 像素"，名称为"美食个人中心页面"的图像文件，选择矩形工具，在页面顶部绘制矩形，设置填充颜色为"#f28214"；❷选择横排文字工具，设置字体格式为"方正兰亭细黑_GBK、14.71 点、白色"，在矩形中间位置输入文本"我"。

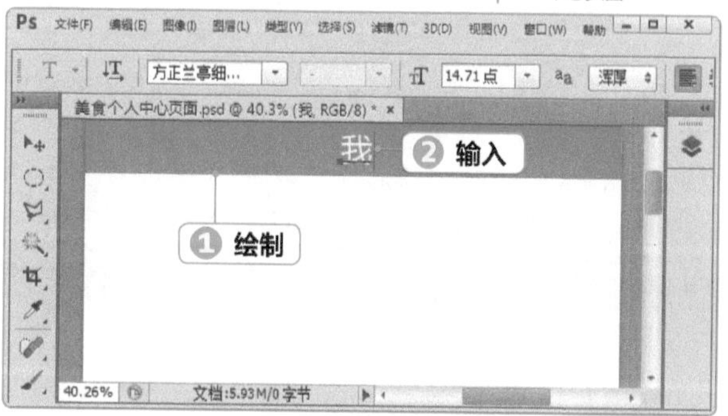

STEP 2 添加素材图片

添加"美食素材 15.jpg"图片，调整图片大小，将其移动到矩形条下方。

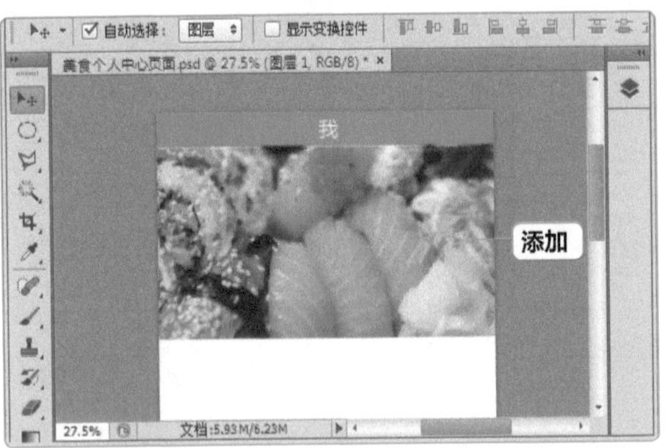

STEP 3 模糊图片

❶选择"美食素材 15.jpg"图片所在图层，选择【滤镜】/【模糊】/【高斯模糊】命令，打开"高斯模糊"对话框，设置模糊"半径"为"120.0"；❷单击"确定"按钮。

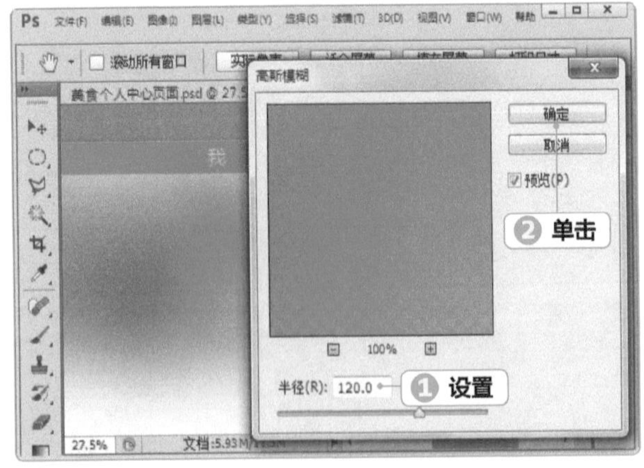

STEP 4 裁剪图片

❶使用椭圆工具绘制圆，设置描边为"1.5点"，颜色为"白色"；❷添加"美食素材 16.jpg"图片，调整图片大小，将其移动到圆形上方；❸为图片创建剪贴蒙版，将其裁剪到圆中。

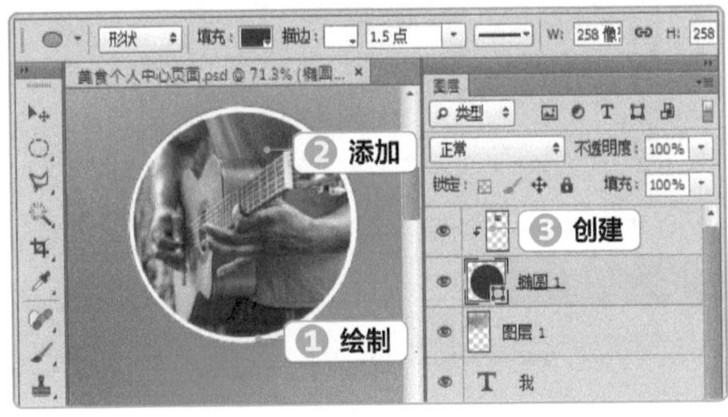

STEP 5 绘制圆角矩形并输入文本

❶选择圆角矩形工具，设置填充颜色为"白色"，设置圆角半径值为"30 像素"，拖曳鼠标绘制圆角矩形；❷在"图层"面板中设置图层"不透明度"为"34%"；❸选择横排文字工具，设置字体格式为"方正兰亭细黑_GBK、白色"，在圆下方输入文本，调整文本大小。

STEP 6 绘制并分布线条

❶选择矩形选框工具，绘制高度为"150 像素"的固定选区；❷根据选区添加辅助线，形成网格；❸选择直线工具，设置填充颜色为"#bfbfbf"，设置粗细为"5 像素"，按【Shift】键绘制线条，按【Alt】键将线条移动到下一行，复制3条直线。

STEP 7 添加图标并输入文本

❶选择钢笔工具，将填充颜色设置为"#ffe4e2"，在每行左侧绘制图标，调整图标的位置，选择所有图标图层，选择【图层】/【对齐】/【左边】命令，对齐图标；❷选择横排文字工具，设置字体格式为"方正兰亭细黑_GBK、11 点、黑色"，输入文本，并左对齐文本。

技巧秒杀

快速应用色彩

在绘制图形时，若频繁使用某种颜色，可将其设置为前景色或背景色，方便使用时直接调用。

STEP 8 制作“退出登录”按钮

❶选择矩形工具，设置填充颜色为“#e5e5e5”，拖曳鼠标绘制与页面等宽的灰色矩形；❷选择横排文字工具，设置字体格式为“方正兰亭细黑_GBK、黑色、11点”，在矩形中间输入文本；❸在该文件中复制“美食首页 1”图像文件中的页尾部分，保存文件，完成个人中心页面的制作。

11.2.4 设计登录页面

用户登录 App 界面是界面设计中很重要的环节，登录界面的好坏可能直接影响用户注册和转化率。下面将根据前面的风格与颜色，制作美食 App 的登录界面，要求界面整洁舒适，其具体操作步骤如下。

微视频：设计登录页面

STEP 1 添加阴影

❶新建大小为“1080 像素 ×1920 像素”，名称为“美食个人登录页面”的图像文件，将前面制作的标志添加到该文件中，调整其大小，将其移动到页面中部；❷选择画笔工具，设置前景色为“#343843”，设置画笔硬度为“0”，设置画笔大小为“257”；❸在标志下方单击鼠标得到圆，按【Ctrl+T】组合键变换圆的高度。

技巧秒杀

添加阴影

添加投影图层样式后也可得到投影效果。

STEP 2 绘制矩形

❶选择矩形工具，设置填充颜色为“#f28214”，拖曳鼠标绘制高度为“800 像素”、与页面等宽的黄色矩形；❷将填充颜色更改为“白色”，继续绘制大小为“832×137”像素的矩形，复制该矩形，并垂直向下移动复制的矩形；❸在“图层”面板中将图层的“不透明度”设置为“75%”。

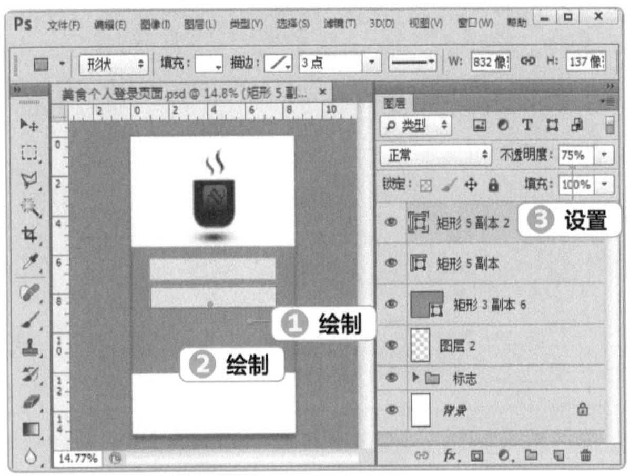

STEP 3 绘制图标

❶选择自定形状工具，将填充颜色设置为“白色”，绘制邮件图标；❷选择钢笔工具，将填充颜色设置为“白色”，绘制锁图标。

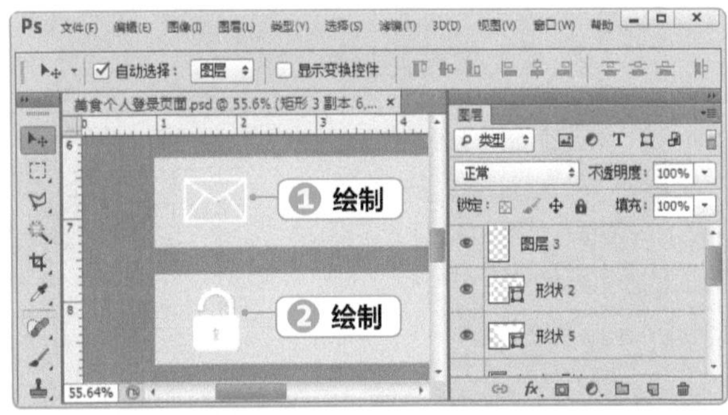

STEP 4 制作登录按钮

❶在账号框右侧绘制白色三角形；❷在密码框右下角输入“记住密码”文本，字号为“10.16 点”，选择自定形状工具，绘制“选中复选框”形状；❸选择圆角矩形工具，绘制大小为“832 像素 ×137 像素”、圆角半径为“30 像素”的白色圆角矩形；❹输入“登录”文本，设置字体格式为“方正兰亭细黑_GBK、14.7 点、#f28214”；❺在右下角输入“立即注册”文本，设置字号为“10.16 点”，在“字符”面板中单击“下划线”按钮添加下划线。

STEP 5 输入文字并绘制图标

❶选择横排文字工具，设置字体格式为“方正兰亭细黑_GBK、11 点、黑色”，在页面中部输入文本；❷选择直线工具，设置填充颜色为“#f28214”，在文本两边绘制粗细为“5 像素”的线条；❸使用钢笔工具绘制图标，并分别设置 QQ、微信和支付宝图标的填充颜色为“#2598ce、#2bbf39、#ff0200”。

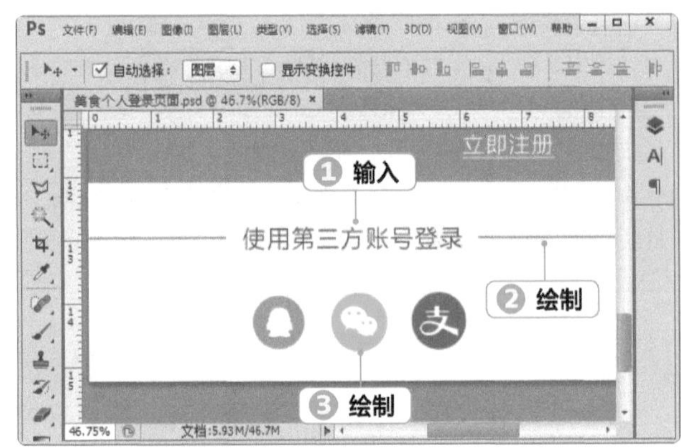

11.3 设计商品详情页页面

买家在淘宝首页搜索并浏览商品的主图时，一般会直接进入商品详情页，据统计约 99% 的顾客是在查看详情页后生成订单的，其好坏直接决定了该笔订单是否生成。由此可见，商品详情页的设计在店铺设计中至关重要，只有做好详情页，才能进一步提高成交量与转化率。下面将对详情页中常见模块的设计方法进行介绍。

素材：素材 \ 第 11 章 \ 商品详情页 \ | 效果：效果 \ 第 11 章 \ 商品详情页 \

11.3.1 设计店标

店标是指店铺的标志，不同于店铺 Logo，店标一般有标准的尺寸，通常显示在店铺的左上角或首页搜索店铺列表页等地方。下面将制作女包店铺的店标，由于女包店铺经营时尚小包，在制作店标时，将应用绚丽的色彩，以及使用时尚包的外形进行设计，其具体操作步骤如下。

微视频：设计店标

STEP 1 绘制包形状

①新建大小为“80 像素 ×80 像素”，分辨率为“72 像素”，名为“女包店标”的图像文件，选择钢笔工具，设置绘图模式为“形状”；②设置填充颜色为“#c1196a”；③在图像中绘制一个类似包的形状。

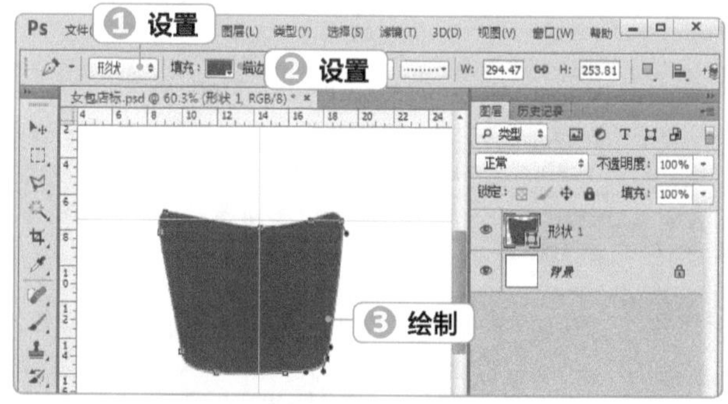

STEP 2 渐变填充形状

①选择渐变工具；②设置填充颜色为“#99226f”到“#c1196a”；③选择【图层】/【栅格化】/【图层】命令，将形状图层转化为普通图层；④按【Ctrl】键单击图层缩略图，载入选区，从下向上拖曳鼠标，创建渐变填充。

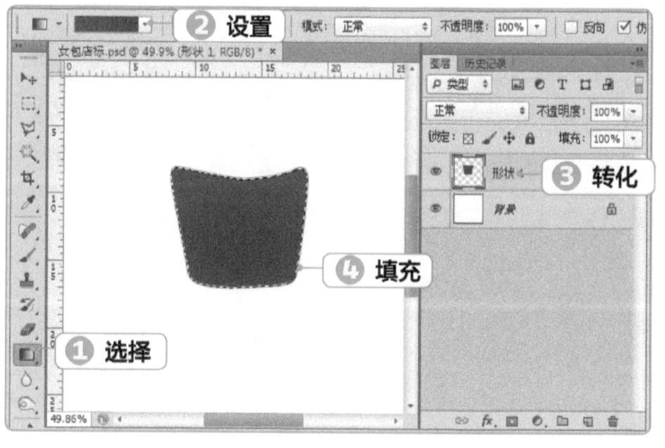

STEP 3 绘制包带形状

①选择钢笔工具，设置绘图模式为“形状”；②设置描边颜色为“#98236f”，描边粗细为“0.5 点”；③在图像中绘制一个类似包带的形状。

STEP 4 绘制包带形状

①继续选择钢笔工具，设置绘图模式为“形状”；②取消描边，设置填充颜色为“白色”；③在包的内部绘制一个类似包带的形状，继续绘制带孔形状。

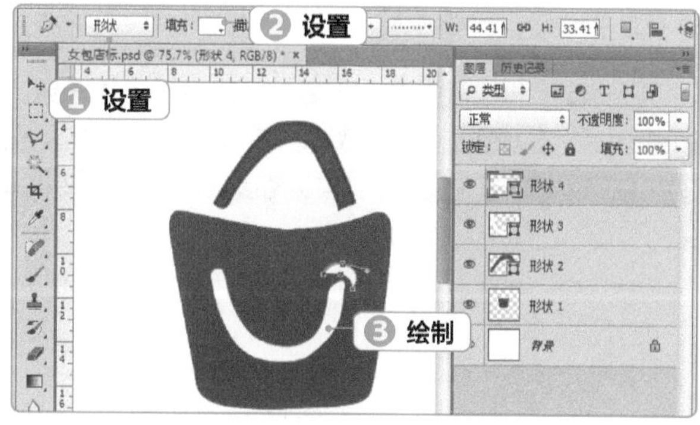

STEP 5 添加投影

①双击白色包带图层，打开“图层样式”对话框，单击选中“投影”复选框，为其添加默认的投影样式；②按住【Alt】键，将图层右侧的图层样式图标拖曳到包袋孔图层上，将图层样式复制到该图层。

STEP 6 输入文本

①选择横排文字工具，设置文本格式为“微软雅黑、6 点、#c1196a”，在右上角输入“TM”文本；②设置字体格式为“百度综艺简体、13.6 点”，在包的下方输入“尚美女包”文本；③设置字体格式为“Arial、7.46 点”，在文字的下方输入“FASHIONBAGS”文本。

STEP 7 为文本添加渐变叠加

①双击“尚美女包”文本图层，打开“图层样式”对话框，单击选中“渐变叠加”复选框；②设置渐变颜色为“#99226f”到“#c1196a”；③设置渐变“角度”为“0”度；④单击“确定”按钮；⑤按【Alt】键，将图层右侧的图层样式图标拖曳到“FASHIONBAGS”文本图层上，将渐变叠加图层样式复制到该图层。

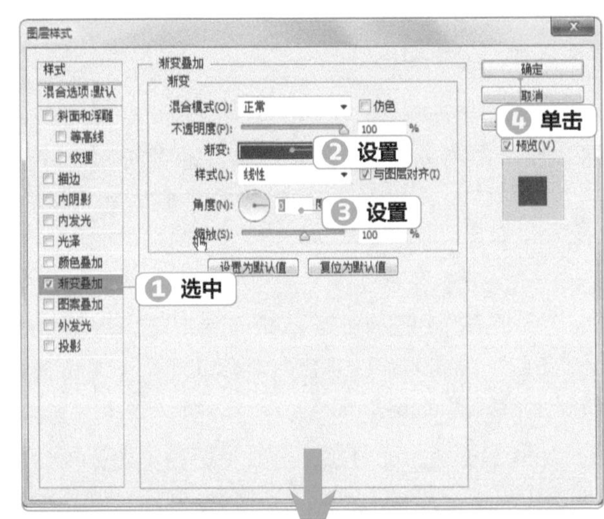

11.3.2 设计淘宝海报

详情页的海报一般位于宝贝基础信息的下方，由产品、主题与卖点三部分组成，目的在于吸引消费者购买该产品。下面设计女包详情页的淘宝海报，在设计时，设计者需要从产品的形状进行构图，以产品的颜色来搭配背景的颜色，并从百搭的角度打动消费者，其具体操作步骤如下。

微视频：设计淘宝海报

STEP 1 径向渐变填充背景

①新建大小为“750 像素 ×600 像素”，分辨率为“72 像素”，名为“女包详情页”的图像文件，根据页面布局规划，在“图层”面板中创建图层组；②绘制页面大小的矩形，选择渐变工具，在工具属性栏中设置“白到灰”的渐变；③单击“径向渐变”按钮；④从图像中心向外拖曳鼠标，创建渐变填充效果。

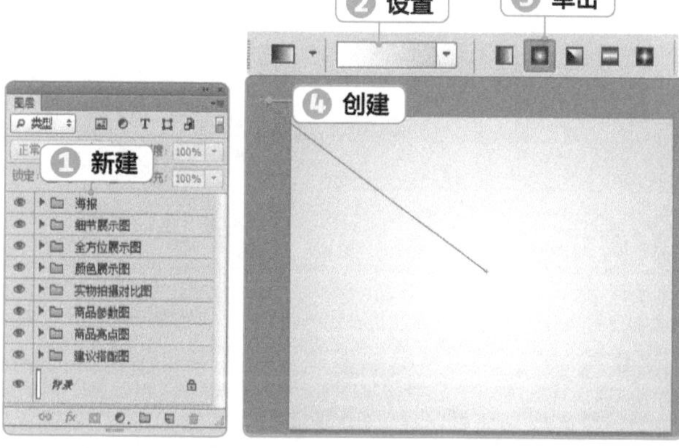

STEP 2 添加素材和投影

①设置前景色为“#485a72”，选择多边形套索工具，在左上角绘制三角形选区，按【Alt+Delete】组合键为三角形选区填充前景色；②打开“详情页素材 .psd”文件，将其中的包和眼镜素材拖曳到当前文件中，调整素材的位置和大小，为包所在的图层添加默认的投影图层样式。

技巧秒杀

突出卖点

所有的卖点都是俗气的，如何体现自己产品的优势，在文案与图片的设计上要讲究创意，通过突出产品的特色以及放大产品的优势，或通过优劣产品进行对比，将产品的优势展现出来。

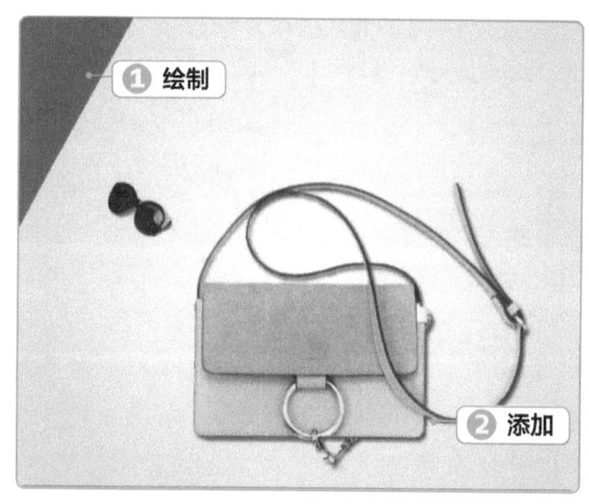

STEP 3 输入说明文字

①设置前景色为“黑色”，选择横排文字工具，设置字体样式为“方正小标宋简体、加黑、倾斜、#9c9a9b”，输入“FASHION”文本，调整文本大小与位置；②设置字体样式为“方正小标宋简体、加黑、黑色”，输入“时尚百搭小包”文本，调整文本位置与大小；③设置文本样式为“微软雅黑、加黑”，输入第 3 排文本。

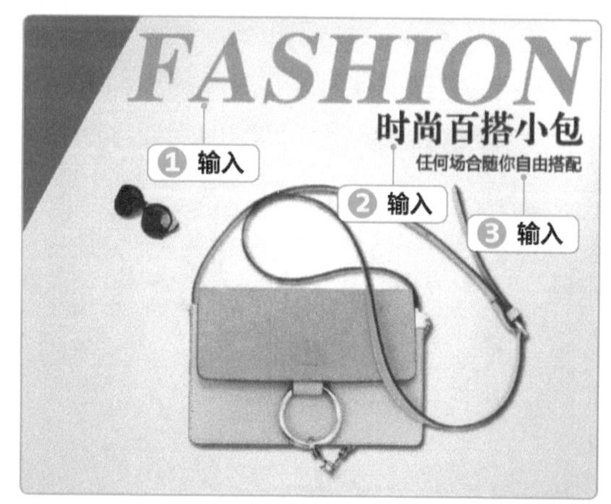

11.3.3 设计商品详情介绍

商品详情页不仅能向顾客展示商品的规格、颜色、细节、材质等具体信息，还能向顾客展示宝贝的优势，顾客是否喜欢该商品，常取决于店铺详情页是否能深入人心，能否打动消费者。下面将设计女包详情页的建议搭配、商品亮点分析、商品参数、实物对比参照拍摄、商品全方位展示和商品细节展示模块。

微视频：设计商品详情介绍

1. 建议搭配模块设计

很多买家不知该如何搭配购买的商品。下面将为女包搭配衣服、鞋子与首饰，使其更显档次，促使顾客下单，其具体操作步骤如下。

STEP 1 绘制直线

①将背景色设置为“白色”，使用裁剪工具向下拖曳画布，拓展画布，选择直线工具，设置直线粗细为“2 像素”，设置填充颜色为“#626262”，按住【Shift】键绘制横向直线；

❷继续在工具属性栏中设置线条粗细为“1.5 像素”，设置填充颜色为“#cdcdcd”，按住【Shift】键绘制竖向直线。

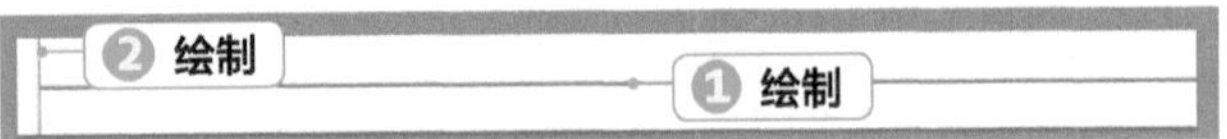

STEP 2 输入文本并绘制图形

❶选择横排文字工具，设置文本格式为“方正小标宋简体、24 点、平滑”，在线条上方输入“FEMALE BAG”文本；❷使用相同的方法输入其他文本，更改字体样式为“微软雅黑”，调整文本大小与颜色；❸在线条右下角绘制圆与箭头的组合图形。

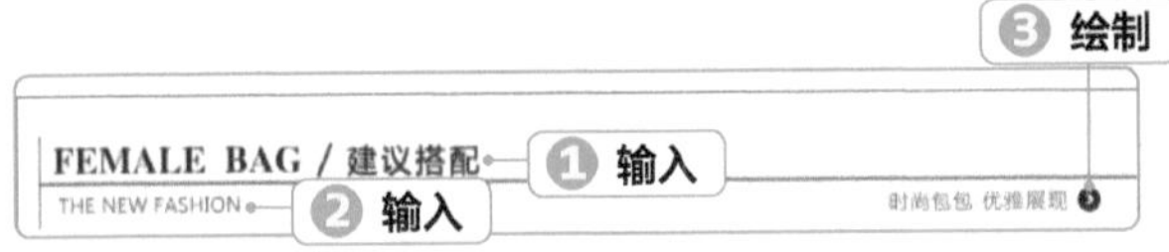

STEP 3 添加素材

打开“详情页素材 .psd”文件，将其中的相关素材拖曳到当前文件中，调整素材的位置和大小。

技巧秒杀

搭配展示作用

通过搭配展示可以为顾客提供专业的搭配意见。此外，搭配展示还可以让买家一次性购买更多的商品，提升店铺销售业绩，提高店铺购买转化率。

STEP 4 输入文本

❶设置前景色为“黑色”，选择横排文字工具，设置文本样式为“方正宋一简体、加黑”，在项链上方输入文本；❷在鞋子右上角输入文本，调整文本颜色、大小与位置。

2. 商品亮点分析模块设计

商品的亮点实质是商品卖点的表达形式之一。商品的亮点可以理解为商品具备的前所未有、别出心裁或与众不同的特点。下面将对包的 3 个亮点进行展示，即“时尚新宠、时尚肩带、时尚收纳”，制作时通过素材来展现文案的表达方式，其具体操作步骤如下。

STEP 1 更改分类条文本并添加素材

❶将背景色设置为“白色”，使用裁剪工具向下拖曳画布，拓展画布，复制分类条，更改为“商品亮点”；❷将“详情页素材 .psd”文件中的 3 张模特图拖曳到当前文件中，调整素材的位置和大小，并统一大小与间距。

STEP 2 制作亮点 1

①在右图上方绘制矩形，设置填充颜色为“#f6f6f6”；②输入文本，设置字体格式为“微软雅黑”，调整文本大小与位置，制作亮点 1“时尚新宠”。

STEP 3 制作亮点 2

①在下方绘制矩形，设置填充颜色为“#f6f6f6”；②将“详情页素材.psd”文件中肩带较长的包拖曳到当前文件中，使用画笔工具添加投影效果；③在其左上角输入亮点 2 的文本，并设置字体为“微软雅黑”，调整文本大小与位置。

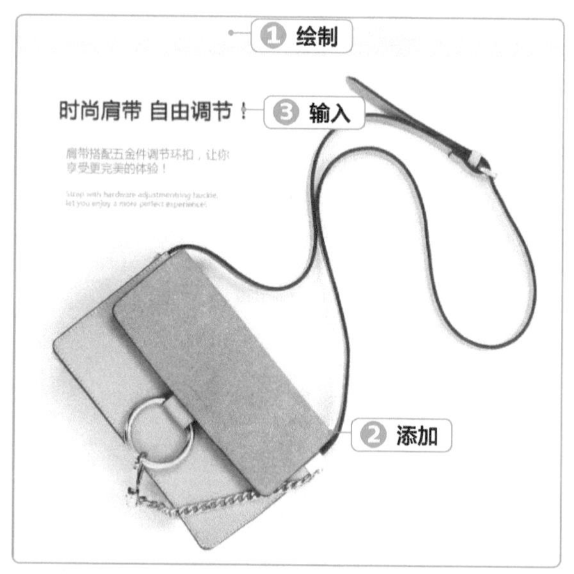

STEP 4 制作亮点 3

①在下方绘制矩形，设置填充颜色为“#f6f6f6”；②将“详情页素材.psd”文件中能看见包内部结构的素材拖曳到当前文件中，继续将物品文件拖曳到包的上层，移动到包口位置，调整素材的大小与位置，使用画笔工具添加投影效果；③在其左上角输入亮点 3 的文本，注意与亮点 1 的文本统一字体及字号。

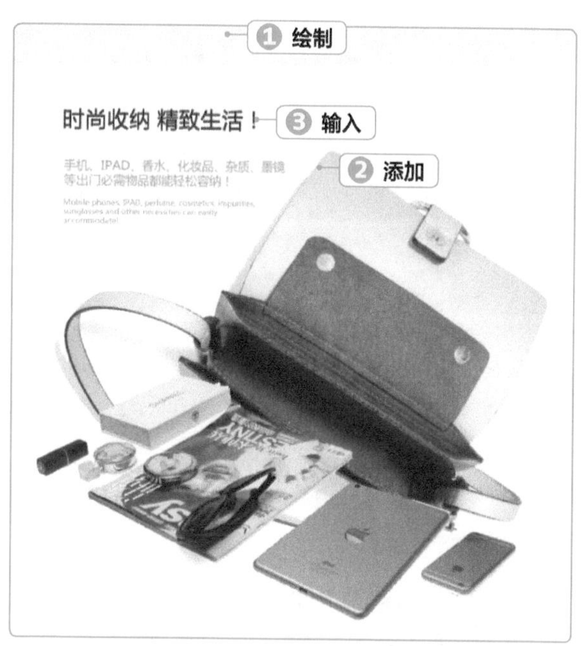

3. 商品参数模块设计

在商品详情页中，基础信息下方会显示商品信息，但参数众多，消费者并不一定有耐心查看，因此就需要添加商品参数模块，对消费者关注的商品参数进行重点罗列。下面制作女包的商品参数模块，其具体操作步骤如下。

STEP 1 绘制矩形

①将背景色设置为“白色”，使用裁剪工具向下拖曳画布，拓展画布，复制分类条，将其名称更改为“商品参数”；②选择矩形工具，绘制高度为“250 像素”的矩形，设置填充颜色为“#bebdbd”。

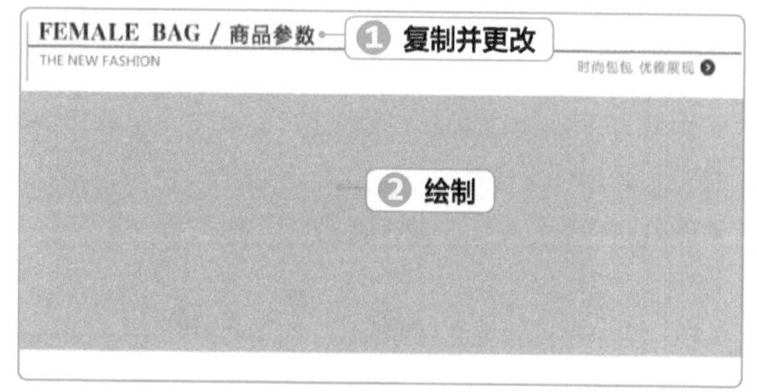

STEP 2 输入与编辑段落文本

①选择横排文字工具，在工具属性栏中设置字体样式为“微软雅黑、14、白色”，拖曳鼠标绘制文本框，输入参数文本；②加粗冒号前面的文本；③在工具属性栏中单击“切换字符和段落面板”按钮，打开“字符”面板，设置行间距为“24 点”。

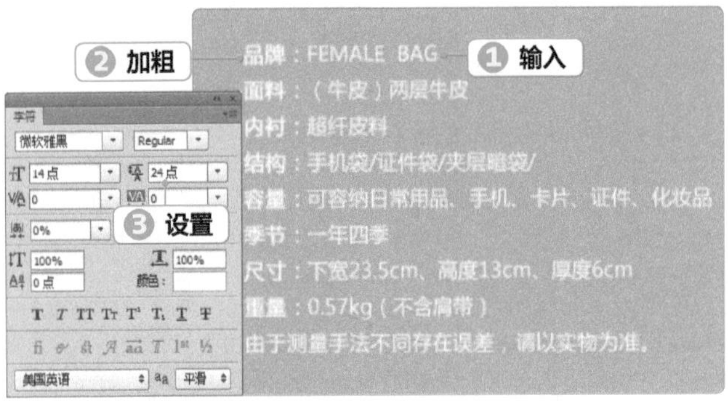

STEP 3 绘制线条与矩形

❶在段落文本右侧绘制白色线条分隔文字；❷继续输入其他参数，并设置英文字体为“Times New Roman”；❸在参数下方绘制黑色和灰色矩形，其中灰色矩形表示选中的选项。

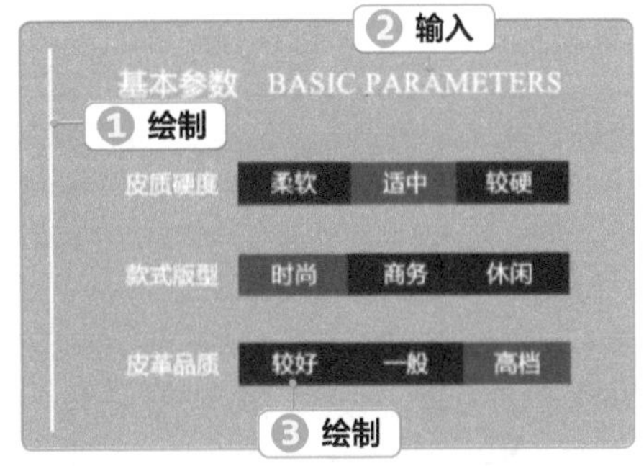

4. 实物对比参照拍摄模块设计

该模块的拍摄图十分重要，既要突出产品的美观，又要用其他产品来对比展示该商品的大小，选择拍摄图后，只需将分类条与素材拼凑在一起。下面将在拍摄图上添加尺寸标注，更加详细地的展示商品的大小，其具体操作步骤如下。

STEP 1 添加素材

❶拓展画布，复制分类条，将其名称更改为“实物对比参照拍摄”；❷将“详情页素材 .psd”文件中的实物对比参照拍摄图拖曳到当前文件中，调整素材的位置和大小。

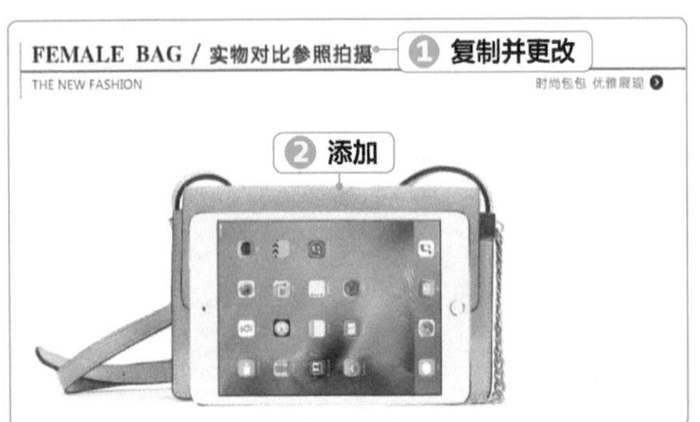

STEP 2 绘制标注线并输入文本

❶创建辅助线，选择直线工具，在工具属性栏中设置填充颜色为“黑色”，粗细为“1 像素”，取消描边，按住【Shift】键拖曳鼠标绘制标注线；❷选择横排文字工具，在工具属性栏中设置字体样式为“黑体、15、黑色”，输入标注文本。

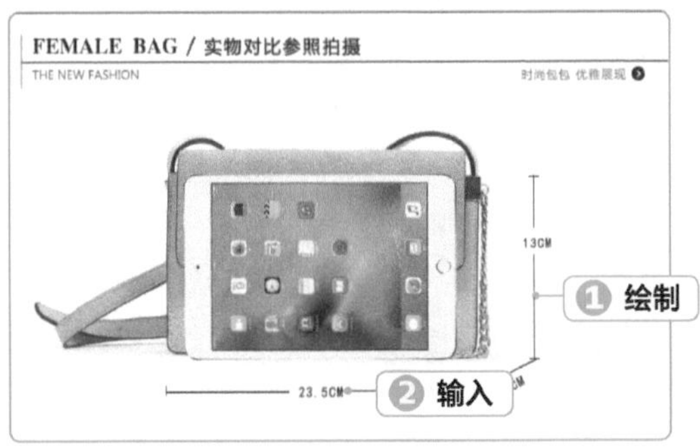

5. 商品全方位展示模块设计

许多商品都有多种颜色供消费者选择，不同消费者喜欢的商品颜色也有所不同，因此陈列不同颜色的商品效果是非常有必要的，此外全方位展示商品图可以让消费者多角度地了解需要购买的产品。下面展示女包的不同颜色与不同角度，其具体操作步骤如下。

STEP 1 输入文本

❶拓展画布，选择横排文字工具，设置字体样式为“方正兰亭中黑 _GBK”，在页面上方输入文本，调整字体大小；❷选择直线工具，设置描边颜色为“#aba9ac”，设置粗细为“2.65 点”，设置描边样式为“虚线”；❸按住【Shift】键拖曳鼠标绘制虚线装饰文本。

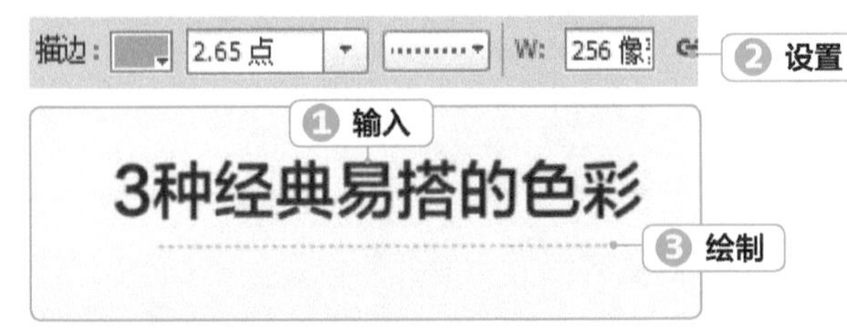

STEP 2 绘制圆并添加素材

❶选择椭圆工具，按住【Shift】键绘制 3 个大小相同的圆，分别设置填充颜色为“#aba9ac”“#111114”“#e67a33”；❷将“详情页素材 .psd”文件中的 3 种颜色和摆放角度相同的包素材添加到文件中，调整位置，并统一包的大小；❸选择画笔工具，调整画笔样式为“柔边圆”，新建图层，在包的底层绘制投影；❹设置字体格式为“微软雅黑、20 点”，在包下方输入与颜色相关的文本。

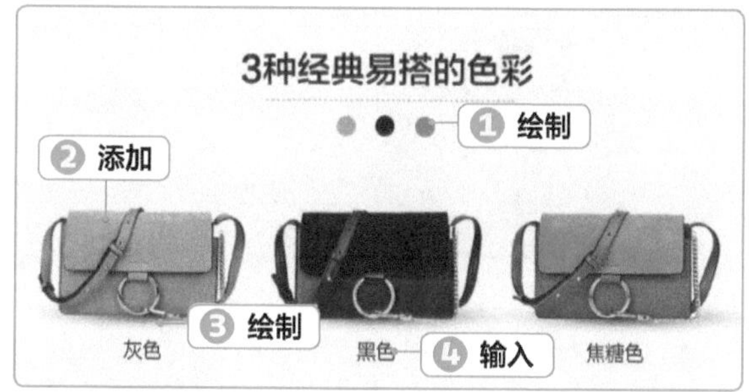

STEP 3 添加素材

①拓展画布，复制分类条，将名称更改为“商品全方位展示”；②添加“详情页素材 .psd”文件中的全面方位展示图，竖向排列包素材；③选择画笔工具，调整画笔样式为“柔边圆”，新建图层，在包的底层绘制投影，按【Ctrl+T】组合键调整投影。

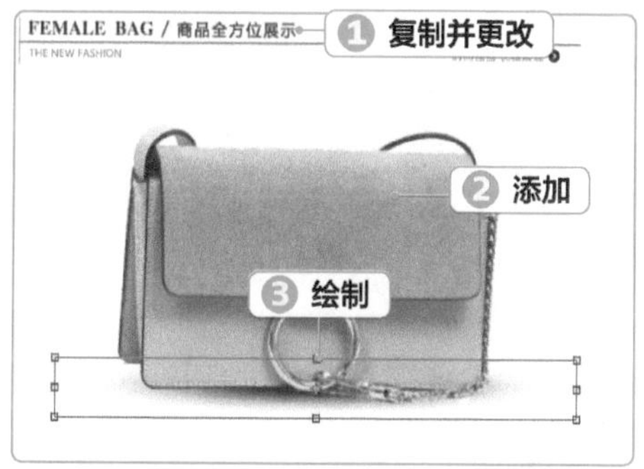

STEP 4 编辑展示说明

①选择横排文字工具，设置字体样式为“微软雅黑、20 点、#444343”，输入展示角度的文本；②选择直线工具，设置描边颜色为“#aba9ac”，设置粗细为“2.65 点”，设置描边样式为“虚线”，按住【Shif】键在文本左右两侧拖曳鼠标，绘制虚线装饰文本，使用相同的方法制作其他展示图的投影、文本与虚线。

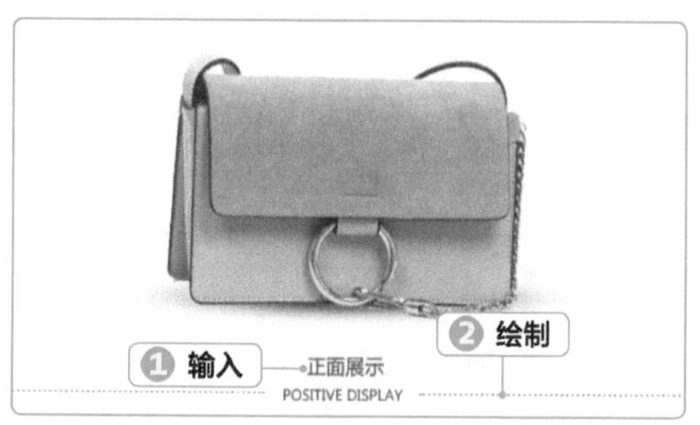

技巧秒杀

展示信息

不同商品需要展示的信息也有所不同。

6. 商品细节展示模块设计

细节图能够达到近距离观察的效果，让买家对商品本身的品质有零距离的触摸感。下面将用细节图展示包的牛皮面料、工艺、暗扣和五金件，以突出包的质量好、做工精良、配件精致等优点，其具体操作步骤如下。

STEP 1 制作细节图 1

①拓展画布，复制分类条，将其名称更改为“商品细节展示”；②使用钢笔工具在左上角绘制黑色箭头图标；③将“详情页素材 .psd”文件中的细节图拖曳到右侧，调整素材的位置和大小。

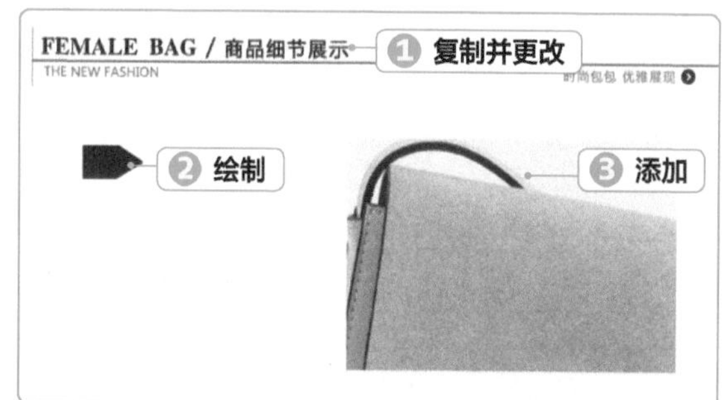

STEP 2 添加细节 1 说明文本

选择横排文字工具，输入面料的说明信息，调整文本的大小与颜色，突出重点信息“牛皮面料”，设置数字“01”的字体为“Impact”，其他文本的字体为“微软雅黑”。

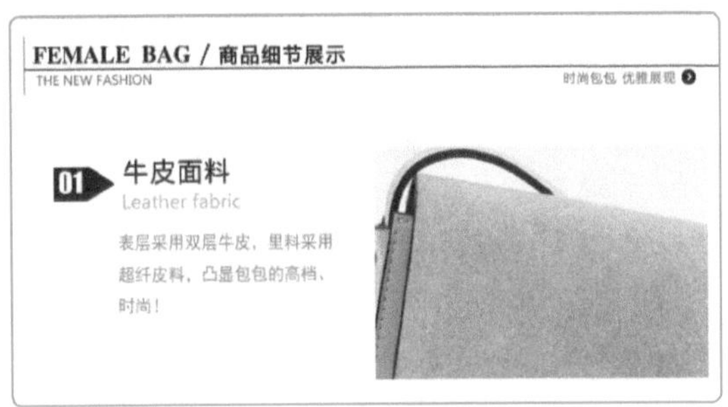

STEP 3 制作细节 2

①将“详情页素材 .psd”文件中的缝纫细节图移至左侧，与第一张图形成对角；②按【Ctrl+J】组合键复制箭头，按【Ctrl+T】组合键变换，选择【编辑】/【变换路径】/【水平翻转】命令进行翻转；③输入缝线相关的信息，注意统一页边距、文本与图片的距离。

技巧秒杀

细节照片的选择

在制作细节图时，细节照片的选择对于细节的展示十分重要，细节照片一定要清晰、明了，尽量避免偏色。

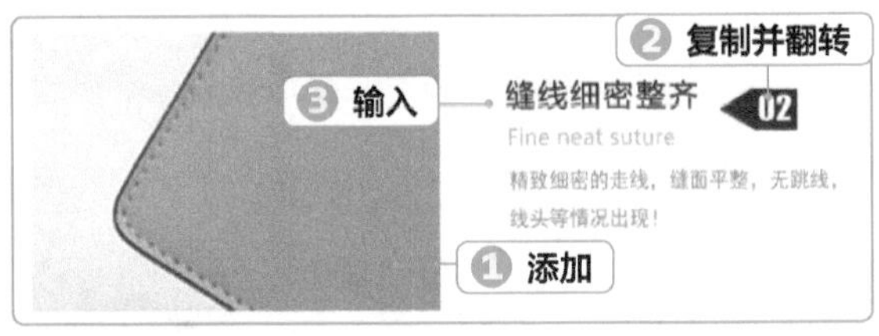

STEP 4 制作细节 3、4

使用相同的方法制作细节 3 与细节 4，保存文件，完成商品详情页的制作。

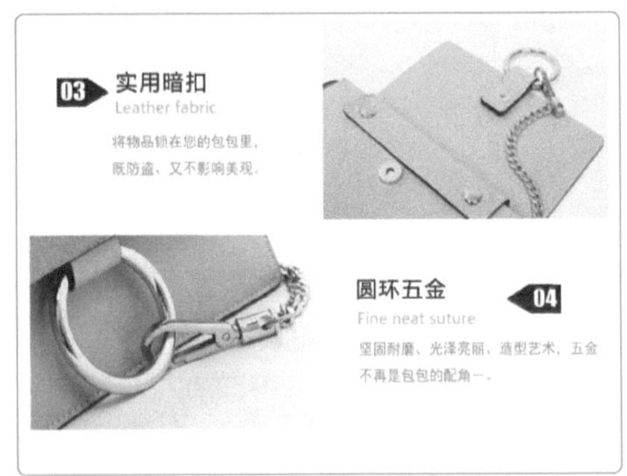

11.3.4 切片与输出

完成商品详情页的制作后，若需要将其装修到店铺中，为了提高网页的加载速度，就需要将完整的网页图像分割成适合店铺图像格式的多个小图像。下面对制作的女包详情页进行切片，并将切片后的效果存储为 Web 所用格式，其具体操作步骤如下。

微视频：切片与输出

STEP 1 添加参考线

选择【视图】/【标尺】命令，或按【Ctrl+R】组合键打开标尺，从左侧和顶端拖曳参考线，设置切片区域，此处为分类条和各分类区域创建参考线。

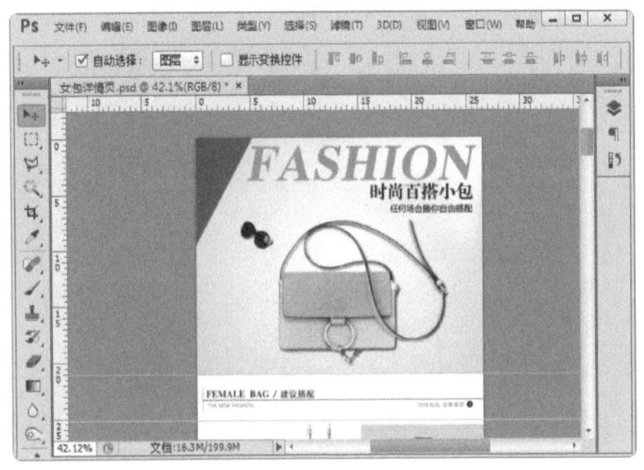

STEP 2 基于参考线切片

①在工具箱中的裁剪工具上按住鼠标左键不放，在打开的工具组中选择切片工具；②拖曳鼠标绘制切片框，此处在工具属性栏中单击“基于参考线的切片”按钮。

Chapter 11

STEP 3 存储为 Web 所用格式

①选择【文件】/【存储为 Web 所用格式】命令，打开“存储为 Web 所用格式”对话框，单击“切片选择工具”按钮；②将切片的文件格式设置为“JPEG”，继续设置其他切片的格式；③设置完成后单击“存储”按钮。

STEP 4 输出切片

①打开“将优化结果存储为”对话框，选择保存格式为“HTML和图像”；②设置保存位置与保存名称；③单击“保存”按钮。

技巧秒杀

切片的合并与分割

若发现切片需要合并或分割，需要先使用切片选择工具选择需要操作的切片，再进行切片操作。

新手加油站——Photoshop 综合应用技巧

1. 金属质感照片的处理技巧

下面介绍将普通照片处理成金属质感照片的方法，其具体操作步骤如下。

① 复制图层，在“通道混合器”面板中，选择“灰色”通道，设置红色为“+64%”，绿色为“+2%”，蓝色为“+10%”，模式为“单色”。

② 新建纯色混合图层，设置填充色为“#575046”，混合模式为“颜色”。

③ 新建曲线调整图层，设置输入值为“68”，输出值为“32”。

④ 新建一个纯色图层，设置填充色为“#443B25”，混合模式为“颜色”。

⑤ 按住【Alt】键单击蒙板，进入蒙版，填充蒙版为“黑色”。

2. 为图像上色的技巧

使用图层的叠加可以为图像的部分区域上色，如制作唇色，更改眼球颜色等，需要注意的是上色前需要选择上色的部分，按【Ctrl+U】组合键去色，然后绘制颜色，设置图层混合模式为“叠加”。如制作蓝色眼球时，需要首先绘制眼球的形状，然后为形状创建蓝色到白色的径向渐变填充效果，最后设置图层的混合模式为“叠加”。

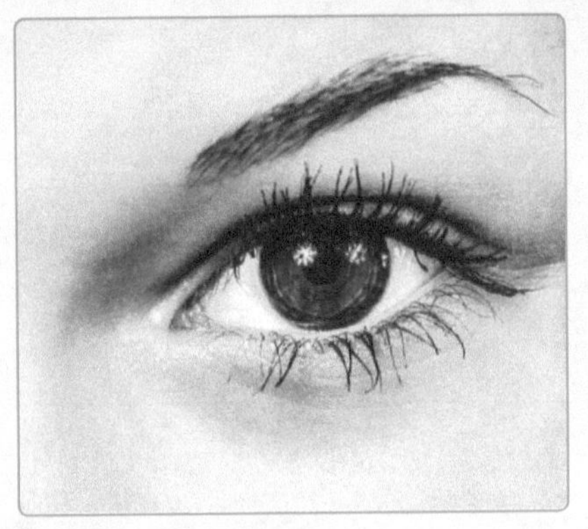

高手竞技场 ——Photoshop 综合应用练习

制作旅行包详情页

本练习将利用搜集的素材制作旅行包详情页，要求如下。

- 根据旅行包的风格，采用深绿色作为店铺的主色调，符合旅行包结实耐用的特点。
- 对面料、生产工艺、细节亮点等进行详细描述，促进客户消费。

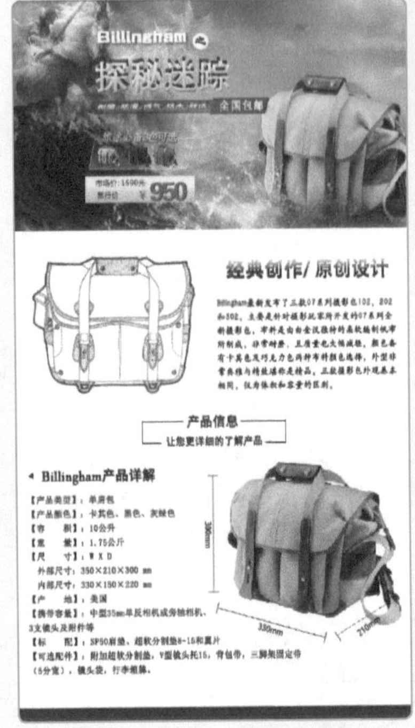